아기를 기다리고 있어요

J'attends
un enfant

프랑스가 만든
완전한 임신출산

1999년판

로랑스 페르누 대표집필

윤진 · 김명숙 · 이현구 공동번역

HORAY · 金土 공동 출간

· 옮긴이

윤 진／프랑스 파리 3대학 불문학 박사 · 서울대학교 불문학과 출강 · 〈자서전의 규약〉 등 역서 다수

김명숙／프랑스 파리 5대학 언어학 박사 · 이화여자대학교 불문학과 출강 · 〈광고 기호 읽기〉 등 역서 다수

이현구／프랑스 리모쥬대학 불문학 박사 · 이화여자대학교 불문학과 출강 · 〈현대의 신화〉 등 역서 다수

J' attends un enfant by Laurence Pernoud

Copyright ⓒ 1998 by Editions Pierre Horay
Korean Translation Copyright ⓒ 1999 by Kumto Publishing Co.

This Korean edition was published by arrangement with Editions
Pierre Horay, Paris through Korea Copyright Center (KCC), Soul

스포크 박사 이후
최고의 신세대 길잡이

● 1956년부터 프랑스에서 판을 거듭해온 이 책은 지난 43년간 아기를 기다리는 세계의 여성들이 필독서로 삼아온 임신과 출산에 대한 가장 완벽한 교과서이다.

● 세계 각국의 의학 단체로부터 추천과 함께 감수를 받아온 이 책은 해마다 최신의 내용으로 보완·수정되어 새로운 판을 내고 있다.

● 미국과 영국, 독일, 이탈리아, 그리스, 스페인, 캐나다, 일본, 호주를 비롯한 세계 32개국에 번역되어 해마다 2천4백만 명 이상이 읽고 있는 이 책은 임신에 대한 모든 불안과 염려를 떨쳐 버리고 행복하고 평온한 마음으로 아기를 기다릴 수 있게 해준다.

● 산부인과뿐 아니라 소아과, 신경정신과, 심리과, 병리과, 방사선과 등 여러 분야의 의학자들이 참여하고 조산사와 간호사와 운동요법사, 패션 디자이너와 미용 전문가까지 동원되어 제작된 이 책은 간단한 메모형식의 짧은 요약서가 아니라 임신과 출산의 전 과정에 대하여 상세한 의학적 지식은 물론 심리적, 정신적 문제에 이르기까지 진지하게 다룬 정통 해설서이다.

● 각기 다른 나라의 사회, 문화적 수준과 교육 정도를 뛰어넘어 누구나 금방 알 수 있도록 쉽고 재미있게 설명했으며 충분한 도해와 감각적인 일러스트를 곁들였다.

● 한국어판 제작은 1997년부터 시작해 2년이 걸렸으며 최종적으로 1999년판의 내용을 삽입시켰다. 원본에 충실하되 한국 실정에 맞도록 많은 전문가의 조언을 받았으며 이해하기 쉬운 문장표현에 주력했다.

임신의 행복
출산의 기쁨을 찾아

아기의 탄생을 기다리는 시간은 곧 사랑의 이야기이며, 꿈이 실현되는 과정이다. 태어나기 이전 아기에 관한 생각들은 참으로 신기하고 매혹적이다.

눈에 보이지도 않는 조그만 수정란이 어떻게 아홉달만에 3kg의 아기가 될 수 있을까? 임신은 어떤 단계를 거쳐서 진행되는 것일까? 태아는 어떻게 영양을 섭취하고 호흡할까? 태아는 무엇을 느끼며 무엇을 알 수 있을까? 엄마의 감정이나 아버지의 목소리를 알아챌 수 있을까? 수많은 궁금증이 떠오른다.

물론 아직까지 모든 의문이 해결된 것은 아니다. 그러나 지난 몇 년 동안 태아에 관한 지식은 놀라운 발전을 보이며 거의 모든 분야에서 새로운 발견을 해냈다. 따라서 이 책에서도 새로운 지식을 최대한 수용하려고 해마다 대폭 수정 보완해왔다. 사실 이 책은 처음 출간되던 때부터 탄생 이전의 태아의 삶에 대한 부분이 핵심을 이루었다. 그것은 아기를 기다리는 젊은 부부들이 가장 즐겨 읽는 주제이기도 하다. 이제 여기에 대한 연구가 획기적으로 발전되어 아직 세상에 나오지도 않은 태아의 질병을 연구하는 단계에까지 이르렀으며 심지어 태아의 심리까지 연구되고 있다.

또한 임신과 출산에 관련하여 가장 중요한 사건은 초음파를 통하여 태아의 모습을 볼 수 있게 되었다는 점이다. 초음파가 가져온 변화는 의학적으로 아기를 살피는 데 국한된 것이 아니라 아기를 기다리는 부모들의 심리적 체험에도 커다란 영향을 미치게 되었다.

이런 변화 이외에도 불임에 대한 대책들이 마련되었고, 생리가 지나자마자 임신 여부를 측정할 수 있게 되었으며, 태아의 상태를 미리 진단함으로써 질병에 노출된 아기의 생명을 구할 수 있게 되었고, 조산 또한 막을 수 있게 되었다. 출산 자체에 대한 준비도 발전하여 분만의 부담도 줄어들었다. 모니터링을 통해 분만의 각 단계를 잘 돌볼 수 있게 되었음은 물론 경막외 마취에 의해 분만의 통증이 줄어들었고, 무통분만까지 가능하게 되었다.

또한 임신중독증 같은 병의 위험도 약화되었고, 임신부가 당뇨와 같은 질병을 앓고 있는 경우에도 좀더 효과적으로 대처할 수 있게 되었다.

이런 모든 변화와 새로운 발전을 소개하기 위해 이 책은 최선을 다 했다.

해마다 더 완전해지고 다양해져가는 이 책을 보며 임신부들은 무엇보다도 임신은 두려운 것이 아니라는 사실을 알게 될 것이다. 의학과 기술의 발달에 힘입어 임신부에 대한 간호와 배려는 점점 더 발전할 것이고, 임신부는 환자가 아니라 건강하지만 보살핌을 필요로 하는 대상으로 대우받을 것이다.

그러므로 임신을 했다고 해서 삶의 모습이 달라져야 할 필요는 없다.

끝으로 우리가 얼마나 열정적으로 이 책에 매달렸는지를 말해주고 싶다. 독자들로부터 매일 아침마다 수 천 통의 편지를 받으며 우리들의 노력이 어떤 결과를 낳는지 확인하고, 그들의 제안과 비판을 소중하게 받아들였다. 또한 세계 각국에  흩어져 있는 감수자들과 항상 통로를 열어놓고, 날마다 일어나는 새로운 발전을 세심하게 점검하여 새로운 판에 수록했다.

이 책을 읽는 독자들은 아기를 기다리는 시간이 한 남녀의 일생에서 가장 풍요롭고 행복한 시기라는 것을 깨닫게 될 것이다.

— 로랑스 페르누 —

로랑스 페르누
Laurence PERNOUD

프랑스 출신으로 영국의 캠브리지 대학 졸업. 철학과 법학 공부. 미국에서 신문기자로 일하다 귀국해 〈파리 마치〉지 편집장과 결혼. 첫 아기를 임신한 후, 임신과 출산에 관한 마음에 드는 책을 구하지 못해 직접 책을 쓰기 시작하여 3년 후인 1956년, 둘째 아들의 출산과 더불어 이 책을 완성했다. 그렇게 하여 쓰여진 〈아기를 기다리고 있어요〉는 이내 폭발적인 성공을 거두며 프랑스 임신부들의 필독서가 되었다.

그 후 의학자, 심리학자, 육아 전문가 등 20여 명의 전문가들로 팀을 구성해 새로운 지식으로 내용을 수정·보완하며 해마다 증보판을 발행하고 있다. 현재 이 책은 세계 32개국에 번역되어 밀리언 셀러를 기록하고 있으며 이 분야 최고 권위서로 인정받고 있다.

그녀의 일관된 메시지는 임신과 출산이라는 인생의 중요한 전기를 맞이하여 모든 것을 자율적으로 처리하고 스스로 결정하라는 것이다.

세계인에 미친 이 책의 공로로 프랑스 최고 훈장인 '레지옹 도뇌르'를 수상했다.

CONTENTS
차 례

제 4 장 아름다운 임신부

제 5 장 탄생 전의 아기

제 6 장 쌍둥이를 임신했다면

제 10 장 임신중 발생하는 문제들

제 11 장 출산 예정일은 언제일까?

제 15 장 마취 분만

제 16 장 갓 태어난 아기

제 17 장 출산 후에는 어떤 문제가 있나?

부록 한국에서 출산에 꼭 필요한 것들

제 **1** 장

아기를
기다리고 있어요

● 정말 아기를 가진 것일까

28 … 29 … 30 ….

예정일이 2, 3일 지났는데도 있을 것이 없다. 다시 한 번 세어 본다. 28, 29, 30. 혹시 임신이 아닐까, 내가 정말 아기를 가진 것은 아닐까? 여러가지 생각을 해 보지만 모든 것이 불확실하다.

그런 시간이 지나면 점차 기대가 확신으로 바뀌면서 구체적인 느낌이 다가온다. 아무래도 임신이 틀림없는 것같아, 아기를 갖게 된 거야! 그러자 이번에는 다시 다른 것을 세어 본다. 한 달, 두 달, 석 달…. 출산일은 어느 달 며칠쯤일까?

머릿속에 가장 아름다운 사랑의 이야기가 펼쳐진다. 꿈은 현실화되고 아기의 삶과 관련된 상상이 뒤따른다.

▶ 4주째에는 아기의 심장이 박동하기 시작하고,

▶ 8주째에는 아기의 모습이 초음파로 보이며,

▶ 넉달째에는 아기의 움직임이 느껴지겠지?

숫자와 감정들이 대화를 시작한다. 임신이란 그런 것이다. 중요한 것은 앞으로 다가올 아기와 엄마의 생활에 관한 것이다.

이어서 많은 의문들이 생긴다. 딸일까, 아들일까? 혹시 쌍둥이는 아닐까? 언제 어떻게 출산해야 하나? 고통스럽지는 않을까?

이런 의문에 답하기 전에 먼저 처음의 불확실한 상태로 되돌아가 보자. 임신을 빨리 확인하는 것이 무엇보다 중요하기 때문이다. 여러 신호들이 임신이라고 생각하게 해주지만 그래도 다양한 검사를 받아야 한다. 임신 신호들은 무질서하게 나타나므로 누구나 똑같지는 않다. 어떤 사람은 입덧 한 번 하지 않고 임신할 수도 있다. 하지만 몇몇 신호는 아주 뚜렷해서 임신부 스스로나 의사가 쉽게 알아낼 수 있다.

● 임신으로 나타나는 신호들

가장 중요하면서도 일반적인 첫 신호는 생리가 멈추는 것이다. 이것을 의학 용어로는 '무생리'라고 한다. 하지만 이것은 절대적 기준이 되지 못한다. 생리가 2, 3일 늦어진다고 해서 반드시 임신이라고 결론지을 수는 없다.

그러나 다음과 같은 경우라면 거의 임신으로 생각해야 할 것이다.

▶ 그동안 생리 주기가 정확하고 규칙적이었을 때.

▶ 건강에 아무 이상이 없을 때. 실제로 어떤 병들은 전염병이든 아니든 때때로 생리가 늦어지게 한다.

▶ 생리 주기를 혼란시킬 수 있는 여행이나 기후의 변화, 혹은 정신적 충격 같은 특별한 상황을 겪지 않았을 때.

▶ 생리 주기가 불규칙한 사춘기나 갱년기가 아닐 때.

다시 말해 생리가 있으면 임신한 것이 아니라고 확신할 수 있다.[1] 하지만 생리가 없다고 해서 임신이라고 확신할 수는 없다는 뜻이다.

임신 초기에는 다음 증상이 따르게 된다.

▶ 단순한 메스꺼움만을 느낄 수도 있고 일반적으로 반수 정도는 아침에 일어났을 때 담즙질이 나오거나 낮에 음식물을 토한다.

▶ 식욕이 없고 모든 음식물이 싫어진다.

▶ 오히려 가끔 식욕이 늘거나 몇 가지 음식물에 대해서는 강렬한 식욕을 느낀다.

▶ 후각이 변한다. 향수같이 아주 좋은 냄새라도 어떤 것들은 도저히 참을 수 없다.

▶ 평소와 다르게 침이 많이 나온다.

▶ 신트림이 나고 식사 후에 둔한 느낌이 든다. 특히 식사 후 졸려서 낮잠을 자게 되고 일찍 잠자리에 들게 된다.

▶ 변비가 생긴다.

▶ 소변이 자주 마렵다.

▶ 유방이 무거워지고 빠르게 커진다. 젖꼭지 끝을 둘러싸고 있는 고동색 부분인 유두륜이 부푼다. 유방 자체도 훨씬 커지고 민감해진다. 이것은 중요한 표시이지만 아마도 스스로 느끼기는 어려울 것이다. 그리고 작은 돌기들이 유두륜에 나타나는데, 이것을 몽고메리 돌기라고 부른다.

1) 이때의 생리는 시작 날짜, 양, 기간이 정상적이라야 한다. 조금이라도 이상하거나 며칠 뒤 다시 출혈이 시작되면 의사에게 가보아야 한다. 자연유산이나 자궁외 임신 같은 비정상적 임신일 수도 있기 때문이다.
또한 드문 경우이기는 하지만 임신한 여성이라도 생리 때가 되면 계속해서 한두 번 출혈이 올 수 있다. 이 경우 평상시보다 양이 많지 않다.

반드시 병원에서 확인해야 한다

임신 때문에 나타날 수 있는 일반적인 증상들을 살펴보았다. 그렇다고 불안해할 필요는 없다. 아무 문제가 없을 수도 있고, 이런 증상들이 자신도 모를 정도로 아주 가볍게 나타날 수도 있다. 또한 이런 여러증상들이 느껴진다고 해도 스스로 임신이라고 단정해서는 안된다. 임신은 반드시 의학적 검사를 통해서만 확인될 수 있다. 임신했을 것이라는 상상만으로도 이런 증상들이 나타날 수 있기 때문이다. 대부분의 증상은 신경으로부터 비롯된다. 그러므로 불확실한 추측을 억제하고 올바르게 판단해야 한다.

임신 사실을 알아 보려면 결과가 바로 나타나는 임신 진단 시약을 약국에서 사서 검사해볼 수도 있다. 그러나 가장 확실한 길은 의사를 찾아가는 것이다. 제9장에서 의사를 비롯해 임신과 출산에 필요한 사람들에 대해 자세히 설명하겠지만 임신과 출산의 가장 중요한 첫번째 검사는 의사가 해야 한다.

의사는 임신부를 진단하면서 검사를 할 때마다 자기 소견을 매우 조심스럽게 말할 것이다. 왜냐 하면 연속적으로 두 번의 생리를 거른 후인 임신 한달 반이 되기 전까지는 임신을 확실하게 단정지을 수 없기 때문이다.[2]

의사는 자궁의 변화를 관찰하며 임신 진단을 시작한다. 임신한 여자의 자궁은 그렇지 않은 여자의 것과 완전히 다르다. 그 모양이 평상시에는 삼각형이던 것이 동그랗게 변하고, 단단하던 것이 말랑말랑하게 되며 특히 크기가 변한다.

이러한 자궁의 변화는 임신 초기에는 임신부 스스로는 느낄 수 없고 의사의 진단에 의해서만 알게 된다. 임신 6주가 되면 자궁의 크기는 오렌지만하게 부풀고 그 후 계속 커진다.

의사가 자궁이 커지는 것을 보고 임신을 판정하려면 몇 주가 걸려야 한다. 단지 일주일 정도 생리가 늦어지는 것으로 결정적 답변을 해 줄 만큼 자궁이 커지지는 않는다.

임신 전부터 같은 의사에게 정기적으로 진찰을 받았다면, 마지막 생리 후 6주가 지난 다음에 하는 검사 하나만으로 자궁의 변화를 충분히

2) 임신은 수태된 날부터 시작한다. 제5장에 다시 나오지만 수태는 거의 생리 주기 중간에 이루어진다. 그렇기 때문에 임신한 경우라면, 생리가 늦어진 첫날이 임신한 지 이미 2주가 된 것이고, 두 번째로 생리가 없는 4주 후는 임신한 지 한달 반이 되는 것이다.

알 수 있으므로 임신인지 아닌지 답을 해줄 수 있다.

하지만 처음 대하는 의사라면 자궁 크기의 변화를 관찰하기 위해 두 번의 검사를 해야 한다. 첫번째 검사는 생리가 일주일에서 열흘 정도 멈춘 뒤에 하고, 두 번째 검사는 첫 검사 후 2, 3주 뒤에 한다.

매우 드문 경우이긴 하지만 어떤 여성들은 앞에서 말한 어느 신호도 느끼지 않고, 의사를 만나거나 초음파 검사를 하는 일 없이 스스로 임신 사실을 알게 된다. 난자의 착상 2, 3일 뒤 자연스럽게 느끼게 되는데 첫번째 임신의 경우는 누구에게도 그런 일이 생기지 않는다.

대다수의 여성들은 검사를 한다. 여러 종류의 검사가 있지만 오늘날 의학이 발전하여 모든 검사가 믿을 만한 답을 줄 수 있다.

● 무엇으로 임신을 알 수 있나?

대부분의 임신 검사는 소변이나 피를 통해 태반에서 분비되는 난포막 생식선 자극 호르몬[3]을 알아내는 것이다. 임신의 중요한 특징인 이 호르몬에 대응하는 항체를 사용하여 눈으로 볼 수 있는 색소 반응을 나타내게 하는 것이다. 실제로 이 반응은 임신부 스스로도 소변 검사를 통해 간단히 알아볼 수 있는데 임상병리 실험실에서는 혈액을 통해 보다 정확하고 다양한 검사를 한다.

검사용품으로 혼자서도 알 수 있다

이 검사용품들은 약국에서 팔고 있다. 보통 한 상자로 한 차례만 검사할 수 있지만 어떤 상품들은 두 차례 검사할 수 있으므로 한 번 더 반응 검사를 할 수 있다. 음성 반응일 경우에는 반드시 며칠 뒤 한 번 더 해보아야 한다.

검사 방법은 상자 안에 씌어 있다. 이해하기 쉽게 되어 있지만 설명대로 정확하게 해야 한다. 반응 검사의 결과가 양성이면 임신한 것이 거의 확실하다. 양성 반응이 틀리는 경우는 거의 드물다. 하지만 결과가 음성이라고 해서 임신 가능성이 완전히 사라졌다고 할 수는 없다. 검사를 너무 빨리 했을 수도 있기 때문이다. 오늘날[4] 점점 발전된 검

3) 호르몬은 내분비선에 의해 분비되는 물질이다. 호르몬은 인체 외부가 아니라 내부의 혈액 속에서 방출된다. 호르몬은 인체의 규칙적인 기능에 영향을 미친다. 어떤 호르몬은 남녀 모두 똑같이 분비되고, 어떤 호르몬은 남녀가 각각 다르게 분비된다. 이것이 성(性)호르몬이다.

4) 몇년 전에는 결과를 알려면 무생리 후 열흘 정도 지나야 했다. 그러나 현재는 생리가 하루만 늦어져도 결과를 알 수 있다.

사 방법 덕택에 임신 여부를 보다 빨리 알 수 있게 되었지만 이 검사에도 한계가 있기 때문에 제대로 판단할 수 없는 경우가 있다.

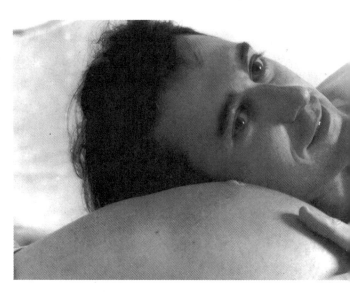

호르몬이 아직 임신을 확정짓는 유효 수치에 도달하지 못했을 때가 그렇다.

그렇다고 모든 여성이 다 똑같은 것은 아니다. 여성의 호르몬 수치는 제각기 다르다. 임신 날짜가 같은 두 여성이 똑같은 검사를 했는데도 다른 결과가 나오는 것은 바로 이 때문이다.

검사 전날 저녁에는 아무것도 먹거나 마시지 말아야 한다. 그래야 다음날 아침에 훨씬 농축되고 호르몬 수치가 높은 소변을 얻을 수 있다.

다시 강조하건대 반응 결과가 양성이라면 임신은 거의 확실하다. 하지만 결과가 음성으로 나왔다 해도 검사를 너무 일찍 했을 수 있으므로 일주일 후에 다시 해 보아야 한다.

일주일 후에도 검사 결과가 여전히 음성이고 생리가 계속 늦어진다면 전문의의 검사를 받아야 한다.

병원에서 하는 검사

전문의의 검사로 출혈이나 통증 같은 이상 증세가 임신 때문인지 아니면 산부인과 질환 때문인지 알 수 있다. 병원에서는 임신인지 아닌지 정확히 알아낼 뿐 아니라 임신 호르몬의 양도 측정한다. 이 검사는 임신 초기의 여러가지 위험을 진단하는 데 사용된다.

이러한 혈액 검사는 소변 검사보다 빨리 임신을 알 수 있다. 또한 임신 개월 수를 정확하게 측정할 수 있으며 주기가 불규칙한 경우라도 확실하게 임신인지 아닌지 알 수 있다.

▶ 초기에 임신 여부를 알 수 있는 훨씬 간단하고 빠른 방법이 있다. 체온 측정법이다. 정기적으로 자신의 체온을 측정함으로써 알아볼 수

있다. 임신인 경우, 체온은 내려가지 않고 계속해서 일정하게 높다. 생리가 없는 시기에 고체온이 계속되는 것은 임신을 알리는 신호이다. 따라서 고체온이 계속되면서 생리가 없으면 임신이 거의 확실하다. 다시 말해 고체온이 16일 이상 계속되면 일단 임신이 아닌가 생각해 보고, 20일 이상 계속되면서 생리가 일주일 이상 없으면 임신이라고 판단해야 한다.

▶ 임신 초기 3개월 동안 또 다른 여러 생리 현상들이 나타난다. 임신 3개월에 유방을 누르면 유두에서 산모의 초유 같은 희끄무레한 액체가 분비된다. 4개월에는 자궁이 점차적으로 커지는 것을 스스로도 알 수 있다. 4개월에서 4개월 반 사이에는 태아의 움직임을 느낄 수 있는데, 두 번째 임신인 경우에는 좀더 빨리 느껴진다.

● 임신은 빨리 확인해야 한다

임신은 빨리 확인하는 것이 중요하다. 태아의 발육과 건강에는 수태 후 3개월이 가장 중요하므로 임신부는 빨리 임신을 확인하고 모든 것에 주의를 기울여야 한다. 태아의 모든 기관은 임신 초기 두 달 동안에 전부 형성된다. 그러므로 이 시기에 태아는 잘 보호받아야 하며 충분한 영양을 공급받아야 한다.

사실은 임신 이전에 장래 임신부의 건강 진단을 해보는 것이 더욱 중요하다. 임신부의 건강이 임신을 해도 되는지 그렇지 않은지 임신 전에 반드시 상세한 검사를 받아야 한다. 만일 당뇨병 같은 질병이 있다면 임신을 피해야 한다. 임신부와 아기가 다같이 위험에 처할 수 있다. 또한 어떤 병들은 임신으로 재발되기도 한다. 의사 중에는 호르몬 측정까지 하려는 이들도 있다. 호르몬 수치의 정상 여부가 임신에 중대한 영향을 미치기 때문이다.

임신 판정을 기다리는 동안에는 생리가 지연된 첫날부터 약은 먹지 말아야 한다. 계속 복용해오던 약이 있다면 임신 기간에 복용해도 되는지 의사와 상의해야 한다.

전염병 환자를 피하고, 예방 주사는 허용된 것 외에는 접종하지 말아야 한다. X선 촬영을 해야 할 경우에는 임신 판정을 기다리고 있다는 사실을 알려주어야 한다. 날고기나 완전히 익히지 않은 고기는 먹지 말아야 하고, 채소와 과일은 깨끗이 씻어 먹어야 한다. 이러한 주의 사항이 필요한 이유는 다음 장에서 설명하겠다.

임신이 아니라면 어떻게 하나?

임신이 아니라는 사실을 알았다. 임신이라고 생각한 생리 지연은 다른 이유 때문이었다. 그러나 이런 경우도 생리가 시작되어 정상 주기로 되돌아가기만 하면 어느 때라도 다시 임신이 가능해진다.

만약 임신이 아니어서 실망했다면, 뜻밖의 임신이란 쉽지 않다는 것과 어떤 여성들은 매우 오래 기다려야 임신이 된다는 사실을 기억하자. 그러므로 가임 시기라고 부르는, 수태하기에 가장 좋은 시기를 아는 것이 중요하다. 다음 제5장에서 수태는 몸 안에서 중요한 일이 일어나는 시기, 즉 여성 난세포의 배란이 일어나는 시기에만 가능하다는 사실을 알게 될 것이다. 배란은 일반적으로 생리가 28일 주기인 경우, 생리 첫날을 포함해 14일째 되는 날에 일어난다.

하지만 배란일은 여성에 따라 다르고, 한 여성에게도 항상 정해져 있는 것은 아니다. 생리 주기가 다르기 때문이다.

체온 측정법으로 임신 가능한 시기를 정확히 알 수 있다. 체온 측정법은 아마도 피임법으로 더 많이 알려져 있을 것이다. 이는 여러가지 다른 목적으로도 사용된다. 체온은 몸의 상태를 드러내어 생리 주기를 알게 해 주고, 배란이 일어나는 순간을 정확히 판단하게 해 준다. 그것을 통해 수태 가능한 날들과 그렇지 않은 날들을 알 수 있다. 그래서 체온 측정법은 아기를 원하지 않는 여성에게나 원하는 여성에게나 다 같이 쓸모가 있다.

물론 체온을 측정하는 것만으로는 충분하지 않다. 가임 시기에 성관계를 가졌더라도 즉시 임신이 되는 것은 아니다. 관계를 가진 부부의 30%만 생리 첫 주기에 임신이 이루어졌다는 통계가 나와 있다. 다른 부부들은 석 달, 넉 달, 그 이상을 기다려야 한다.

또한 피임 기구를 제거하거나 피임약 복용을 중단했다고 해서 다음 주기에 바로 임신하는 것은 아니다. 그것은 단순히 피임을 중지해 임신의 가능성을 열어 주는 것일 뿐 그 뒤는 하느님의 섭리에 따를 뿐이다. 이러한 기다림에 대한 개념은 아기의 탄생을 마치 여행 계획 세우듯 하는 요즘 사람들의 생각과는 다른 것이다.

'아기는 원하는 시기에' 라는 선동문구는 부부를 혼란에 빠뜨린다. 우리는 한 젊은 여성이 이렇게 말하는 것을 들었다.

"나는 이제 아기를 가질 시기가 되었어요. 그런데 아기가 들어서지 않는군요. 나는 앞으로 영원히 아기를 갖지 못하는 건 아닌가요?"

부부가 원하는 시기에 아기를 갖고 싶어하는 마음은 이해할 수 있다. 아기를 원하지 않았던 시기가 길수록 더욱 초조할 것이다. 그러나 초조해서 일찍부터 불임을 염려하거나 의사에게 너무 빨리 달려가는 것은 바람직하지 못하다.

불임 상태가 최소한 일년 이상 지난 후에나 의사의 진찰을 받아 보는 것이 좋다. 의사가 불임 가능성에 대한 말을 하더라도 모든 희망을 잃었다고 절망할 필요는 없다. 지금까지 알려진 불임의 원인은 대부분이 치유가 가능하다.

몇 살까지 임신할 수 있나?

이론적으로 배란이 계속되는 한 수태는 가능하다. 즉 폐경기까지 임신이 가능하다는 뜻이다. 그러나 실제로 임신 가능성은 35세 이후부터 줄어들기 시작해서 40세가 넘으면 현저하게 감소한다.

그런데 이상하게도 나이가 들면 아기를 갖고 싶은 생각이 훨씬 강해지거나 되살아난다. 그렇다고 어머니가 될 수 있는 나이가 연장되는 것은 아니다. 그러므로 나이 든 여성이 아기를 갖고 싶으면 한 살이라도 덜 먹었을 때 서둘러야 한다.

남성의 나이 또한 임신에 관계가 있다. 지금까지는 성경에 나오는 아브라함을 비롯해 모든 남성들은 80세까지 아기를 잉태시킬 수 있다고 생각해왔다. 그러나 오늘날의 통계 수치는 남성의 능력도 나이가 많아지면 떨어진다는 것을 보여주고 있다. 그러나 여성의 수태 능력에 비해 남성의 능력 감소는 훨씬 천천히 진행된다.

● 가장 확실한 체온 측정법

배란 시기를 알 수 있는 방법이다. 매일 아침 자리에서 일어나기 전, 같은 시각에 같은 체온계로 같은 부위의 체온을 측정한다. 항문이 가장 좋지만 혀밑이나 겨드랑이를 재도 괜찮다. 그러나 부위에 따라 재는 방식과 시간이 일정해야 한다.

아침에는 조금만 활동해도 체온이 올라가므로 만약에 체온을 재지 않고 자리에서 일어났다면 다시 누워서 체온을 잴 때까지 한 시간쯤 그대로 있어야 한다.

체온을 그래프에 표시해 놓는다. 시간이 흐를수록 그래프선의 높고 낮은 변화가 생긴다.

그런데 어느 날 온도가 뚜렷이 올라가는 것을 볼 수 있다. 36도 5부 근처에 머물던 곡선이 37도를 넘는 것이다. 물론 그 수치 근처에 높낮이는 있다. 이어서 어느 날 다시 체온이 원래 수준, 즉 36도 5부로 내려간다. 이 날이 새로운 생리 시작 전날이다.

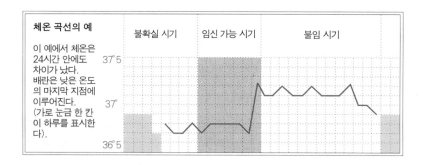

체온 곡선의 예

이 예에서 체온은 24시간 안에도 차이가 났다. 배란은 낮은 온도의 마지막 지점에 이루어진다. (가로 눈금 한 칸이 하루를 표시한다).

불확실 시기   임신 가능 시기   불임 시기

37˚5
37˚
36˚5

주기 중간에 그려진 곡선을 잘 살펴보자. 온도가 낮은 기간과 높은 기간이 있는 것을 볼 수 있다. 이 차이로 배란이 일어나는 순간을 찾아낼 수 있다. 체온의 차이는 24시간 안에도 생길 수 있고, 가끔씩 며칠 동안에 생기기도 한다.

24시간 안의 경우 배란은 낮은 온도의 마지막 날에 일어나며 며칠의 경우에는 온도가 오르기 시작하는 첫날에 일어난다. 배란이 일어나는 시기를 알면 임신 가능한 날을 알 수 있다.

▶ 배란 당일이거나
▶ 배란 시작 2, 3일 전이다.

어째서 배란 시작 며칠 전에도 임신이 가능할까? 정자는 그 수태 가능 기간이 최소한 2, 3일은 넘는다. 그러므로 배란 전 2, 3일 이내에 유입된 정자는 임신을 가능하게 할 수 있다. 하지만 난자는 수태가 되지 않으면 24시간이 지난 후 죽는다.

아마도 체온 측정법으로 피임을 하는 여성들은 피임 시기가 그보다 훨씬 길다는 말을 할 것이다. 그것은 실수없이 제대로 피임을 하려면 피임 시기를 훨씬 넓게 잡아야 하기 때문이다.

질병으로 인한 체온 상승과 배란으로 인한 체온 상승을 어떻게 구별할 수 있을까? 이것은 확연히 다른데, 열이 따르는 질병은 체온이 정상보다 현저하게 높아진다. 비슷하게 같은 수준을 유지하는 것이 아니라 계속해서 오르거나 내리거나 한다. 또한 다른 증상이 수반된다. 모든 질병에는 열 말고도 특별한 증상이 있기 때문이다.

이 방법은 좀 불편할 수도 있다. 초기에는 그래프에 익숙해지기 위해 주기 전체에 걸쳐 체온을 표시하는 것이 좋다. 하지만 몇 달이 지나면 체온 차이를 알기 위해 필요한 시기, 즉 한 달에 열흘 정도만 체온을 표시해 놓으면 충분하다.

체온 곡선은 신체의 다른 이상을 알려주기도 한다. 가장 중요한 것은 체온 차이가 없는 경우인데, 일반적으로 체온이 낮아야 할 시기에 열흘 이상 체온이 37도를 넘는 수가 있다.

이런 경우는 호르몬 기능의 이상이 염려되므로 의사에게 가서 곡선 그래프를 보여야 한다. 그것을 보고 의사는 문제점을 찾아낼 것이다. 그러나 어떤 곡선은 해독하기 어려운 것도 있다.

배란 시기를 표시하는 체온 곡선으로 임신의 시작 여부도 알 수 있다. 이 경우 체온은 내려가지 않으며 고온이 14일 이상 지속된다. 이러한 고온은 생리가 없는 것과 함께 임신의 첫 신호가 된다.

어떤 여성들은 스스로 자연스럽게 배란 시기를 알기도 한다. 그들은 난모 세포가 파괴되어 난자가 난소를 떠나는 순간 옆구리에 분명한 통증을 느낀다. 통증은 곧 사라지지만 바로 그 순간이 임신을 위한 배란을 알리는 시기이다.

배란 검사

집에서 스스로 배란을 알아볼 수 있는 검사 시약들을 약국에서 판다. 이 검사는 소변을 통해 뇌하수체에서 만들어지는 호르몬을 찾아내는 것이다.

배란을 촉진하는 이 호르몬은 배란 24~36시간 전에 나타난다. 이 호르몬 검사로 배란을 알 수 있다. 이 검사는 아침에 처음 나오는 농축된 소변을 가지고 해야 하며 30분 안에 결과가 나온다. 이론적으로 가능한 배란일 3, 4일 전부터 검사를 계속해야 한다.

임신이다, 삶 전체가 바뀔 것이다

"나 임신했어요."

이 말만큼 여성의 마음을 흔드는 말은 없을 것이다. 여성은 자신의 임신 사실을 확인한 순간부터 복잡한 감정에 사로잡히게 된다.

'나는 아주 행복해요'인 경우가 많겠지만 '어머나, 지금은 정말 때가 아니에요'일 수도 있다. 이것은 단순한 문제가 아니다. 기쁨과 두려움이 엇갈리며, 아기를 가질 수 있다는 자신감이 여러 복합적인 감정과 뒤섞인다.

이런 복잡한 감정과 함께 여러 다른 느낌들이 찾아온다. 사랑하는 남자의 아기를 가졌다는 기쁨과 중대한 사건을 맞이했다는 무거운 심정, 곧 많은 일들을 겪게 될 것이라는 흥분 같은 것들이다. 특히 첫아기일 경우에는 임신과 출산에 대해 모르는 것들이 많아서 마음이 혼란스럽고 자신의 몸이 변해 가는 것이 불안하며 남편의 마음에 들지 않을 것이라는 걱정 같은 것들이 생긴다.

그 어느 경우라도 한 가지는 분명하다. 무엇이든 예전과 같지 않다는 사실이다. 아무리 깊이 생각하더라도 임신과 출산이 어머니의 생활과 부부의 삶에 가져올 혼란을 미리 예측하기는 어렵다.

차분히 기다리면서 계획을 세우고, 임신을 두 사람의 실제 생활 속으로 끌어들이도록 노력해야 한다. 이런 의문이 생길 것이다.

'매일의 삶에서 무엇이 바뀔까? 무엇이 바뀌어야 할까?'

이 질문에 대한 대답은 다음 장에 있다. 일, 여행, 운동 등에 관해 생각해 보아야 한다. 자신과 부부의 삶에서 바뀌는 것들을 자세히 알아 보기 전에 우선적으로 나타나는 변화들을 살펴보자.

지금 임신부의 건강 상태가 아주 좋아서, 예전에 이렇게 건강이 좋은 적이 없었다고 느낄 만큼 건강에 자신이 있더라도, 임신을 하면 반드시 의사의 정기 검진을 받아야 한다.

왜 그래야 하나? 임신이 병인가? 물론 전혀 병은 아니다. 오히려 그 반대이다. 병은 병리학적 현상이며 이상 상태인데, 병이 공격하는 것을 우리 몸은 예상하지 못한다. 병이 공격하면 몸은 병과 싸워야 하므로 일정 기간 약해질 수밖에 없다. 임신은 반대로 생리학적 현상이고 정상 상태이다. 임신은 또 예상이 가능하며 신체 조직은 여기에 대한 준비를 한다.

제5장에서 보겠지만 난자는 매달 새로운 생명의 첫 세포인 수정란을 만들려고 정자를 기다린다. 그러다가 만남이 실패하면 다시 생리를 하게 되고 만남이 성공하면 생리는 사라진다. 수정란이 만들어지면 수태가 된 것이며 신체 조직은 변화한다. 달이 지날수록 몸은 새로운 변화에 적응하고 분만을 준비한다.

임신은 그런 것이다. 임신은 임신부의 정상적인 삶의 궤도 안에서 진행된다. 그러므로 이것은 병이 아니다. 어떤 여성은 임신 전보다 훨씬 쾌적한 기분을 느낄 수도 있다.

그런데 어째서 정기적으로 의사를 찾아가야 하나? 우선 의사의 진찰은 임신의 진행에 대해 정확한 정보를 주기 때문이다. 예를 들어 의사는 자궁 경부의 변화로 임신부의 자궁 수축을 알고 거기에 대한 조치를 취하게 된다.

오늘날에는 태아의 발육과 거기에 영향을 미치는 모체의 변화에 대한 새로운 지식들을 많이 알게 되었다. 그러므로 의사는 임신에 보다 세심한 주의를 기울이며 임신이 정상적으로 진행되도록 여러가지를 도와줄 수 있게 되었다.

약간 걱정이 될 때

초기의 흥분이 지나가면 임신을 했다는 사실이 부담이 될 수도 있다. 차츰 여기에 친숙해지도록 임신과 더불어 살아야 한다. 이어서 임신은 구체적인 현실로 다가오면서 아기의 얼굴을 그려보게 될 것이다. 머리카락은 어떨까? 눈은 어떻게 생겼을까? 아기를 팔에 안고 보살피는 상상도 하게 될 것이다.

하지만 모든 것은 미래가 아니라 이미 현실이 되었다. 아기는 만들어졌고 모든 신체적 특징 또한 수태 순간에 이미 결정이 되었다. 얼굴 생김새나 눈의 모양은 모두 정해졌다. 아기는 지금 임신부 안에서 뚜렷이 살아 있는 것이다. 동양에서는 이것을 혼동하지 않는다. 동양에서 아기는 수태된 순간부터 나이를 먹는다. 생후 2개월이면 아기의 나이는 11개월이 된다.

이처럼 아기는 수태된 순간부터 이 세상에 살아 있다. 그 순간부터 아기에게는 어머니의 손길이 필요하다. 지금 아기의 뼈와 근육이 생성되고 있으며 그것들의 건강은 어머니에게 달려 있다. 아기의 발육에 필요한 영양분과 산소를 공급해주는 사람은 바로 어머니이기 때문이다. 태아를 아프게 하거나 약하게 할 수 있는 세균이나 중독 같은 것을 전하지 않도록 주의를 기울여야 한다. 그렇기 때문에 임신을 빨리 확인하는 것이 무엇보다 중요하다는 것이다.

장차 어머니가 될 많은 여성들이 그렇겠지만 특히 첫번째 임신이라면 아마 꽤 불안할 것이다. 이 책 〈아기를 기다리고 있어요〉는 그 때문에 씌어진 것이다. 이 책의 정보가 임신부를 안심시켜 줄 것이다.

임신이 진행되면서 염려되는 증상이 있다면 거기에 대한 대책을 안내해줄 것이며, 만약 대수롭지 않게 생각한 어떤 신호가 있다면 그것을 심각하게 받아들이도록 그 위급함을 알릴 것이다. 그렇지만 임신부

의 걱정이 지나친 것이거나 임신에 대한 잘못된 생각 때문에 불안해한 다면 이 책을 읽고 임신부는 정말 안심해도 좋다.

그렇더라도 또 다른 염려가 있을 것이다. 어머니가 되고도 지금과 같은 삶을 살아갈 수 있을까, 아기가 지금 하고 있는 일들을 못하게 만들지는 않을까 하는 생각들이다.

"두고 봐, 네 인생은 곧 완전히 바뀌고 말 거야."

이런 말을 하는 사람들 때문에 걱정이 커질 수도 있다. 그러나 그것은 맞는 말이기도 하고 틀린 말이기도 하다. 임신 초기에는 주위에 널린 일들이 임신부를 귀찮게 하지만 조정 시기가 지나면 조금씩 그 일들을 다시 하게 된다.

태아의 빠르고 눈부신 발전은 어머니를 가만히 있게 내버려 두지 않을 것이다. 새로운 책임감으로 임신부를 더 성숙시키며, 주위로부터 자립시켜 자신감을 갖게 할 것이다.

● 출산일은 언제인가?

임신한 사실을 알자마자 미래의 어머니는 질문을 던진다.

"출산일이 언제인가요?"

본인뿐 아니라 남편과 주위 사람들, 친구들도 같은 말을 할 것이다. 임신 초기부터 이 점이 궁금하다면 제11장 '출산 예정일은 언제일까?'를 읽어본다.

● 두 사람이 함께 아기를 기다린다

엄격히 말해 임신은 두 사람이 하는 것이 아니다. 여성만이 유일하게 '나는 임신했다'고 말할 수 있다. 아기를 갖는 사람은 여성이다. 여성의 몸은 달마다 생리를 하면서 임신을 기다리고, 일단 임신을 하고 나면 생활의 불편을 겪게 된다. 그러한 이유로 '나는 임신했다'고 자랑할 수 있는 것은 여성만의 특권이다.

남성은 다만 '나는 곧 아버지가 될 거야' 혹은 '나는 곧 아기를 가질 거야'라고 말할 수 있을 뿐이다.

이처럼 아기는 자랑스럽게 어머니의 몸 안에 들어 있지만 실은 미래의 어머니와 아버지가 함께 기다린다.

심리적으로나 정서적으로 두 사람이 똑같이 기다리는 것이다. 오늘날은 예전보다 더욱 그렇다.

요즈음 아버지들은 이러한 기다림에 익숙해져 있다. 초음파 검사에도 참여하고 산부인과도 자주 방문한다. 출산 준비 과정에도 참여하고 아기가 탄생하는 순간을 함께하는 아버지도 점점 많아지고 있다. 임신과 분만이라는, 오랫동안 닫혀져 왔던 여성만의 영역이 조금씩 남성들에게 열리고 있는 것이다.

이 기다림에 너무 얽매인 나머지 어떤 남성들은 질투의 감정을 내보이며 스스로 아기를 안고 우유를 주기를 원한다.

서구의 어떤 아버지들은 그런 이유로 모성의 상징인 모유 수유를 반대하기도 한다.

'둘이 기다린다'는 마음으로 서로 상대방의 반응을 이해한다는 것은 항상 쉬운 일은 아니다. 미래의 어머니는 가끔씩 누구에게 떠넘길 수 없는 걱정과 염려에 휩싸이게 되고, 미래의 아버지는 난처한 태도를 보이게 된다.

● 어머니의 마음은 개월수에 따라 변한다

어떤 여성들은 임신하면서 성격이나 행동이 완전히 변한다. 그러나 변화를 나타내지 않는 사람도 많다.

여성들은 나이, 교육 수준, 주위 환경, 성격 등에 따라 어머니가 되는 방식이 제각기 다르다. 하지만 극단적인 경우를 제외하면 미래의 어머니는 일반적으로 달에 따라 특별한 심리변화를 나타낸다. 이러한 변화는 정상적인 것이며 육체적 변화와 아주 긴밀한 관계를 맺고 있다. 그렇기 때문에 임신을 생리학적으로 세 시기로 나누듯 심리학적으로도 세 시기로 나눈다.

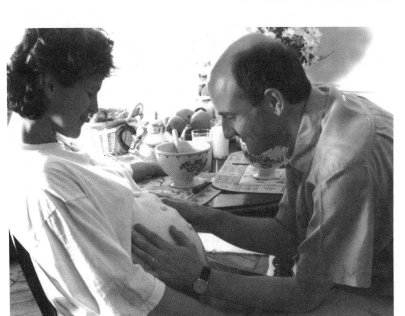

제1기 : 불안하고 마음이 복잡하다

실제로 이 시기는 현대의 발달한 검사 방법 덕택에 점점 짧아지고 있다. 임신 판정은 이제 몇 시간, 때로는 몇 분이면 쉽게 할 수 있다. 하지만 임신한 여성은 스스로의 몸으로 아기를 느끼거나 초음파로 아기의 모습을 확인하기까지는 심리적으로 안정을 찾지 못한다.

임신해서 아주 행복한 여성도 초기에는 기쁨과 걱정 사이에서 망설인다. 이것은 분만에 대한 걱정만이 아니라 여러 가지 요인이 복합된 두려움인 것이다.

특히 첫아기일 때는 새 생명에 대한 외경심과 함께 자궁 안에서 아기가 어떻게 커가는지 모르기 때문에 생기는 불안, 아기의 탄생으로 비롯되는 실제적 문제들을 어떻게 해결할 것인가 하는 걱정 같은 것이 임신부의 마음을 산란하게 만든다. 또한 자신의 어머니가 너무 허약하거나 반대로 너무 완벽한 경우 어머니로서 자신의 능력에 대한 의문을 가지게 되며, 몇 달 동안 남편이 자신을 멀리하지 않을까 하는 염려 등이 겹쳐서 다가온다.

이러한 복합적 감정으로 인한 메스꺼움, 불면증, 식욕부진, 피로 때문에 초기 몇 주 동안은 몹시 힘이 든다.

이 시기에 또 다른 걱정이 생기는데, 그것은 사고에 대한 염려이다. 여성들은 대부분 자연 유산이 초기 3개월 동안에 발생한다는 사실을 잘 알고 있다. 한 젊은 임신부의 말을 들어 보자.

"임신했다는 사실을 알고 처음에는 무척 기뻤습니다. 이어서 약간의 하혈이 있자 자연 유산이 염려되어 불안했습니다. 다행히 초음파를 통해 태아가 잘 자라고 있다는 것을 알았습니다. 그러자 마음이 고요하고 평화로워지더군요. 앞으로는 그 어떤 것도 이 편안함에서 나를 벗어나게 할 수 없을 것입니다."

이 시기에는 기쁨과 거부감, 염려가 뒤섞여 찾아온다. 처음에는 거부감을 가졌다 하더라도 아기가 움직이는 것을 느낄 즈음에는 모든 것이 바뀌게 된다. 모성은 여성에게 가장 강한 본능이어서 아기를 갖지 않겠다고 맹세한 여성조차도 무의식적으로는 아기를 원하게 된다. 자신이 임신을 하고 몇 달 후에는 어머니가 된다는 사실을 알았을 때 눈물을 흘리는 여성을 보는 것은 드문 일이 아니다.

새 생명에 대한 두려움은 흔히 어린 시절로 되돌아가 누구에겐가 의지하려는 경향을 나타내기도 한다. 그래서 임신부를 자신의 어머니와 가까워지게 만든다. 실은 그 어머니도 그런 과정을 거쳤다. 문화에 따라 다르지만 주위 사람들도 이런 임신부의 습성을 도와주려고 하고 호의를 갖고 대한다.

예를 들어 북아프리카 지방에서는 임신 기간 동안 아주 융숭한 대접을 받는다. 나라마다 다르기는 하지만 임신부는 대체로 주위 사람들이 정성을 쏟으며 돌보아 준다. 또한 조금 차이는 있지만 임신부는 이런 특별한 대우에 만족하려는 경향이 있다. 육체적으로나 정신적으로 다른 사람보다 민감하고 약하다고 느끼기 때문이다. 임신부는 누가 자신을 돌봐 주고 보살펴 주기를 바란다.

그와 동시에 임신부는 스스로 완전히 성인이 되었다고 느낀다. 자신의 어머니가 그랬던 것처럼 이번에는 자신이 곧 아기를 출산하게 될 것이기 때문이다. 어머니와 자신이 동등해지는 것이다. 모녀 사이가 좋은 경우 이런 관계는 서로에게 도움이 된다. 그렇지 않은 경우라면 어느 정도 긴장과 대립이 생길 수도 있다. 특히 어머니가 자신이 척척 박사라는 것을 보여주려고 하는 경우, 어머니의 세심한 주의가 딸을 괴롭히기도 한다.

지나치게 간섭하는 어머니나 시어머니는 임신부가 받아들이기 힘들 때가 있다. 그래서 모든 아기용품을 자신이 다 알아서 사는 어머니에게 딸은 역정을 내기도 한다.

마찬가지로 사위의 역할을 대신하고자 하는 미래의 할아버지 또한 미래의 부모를 피곤하게 만든다. 미래의 할아버지는 기쁘게 손주 생각을 하며 자신이 베풀 여러 가지 계획을 세우지만 결과적으로는 거부당하게 된다. 중요한 것은 지나치지 않게 자신의 한계를 지킬 줄 알아야 한다는 점이다.

임신한 여성은 자신의 어머니뿐 아니라 아기가 있는 다른 여성들에게 가까이 다가가기도 한다.

다음은 임신과 출산에 대한 다양한 연구로 유명한 의사 T. 베리 브래즐턴(T. Berry Brazelton)이 이 시기의 임신부에 대해 종합적으로 설명한 것이다.

"이 시기의 여성들은 자기 어머니를 찾아가고 싶어한다. 어머니가 사는 모습을 보면서 때로는 자신의 어린 시절에 대해 어머니에게 묻기도 한다. 옛날에 있었던 갈등을 다시 불러일으킬 수도 있다. 하지만 어머니를 세심하게 관찰하면서 다시 한번 어머니의 도움이 필요하다는 것을 느끼게 된다. 어머니가 되려는 욕구는 때로 지나칠 정도가 되어 시어머니의 주의를 끌려고도 한다. 시어머니의 마음에 들고 싶어하고 시어머니에게 사랑과 조언을 받기를 원하는 것이다. 또한 주위에 있는 다른 어머니들에게 매달릴 수도 있다. 아기가 있는 친구들을 전혀 다른 눈으로 바라보기도 한다. 임신은 새로운 역할을 준비하는 한편 자기 자신에 대해 가장 많이 배우는 시기이다."

임신 초기에는 이처럼 기쁨과 두려움 사이에서 망설이며 두 가지 성향이 나타난다. 다시 어린이가 되고 싶은 마음과 완전히 성인이 되려는 마음. 이러한 감정의 양면성이 일으키는 불안은 주위 사람들이 이해하기 힘든 기질적 변화를 가져오기도 한다.

제2기 : 안정과 감동이 시작된다

뱃속의 아기가 움직인다. 어머니가 처음으로 그것을 몸으로 직접 느낄 때의 감동은 충격적이라고 할 수 있다.

남성에게 임신부의 정신 상태를 설명할 수는 있지만, 여성이 자기의 몸 안에서 처음으로 아기가 움직일 때 느끼는 감정을 남성에게 이해시켜 주기란 불가능할 것 같다. 너무 강하고 깊은 감동이라 그 감정을 쉽게 표현할 수 없는 것이다.

이러한 처음의 움직임들로 어머니와 아기 사이에 특이하고도 신비한 대화가 시작된다. 이 대화는 겉으로 보기에는 출산을 하면 끝나는 것 같지만 실제로는 일생 동안 계속된다. 아기가 다 자랐을 때조차 어머니는 자신의 가장 깊숙한 곳, 자신이 아기를 가졌던 곳에서 소리없이 울려오는 움직임을 느끼곤 한다.

이 처음의 움직임은 모든 여성들에게 매우 중요하다. 드러내 놓고 기쁨을 표현하지 못하던 여성들도 아기를 몸으로 확인한 다음에는 달라진다. 임신을 두려워하거나 불안해 하던 여성들도 아기를 확인하는 것을 망설이지 않는다. 아기로부터 전해지는 확실한 신호가 모든 불안과 망설임을 없애 주는 것이다.

어머니는 또 다른 것들로 부터도 아기를 확인하게 된다. 의사는 초음파를 통해 아기의 심장이 뛰는 소리를 듣게 할 것이고, 어머니 스스로 아기의 심장이 뛰는 것을 직접 느낄 수도 있다. 미래의 아버지 또한 이러한 일들을 함께 경험하게 된다. 하지만 그것들이 아기의 첫 움직임보다 더 감동적일 수는 없다. 한 어머니는 이렇게 썼다.

'나는 아기의 심장이 뛰는 것을 들었다. 감동적이었다. 하지만 내 몸 속에 있는 한 아기의 작은 발길질은 나를 통째로 뒤흔들었다.'

자신의 가장 깊은 곳에서 어머니는 이 감동을 느끼는 것이다.

아기의 움직임은 마음에만 작용하는 것이 아니라 몸에도 작용하여 정신과 몸이 서로 얼마나 밀접한 관계인지 알게 해 준다. 예를 들면 임신 초기 몇 달 내내 불쾌하도록 침이 많이 나오는 증세가 순식간에 멈춘다. 동시에 메스꺼움이 사라지고 다시 졸음이 오며 식욕을 되찾게 된다. 그래서 제2기는 감동적이고 편안한 상태로 시작된다. 모든 것이 안정되고 조용히 지나가며, 건강한 여성이라면 특별한 복합 증상이 거의 나타나지 않는다.

4~5개월 정도 되면 임신한 표시가 나지만 거북할 정도는 아니다. 여성들은 체중에 신경을 쓰지만, 특별한 문제가 없다면 생활을 바꿀 필요는 없다. 자신의 컨디션이 가장 좋은 상태라는 것을 스스로도 알 것이다. 피곤하지도 않고 불편하지도 않으며 보통때보다 얼굴이 훨씬 밝아진다.

어떤 여성들은 임신한 사실을 너무 일찍 드러내지 않으려고 한다. 그래서 자신이 임신부로 보일까 봐 걱정한다. 그렇지만 또 다른 여성들은 반대로 배를 강조하는 옷을 사려고 서둔다. 그들은 아기를 가진 사실을 자랑스럽게 생각하는 것이다. 이것은 그들이 사랑받고 있다는 사실을 증명해 준다.

제3기 : 아기는 어머니의 모든 것

제1기에서 아기는 기대와 확인이었고, 제2기에서는 감동과 안정이었다. 이제 제3기에서 아기는 어머니의 생각과 관심을 독차지하는 생활의 모든 것이 된다.

시간이 지남에 따라 일상의 모든 일들은 어머니의 관심에서 멀어지고 오직 임신한 아기에게만 온 정신이 집중된다. 아기의 발육과 건강, 위치의 변화, 움직임에 주의를 기울이면서 아기의 크기나 움직일 때와 움직이지 않을 때의 모든 순간에 대해 염려한다.

마치 아기가 태어난 것처럼 말하기도 하고 이름을 부르기도 하며 혹시 육체적 · 정신적 결함이 있을까 봐 걱정하면서 아기를 가족의 울타리 속으로 끌어들인다. 그전 임신과 현재를 비교하기도 한다. 아기에게 쏠린 이같은 전폭적 관심은 제3기의 두드러진 특징이다. 미래의 아버지는 그 점에 대해 미리 알고 이해하는 것이 중요하다. 그렇지 않으면 역정이 나거나 질투심이 생기고 소외감을 느끼게 될 수도 있다.

미래의 아버지에게 그것은 그리 드문 일이 아니다.

아기는 점점 더 움직인다. 어머니가 자는 동안에도 움직인다. 이러한 움직임으로 날마다 조금씩 더 어머니의 관심을 끈다. 점점 커가는 아기는 어머니에게 앞으로 해야 할 준비를 서두르게 한다. 요람이나 배내옷 등 출산 준비물을 마련하도록 하는 것이다.

새로 태어날 아기에게 정신이 집중된 어머니는 가끔씩 가족으로부터 떨어져 혼자 있고 싶어한다. 먼저 태어난 아기의 형제들은 그것을 느끼고 어머니의 주의를 끌려고 하며 어머니와 가까이 있으려 한다. 혼자 옷을 입거나 밥을 먹기 싫어하고 어머니와 함께 자려고 하며, 밤에 깨어 어머니를 부르기도 하고 야뇨 증세를 보이기도 한다.

이 시기의 어머니에게 안정을 되찾아 주는 일 역시 아버지의 몫이다. 새로 태어날 동생 때문에 어머니가 피곤하다는 사실을 가르쳐 주어야 하지만 너무 강조하면 아이들의 질투심을 유발시킬 수도 있다. 실제로 동생이 생긴다는 소식을 듣고 형제들은 기쁨과 호기심을 갖는다. 그러면서 정도의 차이는 있지만 질투심을 보인다.

여기에서 한 가지 꼭 알아두어야 할 것은 아이들의 질투는 자연스러운 감정이며 부모가 잘 알고 이해함에 따라 어렵지 않게 극복될 수 있다는 사실이다. 하지만 민감한 성격이거나 자기 주장이 강한 아이인 경우 질투의 표시가 지나쳐 공격적이 될 수도 있다. 아이는 그런 방식으로 자신의 마음을 나타내는 것이다. 어머니가 어떻게 해야 할지 모를 때는 소아과 의사의 도움을 받는 것이 좋다.

이 시기에 미래의 어머니는 감성과 지능이 무디어진다. 자신의 일에 겨우 관심을 보이는 정도이고 주의력과 기억력이 떨어진다. 이러한 현상은 직장에서 많이 나타나게 되는데, 회계직이나 정보처리직같이 정확성을 요구하는 직업에서는 실수를 하기도 한다.

아기를 기다릴 때 꿈을 많이 꾸는데 때로는 꿈이 아주 생생해서 오래 기억에 남는다. 임신 말기뿐 아니라 임신 기간 내내 꿈을 꾼다. 그중의 어떤 꿈을 태몽이라고도 한다.

이 꿈들은 악몽으로 변해 격렬해질 수도 있다. 어떤 어머니들은 이런 꿈이 흉조가 아닐까 걱정을 한다. 그러나 이것은 분명히 정상적인 현상이다. 이러한 꿈은 임신으로 인한 중요한 심리적 변화에서 비롯되는 것이다. 이런 현상은 일생을 살아가면서 다른 결정적 순간에도 마찬가지로 나타난다.

아기에게 온 정신을 집중하더라도 어머니의 본래 성격은 변하지 않는다. 임신은 변화가 아니고 과정일 뿐이다. 어머니가 원래 활동적인 성격이라면 물건을 사러 여기저기 뛰어다니고, 태어날 아기의 공간을 마련하거나 아기 방을 새로 단장할 것이다.

또한 활동적이지 않은 성격이라면 몽상에 잠길 것이다. 하지만 어느 경우이든 모두 생각과 관심은 아기 쪽으로 쏠리고 있어서 임신과 육아에 관련된 책을 찾게 된다.

이어서 몇 주가 지나고 아기가 점점 무거워지면 어머니는 행동이 둔해지고 권태감을 느낀다. 권태감과 함께 앞으로의 일들이 빨리 진행되기를 바라는 마음이 생긴다. 다가올 날들이 지난 날들보다 훨씬 길게 느껴진다. 이런 조급함도 때에 따라서는 필요한 것이다.

조급함은 출산에 대한 두려움을 덜어준다. 출산 전날 많은 활동을 하는 경우도 있는데 정리정돈, 청소, 가구 옮기기같은 힘든 일을 하려는 것은 지난날에 보였던 권태와 대조되는 에너지라고 할 수 있다. 좋은 일이다. 이것은 아기의 탄생이 가까웠다는 신호이니까.

모든 선택은 어머니가 해야 한다

여러 기회를 통해 미래의 어머니는 많은 조언을 해 주는 사람들과 만나게 된다. 자신을 낳아준 어머니, 경험과 지식과 능력으로 무장한 의사, '우리들의 아기'이기 때문에 모든 것을 함께 하려는 남편, '나는 네 어머니 세대가 아니고 너와 같은 세대이므로'라고 말하는, 이미 아기를 가진 친구와 부딪칠 수 있다.

이러한 충고와 지원은 물론 필요하다. 여럿이 함께 아기를 기다린다는 것은 좋은 일이다. 자신을 보호해주는 사람들이 있다는 사실은 모든 면에서 든든하다. 하지만 조언이 부담스럽기도 하고 견디기 어려울 때도 있다. 많은 이야기에 피곤해져 사람들에게 거부감을 느끼거나 조언을 받아들이지 못해 미안해 하기도 한다.

이런 감정들은 모든 미래의 어머니들에게 공통적으로 나타나는 현상이다. 의사를 통해 자신의 몸이나 아기의 발육 상태를 잘 알고 있고 건강에 전혀 이상이 없다면 앞으로 해야 할 일들에 대해 스스로 믿음을 가져야 한다. 스스로의 판단에 따르는 것이 중요하다.

출산 전에 아기의 성별을 미리 알아 볼 것인가, 남편이 출산에 참여하도록 할 것인가, 무통 분만을 할 것인가, 모유를 먹일 것인가 같은 갖가지 일들에 대해 다른 사람들의 조언을 구하고, 의견을 교환하는 것도 중요하지만 최종 선택은 스스로 해야 한다는 뜻이다.

물론 아기는 부모 두 사람의 것이지만 가장 깊이 관계된 사람은 어머니이다. 문제는 어머니의 몸이기 때문에 최종 선택권이 어머니에게 있다는 것은 당연한 일이다.

모든 선택은 어머니가 해야 한다.

● 아버지의 탄생

수태된 날부터 당장 아버지의 감정을 느끼는 남성들도 있다. 또한 첫번째 초음파를 보고서 아버지의 감정을 느끼는 남성들도 있다. 어떤 남성들은 아기를 팔에 안아보고 나서 그런 감정을 느낀다. 그렇지만 아기가 태어나고 몇 달이 지나고 나서 그제야 아버지다운 감정을 느끼는 남성들도 있다.

이렇듯 아버지의 감정은 하루 만에 생기는 것이 아니다. 아버지의 탄생은 단계를 밟아 이루어진다. 아기를 곧 갖게 될 것이라는 생각은 아내에 대해서뿐 아니라 자신에 대해서도 모순되는 수많은 감정을 일으키게 한다.

남성은 우선 행복감을 느낀다. 그리고 자랑스럽다.

미래의 아버지, 그 또한 자신의 아버지와 가까워지고 자신이 아버지와 동등해지는 느낌을 갖게 된다. 하지만 이러한 변화는 동시에 불안감을 갖게 한다. 자신이 이제까지와는 다른 사람이 되는 것이기 때문이다. 과연 그것을 감당해 낼 수 있을까? 이같은 불안감은 이런 말을 하는 주위 사람들로 인해 더 커진다.

"아기를 키우는 일이 얼마나 어려운 것인지 너도 알게 될 거다. 이제 자유는 끝이야. 마음놓고 극장 구경 가는 것도 안녕이라고."

아버지가 된다는 것이 무엇인지 모르기 때문에 미래의 아버지는 불안해 한다. 실은 그보다 먼저 임신부의 남편이 된다는 것을 알지 못하기 때문에 두려운 것이다. 또한 아내가 아기와 둘만의 세계를 만듦으로써 자신의 자리를 잃을까 봐 신경을 쓴다.

때로 이런 불안이 무의식적으로 이기심을 갖게 만든다. 스스로는 인정하지 않더라도 남성은 곧 태어날 아기에게 경쟁심을 느낀다. 이런 마음을 알고 있다면 아내는 남편의 감정을 이해해주어야 하고, 두 사람의 애정만이 좋은 가정을 만들 수 있다는 사실을 깨닫게 해주어야 한다.

이같은 불안을 느끼지 않더라도 미래의 아버지는 실제로 생활이 바뀌는 것에 대한 염려를 하게 된다. 아내와 둘만이 아니라 아기를 포함해 셋을 위한 계획을 세워야 하고, 또 이미 세워놓은 몇몇 계획은 포기하거나 연기해야 한다. 게다가 다른 아이들을 재우고 입히고 먹여야 한다. 아내가 임신과 출산에만 신경써야 하니까 다른 것은 남편이 해 주기를 바라는 만큼, 남성은 새로운 일들에 책임을 느끼게 된다.

이러한 현상은 대부분의 여성들이 일을 하고 있고, 부부가 경제적 책임을 나누어 갖는 오늘날에도 그대로 남아 있다. 아홉 달 동안 여성은 남성에게 어느 정도의 책임을 떠넘기려 한다.

하지만 남성은 가까운 장래에 아기를 갖고 아버지가 된다는 자부심을 느끼게 되며 아내에게 경탄과 고마움, 애정을 표하게 한다. 그러면서도 동시에 머지않아 어머니가 될 아내가 낯설게 느껴지기도 한다. 아내가 다른 사람이 되었다고 생각하는 것이다.

이런 것들은 미래의 아버지들이 공통적으로 느끼는 감정들이다. 하지만 가장 일반적인 반응은 걱정과 염려다.

　남성은 우선 아내의 건강 상태에 대해 아내 자신보다 더 염려를 한다. 아내에게 일어날 수 있는 일에 대해 걱정을 하는 것이다. 아버지는 자신의 아기에 대해서도 마찬가지로 걱정스러운 마음을 가진다.

　아기에게 무슨 이상이나 없을까 하는 걱정은 특히 임신 말기에 지속적으로 따라다닌다. 그것은 어머니보다 더할 수도 있다. 어머니는 아기가 움직이는 것을 몸으로 직접 느끼고 안심하지만 아버지의 머릿속에는 여러 가지 두려운 상상이 오락가락하기 때문이다.

　미래의 아버지가 느끼는 불안은 그것을 감추거나 드러내놓거나 간에 항상 존재한다. 너무 불안한 나머지 병이 나거나 잠을 못 자거나 아내처럼 구토와 입덧을 하고 체중이 증가하는 남성들도 있다. 이것을 '의만(擬娩)'[5] 증세라고 한다.

　아버지가 느끼는 감정들은 이렇듯 다양하고 어떻게 보면 모순된 것으로 비칠 수도 있다. 새로운 책임감을 느끼는 동시에 아내로부터 소외되는 것을 걱정하고, 아내에게 고마운 마음과 질투의 감정을 함께 갖는다. 또한 자신이 남성으로서의 가치가 높아졌다고 생각하는 동시에 자기가 아내에게 덜 중요한 존재로 느껴지기도 한다.

　아내의 건강을 염려하면서도 아내가 임신했다는 사실을 잊어버리고 싶어한다. 아내가 경탄스러워 보이는 동시에 자기도 자신감을 가지며 곧 아버지가 된다는 사실에 성숙한 느낌을 갖는다.

　사람들은 항상 미래의 어머니에 대해서는 여러 가지 말을 해 왔다. 이제는 미래의 아버지에게도 정신적으로 어려움이 있다는 사실을 인정해야 한다. 더 이상 그에게 무관심하면 안된다. 아내가 임신했다는 사실이 남편 쪽에서도 생각만큼 그렇게 단순하지는 않은 것이다.

남편도 함께 임신한다

　모든 아버지들은 아기의 발육에 관심을 기울인다. 그에 관한 책도 읽고 비디오도 본다. 초음파에 매혹되어 초음파를 찍을 때 아내와 동반하기도 한다. 그들은 아기의 심장 소리를 함께 듣는다. 아기의 첫 움직임을 애타게 기다리고 그것을 통해 아버지의 감정을 갖는다. 아버지

5)본래 의만(擬娩)이라는 단어는 전통적 원시 집단에서 아내의 출산 때 남편도 함께 자리에 눕는 의식(儀式)을 말한다. 심한 고통을 받는 체하며 남자도 자리에 눕는 것이다. 넓은 의미로 임신 기간 동안 미래의 아버지가 느끼는 여러 증상을 뜻한다.

들은 아기가 자신의 말을 듣는다고 생각하고 자신의 목소리를 분간한
다고 믿는다.

"나는 아내에게 말했습니다. 말하는 사람이 나라는 것을 분명히 아
기가 알고 있다고. 나는 그것을 확신합니다."

아버지들은 산부인과를 찾아가 분만실에 가보고 자기 눈으로 직접
확인하고 싶어한다. 하지만 미래의 아버지들이 모두 같은 방법으로 아
내의 임신에 참여하는 것은 아니다. 어떤 이들은 아내와 같이 행동하
지만 또 다른 이들은 여전히 여성의 일이라고만 생각한다.

아내와 같이 행동하는 이들은 진찰받으러 함께 가기도 하고 출산 준
비 과정에도 함께 참여한다.

"병원에서는 어머니들이 하지 못한 현실적인 질문들을 아버지들이
하는 것을 종종 보게 됩니다. 언제 출산하러 가야 하는지, 앰뷸런스를
불러야 하는지 같은 것을요."

어떤 아버지들은 출산 준비 과정 내내 아내를 따
라다닌다. 또 다른 아버지들은 한 번 같이 가
본 후 그곳에서 쌀쌀한 분위기를 느껴 그만 두
었다고 말한다.

"나는 다시는 그곳에 가지 않았습니다. 그
곳에서는 남자들을 싫어하는 것 같더라고
요."

남성들은 자기가 출산 준비 과정에 별로
필요치 않은 존재라고 생각할 수도 있다. 그
저 아내를 따라 호흡하기와 약간의 운동을 할 수
밖에 없다고 생각하기도 한다. 그들 스스로 우스
꽝스럽다고 느끼기도 한다. 또 다른 남성들은 일
때문에 출산 준비 과정에 참여하지 못할 수도 있다.

하지만 이런 아버지들도 모두 아기가 태어날
때는 반드시 참여한다.

가끔 아버지의 지나친 관심이 문제가
되는 수도 있다. 너무 많은 조언으로 아내

를 힘들게 하고 의사에게 일일이 참견한다. 이것은 분만 때까지 계속된다. 아내가 더 많이 자고, 더 많이 먹기를 원한다.

아내의 건강에 주의를 기울이고 보살피지만 아내와 함께 병원에 가지 않고 출산에 참여하지 않는 아버지들도 있다. 그렇지만 이런 아버지들도 다른 면에서는 감정적이고 애정어린 몸짓이나 말로 아내를 도와 준다. 그들은 다만 아내의 출산이 자신의 영역이 아니라고 생각해서 침범하기를 원하지 않는 것이다.

이런 아버지들 중에는 정도가 지나친 사람들도 있다. 임신은 자연적인 현상이고, 병이 아니기 때문에 일상 생활까지 바꿔 휴가나 저녁 외출 계획을 변경할 필요가 없다고 생각하는 것이다. 이러한 유형은 아내를 힘들게 만들지만 다행히 매우 드문 경우이다.

또한 모든 책임을 아내에게 떠넘기고 자신은 회피하는 아버지들도 있다. 모임, 일, 출장 등 여러 가지 핑계들을 댄다.

태도가 분명하지 않은 아버지들도 있다. 그들은 임신에 참여하고 싶은 마음과 참여하고 싶지 않은 마음 사이에서 망설인다. 최종 순간까지 분만실 문 앞에서 망설이고 있는 사람들이 바로 그들이다. 이렇게 말하는 아버지가 있다.

"나는 진찰 때도 같이 갔고 초음파 검사 때도 같이 갔습니다. 하지만 나는 지금까지의 삶을 계속하고 싶었습니다. 그래서 아기가 태어날 때는 친구들과 함께 먼 산으로 등산을 갔습니다. 나는 내 삶이 변하는 것을 원하지 않았습니다."

여기 인용한 대부분의 이야기는 25세에서 35세 사이의 남성들을 대상으로 조사한 것이다. 여기서 오늘날 아버지들의 태도를 대변하는 말을 들어보자.

"우리는 아기를 가질 계획을 세웠다. 여름 휴가를 이용해 출산을 하려고 했다. 그런데 아기는 우리의 희망을 무시하고 11월에 태어났다. 임신 초기에는 실감이 나지 않았다. 아내의 모습이 변형되어 배와 가슴이 둥글게 되었을 때, 비로소 아기의 존재가 느껴지기 시작했다. 아내의 몸매가 변하는 것을 보며 나는 병원에 가서 초음파 검사를 하는 것보다 훨씬 현실적으로 아기의 존재를 느낄 수 있었다. 우리는 처음에는 아기의 성별을 알고 싶어하지 않았다. 그러나 두번째 초음파 검사 때 아내는 아기의 성별을 알고 싶어했다. 옷을 준비하거나 이름을 짓기 위해서는 그것을 미리 아는 것이 좋겠다는 것이었다. 나는 아기가 아내의 배 안에서 쉴새없이 움직이는 것을 보고 아들이라고 예상했었는데, 바로 그대로였다."

아기를 기다리는 사람은 둘이지만 아기를 배 안에 가지고 있는 사람은 여성 혼자다. 남성들은 밖에 있는 것이다. 밖에 있으면서 안에서와 같은 것을 느끼기는 힘들다.

아기가 움직인다는 사실, 더욱이 하루에도 여러 번 보여주는 움직임을 믿는다는 것은 어려운 일이다. 그는 계속했다.

"출산은 예상보다 빨리 이루어졌다. 여덟 달 만에 아기가 태어났다. 그때 나는 별로 도움이 되지 못했지만 그곳에 있었다. 아기가 태어나는 순간, 솔직히 경이로웠다. 어머니 배 위에 있는 아기의 모습은 영원히 기억될 것이며, 그 순간 지난 모든 것이 잊혀졌다."

그는 이렇게 결론을 맺었다.

"나는 행복하다. 하지만 우리 부부 사이에 약간의 의문이 있다. 아내는 아기를 낳자 자기 혼자 어머니의 역할을 다 하려고 한다. 아기를 돌보는 데 필요한 시간과 노력을 모두 쏟는다. 아버지에게도 참여할 기

회를 주어야 하는 것 아닌가?"

그가 한 말들은 아버지들이 점점 빠르게 자기 아기들에게 관심을 보이며 많은 시간을 아기들과 함께한다는 사실을 보여주고 있다. 아버지 역할을 위해 휴가를 연장하려고 며칠간의 보충 휴가를 더 신청하는 아버지들도 많다.

여성이 남성에게 '나 임신했어요'라고 이야기한다면 대부분의 남성은 그 말을 듣고 놀란다. 한 아버지는 이렇게 말한다.

"나는 저녁때 집에 돌아온 후 그 사실을 알았다. 정말 너무나 멋진 놀라움이었다. 그간 아기를 원했지만 믿기 힘든 소식이었다. 나는 그것을 실감하는 데 일주일이 걸렸다. 그리고 계속해서 아내에게 물었다. 정말 확실한 거지?"

초음파 검사로 아기를 확인하고 나면 모든 아버지들은 그것을 마술로 생각한다.

"초음파를 통해 아기를 처음 보았을 때가 5주째였다. 아기는 크기가 콩알만했지만 믿어야만 했다. 나는 초음파 검사 때마다 아내와 함께 갔다. 갈 때마다 기계에 나타나는 아기에게 매료되었다. 그 검사를 통해 태아가 몸을 떨고 있는 모습과 손가락을 빨고 있는 모습, 또 책상다리를 하고 앉아 있는 모습을 볼 수 있었다. 이러한 모습들은 내게 엄청난 놀라움을 주었다."

하지만 어떤 아버지들은 초음파가 자신의 아기를 잘 보여주지 못했다고 말한다.

"처음으로 초음파 검사를 했을 때 물론 아기의 존재를 실감했다. 하지만 낯선 아기였다. 지금 내 옆에 있는 이 아기는 아니었다."

이런 것들이 미래의 아버지들이 보여주는 일반적인 태도다.

임신부를 안심시킬 수 있는 오직 한 사람

실제적인 생활을 위해 몇 가지 알아두어야 할 일이 있다. 정상적인 임신이라면 최소한의 주의를 기울이는 것만으로 충분하므로 임신의 노예가 되어 꼼짝 못하는 상태가 될 필요는 없다는 사실을 임신부 자신이나 남편이 알아야 한다. 제3장에서 보게 될 음식물 섭취나 운동에서도 마찬가지이다. 금기사항은 거의 없다. 일이나 취미생활도 역시 그렇다. 한 산부인과 의사가 그것을 말해준다.

"임신부들은 평상시와 같이 생활해야 한다. 그들에게는 그것이 가장 큰 서비스이다."

미래의 어머니들은 육체적으로나 정신적으로 힘든 상태이기 때문에 흥분하기 쉽고 신경질적일 것이라고 생각한다. 그러나 그렇지 않다.

다만 제3기 중에 뜻밖의 이해하기 어려운 행동들이 나타나는 수가 있는데 출산 후에 자주 나타나는 우울증 같은 것을 보여주는 것이다. 이 우울증은 아주 즐거운 순간에도 사라지지 않는다. 이런 특별한 경우를 극복하기 위해서는 역시 아버지의 이해가 필요하다.

어떤 여성들은 출산 후 예전 몸매를 되찾지 못하면 남편이 자신을 멀리할지도 모른다고 걱정한다. 만약 아내가 그런 걱정을 한다면 단 한 사람만이 그녀를 안심시킬 수 있다. 바로 남편 자신이다. 아내가 용기를 잃을 때 그것을 되찾아주는 데에는 남편의 자상한 마음과 따뜻한 몇 마디 말보다 더 좋은 것은 없다.

임신 사고나 출산에 대해 두려움을 갖는 아내들이 있다. 특히 이전 임신이 실패로 끝난 경우 아홉 달을 두려움 속에 사는 이들도 있는데 그럴 때는 우선 차분히 아내의 말을 듣도록 한다. 남편에게 모든 것을 말할 수 있다는 것만으로도 아내는 상당한 안정감을 찾을 수 있다.

남편은 아내를 안심시키고, 아내의 두려움을 이해하려고 노력해야 한다. 말이란 마술적 힘을 가지고 있기 때문에 불안한 사람에게는 불안감을 더해 줄 수도 있다. 출산의 고통에 대해 이야기하는 친구는 미래의 어머니를 더욱 불안 속에 빠뜨린다. 그러나 말은 또한 위안을 줄 수도 있다. 남편들은 이러한 위안의 말을 찾아야 한다.

지금 아내는 굉장한 힘을 발휘하고 있다. 이것은 자연에서 존재하는 가장 큰 힘이다. 그 힘이 아기를 발육시키고 탄생시킨다. 그 어떤 것도 그 힘과 비교할 수 없다. 그것은 여성에게 많은 에너지를 요구한다. 때로 아내가 피로와 나약함을 보이는 것은 바로 그 때문이다. 미래의 아버지들이 반드시 이해해야 할 사항이다.

미래의 어머니들은 또한 쉽게 상처받고 민감해진다. 잘못 이해하거나 잘못 전달된 말 한마디가 그들에게 깊은 영향을 줄 수 있다. 예를 들어 초음파 검사 때 '저기 다리 하나가 보입니다' 라는 의사의 말에 불안한 어머니는 '내 아기는 다리가 하나' 라고 해석해 버린다. 반대쪽 다리를 확인하기 위해 또 다른 초음파 검사를 해야 할 수도 있다.

보통 우리는 '미래의 아버지' 라고 말한다. 엄밀히 말해 잘못된 표기는 아니다. 하지만 한 심리학자는 '미래의' 라는 단어가 적합하지 않다고 말한다. 이 단어는 남성이 완전한 아버지가 되는 것을 방해하고, 앞으로 올바른 계획을 세우는 데 지장을 준다는 것이다. 수태가 이루어지자마자 아버지는 이미 완전한 아버지가 된 것이다.

혼자라고 겁낼 것 없다

임신을 했는데 여성 혼자라면 더없이 고통스러울 것이다. 아기 아버지가 있어야 하는데 어떤 이유로 그는 떠나 버렸다. 그런 경우는 얼마든지 있을 수 있다.

30세의 한 임신부는 세 아이가 있는데 남편과 헤어졌다. 그녀는 자기보다 어린 남자와 사랑에 빠졌다. 그들은 둘 다 아기를 원했으므로 여자는 임신을 했다. 그런데 무엇인가 잘못되어 남자가 책임감을 두려워한 나머지 여자에게서 떠나 버렸다. 그녀의 주위 사람들은 아기를 포기하라고 했지만 그녀는 거절했다

"이 아기는 내가 진정으로 원했던 아기이고 우리들 사랑의 증표입니다. 나는 절대로 이 아기를 포기하지 않을 겁니다."

또 다른 어머니는 자기보다 훨씬 나이 많은 남자와 살았다. 그녀는 아기를 원했지만 상대방은 그렇지 않았다. 아기 문제만 나오면 남자는 '내 나이엔 안 돼' 라고 말했다. 그럼에도 불구하고 여자는 임신을 했고 이 사실을 확실히 하기 위해 4개월이 되어서야 공표했다. 남자는 함정에 빠졌다는 느낌이 들어 그녀를 떠났다.

한 여성은 37세에 아기를 갖기로 결심했다. 그녀는 한 남자를 만났는데 같이 살고 싶은 마음이 들 정도는 아니었다. 하지만 몇 년 전부터

아기를 너무 갖고 싶어했기 때문에 임신을 했고 아기가 태어났다.

　혼자 임신하고 아기를 키운다는 것은 물론 어려운 일이다. 혼자인 임신부에게 해 줄 가장 중요한 조언은 먼저 이야기를 나눌 대상, 즉 감정에 치우치지 않고 이야기를 들어줄 대화 상대를 찾아야 한다는 것이다. 의사나 심리학자, 정신요법 의사 같은 사람들이다. 중립적인 위치에서 귀를 기울여주는 사람들 말이다.

　가족은 애정과 이해의 버팀목이 될 수 있다. 하지만 위험이 따른다. 딸을 과보호하려고 할 것이다. 가족의 이런 태도는 젊은 여성이 성인으로서의 삶을 살아 나가는 데 방해 요소가 될 수 있다. 아기를 갖는다는 것은 어떤 상황에서든 성숙해가는 것을 뜻하기 때문이다.

　사회도 혼자인 어머니에게 차가운 눈초리를 보낸다. 분명한 것은 이 눈초리가 미래의 어머니를 불편하게 만든다는 사실이다. 어떤 상황에 처해 있든 아기는 여성의 인생에 있어서 아주 중요한 부분이다. 그러므로 임신은 어느 경우라도 높이 존중되어야 하며 불편한 감정이나 죄의식을 가져서는 안 된다.

　미래의 어머니가 아기의 아버지에 대해 좋지 않은 감정을 가지고 있다면 아기에게 괴로움이나 실망, 거부의 감정같은 것을 나타내 보일 수 있다. 그러나 중요한 사실은 아기와 아버지를 부정적 이미지로 연결시키면 안된다는 것이다. 아기는 애정적으로 독립된 존재로 자랄 수 있어야 한다. 아기가 부담스러운 과거에 짓눌려 있다면 성장 과정에 영향을 받을 수 있고, 또한 어머니와 아기의 관계가 혼란에 빠질 수도 있다. 아기가 애정어린 기억으로 아버지와 연결되어 있다면, 미래는 훨씬 아름다울 것이다.

　아버지에 대한 이미지가 어떻든, '아버지'는 아기의 삶에 중요한 자리를 차지한다. 아기에게 아버지의 자리를 찾아줄 사람은 어머니이다.

　혼자라고는 하지만 실제 임신부는 진정으로 혼자인 것은 아니다. 날이 갈수록 아기는 어머니의 동반자가 될 것이다. 어머니가 아기를 기다린다면 아기 역시 어머니를 기다린다. 아기는 어머니 속에 있으며, 자신의 근처에서 어머니를 느끼고, 어머니 또한 아기를 아주 가까이 느낀다.

제 **2** 장

임신 후 생활은 어떻게 바뀌나

이제부터는 혼자가 아니라 둘이다

　　날이 가고 주일이 지날수록 임신부의 마음이나 생활에서 모든 것이 바뀐다. 처음에는 막연했던 기다림이 점점 구체화되고 형태를 갖추기 시작한다. 임신부는 그러한 변화에 적응하게 된다. 이제부터 자신은 아기와 둘이라는 생각을 하기 시작하고 남편과 더불어 셋이라는 느낌을 가지게 된다. 모든 것이 달라지는 것을 실감한다.

　심리적인 변화는 앞장에서 알아보았다. 이 장에서는 일상 생활에서 실제로 나타나는 문제점들을 살펴보자. 일상의 변화는 서서히 이루어지며 임신부의 건강 상태, 활동, 취향에 따라 다르다. 또한 태아에 따라서도 달라진다. 태아가 점점 커져서 자리를 잡아 몸이 무거워지면 어느 정도 피로감이 생기게 되는 것이 정상이므로 생활 방식을 거기에 맞게 바꾸어야 한다.

　임신 중에서도 제6장 '쌍둥이 임신'의 경우나 제9장 '위험 임신' 같은 경우는 특별한 주의를 필요로 한다.

● 힘들지 않다면 일을 계속한다

　　일은 임신과 태아에 어떤 영향을 미칠까? 여기에 대해 여러 조사가 있었는데 그 결과는 다음과 같다.

▶ 정상적 조건에서 하는 일이라면 그것이 집 안에서 하는 일이든 밖에서 하는 일이든 임신에 아무런 해를 가져오지 않는다.

▶ 외부에서 일하는 임신부들 중 70%는 일터에서 더 많은 정보를 얻을 수 있기 때문에 건강에 훨씬 주의를 기울이게 된다.

▶ 하지만 열악한 노동 조건이나 길고 피곤한 출퇴근같이 조산의 위험이 있는 요인들도 있다.

　실제로 다음과 같은 요인들이 임신부와 태아에게 해롭다는 사실을 알 수 있다. 첫째 교통 수단이 어떤 것이든 일터로 갈 때까지 걸리는 시간이 길 때, 둘째 하루 4시간 이상 똑바로 서 있거나 팔을 허공에 쭉 뻗거나 웅크리거나 무릎을 굽히는 등의 힘든 자세로 일하는 경우, 셋째 생산 라인의 작업, 넷째는 힘들거나 진동이 심한 기계 작업 등이다. 심한 신체적 운동이나 무거운 짐 옮기기, 계속되는 강한 소음과 추위, 너무 건조하거나 습한 환경, 유독 물질의 취급 등도 마찬가지이다. 이러한 요인들이 여러가지가 겹쳐질 때 조산의 위험은 훨씬 커진다. 일터가 집에서 먼 여성들은 그만큼 위험이 크다.

미래의 어머니들을 보호하기 위해서는 많은 조치가 따라야 한다. 그것은 의사들이 잘 알고 있다. 힘든 일을 하는 임신부들은 반드시 의사의 진찰을 자주 받아 보아야 한다. 의사는 임신부의 상태에 따라 고용주에게 일하는 환경이나 작업 시간의 변화, 작업 시간의 단축을 요구할 수도 있다. 또한 임신부는 자신이 다니는 병원 의사에게 휴가를 위한 진단서를 부탁할 수도 있다. 힘든 일이 위험하다는 사실을 잘 아는 의사들은 적절한 처방을 해 줄 것이다.

집에서 일을 하는 경우에도 위의 조건들은 비슷하다.

조금만 조심하면 문제될 것은 그리 없다. 하지만 이미 아이를 여럿 낳은 경우거나, 많은 일을 하면서 사회적으로나 경제적으로 열악한 조건에서 살고 있는 경우에는 조산아나 저체중아를 출산할 위험이 있다.

일은 곧 위험하다는 인식은 틀린 것이다. 모든 것은 상황에 따라 다르다. 좀더 구체적으로 살펴보자.

직업에 따라 위험한 것도 있다

임신부가 봉급 생활자라면, 출산 전후 2개월의 휴가를 가질 수 있도록 법에 정해져 있다는 사실을 알 것이다. 이 휴식 기간은 짧지만 임신이 정상적으로 진행되고, 하는 일이 별로 피곤하지 않다면 충분하다. 쌍둥이의 출산이나 세 번째 출산 등 여러 경우에는 더 긴 출산 휴가가 보장되어 있다.

배가 불러오면서 직장에 다니기 어려운 여성들은 의사의 진단서를 제시하고 휴직을 신청하는 것도 고려해 보아야 할 것이다.

다음과 같은 곳에서 일하는 여성들은 임신 기간 동안 자리를 옮겨야 하는 경우도 있다.

▶ 의학이나 산업 방사선 실험실에서 일하는 여성들은 방사선의 위험 때문에 임신 초기부터.

▶ 독극물을 다루는 화학 제품 공장의 여성 근로자들도 마찬가지로 임신 초기부터.

▶ 풍진이 유행할 경우, 초등학교 여교사들처럼 어린이들과 접촉하는 직업을 가진 여성들 가운데 풍진 혈청검사 반응이 음성일 때는 임신 초기 석 달 동안.

가끔 문제가 제기되기는 하지만 컴퓨터 앞에서 하는 작업은 임신부에게 별다른 위험을 일으키지 않는 것으로 알려지고 있다.

직장에서 쉽게 긴장을 푸는 동작들

오랫동안 앉아서 일하거나 서서 일하는 여성들이 알아야 할 사항이 있다. 컴퓨터 앞에 앉아 있거나, 칠판에 글씨를 쓰려고 허공에 팔을 뻗치는 자세같이 오랫동안 같은 자세를 유지하게 될 때는 근육의 긴장을 가능한 한 자주 풀어 주는 습관을 갖는 것이 좋다는 점이다.

긴장을 풀기 위해서는 아침에 깨자마자 무의식적으로 하는 동작을 취해 보자. 팔을 머리 위로 쭉 뻗는 동작인데, 이것을 하기가 어려우면 훨씬 눈에 띄지 않게 할 수 있는 동작들이 있다.

▶ 숨을 들이마시면서 어깨를 올리고 몇 초간 그 자세를 유지한다. 그런 후 숨을 내쉬면서 긴장을 푼다.

▶ 위의 어깨 동작을 두세 번 한 뒤 이어서 어깨를 으쓱대는 듯한 동작을 두세 번 한다.

▶ 다리의 피를 순환시키기 위해 발목을 두세 번 돌려 주거나 두세 번 구부렸다 폈다 한다.

위에서 소개한 것은 열 동작이나 스무 동작이 함께 이어진 체조가 아니라 단순히 긴장 완화를 위해 가끔 해야 할 동작이다.

집에서도 무리한 일은 금물

모든 임신부들은 집 안을 잘 정돈하려는 경향이 있다. 특히 태어날 아기의 방뿐만 아니라 아기가 집에 처음 도착해서 깨끗하고 잘 정돈된 느낌을 받도록 집의 다른 부분도 정리하고 싶어 한다. 그것은 당연히 필요한 일이다.

하지만 힘이 많이 드는 작업은 피해야 한다. 스스로의 한계를 인식해서 삐거덕거리는 큰 서랍장같은 것은 옮기지 말아야 하고, 출산 한 달 전에는 도배나 바닥재를 바꾸는 일도 하지 말아야 한다. 이 일은 팔을 뻗친 채로 사다리 위에서 몇 시간을 보내야 하기 때문이다.

이런 것들은 이사를 할 경우 꼭 염두에 두어야 할 문제인데, 이사는 임신과 관계없이 해야 할 경우가 자주 있다. 임신중에 이사를 해야 한다면 위험한 임신 초기나 말기를 피해 비교적 안전한 시기인 임신 중기에 하도록 한다.

직장에서 일을 하든 안하든 일상 생활과 관련된 주의 사항을 두 가지 더 보충한다.

▶ 혹시 있을지 모르는 감염의 모든 근원을 피해야 한다. 예를 들어 전염병 환자를 방문하는 일은 삼가야 한다.

▶ 톡소플라즈마를 옮길 수 있는 고양이를 경계해야 한다. 톡소플라즈마에 대해 면역이 되어 있지 않다고 해서 반드시 고양이를 떼어 놓을 필요는 없지만 고양이의 시중은 다른 사람에게 부탁하고, 고양이 발톱에 할퀴지 않게 조심한다.

고양이에 관한 것이나 고양이로 인해 생길 수 있는 위험은 제10장에 다시 나온다.

● 잠시 낮잠을 잔다

수면 시간은 적어도 8시간은 되어야 한다. 실제로 임신 초기에는 수면 시간이 아무런 문제가 되지 않는다. 임신 초기에는 잠이 많이 오기 때문이다. 가능하면 점심 식사 후 잠시 수면을 취한다. 신발을 벗은 후 쿠션 위에 발을 올려 놓고 휴식한다.

특히 소화에 문제가 있거나 혈액 순환이 제대로 되지 않는 경우, 낮동안 이러한 휴식이 많은 도움을 준다. 수면을 취할 때는 어떤 자세도 상관없다. 아무리 태아에게 불편한 자세라도 태아는 아주 안전한 데 있기 때문이다.

● 성생활은 각자의 욕구대로

젊은 부부들은 이 문제에 대해 자세하고 많은 정보를 원한다. 가장 많이 제기되는 문제는 '임신중에 계속해서 성관계를 가져도 되는가?' 하는 것이다. 오랜 세월 동안 뚜렷한 이유 없이 임신중에는 금욕이 요구되어 왔다.

하지만 임신부를 일상 생활 밖으로 쫓아내려는 의도가 아니라면, 그러한 요구는 정당하다고 할 수 없다. 임신이 순조롭게 진행되고 있다면 부부의 성생활을 바꿀 필요가 전혀 없기 때문이다.

임신 상태에서 가장 좋은 자세란 따로 없으며, 임신 개월 수나 임신부의 몸의 변화, 부부의 욕구에 따라 알맞는 자세를 택하면 된다.

부부 관계 횟수 역시 특별히 정해진 것이 없다. 그야말로 개인적인 문제이므로 각자의 욕구에 따르면 된다.

초음파 화면을 통해 태아를 보면서 성관계가 태아에게 해를 주지 않을까, 혹은 태아를 압박하지 않을까 하는 두려움을 가질 수도 있다. 하지만 부모들은 안심해도 된다. 태아에게는 어떤 위험도 없다. 페니스가 태아와 닿지 않을까, 또는 격렬한 성관계 때문에 자연 유산이나 조기 출산을 하지 않을까 하는 걱정들도 흔히 하는데, 전혀 걱정할 필요가 없다. 왜냐 하면 태아는 외부 세계와 분리시키는 양수에 둘러싸여 작은 막 안에 보호되어 있기 때문이다.

어떤 부모들은 태아는 아주 민감해서 작은 것에도 예민하게 반응한다는 말을 듣고 성관계를 갖는 동안 태아에게 미안한 마음을 갖는다. 그러나 자신의 부모들이 하는 사랑 행위가 태아에게 어떤 영향을 줄 수 있겠는가? 아무도 이 물음에 확실히 대답할 수 없다는 사실을 이해할 수 있을 것이다.

아기를 사랑하는 부모라면 태아가 심한 반응을 보이는 것 같거나 성관계가 자궁을 수축시킨다고 느껴지면 자연스럽게 성생활을 중지하게 될 것이다. 중요한 것은 성생활이 임신부의 몸을 존중하면서 부드러움과 사랑 속에 이루어져야 한다는 점이다.

임신은 사랑을 더 깊어지게 한다

몸이 임신에 적응하는 초기 3개월 동안 실제로 임신부의 성적 욕구는 전보다 줄어들지만, 감각은 훨씬 강하게 나타난다. 임신부의 몸은 완전히 다른 몸이 되고 새로우면서 신비하기까지 하다. 임신 초기에는 메스꺼움, 구토, 졸음 등 여러 가지 불편한 몸의 변화들로 인해 성적 욕구가 약해질 수도 있다.

남편 쪽은 일반적으로 아버지가 된다는 기쁨이 한 번 지나가고 나면 행복감이 줄어드는 시기를 맞게 된다. 아내의 성적 욕구가 감소한 것에 대해 걱정할지도 모른다. 그것이 결정적으로 두 사람의 관계를 변화시키게 되지 않을까 우려하기도 한다. 아기에게 자기 자리를 빼앗기고 밀려났다고 느낄 수도 있다.

임신 중기에 접어들면 일반적으로 두 사람은 행복감을 되찾는다. 태어날 아기는 부부간 사랑의 결정체라는 것을 깨닫게 된다. 이때 여성다움과 남성다움이 절정에 달한다. 그래서 이 시기에 성관계를 더 많이 하는 커플들도 있다. 피임에 대해 염려할 필요도 없기 때문이다. 초기의 어려운 적응 기간은 지나갔고, 임신 후반기에 나타날 수 있는 위험도 아직은 나타나지 않는다. 이 시기에 부부 사이는 아주 강한 관계를 만들어 낼 수 있다.

어떤 남성들은 여성의 신체 변화에 감동을 느끼고 현혹된다. 변화된 여성의 몸은 아름답고 신비하며 매혹적이다. 남성은 흔히 성숙한 유방에 매혹된다.

평소에 유방이 작은 여성들도 아주 자랑스럽고 매력적인 유방을 갖게 된다. 그러나 유두가 너무 민감해져 어떤 애무에는 불쾌감을 느낄 수도 있다. 또 유방이 커지기 때문에 유방을 누르는 움직임이나 부자연스러운 자세는 귀찮을 수도 있다.

예기치 않은 감각이나 이상한 느낌이 올 경우, 주저하지 말고 부부간에 대화를 갖도록 한다. 부부간의 대화나 전문 의사와의 상담은 쉽고 간단한 해결 방안을 제시해줄 수 있다.

이윽고 임신 말기에 이르면 태아는 자리를 잡고 많이 움직인다. 이 시기에는 부부 관계가 일반적으로 줄어든다. 임신부는 몸 안에 있는 태아에 집중하고 주의를 기울이게 되기 때문이다.

물론 단순히 피곤하다는 이유로 부부 관계가 줄어들 수도 있다. 이때 서로 사랑하는 커플들은 그들이 이미 알고 있거나 혹은 이 시기에 발견한 이전과 다른 행위와 말을 찾아낸다. 이때가 바로 사랑의 대화와 부드러운 행위가 필요한 순간이다.

"우리는 다시 연애 시절로 돌아간 것 같이 감미롭습니다."

이런 고백을 한 남편도 있다. 새로운 몸을 가지고 남성과 여성은 예민하고 섬세한 새로운 관계를 발견하는 것이다.

조금 힘든 경우도 있다. 여성이 걱정을 너무 많이 하기 때문이다. 임신한 사이에 남편이 멀리하지 않을까, 또는 부른 배를 남편이 싫어하지 않을까 하는 걱정들이다. 이러한 경우는 실제로 볼 수 있으며 생각보다 많은 편이다. 하지만 이렇게 말하는 여성도 있다.

"그것은 부당한 일입니다. 내가 우리들의 아기를 임신하고 있는데 그가 나를 멀리하다니요."

다행히도 많은 경우, 부부는 출산 후 애정과 성적 균형을 되찾는다. 물론 어느 정도의 시간이 요구된다.

성관계를 피해야 할 때

다음 세 가지 경우 의사는 성생활의 금지나 감소를 권한다.

▶ 임신 초기 자연 유산의 위험이 있을 때.

▶ 전치 태반의 경우와 계속적인 출혈이 있을 때.

▶ 임신 말기 오르가슴이 자궁 수축을 동반함에 따라 조기 출산의 위험이 있을 때.

임신 말기에 성생활을 가져 보라고 권유하는 경우도 있는데, 이는 성생활이 자궁 수축을 촉진시키기 때문이다.

정액은 프로스타글랜딘이라는 호르몬을 포함하고 있는데, 이 호르몬은 분만 개시와 밀접한 관계가 있다. 성관계 후 약간의 핏방울이 비치는 수가 있는데 이는 임신으로 인해 자궁 경부가 약해졌기 때문이다. 만약 출혈이 계속되면 의사에게 알려야 한다.

● 목욕과 샤워는 얼마든지 좋다

임신중에는 땀을 눈에 띄게 많이 흘린다. 땀샘은 모체가 가진 수분의 5분의 1을 땀으로 배출한다. 어머니와 태아에게서 나오는 노폐물들을 제거하기 위해 신장이 더욱 강해져야 하기 때문에 땀샘이 이를 돕는 것이다.

목욕은 조기 출산의 위험이 있는 경우를 제외하면 임신 기간 중 아무 문제가 없다. 일반적으로 목욕은 진정 작용을 한다. 만약 잠들기 어렵다면 저녁마다 목욕을 하고, 땀을 많이 흘린다면 목욕물에 소금을 타도록 한다. 샤워는 목욕보다 훨씬 활력을 준다. 그러나 넘어지지 않도록 욕실 바닥에 반드시 미끄럼 방지 시트를 깔아야 한다.

국부는 청결히 해주어야

임신 기간 동안 질(膣) 분비는 증가하지만 치질은 보기 드물다. 하루에 두 번 물과 비누로 국부를 청결히 해 주어야 한다. 보통 비누나 액체비누 혹은 잘 녹는 가루로 된 산부인과용 비누, 어느 것이나 괜찮지만 너무 강한 수은이나 산이 들어 있는 제품은 사용하지 말아야 한다. 점막의 보호를 위해 질 외부만 청결히 해 준다.

또한 이것은 흔히 있는 일인데, 흰색의 질 분비물이 많을 경우 의사에게 말한다. 의사는 경우에 따라서 질좌약이나 산부인과용 알약, 혹은 산부인과용 연고 형태의 약을 처방해 줄 것이다.

● 아기는 담배를 정말 싫어한다

임신부에게 담배는 금물이다. 통계적으로 하루 열다섯에서 스무 개비의 담배를 피우는 여성에게 조산이 두 배 더 많이 일어나고, 아기가 개월 수를 다 채웠다 해도 다른 신생아들보다 10%쯤 체중이 덜 나갔다. 최근의 연구에 의하면 임신부가 담배를 많이 피울 경우, 또 다른 여러가지 해로운 결과를 낳을 수 있음이 밝혀졌다. 특히 태아의 정신 발달에 막대한 영향을 끼친다.

담배는 끊어야만 할까? 물론 그래야 한다. 그것도 금연약의 도움 없이 스스로 끊어야 한다. 임신 기간 중 금연약의 복용은 권장되지 않는다. 담배를 끊으려는 노력이 신경을 날카롭게 해 오히려 안정을 해친다면 적어도 하루에 다섯 개비 이상은 피지 않도록 줄여야 한다.

어떤 남성들은 아내와 함께 금연하려는 마음을 먹는데 이는 태아에게 매우 이로운 일이다. 마찬가지로 주위 사람들에게도 금연을 요구해야 한다. 그것은 간접흡연 또한 엄청난 해를 끼친다는 사실이 점차 증명되고 있기 때문이다. 타인의 흡연은 임신부와 태아 모두에게 해를 줄 수 있다. 임신부가 호흡기 증상, 즉 후두염, 부비강염, 기관지염 등으로 고통받고 있다면 흡연이 그 모든 것들을 악화시킨다는 점을 명심해야 한다.

● 어머니가 마신 술에 아기가 취한다

임신부는 술 또한 전혀 마시지 않는 것이 좋다. 알코올은 몸속의 혈액에 빨리 흡수된다. 문제는 임신부가 마신 술이 자신의 혈액뿐 아니라 태아의 혈액으로도 흡수된다는 사실이다. 태반은 태아에게 알코올의 흡수를 차단시키는 바리케이드가 되지 못한다. 그러므로 임신부는 술을 피해야 한다.

알코올 성분이 강한 위스키 같은 양주, 소주, 칵테일류 등은 절대 금물이다. 특히 태아가 만들어지는 초기 3개월 동안은 기형아가 형성될 우려가 있기 때문에 절대 술을 마시지 말아야 한다.

최근의 연구들은 알코올이 태아 발육에 얼마나 해로운 영향을 미치는지 잘 증명해주고 있다. 그러나 가끔 마시는 한 잔의 포도주나 샴페인은 해롭지 않다. 하지만 맥주나 과일주도 알코올 성분이 있으므로 절제해야 한다. 한 잔의 포도주와 반 병의 맥주, 작은 잔의 양주 속에 포함된 알코올 양은 같다.

술은 또한 비만을 부른다. 예를 들어 한 잔의 포도주는 네다섯 개의 각설탕을 섭취할 때와 같은 양의 칼로리이다. 혹시 술에 대해 너무 엄격하다고 생각할지 모르지만 인생의 가장 행복한 시기를 금지된 기간으로 바꾸자는 것이 아니라, 태아가 건강하게 자라도록 아홉 달 동안 노력을 기울이자는 것이다. 임신과 출산은 그만한 수고를 할 가치가 있는 일이 아닌가?

알코올 중독에 관해서는 제10장에서 다시 다룰 것이다.

● 여행은 하고 싶은 대로 하면서

임신부들이 돌아다니거나 여행하는 것을 오랫동안 만류해왔지만 오늘날에는 임신부들이 일이나 휴가를 위해 여행을 많이 하는 추세이다. 여행은 금지 사항이 아니므로, 조심할 점만 지키면 별 문제가 되지 않는다.

첫째, 이것은 상식인데 임신에 조금이라도 문제가 있으면 여행을 하면 안된다. 둘째, 교통 수단을 잘 선택해야 한다. 기차 여행이든 자동차 여행이든 조심해야 할 점은 피곤하지 않게 해야 한다는 것이다. 흔들림은 별로 문제가 되지 않는다. 태아가 안정된 상태라면 흔들림이 있다 하더라도 위험은 거의 없다.

좋은 자세

하지만 모든 여행은 피로를 수반하며 특히 등에 피로를 느끼게 된다. 과도하거나 반복되는 피로는 조기 분만의 위험을 증가시킨다. 만일의 경우에 대비하여 가능한 한 덜 피곤한 기차나 비행기를 택하는 것이 좋다. 그렇지만 임신 7개월 이후에는 교통 수단이 어떤 것이든 장거리 여행은 피해야 한다.

여러 교통 수단들을 자세히 알아보자.

● 기차 여행
다른 교통편에 비해 피로를 덜 느끼게 된다. 그러나 긴 여행일 때는 침대칸을 이용하는 것이 좋다.

나쁜 자세

● 자동차 여행
자주 느끼는 피로와 허리의 통증을 피하려면 등 깊숙한 쪽에 쿠션을 댄다. 2,3백 킬로미터 거리라면 몇 개의 짧은 구간으로 나누어, 걷거나 저린 다리를 주무르기 위해 가끔 5분에서 10분 정도 운전을 멈춘다. 이와 같이 피로를 줄일 수는 있지만, 자동차에는 자동차 사고라는 위험이 도사리고 있다. 항시 안전 벨트 매는 것을 잊지 말아야 한다.

안전 벨트 착용은 다음과 같은 것이 훨씬 효과적이다.

▶ 고정시키는 곳이 세 군데인 안전 벨트라야 한다. 두 군데만 고정시키는 안전 벨트는 오히려 위험하다.

▶ 옆 그림에 표시되어 있듯이 안전 벨트를 정확하게 매어야 한다.

▶ 안전 벨트와 신체 사이에 빈 공간이 없어야 한다. 즉 안전 벨트는 언제나 팽팽히 매어져야 한다. 통계에 의하면 자동차 뒷좌석에 앉아 안전 벨트를 매었을 때 훨씬 더 안전하다고 한다.

만약 임신부 자신이 운전하는 경우라면 다음 세 가지를 염두에 두어야 한다.

▶ 임신 동안에는 반사 신경이 약간씩 둔화되고 주의력이 감퇴된다.

▶ 임신 말기에는 배가 불러서 운전에 필요한 순발력이 줄어든다.

▶ 만약 잠깐씩 의식을 잃는 증세같은 것이 있다면 일체 운전을 하지 말아야 한다.

● 배

임신 8개월에 긴 여행을 하러 배를 타고 떠난다는 것은 물론 상식 밖의 행동이다. 배에도, 작은 섬에도 의사가 없기 때문이다. 그러나 가벼운 낚시를 하거나 배를 타고 잠깐 바람을 쐬는 것은 문제가 되지 않는다. 하지만 어떤 경우라도 모터 보트와 반복적으로 강하게 흔들리는 엔진을 가진 배는 타지 말아야 한다.

● 비행기

장거리일 경우, 가장 적합하고 덜 피곤한 교통 수단은 비행기이다. 그렇지만 너무 오랫동안 똑같은 자세로 앉아 있는 것은 피해야 한다. 다리 부분의 혈액 순환 이상을 초래할 수 있기 때문이다. 가끔 기내에서 산책을 하고, 의사가 추천하는 치료용 스타킹을 착용한다. 또한 기내는 습도가 낮기 때문에 여행하는 동안 충분한 수분을 섭취해야 한다. 임신부에 대한 비행기 탑승 여부는 법제화되어 있지는 않지만, 대부분의 항공사들은 임신 8개월까지만 임신부들을 탑승시킨다.

끝으로 여행 목적지에 관한 문제가 남아 있다. 여행 목적지가 선진
국이라면 여행 거리는 별도로 치더라도 거의 문제되지 않는다. 그러나
임신 7개월 이후 장거리 여행을 계획하는 것은 바람직하
지 못하다. 조기 분만의 위험은 언제나 도사리고 있다.
이 위험은 분만이 예정된 병원이 아니거나 조기 분만
시설이 갖추어지지 않은 병원에서 출산하게 되는
경우 더욱 커진다.

열대 나라 방문은 매우 신중해야 한다. 우선 때때로
필요한 예방 접종이 임신부에게는 금지될 수도 있다. 또한 전염병이나
기생충에 감염될 위험도 커진다.

이 위험은 감염된 병을 치료하기 위해 임신부에게는 금지된 약을 사
용해야 하는 경우 더욱 문제가 된다.

특히 말라리아 예방약은 말라리아가 만연하는 곳에 따라 다르지만
몇 종류는 임신부에게 완전히 금지되어 있다. 그럼에도 불구하고 반드
시 떠나야 한다면 먼저 의사와 상의해야 한다. 현지에 도착해서는 물
론 더욱 조심해야 한다.

모기에 물리지 않도록 해야 하고, 손목과 발목이 조여진 품이 넉넉
한 옷을 입는다. 피부에는 모기 쫓는 약을 바르고 살충제가 스며 있는
모기장을 사용한다.

다른 전염병이나 기생충에 감염되지 않도록 정기적으로 샤워를 하고
땀을 많이 흘린 경우 소금을 섭취한다. 축축한 땅이나 해변에서 절대
맨발로 걷지 말고 더러운 물에서 해수욕하지 않는다. 고기는 완전히
익혀 먹고 뚜껑이 있는 병속의 물만 마신다.

어떤 교통 수단을 사용하든 결론은 다음과 같
다.

▶ 임신에 문제가 있는 경
우는 물론, 아무 문제가 없
는 경우라도 멀리 가려고 할
때는 의사의 지시 없이
떠나서는 안 된다.

● 적당한 운동은 꼭 필요하다

보통때 운동은 물론 체조나 산보조차 하지 않았던 여성이라도 임신을 하면 약간의 운동이 필요하다.

매일 체조를 하고, 정기적인 산보를 하거나 수영을 하던 여성이라면 임신 기간중에는 물론 출산 후에도 운동을 계속하는 것이 좋다. 임신부와 태아를 위해 필요한 최소한의 운동은 매일 걷는 것과 아침마다 하는 약간의 체조로 충분하다.

임신에 가장 좋은 운동은 걷기

산보는 전혀 위험하지 않을뿐더러 특히 다리 부분의 혈액 순환과 호흡, 무기력해지기 쉬운 장기능을 활성화시키며 복부근을 강화시킨다. 가장 이상적인 방법은 매일 30분 정도 공기 좋은 곳에서 걷는 것이다. 그렇게 함으로써 임신부가 필요로 하는 산소의 25%를 쉽게 얻을 수 있다. 매일 걸을 수 없는 상황이라면 주말을 이용해 최대한 바깥 바람을 쐬어야 한다.

걷기는 임신에 좋은 운동이지만 분만 촉진에는 아무 영향을 주지 않는다. 조금 일찍 출산을 하기 위해 억지로 걷는 것은 소용없는 일이다. 임신부를 쓸데없이 피곤하게 만들 뿐이다.

'출산 준비 운동'은 세 배의 효과

▶ 제14장에 나오는 '출산 준비 운동'은 임신 생활을 순조롭게 해준다. 혈액 순환을 강화시키고, 산소를 많이 호흡하게 하며 피곤하지 않은 자세를 갖게 한다. 또한 바른 몸매를 만들어 주며 최상의 정신적 균형을 유지시켜 준다.

▶ 또한 이 운동은 분만시 중요한 역할을 하는 근육을 강화시

키고 골반 관절을 부드럽게 만들어 훨씬 쉽고 빠른 분만을 유도한다.

▶ 분만 후 몸의 각 부분을 빠르게 원래 상태로 되돌아가게 해 준다. 배를 들어가게 하고, 날씬한 허리를 갖게 하며, 탄력 있는 가슴을 되찾아 준다.

이 운동은 호흡기 운동, 근육 운동, 이완 운동의 세 부분으로 나뉘어 있다. 제14장을 반드시 보아야 한다. 분만이 어떻게 진행되는지, 분만 시 어떻게 해야 하는지 잘 알고 있다면, 분만을 준비하는 데 특히 필요한 이 운동의 필요성을 더 잘 이해할 수 있을 것이다.

제14장의 운동은 반드시 해야 한다. 그 운동만으로 충분하다.

만능 운동 선수가 되자는 것도 아니고 근육 발달 운동을 하자는 것도 아니다. 다만 간단한 몇 가지 동작으로 임신과 분만을 편안하게 하자는 것이다. 그리고 매일 5분간의 운동이 매주 한 시간의 운동보다 훨씬 값지다는 사실을 기억하자.

임신 기간 동안 가벼운 몸동작을 하는 데 금지되는 사항은 거의 없다. 이 운동은 각자 집에서도 할 수 있고 출산을 준비하는 그룹끼리도 할 수 있다. 그런 그룹에서 다른 임신부들을 만나는 일은 항상 흥미롭고 기분 좋은 일이다.

● 수영과 걷기 외의 운동은 잠시 보류

임신 기간 동안 좋아하는 스포츠를 계속할 수 있을까? 이것은 임신부가 하려는 운동이나 하고 있는 운동에 대한 숙련 정도와 임신부의 건강 상태에 달려 있다고 할 수 있다.

임신이 정상적이고 임신부가 운동을 좋아한다면 임신 기간에 하지 말아야 할 다음 운동들을 제외하고는 운동을 계속해도 된다. 그러나 심하지 않게 적당히 해야 한다. 지나치면 위험을 부르게 된다. 과로와 숨가쁨이 오기 쉬우므로. 임신부는 쉽게 피로를 느끼기 때문이다.

실제로 임신 초기부터 신체의 기초 활동은 10% 늘어난다. 심장 박동이 올라가며 훨씬 많은 산소가 필요해진다. 임신은 지구력을 요구하는 스포츠와 같다. 기초 활동 증가에 신체 활동의 증가가 더해져 더욱 피곤할 것이다.

　이러한 피로 때문에 훈련이나 시합 같은 격렬한 운동을 하면 안 된다. 일반적으로 배구나 농구 같은 단체 경기는 개인이 몸을 보호할 수 없기 때문에 임신부에게 적당하지 않다.

　임신 중반기를 넘어서면, 별 문제가 없는 경우라 하더라도 걷기와 수영을 제외한 다른 운동은 그만두는 것이 좋다. 쉽게 피로해지는 운동이나 골절의 위험이 따를 경우에는 당장 그만두어야 한다. 또한 임신이 정상적이 아니라면 어떤 운동도 하면 안된다. 일상적인 운동들을 살펴보자.

　등산 · · · 가까운 산에서의 산책은 가능하지만 1,000m가 넘는 높은 산은 금한다. 임신부는 산소 결핍에 훨씬 민감하기 때문이다. 본격적인 등반, 암벽 등반 또한 금해야 한다. 임신부는 넘어지는 것을 절대 피해야 한다.

자전거타기 · · · 자전거타기는 많은 근육을 단련시키며 특히 심장 근육에 좋은 운동이다. 그렇지만 조심해야 한다. 산책용 자전거는 임신 말기가 아니면 문제가 없지만 균형을 잃고 넘어지지 않도록 해야 한다. 혼잡한 곳에서 일상적인 교통 수단으로 자전거를 타는 것은 사고의 위험이 크다. 산악용 자전거는 물론 타지 말아야 한다. 이 자전거는 기복이 심한 땅에서 타기 위해 만들어진 것이므로 넘어질 위험이 더욱 크다. 스쿠터나 오토바이도 사고의 위험 때문에 절대 타면 안 된다.

클래식 댄스, 리듬 댄스 · · · 아무 문제 없다.

승마 · · · 추락의 위험이 너무 커서 하면 안 된다.

골프 · · · 골프는 신선한 공기를 접하면서 걸을 수 있기 때문에 아주 좋은 운동이지만 배가 부르면 하기 힘들다.

조깅 · · · 조깅은 임신 기간 동안 금하고 걷기로 대체한다.

수영 · · · 수영은 걷기와 함께 임신부에게 가장 좋은 운동이다. 운동을 좋아하지만, 임신으로 전에 하던 운동을 포기해야 하는 여성들은 수영을 하면서 즐거운 신체 활동을 할 수 있다. 물 속에서 임신부는 훨씬 가벼워지는 것을 느끼게 된다. 가벼워질수록 더욱 쉽게 몸을 풀 수 있다. 또한 수영은 더할 나위 없는 근육 운동인 동시에 호흡기 운동이다. 그래서 수영은 임신부들에게 매우 좋은 운동으로 권장된다. 수영장에서 하는 분만 훈련 과정도 있다. 이런 과정에 참여해본 임신부들은 그곳에서 여러 가지 좋은 점을 찾을 수 있는데, 특히 물 속에서 이완과 호흡을 연습하는 즐거움을 느끼게 된다. 수영 역시 좋은 운동이긴 하지만 다른 운동들처럼 지나쳐서는 안 되고 시합이나 잠수는 물론 금물이다. 요통을 일으키지 않는 자유영이나 배영이 좋다.

수중 체조 · · · 수중 체조는 점점 확산되는 추세인데 임신부에게 이롭다. 호흡기 운동과 물 속에서 걷기, 단체놀이 등도 있다. 수영을 못하는 여성도 수중 체조는 할 수 있다.

스케이팅 · · · 잘 할 수 있다면 타도 되지만 넘어질 위험이 있다면 하지 말아야 한다.

윈드 서핑 · · · 떨어지거나 충격을 받을 위험이 있기 때문에 임신 부에게는 어떤 경우에도 금지해야 한다.

잠수 · · · 호흡을 일시 정지하는 것이든 산소통을 갖고 하는 것이 든 임신 기간 동안 금지되어 있다.

스키와 수상 스키 · · · 낙하의 위험이 있기 때문에 하면 안 된다.

노르딕 스키 · · · 활강보다 낙하의 위험은 덜하지만 찬반 양쪽으로 의견이 나뉘어 있다. 의사와 상의한 후 의견을 따른다. 일반적으로 산 책용 스키라고 부르는 것은 별 문제가 되지 않는다. 그렇지만 높은 강 도를 요하는 노르딕 스키는 임신부에게 무리한 힘을 요구한다.

테니스 · · · 가능하지만 가볍게 즐기는 것으로 만족해야 한다.

요가 · · · 요가는 운동인 동시에 분만에 이로운 준비 운동이다.

위에서 보았듯이 임신부들이 운동을 하면서 가장 조심해야 할 사항 은 피로와 추락, 넘어지는 위험이다. 임신부는 민첩하지 못하고 균형 잡기가 힘들기 때문에 쉽게 넘어질 위험이 있다. 복부에 가해진 직접 적인 충격이 태아의 생명을 위태롭게 하거나 조기 분만을 초래하는 경 우는 드물다. 하지만 넘어진다는 것은 곧 골절을 부를 수도 있다. 임신 기간의 골절은 보통 때보다 훨씬 오랫동안 고생해야 한다.

운동은 즐겁고 몸의 균형을 이루는 것이어야 한다는 점을 명심하자. 하지만 강도 높게 정기적인 훈련을 하면서 시합까지 하는 여성들도 있 다. 그리고 물론 적은 수이기는 하나 육상, 사이클, 유도를 직업으로 하는 여성들도 있다. 다음은 많은 운동을 하는 전문적인 선수들을 위 한 것이다.

운동 선수는 반드시 의사와 상의할 것

운동 선수가 임신하기를 바라거나 곧 임신할 예정이라면 무엇보다 먼저 전문가의 진단을 받아야 한다. 그리고 다음 사항을 지켜야 한다.

▶ 시합 출전을 금해야 한다.

▶ 훈련을 계속하는 것은 가능하지만 오랫동안 하면 안 되고 피로감을 느낄 경우 즉각 그만두어야 한다.

이같은 일반적인 수칙에 다음의 특별 사항이 따른다.

운동 때문에 체온이 너무 오르면 안 된다. 연구에 의하면 높은 체온
은 임신 초기 태아의 기형을 일으킬 수 있고, 태아에게 고통을 주게 된
다. 훈련으로 체온이 38도 이상 올라가면 안 된다. 자궁 경부는 원래
단단하지만 그 내부관은 약하다. 자궁 경부를 자극할 수 있는 격렬한
운동, 즉 뛰어오르기, 뛰어넘기, 흔들기 같은 것은 피해야 한다. 이것
은 임신 3개월 초부터 반드시 지켜야 한다.

운동을 많이 하면 중요한 호르몬이 변형된다. 이 변형은 자궁 혈관
분포와 태아 발달에 해로운 작용을 할 수 있다. 이런 위험을 막기 위해
운동 시간을 여럿으로 나눈다. 예를 들어 수영의 경우 단번에 1,000m
를 가는 것보다 250m씩 네 번에 나누어 가는 것이 좋다.

어떤 운동을 하든지 운동중 가끔 맥박을 재어 일분에 140회가 넘지
않도록 조절해야 한다.

달이 차면 조기 분만을 피하기 위해 운동의 강도를 약화시켜야 한
다. 분만 자체는 운동 선수와 보통 임신부가 큰 차이를 보이지 않는다.
분만에 걸리는 시간이나, 제왕절개, 겸자, 회음절개 혹은 척추 마취 같
은 분만 방법에도 별 차이가 없다.

분만 후 첫달은 운동을 하면 안 된
다. 첫달이 끝날 무렵 회음부와 복
부에 대한 종합적인 진단을 한 후 그
결과에 따라 서서히 훈련을 재개할 수
있다. 어떤 경우에는 먼저 회음부의 운
동요법부터 시작해야 할 필요가 있다.

운동 선수들은 임신 후에 임신 전의 기록을 낼
수 없을 것 같아서 불안에 빠질 수도 있
다. 하지만 그렇지 않다. 많
은 선수들이 이전 기록
을 되찾게 되며,
임신 전보다 기록
이 더 좋아지는
경우도 드물지 않

다. 그러나 어떻든 아기를 기다리고 출산을 하는 것이야말로 이미 그 자체로서 훌륭한 스포츠 활동이라고 할 수 있다.

그밖의 조심할 것들

일광욕 · · · 몇 년 전부터 몸을 태우지 말자는 캠페인이 있어왔지만 별로 큰 효과가 없는 것 같다. 몸을 태운다는 것은 여전히 건강과 활력에 좋은 것으로 알려져 있다. 피부과 의사들이 무리한 일광욕의 피해를 계속 경고하고 있지만 일광욕을 막지는 못한다. 그러나 임신부들은 태양을 조심해야 할 충분한 이유가 있다. 태양이 임신으로 인한 기미나 고동색 얼룩들을 드러나게 할 수 있기 때문이다. 또한 태양은 정맥에 해로운 영향을 미쳐, 정맥류를 두드러지게 할 수도 있다.

자외선 램프 · · · 임신한 경우가 아니더라도 자외선 램프를 사용할 때는 주의를 기울여야 한다. 자외선 램프가 피부에는 태양 광선 정도의 위험을 주지만 태아에게 미치는 영향에 대해서는 아직 잘 알려져 있지 않다 그러므로 아기를 기다릴 때는 자외선 램프를 사용하지 않는 것이 안전하다.

증기탕과 사우나 · · · 증기탕이나 사우나가 가져올 체온의 상승은 임신부나 태아 모두에게 좋지 않다. 게다가 너무 높은 온도는 임신부 스스로도 거북하고 참기 힘들다.

제 **3** 장
건강한 임신은
건강한 영양 섭취로

얼마나 더 먹어야 할까?

수정란은 처음에는 너무 작아 맨눈으로 볼 수 없다. 하지만 인간이 태어날 때는 보통 무게가 3.2kg, 키가 50cm 가량 된다. 이렇듯 놀라운 성장은 인간의 일생에서 그 이후로는 다시 볼 수 없다. 그와 같은 무게와 키를 갖기 위해, 또한 뼈와 근육을 만들기 위해 태아는 자신에게 필요한 칼슘과 단백질, 철분과 비타민, 지방과 인 등 모든 영양소를 모체에서 얻어낸다.

그러므로 임신 중에는 모체가 섭취하는 영양분이 매우 중요하다. 태아에게는 발육을 위해 반드시 필요한 영양소들이 있다. 그것은 임신부에게도 마찬가지이다. 아기를 가진다는 것은 모체의 모든 기관이 참여한다는 뜻이다. 또한 유방이나 자궁 같은 몸의 어떤 부분은 임신중에 눈에 띄게 커지기도 한다.

임신을 하면 보통 때보다 많이 먹어야 할까? 전과는 다르게 먹어야 할까? 우선 음식물의 양에 관해서 알아 보자. 일반적으로 얼마나 먹어야 하는가가 임신부들이 가장 궁금해하는 문제이다.

임신을 하면 2인분을 먹어야 한다고 오랫동안 생각해왔다. 그러나 임신하자마자 두 배로 먹기 시작한다면 너무 살이 쪄서 위험할 수도 있다. 또한 살이 찌는 것을 염려해 어떤 임신부들은 지나치게 적게 먹는 경우도 있다. 적당한 양은 얼마쯤일까?

● 칼로리에 관심을 가져야 한다

인간의 몸도 에너지에 의해 움직인다. 에너지란 자동차에 있어서는 기름이고, 레인지에 있어서는 전기나 가스이다. 인간의 몸에 있어 에너지란 음식물로 인해 생기는 열량이다. 인체는 기계나 엔진처럼 작동한다. 음식물이 폐에 의해 흡수된 산소와 접촉하면 연소하며 열을 발산하는데 이 열이 바로 에너지가 되는 것이다.

각각의 음식물들이 얼마나 많은 에너지를 내는지 정확하게 알 수 있다. 이 에너지를 칼로리, 즉 열량으로 표시한다. 보통 100g의 고기는 170칼로리를 내고 100g의 우유는 70칼로리, 100g의 샐러드는 30칼로리를 낸다는 식으로 표현한다. 1칼로리는 물 1cc를 1도 올리기 위해 필요한 열의 양이다.

　1g의 지방은 연소하면서 9칼로리를 발산한다. 모든 지방은 흡수되어 인체에서 연소될 때 같은 양의 에너지를 낸다. 탄수화물과 단백질

은 그램당 4칼로리이다. 에너지는 음식물간에 차이가 있다. 음식물이 무엇으로 구성되어 있는가에 따라 칼로리가 다르다. 체중을 지키려면 음식물의 칼로리에 유념해야 한다.

칼로리는 조금만 더 필요하다

　우리 몸은 모든 종류의 활동을 하기 위해 음식물이 공급한 에너지를 사용한다. 심장이나 폐 같은 생명 유지에 필요한 기관이 작동하는 데도 에너지가 사용된다. 아무것도 하지 않고 침대에 누워 있어도 살기 위한 에너지를 소비하고 있는 것이다. 보통 1,500칼로리 정도 되는 성인에 필요한 기초 에너지를 기초 대사량이라고 한다.

　기초 대사량은 체중, 신장, 나이, 성별에 따라 다르다. 여자보다 남자가, 체중이 가벼운 사람보다 무거운 사람이, 노인보다 청년이 기초 대사량이 더 높다. 임신 기간 중에는 약 25% 정도 증가한다.

　음식물에 의해 공급되는 에너지는 체온을 유지시키는 데에도 쓰인다. 그렇기 때문에 추운 지방에 사는 사람들은 추위를 견디기 위해 돼지 비계같이 칼로리가 높은 음식물을 많이 소비한다.

70kg 성인의 시간당
소비 칼로리
취침중 :
65
큰 소리로 책읽기 :
105
뜨개질하기(분당 23코) :
116
노래하기 :
122
빨리 타자치기 :
140
산책(4km/시간) :
200
수영하기 :
500
달리기(8.5km/시간) :
570
계단 오르기 :
1100

음식물에 의해 공급되는 에너지는 인체가 활동을 하는 데 가장 많이 쓰인다. 즉 몸짓이나 근육과 머리에 의한 작업을 하는 데 소용된다. 걷거나 달리거나 다림질하는 것뿐만 아니라, 쓰고 읽고 생각하는 데에도 에너지가 필요한 것이다.

인체가 여러가지 활동을 하는데 필요한 에너지의 양이 숫자로 표시되어 있다. 물론 일이 힘들수록 에너지의 소비도 커진다. 벌목 인부는 하루에 7,000칼로리까지 소비할 수 있는 데 반해 앉아서 일을 하는 여성은 2,000칼로리만 소비한다.

자신의 몸과 생활을 유지시키는 데 필요한 칼로리를 공급받지 못하면 몸 안에 저장해 둔 것을 쓴다. 그래서 마르게 된다. 반대로 너무 많이 공급되면 저장을 한다. 불필요한 칼로리들이 지방으로 변해 뚱뚱해지는 것이다. 영양 섭취의 알맞은 양은 필요한 만큼만 먹는 것이다. 특별히 힘든 일을 하지 않는 보통 키와 몸무게를 가진 여성은 약 2,000칼로리를 섭취하면 된다.

임신을 하면 어떻게 될까? 실제로 그 이상 더 많이는 필요하지 않다. 하루에 2,100칼로리 정도면 충분하며, 임신 말기에는 약간 더 필요해 특수한 경우를 제외하고 2,250칼로리 정도 소용된다. 늘어난 칼로리는 태아에게도 필요한 것이고 모체의 기초 대사량 증가에도 필요한 것이다. 그러나 하루에 겨우 250칼로리 정도만 더 필요할 뿐이지 두 배나 더 필요한 것은 아니다.

따라서 임신부가 평소보다 훨씬 더 많이 먹어야 할 필요는 없다. 하지만 다음 경우는 반드시 많이 먹어야 한다.

▶ 아직 성장이 끝나지 않은 20세 이하의 어린 임신부는 하루에 우유 1리터 이상이나 그에 해당하는 유제품, 특히 치즈를 많이 먹으면서 하루에 2,500칼로리 정도를 섭취해야 한다.

▶ 힘든 일을 하는 여성 또한 탄수화물과 지방, 비타민 B와 C의 양을 늘리면서 하루에 2,500칼로리 정도를 섭취해야 한다. 그러나 분만 후 휴식을 취하는 동안에는 많이 먹지 않도록 한다.

▶ 이미 아이를 여럿 둔 경우에도 칼로리가 조금 높아져야 한다. 특히 비타민, 엽산, 미네랄이 풍부한 식품을 섭취해야 한다.

▶ 쌍둥이인 경우, 임신 중반기가 지나면서부터 열량이 많은 음식과 무기질, 비타민이 풍부한 음식을 섭취해야 한다.

● 왜 너무 많이 먹으면 안 될까?

뚱뚱하든 그렇지 않든 많이 먹으면 체중이 는다. 임신부가 너무 살이 찌는 것은 임신 전보다 식욕이 늘어난 데에도 이유가 있지만 태아에게 많은 음식물이 필요하다고 생각하기 때문이다.

두 사람분을 먹어야 한다는 것은 옛날 이야기이고 영양이 풍부한 음식물이 쏟아져 나오는 오늘날에는 통용되지 않는 말이다. 임신 중의 지나친 체중 증가는 심각한 결과를 초래할 수 있다.

체중 증가는 단백뇨, 부종, 고혈압 같은 임신중독증과 관계가 있다. 즉 체중이 빨리 늘어난 사람에게 임신중독증이 많다는 뜻이다. 임신중

독증은 태아의 발육을 방해하여 체중이 정상에 못 미치는 허약한 아기를 낳게 할 위험이 있다. 이는 임신부가 체중에 신경을 써야 하는 첫번째 이유이다.

또한 체중이 증가할수록 몸의 세포 조직에 물과 지방질이 스며든다. 그러면 세포 조직은 유연성과 탄력성을 잃게 된다. 이것은 결과적으로 출산을 힘들게 만든다. 체중에 신경써야 하는 두 번째 이유이다.

세 번째 이유는 출산 후 예전의 몸매로 빨리 돌아가기 위해서이다.

한 주에 한두 번씩 규칙적으로 체중을 재면서 음식물 섭취량을 조절해야 한다.

임신중에 체중은 얼마나 늘어야 하나

임신 중에는 보통 10~12kg 정도 체중이

늘어난다. 임신부의 체질, 임신 전 체중, 신장, 스포츠 활동 등에 따라 1~2kg 정도 차이가 있을 수 있다. 초기 3개월에는 체중의 변화가 거의 없다. 어떤 임신부들은 임신 초기에 오히려 1~2kg 정도 체중이 줄어드는데 특히 입덧을 하는 경우에 그렇다. 입덧으로 인해 체중이 줄었다면 너무 걱정하지 않아도 된다. 입덧이 그치면 체중이 다시 회복된다.

체중은 매주 350g 정도 늘기 때문에 임신 4개월 때부터 체중이 많이 늘어난다. 정기적으로 체중을 재야 하는데, 체중 증가량이 일 주일에 400g이 넘으면 많이 먹는 것이므로, 음식물 양에 신경써야 한다.

또한 신체 활동이 점점 줄어드는 동안에도 식욕은 임신 기간 내내 거의 동일하다는 사실을 염두에 두어야 한다.

체중이 많이 나가는 경우

체중계를 보는 순간 몸무게가 너무 많이 나간다는 것이 확인되었다. 어떻게 해야 할까? 식탁에 앉기 전에 한 숟갈의 밥이나 한 덩이 고기의 칼로리를 알기 위해 복잡한 계산을 할 필요는 없다. 필요한 것은 피해야 할 식품들을 아는 것이다. 가장 많은 칼로리를 가진 식품은 기름기가 많은 지방질로 이루어진 것들이다.

▶ 지방 1g은 9칼로리를 내고,

▶ 단백질 1g은 4칼로리를 낸다.

그렇기 때문에 지방이 많은 식품들, 특히 기름기 많은 생선과 고기, 기름기 많은 치즈와 버터 등을 줄여야 한다. 또한 눈에 잘 띄지 않는 지방질 식품인 튀긴 음식, 케이크, 땅콩 등도 줄여야 한다. 탄수화물을 공급하는 당분과 전분질을 함유한 식품들은 고기나 달걀 같은 단백질 식품보다 더 많은 열량을 내지는 않지만, 소화되는 과정에서 훨씬 쉽게 지방질로 변한다.

그렇기 때문에 탄수화물 식품도 역시 줄여야 하고 어떤 것은 아예 먹지 말아야 한다.

▶ 사탕, 케이크, 초콜릿은 피할 것.

▶ 커피나 차에 설탕을 넣지 말고, 꿀이나 잼의 양을 줄여 설탕 섭취를

줄이고 소다수 타입의 음료는 마시지 말 것.

▶ 빵과 감자, 국수 같은 전분질 식품을 줄일 것.

▶ 안주용 비스킷류를 경계할 것. 임신부들은 술을 마실 수 없기 때문에 술자리에서 안주를 많이 먹는 경향이 있다.

　여기서는 체중을 줄이려는 식이요법이 아니기 때문에 다른 영양을 많이 섭취해야 한다. 지방질이기는 하지만 또한 단백질이 많은 식품들을 먹어야 한다. 생선류 중에서는 가자미, 대구, 넙치, 가오리, 고등어가 이에 해당되고, 육류 중에서는 잘 구운 쇠고기와 송아지 고기, 닭과 오리 등 가금류가 여기에 해당된다. 유제품의 경우는 지방질이 45% 이하인 치즈와 요구르트, 탈지유, 반탈지유가 이에 속한다. 당도가 높은 바나나와 포도는 경계해야 한다.

　다음 표는 중요 식품의 열량표로서 가장 열량이 적은 식품부터 열량이 많은 식품을 차례대로 열거했다. 이 표를 보면 흔히 좋아하는 초콜릿이나 케이크 같은 식품들이 불행히도 가장 많은 열량을 낸다는 것을 알 수 있다.

　비스킷, 마른 과일, 초콜릿 같은 것을 자주 먹으면 체중에 적신호가 온다. 체중에 신경을 쓰는데도 정상 체중으로 돌아오지 않으면 의사와 상의해야 한다. 과도한 체중이 너무 많이 먹어서 그런 것만은 아니기 때문이다.

　(*편집자 주 : 한국인에 맞는 식단표가 〈부록〉에 다시 나온다.)

영양 결핍은 조산을 부른다

　임신 중에 모든 여성들이 많이 먹는 것은 아니다. 많은 여성들이 날씬해지려거나 경제적 이유로 오히려 영양 결핍 상태에 있게 된다.

　임신 중에 겨우 6kg 정도 이하로 늘어난 경우도 있다. 이러한 영양 결핍은 태아에게 해로워 태아 발육 지연과 함께 조산을 초래한다.

　그러므로 영양이 결핍되어서는 안 된다. 다이어트는 출산 후에 하거나, 모유를 먹이는 경우라면 좀더 기다렸다 하도록 한다. 수유가 끝난 후에는 원래의 체형을 찾기 위해 여러 가지 방법을 쓸 수 있다. 임신중에는 태아를 위해 충분히 먹도록 노력해야 한다.

주요 식품의 열량표
(숫자는 100g당 칼로리)

탈지유	35
신선한 채소	40
요구르트	45
신선한 과일	45~70
전지유	70
기름기 없는 생선(대구 종류)	80
감자	90
반 기름진 생선(고등어 종류)	135
닭	140
달걀	160
고기(소, 송아지, 양)	165

이 그룹의 음식물들은 적당히 먹으면 체중이 늘지 않는다.

밤	200
기름진 생선(참치 종류)	210
생크림	250
빵	250
잼	285
마른 과일	290
꿀	300
돼지고기	332
마른 채소	340
쌀밥	340
스파게티	350
향신료가 첨가된 빵	350
과일 파이	350
캉탈 치즈, 그뤼에르 치즈	380
설탕	400

이 그룹의 음식물들은 많이 먹으면 체중이 늘 수 있다.

비스킷류	410
마요네즈	460
블랙 초콜릿	500
과일 건포도 케이크	500
밀크 초콜릿	600
아몬드, 호두	670
익힌 소시지	670
버터*	760
식용유*	900

이 그룹의 음식물들은 많이 먹으면 반드시 체중이 는다.

*버터와 끓이지 않은 식용유는 높은 칼로리를 내지만 조금 필요하다.

하루에 몇 끼를 먹어야 할까?

식욕은 사람마다 다르고 시기에 따라 다르다. 어떤 기간에는 배가 심하게 고프기도 하고 어떤 기간에는 음식이 보기 싫고 메스껍기만 하다. 연구에 의하면 임신부에게 가장 적합한 식사 횟수는 5회로 아침, 점심, 저녁 세 끼 식사와 오전 오후 한 번씩의 가벼운 간식이다.

그렇게 하면 소화 흡수가 잘 되고, 식사 후 포만감이나 둔한 느낌이 줄어들며 초기에 입덧도 덜 하게 된다. 직장을 가진 경우라면 요구르트나 사과를 가져가서 먹는다.

중요한 것은 하루에 섭취하는 음식물의 전체 양이 제한량을 벗어나서는 안 된다는 것이다.

● 무엇을 먹어야 할까?

대답은 쉽다. 균형이 잘 잡힌 식사를 하면 된다. 이것은 임신을 했든 그렇지 않든 건강을 유지시키는 가장 좋은 방법이다. 그러므

로 아기를 기다리고 있다면 균형 잡힌 식사는 더욱 중요하다. 2인분을 먹는다는 것이 양적으로는 맞지 않는 말이지만 질적으로는 맞는 말이다. 두 배를 더 먹는 것이 아니라 두 배 잘 먹는 것이다.

하지만 정확히 무엇을 먹어야 할까? 중요 영양소들을 골고루 섭취해야 한다. 중요 영양소들은 제각기 다른 특성이 있어서 우리 몸이 필요로 하는 다양한 자양분을 제공한다.

고기, 생선, 달걀은 단백질의 공급원이다. 우유, 유제품, 치즈는 뼈의 형성에 필요한 칼슘과 단백질을 공급한다. 버터, 기름은 지방을 공급하고 감자, 전분질 식품은 탄수화물과 당질의 공급원이다. 과일, 채소, 곡물에는 비타민이 들어 있다. 녹색 채소와 마른 채소에는 무기질인 철분과 인이 들어 있다.

우리 몸은 단백질과 지방, 탄수화물, 비타민, 무기질, 염분 등 모든 영양소를 골고루 필요로 한다. 고기와 전분질로만 구성된 음식물에는 비타민, 무기질, 염분, 지방이 부족하다. 이것은 영양학적으로 불균형 식단이다. 불균형 식단은 성장이 끝난 인체에도 나쁜 영향을 주지만 발육중인 인체에는 더욱 심각한 해를 입힌다.

단백질, 지방, 탄수화물, 비타민, 무기질을 함유한 식품들이 무엇인지 조금 자세히 알아보자.

단백질 식품

단백질은 우리 몸을 구성하는 데 필요한 재료를 공급하고, 몸의 모든 세포 조직을 형성하며 또 재생시킨다. 그렇기 때문에 단백질은 특히 필요하다.

임신 중에는 평상시보다 약 25% 정도 단백질을 더 섭취해야 한다. 고기, 생선, 우유, 치즈 같은 모든 동물성 식품들과 곡물류, 콩류의 식물성 식품들을 그만큼 더 먹어야 한다. 고기를 가장 영양이 풍부하고 단백질이 많은 식품으로 여기지만 그렇지 않다. 같은 양의 생선도 고기 못지않은 단백질을 공급한다.

다음은 프랑스의 경우 여러 식품에 의해 공급되는 단백질의 그램당 가격 비교를 나타낸 것이다.

소시지	50.1		카망베르 치즈	22
송어	40.3		대구	17.8
익힌 햄	34.9		에멘탈 치즈	17
돼지고기 안심	32		달걀	15
요구르트	28		살균 우유	13
삶은 쇠고기	23.8		닭고가	12.4

몇몇 식품에 함유된 단백질 그램당 가격 비교
(상팀으로 표시 : *1상팀＝약 2원 정도)

위의 표에서 보면 프랑스에서는 우유가 가장 경제적인 단백질 식품 중 하나이고, 쇠고기는 가장 비싼 단백질 식품이라는 것을 알 수 있다. 아마 이런 비율은 대부분의 나라에서 비슷할 것이다.

달걀은 전혀 몸에 해롭지 않으므로 자주 먹어도 괜찮다. 달걀 두 개는 비프 스테이크 100g과 같다. 또한 마른 채소, 호두, 땅콩, 빵과 곡물류에도 단백질이 함유되어 있다.

하지만 이러한 식물성 단백질이 동물성 단백질과 똑같은 효능을 지니는 것은 아니다. 식물성 단백질은 우리 몸이 필요로 하는 모든 것을 가지고 있지 않다. 그러므로 식물성 단백질만으로 동물성 단백질을 대체할 수는 없다.

지방 식품

지방이 함유된 식품은 기름, 라드, 버터, 마가린뿐 아니라 전지유, 고기, 기름진 생선, 호두 · 아몬드 · 땅콩 같은 견과류, 달걀 등이다.

지방은 영양의 균형을 위해 필요하지만 임신 중에는 지나치게 체중이 증가되지 않도록 지방 섭취를 줄이는 것이 좋다.

임신부는 몸에 지방이 많아 무거워지면 견디기 힘들다. 지방은 또한 가장 소화하기 쉬운 형태로 섭취해야 한다. 즉 생버터나 끓이지 않은 기름 같은 것이 좋고 소화 흡수가 어려운 동물 비계나 라드, 특히 튀김 기름 같이 끓인 기름은 피해야 한다. 식용유는 콩, 땅콩, 옥수수, 해바라기, 올리브 같은 순수 식물성 기름을 확인하고 구입한다.

탄수화물 식품

탄수화물이 가장 많이 함유된 식품은 설탕과 꿀이고, 그 다음이 잼, 케이크, 국수, 쌀, 자두, 대추, 마른 콩, 빵, 바나나, 감자, 아주 잘 익은 과일 등이다. 탄수화물 식품은 달고 전분질이 많다.

탄수화물 함유 식품은 평상시대로 먹어도 되지만 체중이 너무 많이 나가면 비타민 섭취를 위한 신선한 과일과 약간의 전분질 식품을 제외하고는 탄수화물이 많이 함유된 식품을 줄여야 한다.

열량이 많이 나오는 바나나와 포도는 체중이 많이 나갈 경우 반드시 피해야 할 식품이다.

칼로리가 없는 인공 감미료는 어떨까?

이것은 열량은 거의 없고 단맛만 내는 것일까? 태어날 아기에게 해롭지는 않을까? 미국에서는 인공 감미료가 해롭지 않다고 판정을 했지만 아직 세계적으로 인정받은 것은 아니다. 연구가 더 진행되어 정확한 답이 나올 때까지는 피하는 것이 좋다. 임신중에는 되도록이면 화학 물질을 섭취하지 않는 것이 좋으므로 인공 감미료 섭취 또한 중단하는 것이 바람직하다.

결론을 말하자면 임신중에는 단백질을 많이 섭취해야 한다. 단백질은 세포와 조직 형성에 아주 중요한 역할을 하기 때문이다. 다음으로 적당한 양의 탄수화물과 가능하면 생버터같이 가열되지 않은 소량의 지방 순서로 에너지를 공급한다.

무기질

우리 몸에 필요한 많은 무기질들 중에서 몇 가지는 특히 중요해서 임신 중에는 절대 필요량을 섭취해야 한다.

칼슘 · · ·뼈와 치아 구성에 꼭 필요하다. 임신부에게 충분한 칼슘과 태아에게 필요한 것까지 확보하려면 상당량을 섭취해야 한다. 칼슘을 가장 많이 함유하고 있는 식품은 우유와 치즈, 요

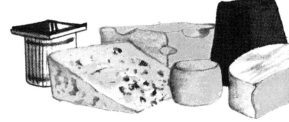

제 3 장 건강한 임신은 건강한 영양 섭취로 83

구르트 같은 유제품류이다. 또한 마른 대추, 마른 강낭콩과 냉이, 양배추, 상추, 시금치 같은 채소류와 보리빵에도 들어 있고, 달걀과 광천수에도 함유되어 있다. 우유와 치즈, 유제품들을 적당량 먹으면 필요한 칼슘을 공급해 줄 수 있다.

특별히 우유를 많이 먹는 것이 좋다. 우유는 하루에 반 리터 이상을 마시는 것이 좋으며, 그렇지 않으면 요구르트, 요플레, 치즈 등으로 보충해 주어야 한다. 우유에는 칼슘만 풍부한 것이 아니라 단백질과 비타민도 풍부하다. 전지유에는 지방이 들어 있으므로 체중이 많이 나갈 경우에는 반 탈지유를 마시도록 한다.

철분 · · · 철분이 풍부한 식품들은 강낭콩, 냉이, 시금치, 파슬리, 마른 과일, 아몬드, 초콜릿, 동물의 간, 달걀 노른자 등이다.

임신 중에는 많은 철분이 필요하다. 임신 후반기에 태아가 피를 만들려면 상당한 양의 철분이 있어야 하기 때문이다. 그래서 이 시기에, 특히 아이를 여럿 낳은 임신부에게는 빈혈이 생길 수 있다.

그래서 많은 의사들은 임신 중반 이후 체계적으로 철분제를 처방해 준다. 더욱 좋은 것은 임신 초기부터 철분과 비타민 C가 풍부한 식품을 섭취하는 일이다. 비타민 C는 철분의 흡수를 증가시킨다.

엽산 · · · 몇 년 전부터 영양학 분야에 엽산이라는 용어가 선보이기 시작했다. 엽산은 비타민 B 복합체의 하나로 단백질 합성과 세포 증식에 없어서는 안 되는 영양소이다. 엽산의 필요는 임신 기간 내내 늘어나는데 자궁의 성장과 태반의 형성, 특히 태아 세포 조직 형성과 성장에 없어서는 안 되기 때문이다.

엽산의 결핍은 빈혈, 자궁내 발육 부진과 조산, 태아의 기형, 특히 신경 계통의 기형 같은 다양한 증상의 원인이 된다. 몇몇 요인이 엽산의 결핍을 초래하는데 쌍둥이 임신, 다산, 영양 불량, 알코올 중독, 약품, 특히 항간질제 등이 그 요인이다.

엽산은 민들레, 물냉이, 상추 같은 샐러드 재료와 시금치, 호두, 아몬드, 멜론 등에 들어 있다. 치즈, 아보카도, 양배추, 피망 또한 엽산을 많이 함유하고 있다. 엽산 결핍의 요인이 있는 임신부는 약품 형태의 엽산 보조제 복용이 필수적이다. 하지만 보통 임신부들은 임신 후반기에 의사의 지시에 따라 엽산 보조제를 섭취한다.

불소 · · · 임신 중 태아의 치아 형성과 모체의 자궁 강화에 유용하다. 출생 후 몇 년간 불소를 섭취하는 것도 아기에게 좋다. 불소는 다음 형태로 섭취할 수 있다.

▶ 불소를 주성분으로 만들어진 약들.

▶ 조리용 소금 중에 첨가되어 있는 것.

불소는 지나친 것도 좋지 않으므로 여러 형태로 동시에 많이 섭취할 필요는 없고 한 가지로 섭취하면 충분하다. 임신 5개월부터는 불소의 섭취가 반드시 필요하다.

우리 몸이 필요로 하는 또 다른 무기질인 요오드, 인, 마그네슘, 황은 여러 식품에 함유되어 있다. 자세히 설명하지 않아도 임신부가 여러 식품을 골고루 섭취하는 것이 임신부 자신과 태아에게 필요하다는 것을 알 수 있을 것이다.

같은 무기질이라도 소금은 특별히 중요하다. 소금은 오랫동안 임신부에게 좋지 않은 것으로 여겨져서 특히 임신 후반기에는 소금 섭취를 억제해야 한다고 생각해왔다.

하지만 오늘날 의사들은 애써 소금을 피해야 할 필요는 없다고 말한다. 그러나 지나친 염분 섭취는 조심해야 한다. 조리할 때는 소금을 넣지만 식탁에서 더 넣을 필요는 없다.

또한 소금도 설탕처럼 식욕을 돋구는 효과가 있다는 것을 잊지 말아야 한다. 소금 때문에 식욕이 왕성해져 음식을 많이 먹게 된다는 것이다. 그러므로 소금을 너무 많이 섭취하면 안 된다.

그렇다면 무염 식단은 임신부에게 전혀 필요하지 않은 것일까? 실제로 무염 식단 처방은 점점 줄어들고 있는 추세이지만 임신 전에 심장병이나 신장병이 있었다면 필요할 수도 있다.

비타민

비타민이란 용어는 미국의 생화학자 캐시머 펑크가 만들었다. 그는 쌀겨 속에

냉동 음식

냉동 규칙과 해동 규칙을 잘 지키면 냉동 음식을 소비하는 데 아무런 지장이 없다. 사용 기간을 준수하고, 이미 해동시킨 식품은 절대로 다시 냉동시키지 말아야 한다.

1) 절인 저장 식품들을 먹고 괴혈병으로 죽은 여행자들에 대한 이야기를 들었을 것이다. 그러나 비타민 C의 역할이 알려진 오늘날 괴혈병은 세계 각국에서 거의 사라졌다.

들어 있는 어떤 화학 물질, 즉 아민이라는 것이 생명유지에 절대 필요하다는 것을 발견했다. 그것을 비타민이라고 불렀다. 이것이 현재의 비타민 B_1(티아민)이다.

이후 비타민이라는 이름은 아민뿐만 아니라 또 다른 20여 종의 화학 물질에도 붙여졌다. 임신 중에는'반드시 충분한 양의 비타민을 섭취해야 한다.

비타민은 태아의 발육을 위해서뿐 아니라, 태아가 자기 몸 속에 출생 후 몇 주 동안 사용할 비타민을 저장해두기 위해서도 꼭 필요하다. 임신부에게도 꼭 필요한데, 이는임신중에는 몸의 어떤 기관이 발달하기도 하고 신체의 모든 조직이 평소보다 훨씬 많은 일을 하기 때문이다. 임신부에게 필요한 비타민과 그것을 공급하는 식품은 다음과 같다.

비타민 A· · ·특히 성장에 필요한 비타민이다. 우유와 유제품들, 익히지 않은 버터, 쇠간, 파슬리, 양배추, 시금치, 상추, 당근, 토마토 같은 채소에 들어 있다.

비타민 B군· · ·태아의 성장 발육에 필요하다. 비타민 B군의 결핍은 임신부에게 두통, 경련 등 여러 통증을 일으킨다. 곡물류의 낟알, 마른 채소, 밀의 배아에 풍부하게 들어 있다. 흰쌀밥보다는 현미밥이나 잡곡밥에 더 많이 들어 있고 보통 빵보다 보리빵에 많이 함유되어 있다.

비타민 C· · ·아스코르브산[1]이라고도 한다. 세균에 대항하는 비타민이다. 과일과 생채소에 들어 있는데, 특히 키위, 레몬, 오렌지, 자몽, 토마토, 산딸기, 파슬리, 양배추 등에 많이 들어 있다.

비타민 D· · ·칼슘을 고정시키는 작용을 하기 때문에 중요하다. 일상적으로 섭취하는 식품에는 아주 소량의 비타민 D가 함유되어 있다. 원래 이 비타민은 우리 몸이 태양 광선인 자외선을 쬘 때 스스로 만들어 낸다. 그러므로 가장 좋은 방법은 좋은 공기를 마음껏 마시며 태양을 쬐는 것이다. 의사가 필요하다고 판단되는 경우에는 비타민 D가 들어 있는 특수 비타민제를 처방해 줄 것이다. 비타민

D의 결핍은 모체의 칼슘 상실을 일으키고 신생아에게는 근육의 경련, 발작 같은 장애와 함께 혈액에서 칼슘이 부족한 원인이 된다.

비타민 E · · ·상추, 냉이, 쌀과 곡물의 낟알, 달걀 노른자, 간 등에 들어 있는데 결핍되는 경우는 거의 없다.

비타민 K · · ·녹색 채소, 양배추, 시금치 등에 들어 있다. 분만 전 6주 동안 비타민 K 보조제가 필요한 간질 치료를 제외하고 비타민 K는 결핍되지 않는다.

과일과 채소를 효과적으로 먹기

과일 · · ·익히지 말고 날것으로 먹을 것. 빨리 씻고, 물에 오래 담가 두지 말 것, 스테인리스 칼로 자를 것, 즉시 먹을 것. 공기와 접촉하면 비타민 C가 파괴된다. 그러므로 과일 주스는 미리 준비해 놓지 말아야 한다. 과일을 설탕에 조리는 경우 거의 물을 넣지 않고 짧은 시간 동안 익히면 비타민의 손실이 줄어든다.

채소 · · ·채소도 익히는 동안 어느 정도의 비타민이 손실된다. 하지만 주의를 기울이면 손실을 막을 수 있다. 채소를 씻은 후에는 되도록 물에 담가 놓지 말고, 삶을 때는 잠깐 동안 적은 양의 물을 사용한다. 가능하면 껍질째 익힌다.

특히 감자는 더 그렇다. 찌는 것이 가장 좋은데, 압력솥이나 이중 바닥 냄비를 사용하면 손쉽다. 과일이나 토마토, 당근 등은 주스로 만들어 한꺼번에 많은 양의 비타민을 섭취할 수 있다. 그러나 장이 예민한 사람은 과일과 채소를 너무 많이 먹으면 안 된다.

● 골고루 먹지 않으면 임신부만 손해

지금까지 알아본 여러 식품군으로 어렵지 않게 알맞은 식단을 짤 수 있을 것이다. 다시 한 번 강조하지만 모든 영양소를 골고루 섭취하도록 다양한 식품을 먹어야 한다.

정어리, 달걀, 비프 스테이크, 치즈 종류같이 너무 단백질이 풍부한 식사로 치우치거나 과일과 채소만 먹어 비타민으로 치우치는 것, 또는

쌀로 만든 음식과 스파게티, 바나나같이 탄수화물로만 편중되어서는
안 된다. 생선, 달걀, 고기, 유제품, 곡류, 감자, 과일, 채소 들을 규칙
적으로 고루 먹어야 한다.

　음식물을 다양하게 섭취한다는 것이 결코 어려운 일은 아니다. 시장
에 나가서 필요한 모든 식품을 고르면 된다. 다양한 가격으로 칼슘, 비
타민, 단백질, 철분 등의 필요한 식품을 구할 수 있으므로 영양소 결핍
의 우려는 없다.

　어떤 영양소가 결핍되면 결과적으로 결핍되는 쪽은 태아가 아니라
임신부라는 사실을 알아야 한다. 실제로 태아는 모체의 희생이 따르더
라도 자신이 필요한 것을 모두 모체에서 빼앗아간다. 그러므로 임신부
는 빈혈인데도 태아는 아주 건강할 수 있다.

　채식주의자의 식단 · · ·고기도 없고 생선도 없는 식단은 바람직하
지 않다. 그러나 임신 기간에 아주 금지되는 것은 아니다. 그러나 고기
와 생선뿐 아니라 우유, 달걀, 치즈같이 성장에 필요한 모든 동물성 식
품들까지 제외된 골수 채식주의자의 식단은 정말 위험하다. 그런 식단
은 영양소 결핍을 일으킬 수밖에 없다.

식욕이 없을 때는 과일과 야채로

　임신 초기에 임신부들은 메스꺼움, 구토, 위장 장애 같은 여러 소화
장애로 고통받는다. 전혀 식욕이 없는 경우도 있고 그와 반대로 공복
감이 나타나는 경우도 있다. 이와 같은 장애들은 균형 있는 음식물 섭
취를 방해한다.

　입덧이 심한 임신부들은 입덧을 피하기 위해 식사를 거르고 비스킷
이나 초콜릿으로 연명한다. 그 결과 균형 잡힌 영양 섭취 없이 체중만
늘게 된다. 다행히 이러한 소화 장애는 임신 초기 3개월이 지나면 사
라진다. 어떤 임신부들은 초기 3개월 동안 다른 임신부들이 체중이 감
소하는 데 비해 오히려 3kg 정도 늘기도 한다.

▶ 식욕이 없더라도 단백질이 포함된 최소한의 식품과 신선한 과일,
채소는 섭취해야 한다.

▶ 배가 고픈 경우에는 사탕, 케이크 등을 멀리하고 식사 사이에 삶은

달걀, 과일 등을 먹는다.

▶ 메스꺼울 때는 제8장 '메스꺼움과 구토'를 참조한다.

● 주의해야 할 식품들

다음과 같은 식품들은 피해야 한다.

식중독을 일으킬 수 있는 식품들 · · · 임신 중에는 중독 감각이 예민해진다. 완전히 익히지 않은 생선과 고기, 특히 신선도를 믿기 어려운 갑각류, 홍합, 굴 같은 식품들은 식중독을 일으킬 수 있다. 더욱이 갑각류와 조개류들은 A형 간염 바이러스를 옮길 위험이 있다. 모든 식중독의 위험을 피하려면 다음 사항을 주의해야 한다.

열처리되지 않은 생우유나, 생우유를 기본으로 만든 치즈를 먹지 않도록 한다. 날것으로 먹는 채소와 과일은 잘 씻는다. 돼지고기 가공 식품들은 포장된 것을 사고 개봉한 후에는 빨리 먹도록 한다. 날달걀이 기본이 되는 크림, 케이크, 그리고 가정에서 만든 마요네즈는 먹기 바로 전에 준비하며, 오래 보관하지 않는다. 냉장고 안에서는 음식물들을 깨끗한 밀폐 용기 안에 넣어 보관한다. 익힌 식품과 날것은 분리시켜 보관하고, 정기적으로 냉장고를 청소한다.

살찌는 식품 · · · 모든 지방군 식품들과 전분, 케이크, 사탕같이 당분이 많이 들어간 식품.

날고기나 덜 익힌 고기 · · · 특히 이것은 톡소플라즈마 혈청 진단에서 음성으로 나온 경우의 임신부들에게 해당된다. 톡소플라즈마 감염의 모든 위험을 피하려면 생고기를 먹지 말아야 하고 모든 고기는 반드시 익혀 먹어야 한다. 냉장고에서 꺼낸 고기를 금방 구울 때, 겉은 익어도 속은 날것이라는 사실에 주의해야 한다. 모든 세균을 없애기 위해 고기 전체를 50도 온도에서 익혀야 한다. 잘 익히면 촌충 같은 다른 기생충 감염도 피할 수 있다. 덜 익은 고기를 좋아할 경우에는 얼린 것을 먹는다. 냉동하면 기생충이 죽기 때문이다.

무겁고 소화시키기 힘든 음식 · · ·튀김류나 스튜, 돼지고기 가공 식품들을 너무 많이 먹으면 안 된다.

● 수분을 많이 섭취해야 한다

임신 중에는 수분을 충분히 섭취해야 한다. 적어도 하루에 물 1리터는 마셔야 한다. 임신부뿐 아니라 태아에게도 수분이 필요하다. 수분을 많이 섭취하면 임신 기간 동안 자주 생기는 소변 감염도 예방할 수 있다. 수분이 몸에 저장될까봐 겁내지 않아도 된다.

심장병이나 신장병을 제외하고 임신 중의 체중 증가는 수분보다 지방 저장의 원인이 더 크다.

무엇을 마실까?

물 · · ·어떤 도시에서는 수돗물에 너무 많은 질산염이 들어 있어서 임신부와 6개월 미만의 유아에게 부적합한 경우가 있다. 또한 소독 약품 때문에 불쾌한 냄새가 나기도 한다. 이때 레몬 몇 방울을 떨어뜨리면 훨씬 마시기 쉽다.

광천수 · · ·염분이 많이 들어 있는 제품을 제외하고는 모두 마셔도 된다. 어떤 광천수는 마그네슘이 풍부하여 음식물이 장을 통과하기 쉽게 해 준다. 임신 초기 소화 장애가 있을 때 탄산수는 소화를 도와준다. 하지만 식욕을 증진시켜 음식을 더 먹게 할 위험도 있다.

홍차와 커피 · · ·개인에 따라 다르게 작용하기는 하지만 흥분제이다. 그러므로 많이 마시지 말고 연하게 마신다.

차 · · ·구성물에 따라 어느 정도 효력을 가지고 있다. 잎차와 박하차는 소화를 돕는다. 하지만 박하는 불면증에 좋지 않다.

우유 · · ·칼슘 항목을 볼 것. 우유는 영양이 좋은 식품이면서 또한 유용한 음료이기도 하다.

신선한 과일 주스 · · ·수분, 탄수화물, 무기질과 비타민을 공급해 준다. 다만 너무 단것은 살이 찌므로 조심해야 한다.

주요 영양 구성

○ 약간 풍부
● 아주 풍부
  상당히 풍부

100그램당	칼로리	비타민 A 성장	B 신경근육	C 세균저항력	D 칼슘인공장	E 세포조직보호	K 빈혈방지	무기질 철분 적혈구	인 뼈와이	칼슘 뼈와이	에너지 당 에너지	지방 열	단백질 구성재료
육류								○	●	○	●		
쇠고기, 송아지 고기, 양고기	165							○	●	○	●		
생선류									●				●
기름기 없는 생선(대구 종류)	80								●				●
반 기름진 생선(고등어 종류)	135								●				●
기름진 생선(참치 종류)	210	○	○		○				●			○	●
굴	80	○	○					●	●				○
달걀	160	○	○		○	○		○	●			○	●
우유													
전지유	70	○							○	●	○		○
탈지유	35									●	○		○
전지 분유	500									●	○		○
탈지 분유	360		●										
생크림	250	○							○	○		●	○
치즈													
연질 치즈(브리 종류)	290	○							○	●	○	●	●
경질 치즈(그뤼에르 종류)	380	○							●	●		○	●
요구르트	45									●	○		●
버터	760			○									
식용유	900	○				○	○						
간유	670												
빵			○										
흰빵	250								○		●		○
보리빵	220		○		○			○	●		●		○
쌀밥	340		○						○		●		○
밀 배아	370	○	●							●	○		●

이 표는 식품들의 완전한 구성을 나타내는 표가 아니라 식품들의 중요 성분표이다. 예를 들어 쇠고기 100g은 단백질 18g과 지방 10g만을 포함하는 것이 아니고, 당분 0.5g과 비타민 B 0.15mg을 포함하고 있다. 하지만 이 양은 너무 작아 쇠고기를 당분의 원천으로 생각할 수는 없다. 우리는 비타민 C, 단백질, 철분의 가장 좋은 원천이 어떤 것들인지 보여주려고 이 표를 작성했다. 그런데 돼지고기 가공 식품, 갑각류같이 임신 기간 동안 권장되지 않는 음식들은 일부러 제외시켰다. 마그네슘이나 황, 요오드 같은 몇몇 무기질은 필요한 것이라 해도 이 표에 넣지 않았다. 그것들은 여러 다양한 음식물 속에 소량으로 나뉘어져 있기 때문이다. 다양한 음식물을 섭취하면 무기질이 공급될 것이다.

100그램당	칼로리	비타민 A 성장	비타민 B 신경근육	비타민 C 세균저항력	비타민 D 칼슘인공급	비타민 E 세포조직보호	비타민 K 빌혈방지	무기질 철분 적혈구	무기질 인 뼈와이	무기질 칼슘 뼈와이	에너지 당 에너지	에너지 지방 열	에너지 단백질 구성재료
스파게티	350		○						○		○		○
감자	90										●		
신선한 채소													
익힌 것	40										○		
날것	40			●							○		
당근	45	●									○		
양배추	40	○				●				○	○		
꽃양배추	40	○					○			●	○		
물냉이	30	○				○	●				○		
시금치	40	●	○				●	●			○		
상추	30	●		●		●		○		○	○		
파슬리	40									●			
말린 채소	340			○	○			●	●	●			●
신선한 과일													
익힌 것	45~70	○									○		
날것	45~70	○		○							○		
감귤류(오렌지, 레몬 등)	45									○	○		
씨 있는 과일	65	○		●							○		
말린 과일	285						○			○			
말린 살구	285	●					○			○	●		
유성(油性) 과일													
아몬드, 호두	670	○	○			○		○	●	●	○	●	○
설탕	400												
꿀	300												
잼	285										●		
초콜릿	500							○		○	●	○	

과일향이 첨가된 탄산 음료·· ·일반적으로 과일은 거의 없고 설탕만 많을 뿐이다. 임신부에게는 도움이 되지 않는다. 사이다나 소다수도 마찬가지이다.

채소 주스· · ·비타민이 풍부하다.

채소 수프· · ·무기질을 공급해 준다.

● 먹고 싶은 대로 먹을 것

임신 중기에 접어들면 식욕이 늘어난다. 임신에 해롭거나 이상한 음식이 아니라면 식욕을 만족시키지 못할 이유는 없다.

식욕은 필요에 따라 생기는 경우가 많다. 임신 전에는 고기나 우유를 좋아하지 않던 임신부가 커다란 비프 스테이크나 많은 양의 우유를 먹고 싶어하는 경우를 볼 수 있다. 또 어떤 임신부는 그 전에는 전혀 먹지 않던 파인애플을 좋아하기도 하고, 또 어떤 이는 식초가 좋아지기도 한다. 이는 몸이 그것을 필요로 하기 때문이다. 또한 양념류도 지금까지와는 다른 것을 좋아하게 되는 경우가 있는데 이는 소화를 촉진시키기 위해서이다.

하지만 너무 많이 먹지 말아야 한다. 임신부가 먹고 싶은 음식을 만족할 만큼 먹지 못했다고 해서 바로 태아에게 어떤 위험이 있는 것은 아니다. 그렇다고 참기 어려운 욕구를 억지로 견디는 것 또한 태아에게 좋은 영향을 주지는 않는다.

* 의문이나 희망사항을 기록해 두었다가 의사나 경험자에게 이야기합시다

제 *4* 장
아름다운 임신부

행복에 잠긴 임신부의 동그랗고 매끈한 배가 잡지 표지에 나오는 것은 더 이상 놀라운 일이 아니다.

그 잡지를 사 보고 싶게 만든다. 출산 전의 아름답고 밝은 임신부 모습은 지금 어디에서나 볼 수 있다. 임신부의 배가 보여주는 부드럽고 평온한 이미지를 자동차 광고에 이용하기도 한다. 우리 시대는 이제 임신부의 몸에서 아름다움을 다시 발견했다. 남성의 눈에도 그렇게 비친다.

'임신한 내 아내는 예쁘다. 그것은 변형이 아니고 생명의 생성이다. 그녀 안에는 용솟음치는 삶이 있다.'

오늘날 임신부는 많은 정보 덕택에 체중이 덜 나간다. 지금까지 15kg 이상 체중이 늘고 체형이 변한 것은 거의 '2인분을 먹어야 한다'는 관념 때문이었다. 이제 그것이 아니라 양보다는 질이 문제임을 알았기 때문에 임신부는 많이 먹지 않는다.

또한 분만 준비와 함께 운동을 한다. 그 결과 임신부는 몸이 편안해지고, 배를 감추려고 하지도 않는다. 굵은 벨트나 머플러로 배를 강조하기까지 한다. 하지만 아직도 어떤 임신부들은 거울에 비친 자신의 몸을 보고 실망한다. 그 모습에 익숙하지 않기 때문이다. 그녀들은 몸과 생활의 변화를 인정하지 않으려고 하는 것이다.

아기가 자신을 보기 싫게 만든다고 원망하고, 또한 아기를 원망하는 자신을 원망한다.

임신은 가끔 이런 상반되는 감정 때문에 힘들어진다. 여성은 임신을 해서 기쁜 반면에 자신의 몸매가 변하는 것을 보며 불안을 느끼는 것이다. 머리와 몸은 언제나 사이가 좋은 것은 아니다.

어떻게 해야 할까? 아직도 많이 남은 시간을 아름답게 보내야 한다. 이 장에서는 유방, 배, 몸매, 피부, 화장 등에 대해 알아본다. 먼저 옷에 대해 살펴보자.

● 임신부에게도 패션이 있다

초기에는 옷을 바꿀 필요가 없다. 체중도 거의 늘지 않고 몸매도 그대로이기 때문이다. 단지 유방만 커진다. 그러므로 임신 초기에 우선 사야 할 것은 넉넉한 크기의 브래지어이다. 또한 가슴이 편해지기 위해 옷장에서 가장 품이 큰 셔츠, 크고 넓은 티셔츠와 스웨터를 찾는다. 셔츠는 남편 것을 빌려도 된다. 이 옷들은 배가 불러와도 입을 수 있다. 아래 옷은 조금 더 복잡하다. 3개월 말부터 크기가 넉넉한 것을 찾게 된다. 배가 불러도 입을 수 있도록 허리에 고무줄을 넣은 신축성이 있는 바지와 치마를 구한다.

재봉 솜씨가 좋으면 평소 입던 바지와 치마를 늘릴 수도 있다. 고무줄을 넣어서 늘리거나 양쪽 솔기를 튼 후 탄력성 있는 옷감을 삼각형 모양으로 넣어 늘리면 된다.

전문점에 가면 임신부에 맞는 특별한 속옷과 수영복, 스타킹 들도 볼 수 있을 것이다. 원피스, 멜빵 바지, 바지, 치마, 어느 것이 좋을까? 임신부의 취향과 몸매에 따라 선택한다. 하지만 멜빵 바지는 건강에 덜 좋고, 실제 생활하는 데 실용적이 못 된다. 반바지는 신축성이 있는 것이 배의 크기에 맞출 수 있기 때문에 좋다. 배를 덮도록 디자인된 임신용 반바지가 있다. 보통 반바지를 살 경우에는 두 치수 위의 것을 고르고, 고무줄이 자궁을 압박하지 않도록 허리에 걸친다.

다음 아이디어를 활용해보라.

▶ 티셔츠나 남방, 스웨터에 어깨심을 넣는다. 어깨폭을 넓게 해서 몸매를 커보이게 한다.

▶ 긴 남방 위에 입은 소매 없는 짧은 조끼는 아름다워 보이게 하는 효과가 있다.

▶ 신축성 있는 저지로 된 벨트나 머플러로 배를 장식해보는 것도 의외의 멋을 낼 수 있다.

임신 말기, 날씨가 춥고 습할 경우 배를 감싸 주어야 한다. 코트, 트렌치 코트, 파카 등 몸을 감싸는 옷들을 마련한다. 봄과 가을에는 큰 숄이나 간편한 망토가 필요하다.

　　수영복 · · ·임신부들을 위한 멋진 수영복들이 나와 있다. 그러나 값이 비싸다. 수영장에 자주 가는 경우에는 이것을 입어야겠지만 가끔 갈 경우에는 일반적인 비키니 수영복을 입고 가슴 근처에 타히티식 비치 웨어를 묶어 준다.

　　신발 · · ·평상시 굽이 있는 구두를 신는다면 너무 높지 않은 것은 계속 신어도 된다. 하지만 5cm를 넘지 말아야 하고 볼이 충분히 넓어야 한다. 하이힐은 별로 높은 것이 아니라도 등에 좋지 않다.

　　굽이 납작한 구두는 걷기에 편하지만 앞쪽의 밑창이 너무 높으면 균형을 유지할 수 없다.

　　신발은 편해야 한다. 태아의 무게로 인해 다리가 자주 피곤하기 때문이다. 아울러 임신을 하면 잘 넘어지기 때문에 균형을 잘 잡아 주는 신발을 골라야 한다. 임신 말기에는 발이 붓는 것을 생각해서 넉넉한 크기의 신발을 신는다.

　　테니스화는 아주 편안한 신발이다. 옷 색깔에 적합한 여러 가지 색의 테니스화를 준비해 두면 편리하다.

그림 1

● 아름다운 가슴을 위하여

　　유방 속에는 유방이 팽창하는 것을 막거나 무거운 유방을 지탱해 주는 근육이 없다. 유방을 지탱하는 근육은 흉근이다. 거울 앞에 옆으로 서서 두 손을 활짝 펴 양쪽 유방을 힘껏 눌러 보면 수축된 흉근의 효과로 유방이 다시 올라오는 것을 볼 수 있다. 아름다운 가슴을 유지하고 가슴이 처지는 것을 막으려면 다음과 같이 해야 한다.

▶ 어깨를 가볍게 뒤로 젖히면서 똑바른 자세를 취한다. 그 자세에서 거울을 보면 이것이 가슴을 강조하는 자세라는 것을 알 수 있다. 또한 이 자세는 등의 피로를 덜어준다. 컴퓨터 치기, 칠판에 글씨쓰기, 설거지 같은 일들은 견갑골 사이의 통증을 일으키는데, 좋은 자세를 취하면 통증은 약해진다.

그림 3

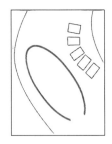

▶ 흉근이 단단해지도록 흉근 운동을 해야 한다. 아름다운 가슴의 모습은 흉근에 달려 있다. 이 근육이 단단해질수록 가슴이 덜 처진다. 제

14장에 흉근 강화에 필요한 운동이 나온다.

젖을 먹이려면 임신중에 유두를 관리해야 하나 · · · 관리하는 것이 바람직하다. 보통 유두는 폭신한 브래지어 속에 보호되어 있어서 아주 따뜻하다.

그러나 모유를 먹일 경우, 유두는 계속해서 빠는 힘과 습기에 직면하게 된다. 그러므로 젖을 먹이는 데 필요한 준비를 하는 것이 좋다. 어떻게 해야 할까? 알코올로 문지르는 것은 피부를 건조하게 하므로 적당한 방법이 되지 못한다. 훨씬 간단한 방법이 있다. 임신 7개월째에 접어들면 하루에 한두 시간쯤 브래지어를 벗고 유두를 공기나 옷에 직접 닿게 하여 단련시킨다.

유방도 라놀린 크림으로 마사지한다. 임신 말기에 유방은 초유, 즉 모유의 전조라 할 수 있는 희끄무레한 액체를 분비하는데, 작은 딱지들이 생기지 않도록 물과 비누로 씻어 준다.

그림 2

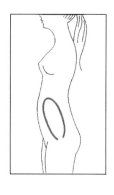

● 배와 몸매를 지키는 바른 자세

임신부들의 걱정은 주로 배에 가장 많이 집중된다. 배가 불러오므로 그러한 걱정은 당연한 것이다. 어떻게 하면 다시 배가 평평하고 단단해질 수 있을까?

아름다움을 위한 첫번째 투자는 체중계를 사는 것이다. 체중이 너무 늘지 않는 것이 출산 후 빨리 체형을 회복시키는 최선의 방법이다. 두 번째는 임신중, 또는 출산 후에 정기적으로 운동을 하는 것이다. 세 번째는 항상 바른 자세를 취하는 것이다. 이것은 몸매뿐만 아니라 건강에도 효과가 있다.

그림 4

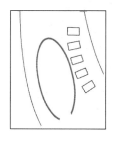

허리를 뒤로 젖히는 자세를 취하면 배는 앞으로 쏠리게 되고 복근과 배의 피부가 상당히 늘어나게 된다. 그림 1을 보라. 그림 2를 보면 자궁은 그림 1과 같은 크기인데도 임신부의 자세가 똑바르기 때문에 훨씬 더 커보이고 배는 덜 불러 보인다.

어떻게 하면 될까? 골반을 흔들면 된다. 골반을 흔들면 허리가 휘는 것을 막을 수 있다. 골반을 흔드는 것은 아름다움뿐 아니라 편안함을 위해서도 매우 중요하다. 제14장에서 골반 흔들기에 필요한 운동들을 볼 수 있다.

그림 3과 4를 보면 편안함이 자세에 따라 어떻게 달라지는지 그 차이를 알 수 있다. 그림 4를 보면 그림 2처럼 바른 자세이고, 그 결과 척추의 추골 사이에 있는 연골들은 서로 잘 분리되어 있음을 알 수 있다. 그러나 그림 3에서는 어떻게 될까? 휜 허리는 추골 사이의 연골 후반부에 통증을 일으키고 요통의 원인이 되며, 좌골 신경통을 일으킬 위험까지 있다.

수영은 등을 부드럽게 만드는 데 적합하다. 특히 자유영이나 배영이 좋다. 평영은 허리의 휜 부분을 자극시키므로 피한다.

통증이 있는 경우 의사는 허리를 지탱시키는 부드러운 벨트 착용을 권한다. 이 벨트는 계속 차는 것이 아니라 자동차나 비행기 여행, 집안일, 무거운 물건 운반같이 척추에 무리를 주는 경우에만 한다.

● 눈부신 임신부의 얼굴

임신부는 소문에 아주 예민하다. 그런 소문들 중에는 잘못 알려진 것들이 많다. 임신부가 되면 충치가 생기고, 손톱이 부러지며, 얼굴과 몸에 반점이 생기고, 머리카락이 건조해져서 출산 후에는 빠진다는 것이다.

그러나 정말로 두려워해야 할 것은 바로 이런 헛된 소문들이다. 무엇이 진실이고 무엇이 거짓인가? 우선 얼굴에 관해 알아보자.

임신부들은 눈부신 아름다움을 갖게 되는데 특히 싱그러운 혈색과 빛나는 눈이 특징이다. 이것은 임신 중에 계속되는 건강한 생활 방식과 음식 때문이다. 충분한 수면과 매일매일의 규칙적인 산보, 영양이 좋은 식사와 비타민 섭취, 금연, 금주 등이 임신부를 아름답게 만

든다. 아름다워지고 싶은 여성이라면 누구라도 그렇게 해야 한다. 탄력있고 부드러우며 결이 고운 투명한 피부를 가질 수 있다. 널리 퍼져 있는 소문과는 반대로 피부는 임신 중에 특별히 건조해지지 않는다.

얼굴 피부 손질 · · · 아름다움을 유지하기 위해 피부손질이 필요하다. 여기에 대해서는 피부과 의사들이 임신부들에게 하는 충고가 있다. 간단하고 효과적이며 별로 비용이 드는 것도 아니다. 출산 후에도 계속할 수 있으며, 아름다운 피부를 갖기 원하는 모든 여성들에게 해당되는 것이다.

비누는 어떤 것이든 필요없다. 특히 기상 환경이 좋지 않은 지역에서 비누질은 세포를 파괴시킬 위험이 있다. 또한 임신부들의 안색을 흐리게 하는 파운데이션이나 색깔 있는 크림도 필요없다. 얼굴은 저녁 때 세척 물질이 포함되지 않은 중성 유액으로 닦아낸다. 솜에 묻히거나 손에 펴서 바른다. 훨씬 쉽고 효과적인 세안법이다. 그런 뒤 비누 세안과 마찬가지로 정성들여 씻어낸다. 유액은 피부를 보호하거나 영양이나 수분을 공급하기 위해 만들어진 것이 아니다. 그러므로 화장 종이로 완전히 건조한 상태가 되도록 깨끗이 닦아낸 후, 물로 충분히 씻는다. 수돗물로 씻어도 괜찮다. 씻고 나서 피부를 잘 말리는 것이 중요하다. 젖은 피부를 공기로 말리면 피부가 손상된다.

세안이 끝나면 소량의 보호 크림을 얇게 바른다. 피부에서 수분이 달아나는 것을 막기 위해 크림은 에멀전제 계열에 속하는 유제가 좋다. 약국이나 화장품 가게에서 이 계열의 크림을 판다. 밤에 바르는 크림은 특히 겨울에 효과적이다. 겨울 난방이 집안 공기를 건조하게 만들어 피부에 있는 수분을 증발시키기 때문이다. 그 결과 아침에 일어났을 때 피부가 당기는 불쾌감을 느끼게 된다.

아침에는 깨끗한 물로 세수한 후 잘 닦고, 저녁에 사용한 보호 크림을 바른다. 데이 크림과 나이트 크림은 같은 제품을 사용하는 것이 간편하다.

문제성 피부 · · · 평상시의 지성 피부나 여드름은 임신을 하고 나면 좋아질 수 있다. 처음에는 여드름이 심해졌다가 늦어도 두 달이 지나면 피지루가 줄어들어 발진이 완화되면서 완전히 사라진다. 하지만 이같이 반가운 일만 일어나지는 않는다.

반대로 여드름이 오히려 악화되어 출산 때까지 지속되기도 한다. 드문 일이긴 하나 수년 전에 사라진 여드름이 임신으로 재발하는 경우도 있다. 이런 경우가 문제다. 임신부에게는 호르몬, 항생제, 비타민 A 유도체 등 어떤 내과 치료도 할 수 없기 때문이다.

근본적 치료는 아기가 태어난 다음으로 미루어야 한다. 허용된 것은 외과 치료밖에 할 수 없기 때문이다. 그러나 외과 치료제도 금지된 것과 허용된 것이 있다. 의사가 잘 알려 줄 것이다. 피지루와 여드름은 유전적 증상이다. 아토피성 혹은 선천성으로 불리는, 유년 시절부터 시작되는 습진 또한 유전성이다. 지성 피부처럼 습진도 임신 중에 나아지기도 하고 심해지기도 한다. 건선 같은 피부병도 마찬가지로 갑자기 퍼지기도 하고 사라지기도 한다. 가장 잘 듣는 치료제인 비타민 A 유도체, 자외선 요법 등은 임신 중에는 원칙적으로 금지되어 있다.

임신성 기미 · · · 임신 4개월에서 6개월쯤이면 흔히 얼굴에 고동색의 작은 반점들이 나타난다. 이것이 꽤 많아 기미가 낀 것처럼 보이는 수도 있다. 이것을 임신성 기미라고 부르는데 아기가 태어나면 사라진다. 그렇지만 모든 사람에게 해당되는 것은 아니다. 그렇기 때문에 임신성 기미를 피하도록 필요한 조치를 취해야 한다.

반드시 지켜야 할 사항은 단 한 가지이다. 얼굴을 햇빛에 드러내지 않는 것이다. 임신성 기미는 태양의 영향에 의한 호르몬의 변화로 발생하기 때문이다.

피임약을 복용하는 여성이 햇빛을 쬐어도 임신성 기미처럼 얼굴에 고동색 반점들이 나타날 수 있다. 피임약도 호르몬을 주성분으로 하여 만들어지기 때문이다. 그러므로 겨울이나 여름이나 얼굴을 햇빛에 드러낼 경우, 자외선 차단 크림을 바르거나 커다란 모자를 쓴다.

화장 · · · "내가 화장하고 싶은 마음이 생긴 것은 첫 딸을 기다리면서였습니다. 나는 시간이 있었기 때문에 화장으로 자신을 가꾸고 싶었습니다. 잡지에서 본 아이 섀도와 다양한 색의 마스카라, 한 세트의 아이 펜슬과 화장 붓에 금방 매혹되었습니다."

이런 여성들이 있기 때문에 화장 전문가에게 조언을 구했다.

다음은 크리스티앙 디오르사의 메이크업 컨설턴트 엘리안 구리우 씨가 제안한 화장법이다.

앞에서 피부과 의사는 파운데이션을 권하지 않았다. 그러나 구리우 씨는 파운데이션이나 메이크업 베이스를 하지 않고는 아름다운 화장을 할 수 없다고 한다.

아름다운 피부와 투명한 화장을 원한다면 색이 들어 있지만 짙지 않은 것으로 베이스를 선택한다. 파운데이션의 기능은 변화가 아닌 통일감을 주는 것이다.

"파운데이션은 얼굴을 깨끗이 한 후 두 손으로 아주 부드럽게, 피부를 가볍게 쓰다듬듯이 펴바른다. 그렇게 바른 파운데이션은 하루 종일 지워지지 않는다."

파운데이션을 바른 후 그것을 고정시키는 파우더를 바를 수도 있다. 파우더 겸용 파운데이션이라면 물론 파우더를 더이상 사용할 필요가 없다.

눈화장에 대해서 구리우 씨는 아이 라이너가 너무 두꺼우면 딱딱한 느낌을 주게 된다고 말한다. 임신은 부드러움의 상징이 아닌가? 임신부는 자연스러움을 강조하는 것이 좋다.

그렇게 하려면 아이 섀도는 가벼운 색을 사용하거나 어두운 색과 밝은 색이 혼합되어 있는 듀오를 사용한다. 전체적으로 어두운 것을 사용하고, 눈을 강조하기 위해서 밝은 색을 사용할 수도 있다. 눈을 커 보이게 하려면 어두운 것을 눈썹 밑에 바르고, 밝은 것을 눈꺼풀 위에 바르면 된다. 어두운 것으로 시작해서 밝은 것을 보조로 사용할 수도 있다. 색상은 얼굴색에 맞게 하거나 대조적으로 선택하기도 한다.

마스카라는 검은색이나 색깔 있는 것 중에서 선택할 수 있다. 매혹적인 색인 짙은 회색, 보라색, 짙은 녹색은 반사 효과를 가져와 세련된 인상을 준다. 특히 옆모습이 아주 예뻐진다. 눈썹은 머리색보다 약간 짙어야 강한 인상을 줄 수 있다.

볼터치 색은 립스틱에 따라 선택한다. 립스틱을 바르지 않을 경우 밝은 땅색이나 투명한 붉은빛을 선택하는 것이 좋다. 어떻게 바를까? 웃으면서! 실제로 웃을 때 우리 얼굴의 일부분은 콧날 양쪽에서 부푼다. 얼굴의 이 부분에 약간의 볼터치를 하면 미소를 머금은 듯 보인다. 구리우 씨는 이것을 '미소 만들기'라고 부른다.

끝으로 립스틱은 화장의 중요한 포인트다. 립스틱은 얼굴을 밝게 하고 안색을 환하게 만든다. 클래식한 것이든 반짝이는 것이든 마음에 드는 것을 고른다. 입 모양을 변화시키고 훨씬 세련되게 하고 싶으면 고동색이나 살색의 입술 연필로 입술 주위를 그린다. 물론 립스틱을 직접 입술에 대고 그릴 수도 있다.

● 피부에 나타나는 문제점들

임신성 기미를 만드는 얼굴의 고동색 반점들이 몸에도 나타난다. 특히 불투명한 피부를 가진 여성들에게 더 자주 나타난다. 이러한 착색은 가운데가 갈색인 줄무늬 형태로 배에 집중되는데, 배꼽부터 외음부까지 펼쳐진다. 이것은 이내 사라지지만 가끔은 출산 후에 아주 천천히 사라지기도 한다.

임신성 기미처럼 햇빛을 피해야 한다. 또한 흉터에도 변형이 올 수 있다. 어떤 때는 변칙적으로 착색되고 때로는 짙고, 불그스름하게, 다소 민감하게 변화한다. 이것도 출산 후에 차츰 사라진다.

임신 기간에 호르몬을 형성하는 에스트라디올이 눈에 띄게 증가한다. 이 호르몬은 혈관을 확장시키는 특성을 가지고 있다. 그 결과 얼굴의 충혈성 발진이나 다리의 정맥류가 생기고, 모세관이 붉은색으로 작게 확장된다. 이것은 별모양으로 확장되기 때문에 별혈관종이라고 한다. 이 증상은 임신 2개월에서 5개월 사이에 나타난다.

이것 또한 출산 후 3개월 이내에 저절로 사라지므로 없애려고 노력할 필요는 없다.

지나친 체중 증가는 가는 줄무늬를 만든다

분홍색의 불꽃 모양을 한 작고 가는 줄을 말한다. 임신 5개월부터 배나 넓적다리, 가끔 유방에도 나타난다. 출산 후에 이것들은 점점 진줏빛을 띤 백색이 된다. 가는 줄무늬는 피부 탄성 세포의 파괴로 생기는 것이다. 일반적으로 여성들에게만 나타나는 것으로 생각되며, 피부가 탄성을 잃는 것은 임신 중 피부가 팽창하기 때문이다. 하지만 남성에게도 드문 일은 아니다. 청소년기 소년 소녀들의 피부는 줄무늬가 나타나지 않고도 극도로 팽창될 수 있다.

가는 줄무늬는 부신샘에서 분비되는 코르티손이라는 호르몬의 작용 때문에 생기는 듯하다. 실제 이 부신샘은 임신 중반 이후 특히 활발하게 작용한다.

하지만 줄무늬가 생기는 이유를 안다고 해서 그것이 생기는 것을 막을 수는 없다. 줄무늬가 커지는 것을 피하려면 지나친 체중 증가를 억제해야 한다. 실제로 줄무늬의 원인이 되는 코르티손의 작용은 체중 증가로 인한 피부의 팽창으로 활발해진다.

비타민 크림이나 양수 크림으로 피부를 마사지하면 줄무늬를 막을 수 있다는 말이 있다. 그러나 실망스럽게도 이 크림들은 효과를 기대하기 어렵다.

이미 형성된 줄무늬를 없애는 방법 또한 애석하게도 아무 것도 없다. 성형 수술은 물론 그 무엇으로도 피부에 탄력을 돌려 줄 수는 없다. 줄무늬에 대해서는 반드시 알아 두어야 한다. 줄무늬를 막을 수도 없고 제거할 수도 없다는 것. 하지만 확실한 사실은 지나친 체중 증가는 줄무늬의 확장을 돕는다는 것이다.

● 머리카락 손질은 보통 때처럼

흔히 알려진 것처럼 임신으로 머리카락이 상하지는 않는다. 오히려 머리카락이 훨씬 부드러워지고 빛이 나는 수도 있다.

임신 중의 머리카락 손질은 보통때와 별로 다를 것이 없다. 하지만 두피의 지방질이 없어지는 것을 막고, 비듬의 원인이 되는 두피 건조를 피하려면 세척제 성분이 거의 없는 순한 샴푸를 사용하는 것이 좋다. 머리카락이 지성인 사람도 약하고 건성인 머리카락을 위한 샴푸, 예를 들면 리포 단백질이 있는 샴푸를 사용한다. 그러나 베이비 샴푸는 조심해야 한다. 베이비 샴푸는 거기 있는 설명대로 단순히 부드러움만을 주기 때문이다.

머리카락은 출산 후 많이 빠지게 될 때까지 별 이상이 생기지 않는다. 머리숱에도 변화가 없다.

출산을 하면 혈액 속의 에스트라디올 호르몬이 줄어들면서 머리카락이 빠지기 시작한다. 그래서 출산 후 석 달 뒤에는 많은 양이 빠진다. 어떤 치료도 효과가 없다. 주사를 맞거나 약을 먹는 것은 소용 없는 일이다.

그러나 6개월쯤 지나면 자연적으로 자리가 잡힌다. 탈모 현상도 멈추고 머리카락이 새로 자라기 시작한다. 머리카락은 한달에 1cm에서 1cm 반 정도밖에 자라지 않기 때문에 참을성 있게 기다려야 한다.

털이 난다 · · · 호르몬 변화의 영향으로 임신 중에 털이 많이 난다. 유전적으로 털이 많은 여성들은 얼굴 부분, 특히 윗입술에 털이 많이 난다. 이것은 출산 후 빠지므로 다른 손질이 필요 없다.

족집게로 털을 뽑아서는 안 된다. 그럴 경우 털이 사라지기는커녕 더 생긴다.

● 치아 관리를 잘 해야

'아기를 낳을 때마다 치아가 하나씩 없어진다'는 말이 있다. 실제로 임신은 충치나 칼슘 상실의 직접적 원인은 아니지만, 임신 전에 있던 충치가 악화될 수는 있다. 충치는 영양 섭취에 장애가 된다. 임신 중에는 잘 먹어야 하는데 치아가 부실하면 영양 섭취가 어려우므로 치아에 주의를 기울여야 한다.

또한 제10장에서 보게 되겠지만 몸의 어느 곳이든지 감염이 발생하면 임신에 해롭다. 충치가 감염의 근원이 될 수 있으므로 임신 초기에 치아를 치료받는 것이 좋다.

충치는 평소의 치아 관리와 밀접한 관련이 있다. 충치의 원인은 치아 사이에 남아 있는 음식물 찌꺼기이다. 매끼 식사 후 거르지 말고 칫솔질을 해야 한다. 치아를 닦는 것은 치약이 아니고 아래에서 위로, 위에서 아래로 하는 세심한 칫솔질이다. 칫솔질 후에는 치아 사이에 남아 있는 작은 음식물 찌꺼기가 씻겨 내려가도록 잘 헹구어야 한다.

치아 관리의 효과적인 방법 중 하나는 전기 장치로 압축 공기나 물을 투사하는 것이다. 이른바 에어 픽이나 워터 픽이다. 다양한 기구들을 가전 센터에서 살 수 있다. 양치질을 한 후 아주 가는 솔이나 실을 사용하는 것도 효과적이다.

임신 중에는 가끔 입 안의 점막에 문제가 생길 수도 있다. 잇몸이 붓고 피가 나기도 한다.

이러한 치은염은 임신 5개월 때 가장 심하고 출산 후에 사라진다. 치과 의사의 처방에 따라 비타민 C와 비타민 P를 복용하면 좀 나아질 수 있다.

부드러운 칫솔과 좋은 치약으로 잇몸을 부드럽게 마사지한다. 임신 중에도 치과 치료를 중단하지 말고 정기적으로 받아야 한다. 임신 중에는 이를 빼는 것을 비롯해 모든 치과 치료가 가능하다.

임신에 별 문제가 없다면 치과 치료는 임신에 전혀 방해가 되지 않는다. 치과 치료가 필요하면 언제라도 담당 의사에게 알리고 조언을 들어야 한다.

제 **5** 장
탄생 전의 아기

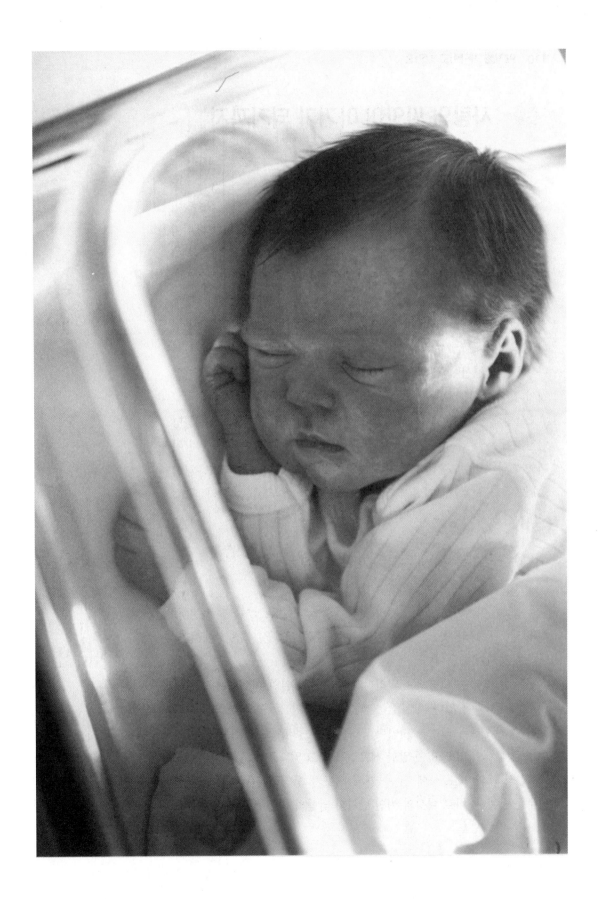

사랑의 씨앗이 아기가 되기까지

'싹이 돋아 아기가 되기까지.'

과학자들의 표현을 빌리면, 그것은 세포가 분열하고 변형되는 것이다. 그토록 신비한 생명 탄생의 출발점은 바로 사랑이다. 사랑의 이야기는 모든 연인마다 다 다르지만 그 사랑의 결과로 두 개의 세포가 만나는 것은 모두 똑같다. 약간의 변이형만 있을 뿐이다.

미래의 부모는 이 세포의 만남에 관심을 갖는다. 하나의 새로운 생명이 탄생하기 위해서는 두 개의 씨앗이 만나야 하기 때문이다. 그 하나는 남성에게서 오는 정자이고, 다른 하나는 여성에게서 오는 난자이다. 이 둘의 결합이 몇 밀리미터의 알, 즉 인간의 수정란을 형성시키는 것이다.

오늘날에는 이 모든 것이 간단해 보이지만, 지난 세기만 해도 생명 탄생의 구조를 알지 못했다. 인간 탄생의 구조, 즉 수정란을 만들기 위해 난자와 정자가 결합하고, 수정란이 자랄 적합한 장소를 찾고, 임신 9개월 동안 이 알이 어떻게 영양을 섭취하며 성숙해서 태아가 되고, 신생아가 되는지 알기 위해서는 몇천 년이 필요했다.

● 생명을 전하는 두 개의 세포

이 이야기의 초반부는 현실적이지 않다. 눈으로 볼 수 있는 세계의 일이 아니라 눈으로는 보이지 않는 무한히 작은 세포 안에서 일어나는 일이기 때문이다.

모든 살아 있는 생명체는 밀리미터의 천분의 일인 마이크론 크기의 세포로 구성되어 있다. 세포들은 뼈, 피부, 신경 등 구성 조직에 따라 각기 다른 형태와 크기를 지닌다. 모든 세포는 막으로 둘러싸여 있고, 그 중앙에 핵이 있으며, 동일한 세포질을 갖고 있다.

수십억 개의 세포 중에 단 두 개의 세포가 생명을 전달하는 특별한 임무를 맡는다. 바로 여성의 씨인 난자와 남성의 씨인 정자이다.

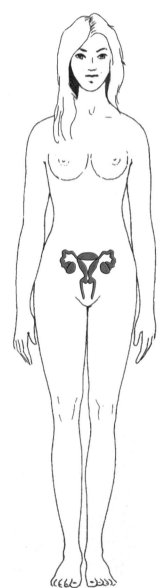

● 여성은 난자 창고를 가지고 태어난다

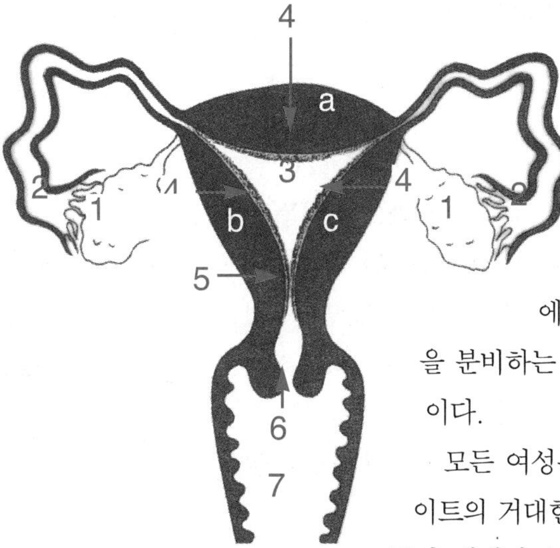

난자는 여성의 생식선인 난소에서 만들어진다. 복부의 우묵한 곳, 자궁의 왼쪽과 오른쪽에 있는 두 개의 난소는 외부 기관인 외음부, 질, 자궁, 나팔관과 함께 여성의 생식기관을 이룬다(그림 1). 난소는 두 가지 역할을 한다. 하나는 여성의 생식 활동에 근본적인 역할을 하는 발정 호르몬 에스트로겐과 황체 호르몬 프로게스테론을 분비하는 것이고, 또 하나는 난자를 생산하는 것이다.

모든 여성은 먼 후일 난자가 될 모세포인 오보사이트의 거대한 창고를 지니고 태어난다. 이 창고에는 50만 개에서 1,000만 개에 이르는 모세포가 들어 있다. 그러나 어린 시절에 많은 수가 사라지고, 사춘기에는 3,40만 개만 남는다. 사춘기 때부터 오보사이트는 난자로 변하기 시작한다.

오보사이트가 난자로 변하여 난소가 난자를 '낳기' 시작하면 여성은 아기를 가질 수 있다. 수태 가능 시기는 약 30년 정도이다. 3,40만 개의 난자는 3,4백 개만 성숙해지고 나머지는 점차 퇴화한다.

난자를 낳는 배란은 생명의 첫번째 단계이다. 이것은 다큐멘터리 필름에서 첫번째로 나오는 생명의 준비 바로 그 장면이다.

그림 1에서 보듯이 난소는 모양과 크기가 하얀색 아몬드와 비슷하다. 이 두꺼운 '껍질' 속에 두 개의 주머니, 즉 여포가 있고, 이 작은 주머니에 오보사이트가 들어 있다. 인체의 모든 호르몬 활동을 주관하는 뇌하수체에 의해 분비된 호르몬의 영향으로 매달 하나의 오보사이트가 자라 하나의 난자를 만든다. 예외로 두 개의 난자가 동시에 자라고 수정이 되면 이란성 쌍둥이가 된다.

난자는 한 겹의 막과 약간의 액체에 싸여 있다. 이 전체를 여포라고 부른다. 차츰 그 안의 액체가 늘어난 여포는 난소의 표면을 도드라지

여성의 생식기관
(그림 1)
모양과 크기가 아몬드를 닮은 두 개의 난소(1)와 두 개의 나팔관(2)이 자궁강(3)에 연결되어 있다. 자궁은 수축하는 세포벽(a, b ,c)으로 둘러싸여 있고, 중앙에 공간이 있는 우묵한 근육이다. 자궁의 안쪽에는 주기가 끝날 때마다 표피가 벗어지는 자궁 내막이 깔려 있다. 표피가 벗어지는 일이 바로 생리이다 더 밑에는 자궁경부와 내부(5), 외부(6) 통로가 질(7)의 안쪽에 위치해 있다.

게 한다. 이 도드라진 부분이 작은 체리 크기가 되면, 여포가 터지고 난자를 내보낸다. 이것이 보통 생리주기의 13번째와 15번쨋날 사이에 있게 되는 배란이다(그림 2).

난자가 자라는 동안 여포는 에스트로겐이라는 호르몬을 생산한다.

● 난자가 짝 찾아 가는 길

난소에서 나온 난자는 자궁에 연결된 나팔관으로 이동한다. 자궁의 양쪽에 하나씩 있는 나팔관은 지름이 4mm인 긴 근육관이다. 이것은 16세기에 이탈리아 의사 팔로페에 의해 처음으로 발견되었는데, 모양이 로마의 나팔처럼 생겼다 하여 그렇게 불렀다.

나팔관의 난소 쪽 부분은 나팔 모양으로 넓어지는데, 가장자리는 늘 말미잘처럼 움직이는 수술 모양으로 잘려 있으며, 난소의 표면과 직접 연결된다.

배출된 난자는 아무런 이동 수단도 없이 나팔관의 술에 붙잡혀 있는 것같다. 그러나 관을 덮고 있는 가늘고 섬세한 섬유질과 그 안에 들어 있는 액체의 움직임에 의해 앞으로 나아간다.

나팔관에 들어온 난자는 정자를 만나 수정하기까지 최소 12시간에서 최대 24시간까지 기다린다. 이 시간을 초과하면 난자는 퇴화한다. 이것이 첫번째 단계이다.

난자가 배출되면 두 번째 단계는 수정 준비 시기다. 난자를 더 자세히 관찰하기 위해 그림 3을 보자. 난자는 꽃가루 알갱이보다 작지만, 인체에서 가장 큰 세포로 150마이크론이나 된다. 난자는 불투명하고 무색이다.

난자는 공모양의 젤라틴질이고 탄력성 있는 막으로 싸여 있다. 세포질은 단백질, 당분, 지방, 그리고 배출되기 전 14일 동안 비축해 놓은 다른 저장물의 창고이다.

이들은 앞으로 하게 될 여행에서 난자에게 영양을 공급해 주고, 수정이 되면 자궁까지 이동하도록 도와준다.

난자의 해방
(그림 2)
분열할 준비가 된 여포다. 여포 안에는 난자가 들어있다. 난소 가까이에는 난자를 '잡을' 준비가 되어 있는 나팔관의 술들이 있다.

수정 준비가 된 난자
(그림 3)
중앙의 세포질로 싸인 핵. 그 주위는 몇 개의 세포로 둘러싸인 투명 지대.

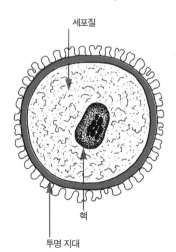

세포질

핵

투명 지대

● 난자를 만나러 가는 정자의 여행

수정을 하려면 남성의 씨인 정자가 있어야 한다. 정자는 남성

남성의 생식기
(그림 4)

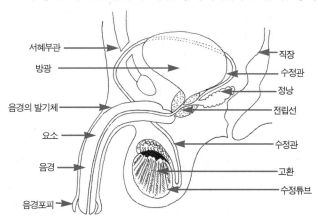

의 생식선인 고환에서 배출된다. 난소가 난자와 여성 호르몬을 생산하듯이 고환은 정자와 남성 호르몬 테스토스테론을 만든다. 그러나 여성이 난자의 창고를 갖고 태어나는 반면, 남성의 고환은 사춘기가 되어야만 정자를 생산해 내기 시작한다.

이 생산은 노인이 될 때까지 거의 멈추지 않는다.

고환은 작은 알 모양의 생식선이다. 그 안에 비단실처럼 섬세하게 서로 감겨 있는 아주 가는 정관이 들어 있다. 겉모양은 흐트러진 실타래와 비슷하다. 이 관은 매우 빠르게 성장해서 정자로 변하는 특별한 세포들로 구성되어 있다. 처음에 둥글던 세포들은 점차 세포질이 적어지고 형태가 길어지면서 꼬리가 만들어진다. 이것이 바로 정자다.

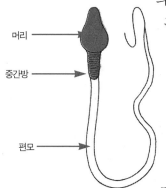

정자
(그림 5)
그림은 핵을 내포하고 있는 머리 부분과 이동할 수 있게 하는 편모가 딸린 정자를 나타낸다. 이 그림에서는 정자가 난자에 비하여 상당히 확대되었다. 정자와 난자의 상대 비율은 그림 7과 비슷하다.

다 자란 정자는 인간의 세포 중 가장 작다. 꼬리까지 합쳐 길이가 50마이크론이며 머리의 크기는 4,5마이크론 정도이다. 정자는(그림 5) 핵이 들어 있는 타원형의 머리와 가는 채찍같은 긴 꼬리 부분으로 되어 있다. 꼬리인 편모가 정자를 움직이게 해준다. 정자는 움직이는 것이 난자와 다른 점이다.

정자는 다 자란 후 긴 여행을 하면서 여러 번 변형된다. 부고환에 모인 정자들은 3,40cm길이의 수정관을 지나 전립선 양쪽에 있는 정낭에 밀집한다. 이 여행 동안 정자는 운동성과 수정 능력이라는 두 가지 중요한 특성을 얻게 된다.

성관계시 정자는 혼자 발산되는 것이 아니라 전립선과 수정관에 의해 분비되는 정액이라는 액체와 함께 발산된다. 이 액체는 정자에 영양을 공급하고 정자의 운반을 쉽게 해 준다.

외부로 배설된 정자는 24시간을 살지 못하지만 성관계 후 여성의 몸에 삽입된 정자들은 3,4일을 더 살 수 있다. 남성의 몸에 남아 밖으로 나오지 못한 정자들은 30일쯤 지나면 죽고 새로운 것들이 나타난다.

여성의 질에 삽입된 정자들은 난자를 만나기 위해 자기 길이의 4, 5천 배에 달하는 20~25cm의 긴 여행을 해야 한다. 정자는 자궁 경부를 통해 자궁으로 들어와서 자궁을 가로질러 나팔관에 도착한다. 정자가 난자를 만나 수정하는 것은 이 나팔관 안에서이다(그림 6).

정자는 꼬리의 노젓는 움직임과 회전에 의해 1분에 2,3mm 속도로

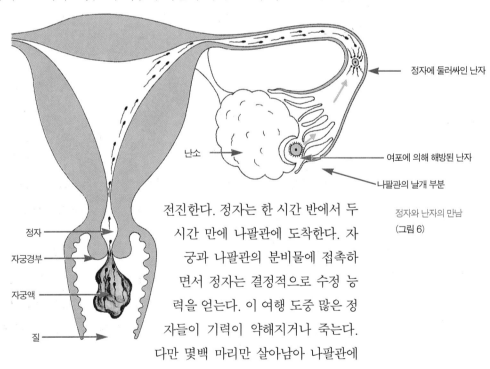

정자에 둘러싸인 난자

난소

여포에 의해 해방된 난자

나팔관의 날개 부분

정자

자궁경부

자궁액

질

전진한다. 정자는 한 시간 반에서 두 시간 만에 나팔관에 도착한다. 자궁과 나팔관의 분비물에 접촉하면서 정자는 결정적으로 수정 능력을 얻는다. 이 여행 도중 많은 정자들이 기력이 약해지거나 죽는다. 다만 몇백 마리만 살아남아 나팔관에

정자와 난자의 만남
(그림 6)

도착할 수 있다.

이어서 모양과 크기는 서로 다르지만 목적은 같은 두 개의 세포가 마주보게 된다. 한쪽에는 다른 세포보다 부피가 크고, 무거운 세포질 때문에 매우 둔한데다가 스스로는 움직일 수 없는 난자가 있고, 다른 쪽에는 훨씬 작은데다가 세포질이 거의 없어서 이동성이 좋은 정자가 난자를 향해 움직여간다.

● 정자가 난자 속으로 뚫고 들어간다

정자들이 난자를 둘러싼다. 마치 자석에 이끌린 것처럼 꼬리를 흔들며 정자들이 난자에 붙는다. 오늘날 우리는 쌍둥이인 경우를 제외하고는 단 한 마리만 난자와 수정한다는 사실을 잘 알고 있다. 우리의 관심을 끄는 것은 바로 이 정자이다.

정자는 난자를 둘러싼 투명한 막을 뚫고 들어가 그 안에 있는 세포 조직을 파괴할 분비물을 배출한다. 정자가 난자 속에 침투하면 정자의 꼬리는 사라진다. 정자의 머리만이 남아 부풀고, 부피가 커진다(그림 7). 이 순간부터는 다른 어느 정자도 난자 안으로 들어올 수 없다. 난자 바깥에 있는 정자들은 그곳에서 서서히 죽는다. 때때로 두 마리의 정자가 두 개의 난자와 수정하여 쌍둥이를 낳는 경우도 물론 있다.

정자가 침투하면 난자도 반응을 보인다. 몸을 수축시키면서 핵이 커진다. 두 개의 핵이 서로 만나러 간다. 만남은 난자의 중심부에서 이루어진다. 두 핵은 다가서서 맞닿아 하나가 된다. 결정적인 순간이다. 수정란이 형성되고, 새로운 인간의 첫번째 세포가 탄생하는 것이다. 바로 생명의 시작이다.

난자와 정자

(그림 7)
정자들로 둘러싸인 난자 속에 한 마리의 정자가 침투하였다. 정자는 꼬리를 잃어버리고, 머릿속에 들어 있는 핵은 부피가 커진다. 이어서 난자의 핵과 병합한다.

● 수정란이 살 집을 찾아간다

나팔관에서 수정이 이루어지면 수정란은 자궁을 향해 천천히

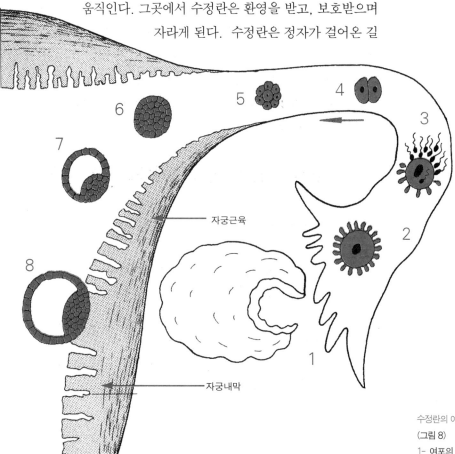

움직인다. 그곳에서 수정란은 환영을 받고, 보호받으며
자라게 된다. 수정란은 정자가 걸어온 길

자궁근육

자궁내막

수정란의 여행
(그림 8)
1- 여포의 파괴. 황체
형성 시작
2-나팔관으로 들어온
난자
3- 정자에 의해 수정되
는 난자.
4- 수정란의 분열 시
작. 2개의 세포 단계
5- 8개의 세포 단계
6- 16개의 세포 단계
7- 수정란이 강(腔)으
로 움푹해진다.
8- 자궁 점막 안에 착
상

을 일부분 되돌아간다.(그림 8). 이 이동은 나팔관에서 분비되는 액체
와 수정란을 밀어주는 진동성 섬모, 그리고 나팔관의 수축에 의해 진
행된다. 이 여행은 3,4일 걸린다.

　자궁에 도착한 알은 바로 자리를 잡지 못한다. 수정란은 아직 그 단
계에 이르지 않았으며, 보금자리가 될 자궁 점막 또한 아직 알을 받아
들일 준비가 되지 않았기 때문이다. 수정란은 3일쯤 자궁 속에 자유롭
게 머문다.

　그러는 동안 중요한 변화를 겪는다.

　착상은 수정 후 7일째, 즉 마지막 생리 첫날부터 쳐서 21~22일째
되는 날 이루어진다. 이 기간 동안 수정란은 난자의 저장물과 함께 나

팔관과 자궁의 분비물에 의해 살아간다.

이 수정란의 여행은 도중에 실패할 수도 있다. 수정란이 자궁 밖 나팔관에 착상되는 경우이다. 바로 자궁외 임신이다.

● 세포가 증식하고 조직이 생긴다

처음 7일 동안 수정란은 엄청나게 변한다. 난자와 정자가 결합한 최초의 세포는 30시간 후에 두 개로 분할한다. 이것이 50시간째에는 4개, 60시간째에는 8개로 분할하며 기하급수적으로 증식된다. 자궁에 도착할 때, 수정란은 16개로 분할된다. 현미경으로 보면 뽕나무 열매인 오디같은 모양이다.

수정란의 전체 크기가 처음과 똑같기 때문에 세포들은 점점 더 작아진다. 여섯 번째 세포 분열을 해서 64개가 된 후에야 수정란이 커지기 시작한다.

자궁 안에서 자유로운 3일 동안, 매우 중요한 일이 시작된다. 세포 분열이 계속되면서 이제까지 모두 비슷했던 세포들이 차별화되는 것이다. 분할과 함께 조직이 이루어진다. 이것은 여덟 번째 주까지 계속된다.

수정란 중앙의 세포들은 훨씬 커지며 태아 봉오리라고 불리는 작은 덩어리에 모인다. 바로 이 부분이 태아로 성장한다. 바깥쪽에 있는 세포들은 납작해지며 주위에 압축된다. 그런 다음 수정란에 틈이 생기며 어느 한 곳만 연결된 채 중앙과 바깥쪽이 따로 분리된다. 그 틈은 곧 넓어지면서 액체로 가득찬 공간이 된다(그림 9).

이제 조직의 구조가 윤곽을 잡는다. 이 구조는 더 이상 변하지 않는다. 태아 봉오리는 태아를 둘러싸서 보호할 막을 탄생시킬 것이다. 이것이 영양아층이다. 영양아층의 한 부분은 아기가 영양을 섭취하고 자랄 수 있게 하는 태반이 된다.

이 단계에서 수정란은 길이가 250마이크론이 된다. 이제 수정란은 착상할 능력을 가진다.

그동안 보금자리는 어떻게 되었을까.

수정란에서 태아로
(그림 9)

난포막

탈락막

탯줄

양막

양막강

태반

● 수정란의 보금자리 마련

수정란이 뿌리를 내렸다
(그림 10)
자궁 점막이 탈락막이
되었다. 삼각형의 자궁은
임신 기간 동안 둥글게 된
다.

배란 이후 난자를 둘러싸고 있던 여포는 수정 후 황체로 변한다. 금빛을 띤 지방질인 황체는 에스트로겐과 프로게스테론이라는 호르몬을 생산한다.

이 두 호르몬은 자궁 내막의 세포 조직을 발육시킨다. 배란 전에는 매우 얇던 조직이 두꺼워지고 많은 주름이 잡힌다. 혈관들이 훨씬 많아지고, 많은 양의 당과 중요한 글리코겐을 생산하면서 자궁 내막은 수정란을 받아들이고 영양을 공급할 준비를 한다. 수정란의 보금자리를 마련하는 것이다.

한편, 수정되지 않은 난자는 밖으로 쫓겨난다. 호르몬의 양이 줄고, 자궁이 수축하고, 점막이 파괴되며, 자궁 경부를 통해 분비물과 난자가 질로 흘러들어간다. 그러면서 출혈하게 된다.

이것이 바로 생리다. 인체는 포기하지 않고 28일의 새로운 주기를 다시 시작하는 것이다.

이로써 생리와 임신 사이의 관계를 분명히 알게 되었다. 생리는 난소에서 배출된 난자가 수정되지 않았다는 뜻이다. 임신을 목표로 한 준비가 실패하여 제거된 것이다. 반대로, 생리가 멈추면 난자가 수정되었음을 의미한다.

프로게스테론을 생산하는 황체는 수정란의 중요한 보호자 역할을 한다. 프로게스테론을 통해 착상된 수정란이 제거되지 않도록 보호하는 것이다. 석 달쯤 지나 황체가 임무를 다하고 나면 태반이 그 역할을 이어받는다.

황체는 수정란의 생존에 필수적이다. 수정란 또한 황체를 도와준다. 수정란이 자궁에 착상함으로써 황체가 퇴화를 면하게 되는 것이다. 수정란이 착상하면 황체의 활동을 유지하기 위해 영양아층이 난포막 생식선 자극 호르몬을 분비한다. 소변과 혈액 속에 들어 있는 이 호르몬으로 임신 진단을 하게 되는 것이다.

● 수정란이 자궁에 착상한다

수정 후 7일째에 수정란은 착상 준비를 하고, 자궁 내막은 수정란을 받아들일 준비를 한다.

수정란은 점막에 흡반처럼 강하게 달라붙는다. 그러면 영양아층이 역할을 시작해 자궁 내막의 세포들을 파괴하고 보금자리를 꾸민다. 수정란의 거처를 만드는 것이다. 이렇게 해서 수정란은 점막 깊숙이 자리를 잡는다. 그 위에 세포 조직이 모여 수정란을 덮는다. 9일째에 수정란은 제대로 자리를 잡고 점막에 완전히 둘러싸인다. 이 점막은 출산시 태반과 함께 배출되기 때문에 탈락막이라고 부른다.

수정란은 영양을 섭취해야 한다. 이제 난포막이라 불리게 된 영양아층은 나무가 좋은 땅에 뿌리를 내리듯 자궁 내막 안으로 작고 가는 섬유들을 뻗어낸다. 이 섬유들은 혈관을 뚫고 들어가 모체의 영양을 섭취하여 수정란에 공급한다.

새로운 세포들이 점점 빠른 속도로 발육하기 때문에 수정란은 상당한 영양이 필요하다. 이렇게 해서 수정란은 모체에 착상된다.(그림 10) 이곳에서 아홉 달 동안 발육하게 되는 것이다. 진정한 임신의 시작은 착상부터라고 해야 할 것이다.

수정란 안에서 태아는 어지러울 정도로 빠르게 성장한다. 이 성장은 주변에 있는 모든 조직, 즉, 피막, 태반, 탯줄 등이 발육하기 때문에 가능한 것이다.

거부 당하지 않고 환영받는 수정란
쌍둥이가 아닌 다른 사람의 기관 이식은 모두 며칠이 지나면 거부반

수정란에서 아기로
(그림 11)
네 개의 그림은, 그림 8에서 착상된 수정란의 발육을 보여준다. 첫번째 그림은 6주 때의 태아(a), 두 번째는 석 달(b), 세 번째는 여섯 달(c), 그리고 네 번째는 아홉 달(d) 때의 태아의 모습이다.

아기는 항상 같은 모습을 취하는 것으로 나타나지만, 실제로 태아는 자주 움직인다. 그러나 출산이 임박한 9개월째에는 대부분의 경우 머리가 밑에 위치한다.

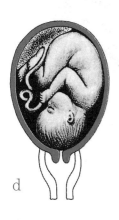

응을 일으킨다. 이식된 이상체를 제거하기 위해 인체가 방어 체계를
가동시키기 때문이다. 이상체에 대항하는 항체를 만들고, 이상체를 파
괴시키기 위해 공격자인 백혈구들을 소집한다.

이 방어 체계는 세포 속에 들어있는 물질의 지배를 받는다. 이것을
세포 조직군, 또는 인간에게 있어서는 'H.L.A. 체계' 라고 부른다. 일
란성 쌍둥이들만이 같은 H.L.A. 체계를 가진다. 일란성 쌍둥이 사이
에는 이식 거부를 일으키지 않는다는 뜻이다.

다른 사람의 기관을 이식시키려면 이식받는 사람의 방어 체계를 일
시적으로 약화시키거나 무너뜨려야 한다. 복잡한 방법을 이용해 면역
구조가 활동을 못하도록 만드는 것이다.

인간의 몸이 이런 구조로 되어 있다면, 수정란은 절반은 아버지의
세포를 가지고 있기 때문에 모체로 보면 이상 이식일 수 있다. 그렇다
면 당연히 모체의 방어 체계가 작동해 수정란은 거부되어야 한다. 그
래서 임신이 불가능해야 한다. 그러나 전혀 그렇지 않다. 모체는 수정
란을 거부하는 대신 최상으로 보호하고 성장시킨다. 왜 그럴까 ?

여기에는 그동안 여러 설이 있었다. 우선 임신이 모체의 방어 체계
를 무력화시켜 수정란을 받아들이게 만든
다는 것이다. 그러나 임신부에게 면역성이
줄어드는 것은 사실이지만, 그 정도로 무
력화하지는 않는다.

또한 수정란이 면역 구조적으로 '중성'
이어서 면역 반응을 피한다고 생각했다.
그러나 전혀 그렇지 않다. 오늘날에는 수
정란도 다른 세포들처럼 면역 체계를 가지
고 있다는 것이 밝혀졌다.

마지막으로, 눈을 보호하는 안실이나 이
식을 거부하지 않는 뇌막처럼 자궁도 면역
적으로 특별한 장소를 만드는 것은 아닌가
하고 생각했다. 그러나 이것 또한 설명이
불충분하다.

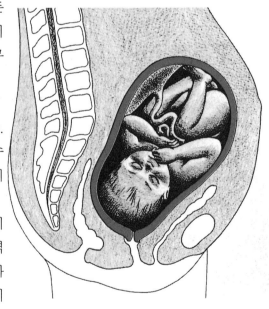

그림 12 : 아기가 어머니
몸 속에서 자리잡는 방법
과 탯줄과 태반이 어떻게
연결되어 있는지 자세히
볼 수 있다.

모체가 수정란을 받아들이는 데는 태반이 근본적인 역할을 한다는 것을 최근에야 분명히 알게 되었다. 착상이 되면 모체는 수정란이라는 이상체를 알아내고 항체와 백혈구를 준비한다. 그러나 즉시 태반이 이에 대항하여 백혈구의 증식을 막고 그 활동을 중지시키는 물질을 만들어 낸다. 더욱이 태반과 태아의 발육을 위하여 백혈구의 생성에 필요한 물질들을 빼앗아온다. 아직 자세히 밝혀지지는 않았지만 어떤 이유로 태반이 이 역할을 하지 못하면, 백혈구가 번성하고 태반을 점령하여 태아를 죽이게 된다. 즉 낙태시키는 것이다. 이것은 이식 거부와 같은 방어 체계 때문에 발생한다.

시험관 수정과 인공 수정

시험관 수정은 그동안 비약적으로 발전했다. 처음에는 나팔관이 없거나 막힌 여자들을 위해 시행되었으나, 그 적용 대상이 점차 넓어졌다. 이제는 여러 원인의 불임에 이용된다.

시험관 수정은 배란을 촉진하기 위하여 정해진 호르몬으로 난소를 자극하는 것으로부터 시작된다. 그리고는 복강경이나 초음파 검진의 도움을 받아 난자를 수집한다.

수집된 난자들은 섭씨 37도의 시험관 안에서 48시간 동안 남성의 정액과 접하게 된다. 수정이 되면, 하나 또는 여러 개의 수정란을 자궁 안으로 옮겨심는다. 두세 개의 수정란을 이식시키는 것이 성공할 확률이 더 높다. 필요 이상의 수정란이 생성되면 사용하지 않은 것들은 냉동실에 보관했다가 첫번째 착상이 실패할 경우 다음 주기에 다시 사용할 수도 있다.[1]

임신 성공률은 한 회에 15~20%이다. 현재 수만 명의 아기가 이 방법으로 세상에 태어난다. 그러나 수정 이후 병발증 발생 횟수가 정상 임신보다 많다. 그것은 설명이 간단하지 않다. 20~30%나 되는 낙태율은 분명히 정상 임신보다 많은 산모의 나이와 관계가 있는 것같다. 같은 이유로 임신중의 고혈압이나 독혈증도 더 많다. 자궁외 임신 또한 더 많다.

쌍둥이나 세쌍둥이 임신도 많은데 이런 경우 조산과 신생아 사망의

[1] 그러나 사용하지 않고 냉동된 태아는 윤리적인 문제를 일으킬 수도 있다. 이는 윤리위원회가 연구 검토하고 노력할 문제중의 하나이다.

달과 주

출생 전 아기의 삶을 다루면서 우리는 달과 주라는 두 가지 방식을 사용한다. 이 방법이 독자를 혼란시키지 않기를 바란다. 달과 주 두 가지는 계산법이 다르다. 의사와 조산사는 생리가 없는 날로부터 몇 주가 지났는지를 따진다. 다른 사람들은 아기가 몇 달이 되었는지 꼽아본다.

아기의 나이는 수태된 날로부터 계산되었다. 이 두 날짜들, 마지막 생리의 첫날과 수태된 날 사이에는 10일의 차이가 있게 마련이다. 이로 인해 계산의 착오가 생길 수 있다.

위험이 높다. 그래서 시험관 수정을 위험하게 생각한다. 실제로 시험관 수정은 다른 경우보다 더 자주 제왕절개를 해야 한다. 그러나 태아의 기형은 적다.

인공 수정은 시험관 수정과 전혀 다르다. 그것은 성관계가 불가능할 경우 자궁경부나 자궁 안에 배우자의 정자를 삽입하거나 배우자가 불능일 경우 기증자의 정자를 삽입하는 것이다. 이때 수정은 완전히 자연스러운 방법으로 이루어진다.

앞장에서 우리는 두 세포의 만남을 보았다. 이제 우리는 달마다 변하는 아기의 성장 과정을 살펴보자. 태반과 탯줄의 도움을 받아 아기가 어떻게 영양을 섭취하고 그를 둘러싸고 있는 피막에 의해 어떻게 보호받는지 알아보자.

● 쉬지 않고 자라는 아기의 역사

임신 18주쯤이 되면 임신부는 태동을 느낀다. 어떤 이는 아기가 움직인다고 하고, 다른 이는 아기가 쓰다듬는다고 말한다. 그것은 갑자기 강력한 생명이 깨어나는 것이다. 물론, 엄마는 벌써부터 아기의 심장이 뛰고 있었다는 것을 잘 안다. 그녀는 그것을 느낌으로 알았거나 초음파를 통해 듣고 보았을 것이다.

그러나 태동은 엄마가 아기의 존재를 진정으로 인식하는 움직임이다. 그것은 또한 아버지와 아기가 처음으로 관계를 만드는 움직임이기도 하다. 태 안에서 아기의 경이로운 역사가 시작된 것은 벌써 오래 전 일이다. 이는 다른 어느 세상에도 없는 중요한 시간이다. 삶의 어떤 순간에도 인간은 이런 변화를 겪지 못한다.

● 1개월 : 모양을 갖추기 시작한다

6주 반까지
얼굴, 심장, 사지를 갖추기 전의 태아는 근육으로 된 원판일 뿐이다.

태아의 실제 크기

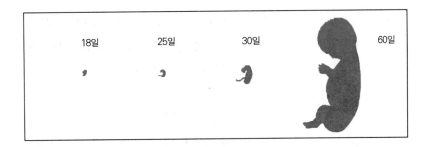

18일　　25일　　30일　　60일

직경이 1mm의 10분의 2인 이 원판은 태아 봉오리를 만들었던 수정란의 두꺼운 세포들 중앙에 자리를 잡는다.

이 원판의 세포들은 아기의 모든 기관들이 탄생하게 될 세 개의 층으로 나뉜다. 상층인 외배엽은 피부, 털, 손톱, 발톱, 신경 계통, 뇌, 척수, 신경을 만들고, 중층인 중배엽은 근육, 골격, 비뇨생식 기구, 심장, 혈관과 혈액을 만드는 다른 기관들을 생성하며, 하층인 내배엽은 기관 대부분의 내부 포장인 점막과 폐, 창자와 이에 연결된 분비샘을 만든다.

이와 동시에 점차 발육하여 후에 수정란의 전체 부피를 차지하게 될 작은 강(腔)이 외배엽 위에 나타나는데, 이것이 태아를 물결치게 할 양막이다.

15일째쯤, 원판은 모양이 변한다. 원형이던 것이 길어져서 앞부분보다 뒤쪽이 더 넓고 중간 부분이 좁은 타원형이 된다. 앞에서 뒤로 양쪽에 작은 돌기 체절(體節)이 있는 코드라는 불룩한 모양이 나타난다. 하나, 둘, 셋 점차 늘어나서 몇 주 후 체절은 40개 정도가 되고, 척추, 갈비뼈, 근육, 사지 등을 만든다. 코드와 함께 그곳으로부터 일종의 홈통이 될 고랑이 나타난다. 태아의 내부에는 소화 기구가 될 원시적인 창자의 윤곽이 잡힌다.

20일째에 미래의 심장이 될 심관(心管)이 나타난다. 이 관은 두 개의 혈관이 합쳐져 만들어진다. 심장의 모양은 아직 갖추지 않았지만, 벌써 경련적인 수축에 의해 작동한다. 심장이 박동하는 것이다. 혈액 순환이 시작된다. 3주 말에는 태아가 자라기 시작한다. 매일 자기 몸의 두 배가 된다.

태아가 모양을 갖추기 시작한다. 원판이 말려 관의 형태가 되고 양끝이 서로 붙는다. 한 끝이 볼록해지는데 이것이 초기의 뇌가 자리잡을 미래의 머리이다. 다른 끝은 더 작게 볼록해지고 이는 꼬리뼈에 해당하는 일종의 작은 꼬리인 꼬리눈이다. 마지막으로, 태아의 뒷부분에는 첫번째 성(性)세포가 나타난다.

첫번째 달에 태아의 크기는 5mm가 되지만 아직 인간의 형상을 갖추지는 못하고 늘어진 쉼표 가까운 모양이 된다. 앞쪽에 미래의 머리가 될 볼록한 부분은 등 부분과 직각을 이룬다. 눈과 귀 자리는 약간 팬 것으로밖에 표시되지 않는다.

등에는 체절이 규칙적으로 늘어서 있다. 배 부분은 심장이 될 볼록한 돌기와 모체와 연결될 배꼽 부분으로 나누어진다. 마지막으로 뒤쪽부분에는 꼬리 모양의 작은 부속체가 있다.

그러나 벌써 미소한 태아의 심장은 뛰고 있다. 이는 먼 미래에 죽음에 의해서만 멈추게 될 것이다.

● 2개월 : 윤곽이 잡힌다

6주 반부터 10주 반까지

태아에게 필요한 모든 기관의 윤곽을 만들 시간이 4주밖에 남지 않았다. 두 달째가 되면 팔과 다리가 나타난다. 그러나 아직 작은 싹과 봉오리에 지나지 않는다. 이어서 얼굴이 그려진다. 그러나 아직 눈은 두 개의 작은 돌기, 귀는 작은 구멍 두 개, 입과 코는 틈새처럼 간단한 자리매김에 지나지 않는다.

이와 같은 시간에 신경 계통이 발육한다. 척수의 홈통은 완전히 막힌다. 앞부분에서는 세 개의 소포가 미래의 뇌의 윤곽을 잡는다. 비뇨기가 발육하기 시작하고, 심장 발달과 순환이 계속된다. 태아의 뒤쪽부분의 비뇨기와 창자는 별로 우아하지 않은 이름, 배설구로 불리는하나의 관구멍으로 연결된다.

임신 5주째가 되면, 태아는 여전히 배의 중앙에 위치한 심장 돌기 쪽으로 머리를 숙이고 있다. 더 밑에는 처음으로 탯줄이 보인다. 꼬리 봉오리가 발달하고 인체의 정중앙선을 따라 약 40개의 체절들이 다 완성된다. 태아의 크기는 7~8mm이다.

1주일 후, 그 크기가 두 배가 된다. 15mm가 되는 것이다. 그러나 여전히 몸을 웅크리고 있기 때문에, 본래 크기대로 보이지 않는다. 머리는 다른 부분보다 빠르게 자란다. 꼬리는 아직도 늘어져 있고 휘어져 있다.

발육 기간 중 어느 때에도, 태아가 이처럼 잠든 작은 동물과 닮은 적은 없을 것이다. 그러나 태아의 얼굴이 더 빨리 자리가 잡혀 윤곽이 분명해진다. 태아는 각 부분이 제대로 균형이 잡히지는 않았지만 인간의 형상을 하고 있다.

머리 양쪽에 떨어져 있던 눈은 서로 가까워지고, 눈꺼풀이 없어서 거대해 보인다. 이마는 불룩 솟아 있고 코는 납작하다. 입은 거대하지만 입술의 윤곽이 잡힌다. 잇몸에는 치아의 씨가 생긴다.

이와 동시에 태아는 겉모습이 변한다. 머리가 척추 위에 곧게 서고, 꼬리는 사라진다. 특히 사지가 발달한다. 사지가 길어지고 넓어져서 이를 구분할 수 있다.

사지의 끝에는 손가락과 발가락이 될 다섯 개의 줄이 그려진 작은 팔레트처럼 손과 발이 나타난다. 손바닥과 발바닥이 벌써 윤곽을 잡았고, 아직도 큰 봉오리 모양인 사지는 길어지고 넓어진다. 팔은 다리만큼 길어진다. 이제 무릎과 팔꿈치의 주름을 추측할 수 있다.

배 위에는 두 번째 돌기인 간(肝) 돌기가 나타난다. 간과 심장은 곧 솟아오를 것이다. 기관 내부의 변화도 중요하다. 위와 창자가 모양을 갖추고 확실히 자리를 잡는다.

배설구는 직장과 비뇨생식 기구가 될 두 개의 관으로 나뉜다. 호흡기가 발달하지만 아직 작동하지는 않는다. 심장이 확실한 모양을 갖추고 혈액 순환이 이루어진다. 뇌는 고랑과 소용돌이 모양의 돌기가 있는 어른의 것과 비슷해진다. 신체의 모든 근육이 발달한다.

임신 7주 말에 중요한 사건이 일어난다. 뼈대의 골화(骨化)가 시작되는 것이다. 이 골화는 여러 해 동안 계속되며, 성인이 되어서야 다 완성된다. 태아는 몸을 세우고, 척추는 더 곧아지고, 머리가 들린다. 크기가 2cm에 이른다. 배 위로 두 손이 놓이고, 바깥으로 무릎을 구부리고, 발은 마치 수영을 할 것처럼 모아진다.

임신 8주가 되면, 태아의 크기는 3cm가 된다. 11g의 무게가 나가며, 어머니가 아직 그 존재를 느끼지 못할 미세한 몸 안에서 모든 기관의 윤곽이 잡힌다. 두 달이면 태아는 인간의 모든 특징을 얻게 된다. 아기는 앞으로 일곱 달 동안, 이 인간의 특징을 정성들여 다듬는 일에 전념한다.

이렇게 처음 두 달 동안에 모든 중요한 기초 작업이 다 이루어지기 기 때문에 임신을 빨리 확인하는 것이 무엇보다 중요하다. 이 두 달의 형성 시기는 태아에게 가장 중요하다. 실제로 다른 기관의 정상적인 형성을 방해해서 기형을 일으킬 염려가 있기 때문에 감염이나 중독같은 자극에 세심하게 신경써야 한다.

여러 기관들이 형성되는 세 번째 달까지 자극은 위험하다. 세 번째 달부터 작업이 완성되어 간다. 태아는 발육을 위해 모체와 밀접하게 연결되어 있기는 하지만 어느 정도 자립성을 갖게 된다.

태아는 어떻게 발육이 가능한가

잉태된 날부터 변해가는 아기의 발육 과정을 보면서, 어떻게 그것을 관찰하고 알게 되었는지 궁금할 것이다. 과학자들은 인간의 수정란과 함께 인간의 발육과 유사한 동물의 수정란을 관찰하면서 이런 결론을 얻었다.

여기서 더 중요하고 흥미로운 의문은 어떻게 해서 이 모든 것이 가능한가 하는 점이다. 모든 유전적 특징을 빠짐없이 지니고 있는 단 하나의 수정란으로부터 모든 기관과 기능을 가진 완전한 한 인간이 탄생한다는 것은 너무나 놀라운 일이다.

더구나 그 제작 과정이 한 치의 실수도 없이 진행된다. 이는 태아의 세포들이 지니고 있는 두 가지 특성, 즉 증식할 수 있고, 서로 차별화할 수 있는 것에서 비롯된다.

세포의 증식은 수정란이라는 하나의 세포가 수십억 개의 세포로 이루어진 신생아로 변하기 위해 필요 불가결한 일이다. 그러나 곧 세포들은 증식되는 것만으로 만족하지 않고, 서로 차별화한다. 각각의 세포가 자기가 속한 부분에 따라 골세포, 선(腺)세포, 근육 세포 등으로 변하기 위해 그 모양이나 기능이 전문화된다. 그래서 성인의 몸에는 약 350 종류의 각기 다른 세포들이 있게 된다.

모든 세포는 그 염색체 속에 프로그램을 가지고 있다. 이 프로그램 때문에 생명 현상이 실현되는 것이다. 그러나 프로그램의 어느 부분은 아주 확실한 작업에 대한 메시지만을 전하기 위해 보통 때는 아무 표현도 하지 않는다. 이를 '억제되었다' 고 말한다.

전문화된 세포는 외배엽, 중배엽, 내배엽의 세 층을 만든다. 이 층들은 재빠르게 서로 구부러지고 접히고 말린다. 세포의 전면이 서로 스치며 붙거나 분리된다. 동시에 세포들은 서로를 인식하고 함께 조직을 만든다. 골세포는 뼈를 만들고, 근육 세포는 근육을 만들기 위해 모인다. 조직이 이루어지면 기관을 만든다. 마침내 기관들은 기구나 체계를 구성하기 위해 협력한다. 예를 들어 신경 기관은 뇌, 척수, 신경 등을 만들어내는 것이다.

이렇듯 발육 과정에서 세포들은 서로에게 영향을 미친다. 어느 부분의 발육을 부추기거나 방해하고, 빠르게 하거나 느리게 할 수 있는 물질을 매개로 세포들끼리 서로 의사를 통한다.

세포들의 차별화를 유도하고 미래의 기관을 만들기 위하여 발육에 관여하는 '유도자' 라는 여러 개의 명령 본부가 있다는 것을 알아냈다. 실제로 발육에 필요한 모든 명령은 염색체 속에 들어 있는 유전자들로부터 나온다. 유전자들은 유전적 특질을 전한다.

유전자는 태아 발육의 모든 단계와 모든 방면에 관여한다. 바로 이 유전자가 태아의 특성을 결정한다. 세포의 증식을 조절하고, 여러 기관들이 올바른 위치에 놓이게 감독하며, 세포의 발육을 촉진시키거나 감퇴시키는 등 여러 가지 역할을 담당한다.

● 3개월 : 심장 박동 소리를 들을 수 있다

10주 반부터 15주까지

딸이냐 아들이냐 ? 모든 것은 난자와 정자의 핵이 다가가고, 결합해서 수정란을 만드는 순간에 결정된다. 바로 그 순간 정자의 유전자형에 따라 아기의 성이 결정된다. 수정란은 수정 때 이미 딸과 아들이 결정된다는 것이다. 그러나 핵 중앙의 비밀이 잘 지켜져 겉으로는 아무것도 보이지 않는다. 아들이나 딸이나 비슷해 보인다. 3개월 초가 되어서야 성기관이 달라지고 생식기가 남자와 여자로 구분된다.

또한 3개월이 되어야 성대가 나타난다. 그러나 성대는 아직 사용을 못해서 태아는 목소리가 없다. 아기는 출생 후, 자유로운 공기를 접한 후에야 첫번째 소리를 지르게 된다. 6개월 동안 성대는 진동하기 위해 튼튼하게 다듬어진다.

얼굴은 점차 더 인간적이 된다. 눈은 점점 더 가까워져 정면을 향하게 된다. 눈꺼풀이 생기지만 안구를 보호하기 위해 눈동자를 완전히 덮는다. 입술 윤곽이 확실히 잡히고 입이 작아진다. 이마가 돌출되고, 콧구멍은 상당히 벌어져 있다.

귀는 두 개의 작은 균열처럼 보인다. 팔은 다리보다 더 빨리 길어진다. 앞팔과 팔꿈치, 손톱을 만들기 위해 끝이 딱딱해진 손가락을 확실히 구별할 수 있다.

인체 내부에서는 간이 상당히 발육되고, 신장이 확실해지며, 창자가 길어지고 말린다. 뼈대의 골화는 척추로 이어진다. 첫번째 털이 윗입술과 눈 위에 나타난다.

근육과 관절이 발달하고, 태아가 움직이기 시작한다. 그 움직임이 어머니가 느끼지 못할 만큼 약하기는 하지만 그래도 벌써 태아는 가볍게 다리와 팔을 움직이고, 주먹을 쥐고, 머리를 돌리고, 입을 벌리고, 삼키고, 젖빠는 동작을 연습하기까지 하는 것이다!

12주쯤에 초음파로 아기의 심장 박동 소리를 들을 수 있다. 어머니와 아버지는 처음으로 아기의 심장 소리를 듣고 감동을 하면서 현실적으로 아기를 확인하게 될 것이다. 3개월 말쯤 되면, 태아의 크기는 10cm가 되고, 무게는 45g이 된다. 다음 달에는 뼈가 가장 큰 변화를 보이게 된다. 그러나 태아의 외부 모습은 별로 변화가 없다.

● 4개월 : 초음파로 아기를 볼 수 있다

15주부터 19주 반까지

아기는 복부가 발달하고, 다른 부분에 비해 머리가 크다. 피부가 너무 연해서 피가 빠른 속도로 순환하는 작은 혈관들이 비치기 때문에, 피부는 아주 빨갛게 보인다.

피부는 가는 솜털로 완전히 덮여 있다. 피지선과 땀샘의 기능이 시작된다. 심장은 성인의 두 배 속도로 매우 빠르게 뛴다. 간이 작동하기 시작한다. 위 같은 소화관의 다른 부분들도 작동을 시작하고, 주로 담즙으로 구성된 태변이라는 녹색 물질이 창자 안에 쌓인다. 신장이 또한 기능을 시작하고, 소변이 양수 안에 배출된다. 머리에는 첫번째 머리카락이 자란다.

많은 부모들에게 네 번째 달은 초음파로 아기를 보게 되는 달이다. 상상을 하면서 심장 소리를 듣던 아기를 갑자기 보게 된다. 더 놀랍고 신기한 것은 움직이는 아기를 보게 된다는 것이다.

초음파 기록은 사진이 아니다. 그러나 부모들에게는 흔히 사진처럼 인식된다. 오늘날, 아기의 앨범은 대개 초음파 자료로부터 시작될 정도이다.

여기서 초음파 검진 의사가 하는 말은 커다란 무게를 가진다. 그의 행동과 말은 항상 좋은 쪽으로만 해석되지는 않는다. '아기가 작다' 라는 말은 '아기가 너무 작다' 라는 말로, '아기 머리가 크다' 는 말은 '아기 머리가 비정상적으로 크다' 로 들릴 수 있다.

의사가 단순히 기계를 조정하기가 힘들어서 인상을 찌푸리는데도, 부모는 이것이 아기의 건강과 연관이 있지나 않나 걱정한다. 부모들은 초음파 기계를 작동하기가 힘이 들고, 때에 따라서는 아기를 제대로 보기가 어렵다는 사실을 모른다. 검진 의사는 화상을 고정시키기 위해 얼마간의 시간이 필요하다. 그러나 이 시간이 길어질수록 부모들의 걱정은 커진다.

미래의 부모들은 쓸데없는 걱정을 하지 않기 위해 이런 사실들을 알아 두는 것이 좋다.

● 5개월 : 드디어 움직이기 시작한다

19주 반부터 23주 반까지

부모에게 다섯 번째 달은 특별한 의미를 가진다. 우선 어머니는 아기의 움직임을 느낀다. 호기심 속에서 걱정스럽게 기다렸던 움직임, 아기는 이미 두 달 전부터 움직이기 시작했지만 너무 부드러워서 초음파에 의해서만 알 수 있던 움직임을 어머니가 마침내 몸으로 느끼게 되는 것이다. 첫번째 아기는 넉 달에서 넉 달 반 사이, 두 번째 아기는 석 달 반에서 넉 달 사이에 그것을 느낀다.

아내의 배에 손을 대는 아버지는 아기와 첫번째 육체적 접촉을 가진다. 많은 아버지들에게 이 행위는 아기를 인식하고 아기에게 애정을 가지게 하는 것이므로 매우 중요하다.

아기는 조심스러운 동작부터 시작한다. 아기는 어머니가 팔과 다리를 뻗고 쉴 때 특히 대담해진다. 초기의 동작들은 전혀 정리되지 않았으나 점차 자리가 잡힌다.

어머니가 움직이면 아기는 다시 몸을 웅크린다. 이런 동작이 점점 잦아진다.

그러다가 태동이 멈추면 어머니는 마치 무엇인가 자기 몸에서 사라진 것 같은 허전함을 느낀다. 태동은 아기의 건강이 좋은 상태라는 것을 말해 주기 때문에 매우 중요하다.

다섯 번째 달부터는 일반 청진기로도 아기의 심장 박동 소리를 들을 수 있다. 의사는 임신 기간 내내 태아를 관찰한다. 전통적인 관찰 방법은 다음과 같다.

자궁의 높이에 의해 아기가 차지하고 있는 부피를 알아본다. 자궁 높이가 규칙적으로 커지면 좋은 상태이다. 그러면서 의사는 손으로 만져 머리와 등, 어깨의 위치를 알아본다. 또한 호르몬을 통해 태아의 건강 상태를 검진할 수도 있다.

뼈의 발육 상태를 알기 위해 X선 촬영도 한다. 물론 아기의 발육에 대한 분명한 정보를 얻을 수 있는 초음파 검진도 한다. 양수 내시경 검사, 양수 채취 검사, 태아 내시경 검사 등 특별한 목적을 가진 검사들도 있다. 이들은 극히 복잡한 검사들이다.

5개월째의 아기는 지방이 없기 때문에 피부가 여전히 주름이 져 있다. 그러나 붉은빛은 없어졌다. 두개골 위의 머리카락들은 더 많아졌다. 손가락 끝에 손톱이 생겼다. 아기는 자기를 둘러싸고 있는 양수를 삼키는 연습을 한다.

양수에 색깔이 있는 물질을 투여하면, 몇 시간 후에 아기의 창자 속에서 이것을 발견할 수 있다.

폐는 계속 발육한다. 초음파를 이용하여 세 번째 달부터 폐의 활동을 알 수 있는데, 처음에는 불규칙적이다가 8개월 무렵부터 규칙적인 호흡이 시작되는 것을 알 수 있다.

그러나 공기를 자유롭게 들이마시는 성인들의 호흡과 같지는 않다. 공기 중의 호흡을 연습만 하고 있는 것이다.

태아의 크기는 이제 4주 때보다 100배나 큰 25cm이다. 그러나 성장의 중요한 시기는 끝났다. 크기는 출생 때까지 두 배만 늘어날 것이다. 그러나 무게는 현재의 500g에서 3kg이 되므로 6배가 된다.

● 6개월 : 아기가 잠을 자고 깬다

23주 반부터 28주까지

여섯 번째 달은 아기가 마치 자기 힘을 과시하듯 많은 동작을 하는 태동의 달이다. 평균 30분에 20~60 차례의 운동으로 팔, 다리, 상반신 틀기 등을 한다. 하루 동안 많은 변화가 있다. 주로 어머니가 휴식을 취하는 저녁에 더 움직이는 것 같다. 아기가 조용할 때는 30분에 20번을 움직인다. 반대로 움직임이 많을 때는 30분당 80~100번을 휘젓는다.

아직까지 출생 전의 움직임과 출생 후 아기의 성격 사이에 어떤 연관성은 발견하지 못했다. 많이 움직이는 태아가 꼭 '신경질적인' 아기가 되는 것은 아니다. 운동 횟수는 임신 기간에 따라 다르다. 22번째 ~38번째 주에는 움직임이 활발하다가 해산 2~4주 전에는 감소하는 경향이 있다. 아기가 움직일 공간이 적어지기 때문이다.

운동은 어머니의 건강 상태에 따라서도 달라진다. 어머니가 열이 나면 아기의 움직임은 눈에 띄게 적어진다.

움직임은 아기의 생명력을 나타낸다. 움직임이 활발하면 안심할 일이지만, 움직임이 약해지거나 느려지는 것은 문제가 될 수 있다. 더구나 24~48시간 동안 움직임이 전혀 없다면 의사에게 가 보아야 한다. 어머니가 흡수한 담배와 알코올이 움직임에 영향을 미칠 수 있다. 지나친 흡연이나 음주는 태아를 동요시키고 심장 박동을 가속화시키는 것으로 보인다.

뇌는 계속 발육해서 복잡해진다. 얼굴은 더 다듬어져 눈썹이 분명해지고, 코의 모양이 더 단단해진다. 귀는 더 커지고, 목은 뚜렷해진다. 아기는 잠을 자고 깬다. 초음파에 나타난 아기를 보면 잠을 자고 깨는 것을 알 수 있다.

하루에 16~20시간 정도 잠을 자면서 아기는 태어나 요람에서 보여줄 자세, 즉 턱을 가슴에 대거나 머리를 뒤로 젖힌 자세를 취한다.

초음파 검진은 또한 태아가 두 가지 잠을 잔다는 것을 보여준다. 전혀 움직이지 않는 조용하고 깊은 잠과, 팔과 다리 그리고 안구의 빠른 움직임을 보여주는 가벼운 잠이다. 이는 어른이 꿈을 꾸는 동안의 잠과 같다.

횡격막이 약간 갑작스럽고 산발적으로 움직이며 어머니는 아기가 딸꾹질하는 느낌을 갖는다. 6개월쯤에 나타나는 이런 현상에 어머니는 걱정을 하게 되는데 별 일이 아니므로 안심해도 된다.

태아가 깊이 잠이 들면, 복부를 쓰다듬거나 소리가 들려도 쉽게 깨지 않는다. 6개월 말이 되면, 아기는 가슴 위에 팔을 모으고 무릎을 배로 끌어올린다. 크기가 31cm, 무게가 1kg이 된다.

아기는 이제 출생하기 위한 모든 준비를 갖춘 것이다. 이때 출생하면 살 수는 있다. 그러나 아기는 조산아가 되며, 의학의 발전에도 불구하고 생존 가능성은 매우 적다.

● 7개월 : 아기가 듣고 보고 맛을 안다

28주부터 32주 반까지

지금까지 우리는 근육과 뼈를 관찰하고, 얼굴이 윤곽을 잡고 머리카락이 자라는 것을 보았다. 아기의 무게를 달고 키를 쟀다. 일곱 번째 달은 다른 부분이 잠을 깨는 시기, 즉 '감각의 여명기'이다. 감각기관이 살아난다. 최근 들어 다른 기관에 대한 연구로 태아의 감각 인식 기능을 알게 되었다.

이 새로운 발견에 어머니들은 놀라지 않는다. 어머니들은 이미 오래 전부터 뱃속의 아기가 감정을 가지고 있고, 소리와 음악, 어머니의 태도에 반응을 보인다는 것을 알고 있었다. 다만 그것이 과학적으로 확증되지 않고 어머니의 느낌에 머물러 있었을 뿐이다.

젊은 어머니가 뱃 속의 아기 때문에 시끄러운 디스코장에서 나올 수밖에 없었다는 사실을 어떻게 믿지 않을 수 있겠는가?

"아기가 너무나 움직였어요. 내가 불편했던 것이 아니라 아기가 불편해했습니다."

과학자들 중에는 아기들이 자장가를 좋아하는 것을 이렇게 해석하는 사람도 있다.

'신생아가 출생 전에 알고 있었던 목소리를 다시 듣게 되었기 때문이다. 그것은 의식적으로 어떤 사람에게 말을 거는 목소리가 아니라, 아기가 자연스럽게 듣게 되었던 외부의 목소리이다.'

오늘날, 어머니의 직감과 느낌은 과학적으로 확실해졌다. 이제 우리는 태아가 듣는다는 것을 알았다. 학자들은 그 시기에 똑같이 동의하는 것은 아니다. 어떤 학자들은 5개월 반 때부터라고 하고, 대부분의 다른 학자들은 7개월 때부터라고 한다.

아기가 들을 줄 안다는 사실이 어머니를 놀라게 하지는 않지만, 아버지에게 그것은 아기와 관계를 맺는 새로운 방법이 된다. 이제 많은 아버지들이 아기에게 말을 걸고, 노래를 불러 주는 것으로 뱃속의 아기와 대화할 수 있다고 믿는다.

그러면 태아는 어떤 소리를 들을 수 있는가? 소리와 잡음의 모든 음계를 듣는다. 인간의 목소리도 듣는가? 그렇다면 누구의 목소리 일까? 학자들에 따라 아버지, 또는 어머니의 목소리를 듣는다고 말한다.

청각 연구의 전문가인 페이주 박사는 출생 전의 아기는 특히 낮은 소리를 듣고, 그 결과 아버지의 목소리를 더 쉽게 들을 수 있다고 말한다. 이 연구가는 또한 아기가 들을 수 있을 뿐만 아니라 소리를 알아차릴 수도 있다는 것을 발견했다. 그는 낮은 음인 바순으로 연주된 프로코피예프의 〈피에르와 늑대〉의 한 구절을 선택했는데, 출생한 아기가 이 구절을 알아차리는 것을 확인했다. 이 음악을 들려주자 아기가 울음을 그쳤던 것이다.

다른 학자들은 더 많은 것을 암시한다. 그들에 의하면 자궁 은 저음들로 가득 차 있다고 한다. 그러나 이 소리들이 태아 에게 들릴까? 그것은 아직도 신비로운 일이다. 이 학자들의 연구는 실제로 태아가 저음(2,500 Hz)보다 고음(5,000 Hz)에 더 잘 반응한다는 것을 보여준다. 아기는 아버지의 목소리도 듣겠지만 내부 로부터 오는 어머니의 목소리를 더 잘 듣는다는 것이다.

아기가 부모의 목소리를 알아듣는지 알고 싶어하는 것은 부모로써 당연한 일이다. 그렇기 때문에 학자들은 해답을 주고 싶어한다. 연구 가 계속되고 있으므로 곧 정확한 답을 발견할 수 있을 것이다.

T. 베리 브래즐턴은 그의 연구팀과 함께 6~7개월의 태아를 관찰했 다. 태아는 여러 소리에 반응할 뿐만 아니라, 싫어하는 소리로부터 고 개를 돌리고 좋아하는 소리에 주의를 기울였다. 자명종 소리는 태아를 깜짝 놀라게 했지만, 이 소리를 여러 번 들려 주자 몸을 반대쪽으로 돌 리면서 더 이상 반응을 보이지 않았다.

부드러운 호루라기 소리는 아기가 마치 그 소리를 기다리기라도 했 던 것처럼 소리나는 쪽으로 몸을 돌리게 했다.

물론 태아는 어른처럼 듣지는 못한다. 소리는 태아가 담겨 있는 액 체에 의해 걸러져 보다 약하게 아기에게 도달된다. 게다가 어머니의 심장 소리, 창자의 꼬르륵 소리, 그리고 탯줄이 부딪치는 소리 등 태아 는 소리 속에 둘러싸여 있다.

태아가 듣는다는 것을 어떻게 알았을까? 청진기를 대고 배 위에 손을 얹어 보거나, 초음파 검사를 해 보면 태아가 소리에 따라 심장이 빨라지거나 깜짝 놀라고, 동요하고, 위치를 바꾸는 것을 관찰할 수 있다. 그래서 조산아를 진정시키기 위해 녹음된 어머니의 심장 박동 소리를 듣게 하는 경우도 있다. 아기는 이 소리를 알아듣고 침착해진다.

믿기 힘들겠지만 태아는 시각에도 예민하다고 한다. 브래즐턴은 다음과 같이 이야기한다.

"초음파로 아기의 머리를 찾아서, 어머니의 복부 위로 강한 빛을 쏘이면 아기는 깜짝 놀란다."

출생 전에 아기는 입맛 같은 다른 감각들도 느낀다. 한 영국 산부인과 의사가 이를 증명했다.

"어느 인도 아기가 출생할 때 카레 냄새를 맡고 화들짝 놀라는 것을 우리가 직접 보았다."

이는 태아가 양수를 통해 점차 익숙해진 여러 가지 다른 맛을 느낄 수 있다는 것을 보여준다. 또한 이것은 출생 후 아기가 어머니가 먹는 음식에 따라 모유 속에 나타나는 여러 가지 맛에 당황하지 않는다는 사실을 설명해 준다. 태내에서 벌써 아기는 여러 가지 맛에 익숙해진 것이다.

아기는 태내에서 엄지손가락을 빤다. 그 결과 신생아들은 빨아서 빨개진 엄지손가락을 갖고 태어난다.

7개월이 되면, 태아의 무게는 1,700g, 키는 40cm가 된다. 지금 태어나면 약간의 문제는 있지만 생존할 가능성이 매우 높다. 이 시기의 아기는 분명 살 수 있다. 많은 조산아들이 살아난다. 그러나 아기는 아직 약하다. 외부 세상에 쉽고 빠르게 적응할 수 있는 성숙도와 무게를 가지지 못했다. 남은 두 달 동안 더 성숙해야 한다. 만기에 가까워질수록 아기는 새로운 삶에 적응할 준비를 갖춘다.

연구를 많이 한 의사 브래즐턴은 아기가 태어나기 전에 부모가 소아과 의사를 찾아가는 것이 매우 유익하다고 말한다. 그는 임신 7개월이 된 부모에게 그것을 적극 권한다.

이를 통해 아기를 다루는 법과 아기에게 필요한 것에 대해 알게 되고, 젖을 먹일 것인가, 우유를 먹일 것인가, 직장에 언제 복귀해야 할 것인가 등 부모에게 꼭 필요한 문제를 알아볼 수 있다는 것이다. 소아과 의사와의 만남은 유익한 점이 많다.

● 8개월 : 아름답게 화장을 한다

32주 반부터 36주 반까지

이제 주요 기관들이 무르익었다. 출생 후처럼 위, 창자, 신장 등이 작동한다. 그러나 간과 폐 등 다른 부분은 아직 완전히 준비되지 않았다. 폐가 완전히 성숙되는 것은 8개월째쯤이다.

폐는 우리가 호흡하는 공기가 순환하는 작은 폐포들로 구성된다. 8개월 된 태아의 폐포들은 기능을 수행할 준비가 되어 있다. 공기 흡입 때 폐가 완전히 수축되는 것을 방지하기 위해 이 시기에 폐포 표면에 지방질이 나타난다. 이 윤활제가 없다면 태아는 호흡이 어려울 것이다. 이것이 조산아의 문제점 중 하나이다.

심장은 분당 120~140회라는 빠른 속도로 뛴다. 심장은 결정적인 형태와 모습을 갖추었지만, 혈액 순환은 출생 후만큼 완전하지는 않다. 태아의 혈액은 폐에서 산소를 공급받지 못하고, 탯줄에 의해 공급받기 때문이다. 심장의 왼쪽 부분과 오른쪽 부분 사이의 소통이 아직 계속되지만, 이는 출생 후에 닫힐 것이다.

출산일이 가까워오면 아기는 화장을 한다. 지방이 피부를 팽팽하게 만들고, 주름은 사라진다. 윤곽이 둥글어지고, 불그스름하던 피부는 연한 분홍빛을 띤다. 피부를 덮고 있던 가는 솜털이 조금씩 사라진다.

아기가 분만 위치를 확정하는 것은 보통 8개월 때이다. 자궁이 거꾸로 된 서양 배 모양이기 때문에 아기는 그 안에서 취할 수 있는 자리에 최대한으로 맞추려고 노력한다. 적어도 95%는 아기의 가장 부피가 큰 부분, 즉 엉덩이가 자궁 깊숙이 자리잡는다. 그래서 아기는 머리가 밑으로 가고, 등은 오른쪽보다 왼쪽에 있게 된다.

이로써 출산 때 머리가 먼저 바깥으로 나온다. 이를 머리 태위라고 한다. 어떤 경우, 특히 자궁이 기형이거나 너무 좁을 때는 머리가 자궁 깊숙이 자리잡는다. 이 경우는 출산 때 엉덩이가 먼저 나온다. 이를 엉덩이 태위라고 부른다.

아주 드물게 아기가 완전히 가로로 놓일 때가 있다. 정상 분만을 할 수 없고 제왕절개를 해야 하는 횡단 태위이다. 8개월 말의 아기는 평균 2,400g과 45cm에 이른다.

● 9개월 : 세상에 나올 준비를 한다

36주 반부터 41주까지

나머지 주에 아기는 하루에 20~30g의 무게와 힘을 얻고 크게 자란다. 달초에는 아직도 많이 움직이지만, 출생 전 15~20일 동안은 십중팔구 자리가 부족해 움직임이 적어진다. 태아를 덮고 있던 얇은 솜털들은 이제 거의 전부 떨어진다. 그러나 목과 어깨 부위의 털은 출생 후에도 남아 있을 수 있다.

피부는 이제 발그레한 하얀색이다. 피부를 덮고 있던 지방질도 사라지는 중이다. 두개골은 완전히 골화되지는 않았다. 뼈 사이에 섬유질의 공간이 남는데, 이를 숨골이라 부른다. 숨골은 두 개가 있는데 하나는 앞쪽 이마 위에 마름모꼴로 자리잡고, 다른 하나는 뒤통수에

세모꼴로 있다. 이 숨골은 분만시 의사가 머리의 위치를 알 수 있도록
해 준다. 출생 후 몇 달이 지나서야 숨골이 닫힌다.

9개월 말이 되면, 아기는 태어날 준비를 갖춘다. 머리는 대개 밑에
있고, 팔, 다리는 배 위에 포개져 있다. 무게는 3,000~3,300g 정도이
고 크기는 45~50cm 정도이다. 태아는 이제 외부 세상에 접근할 준비
가 되었다. 제16장에서 신생아의 모습과 성장, 그리고 첫번째 반응을
보게 될 것이다. 세상에 나오면서, 갑자기 몸담게 될 곳에 적응하기 위
해 몇 시간 만에 아기의 기관에 중요한 변화가 일어난다.

● 아기는 어떻게 자라나?

사람은 입으로 먹고, 코와 폐로 숨쉬지만 태아는 그렇게 할 수
가 없다. 성인처럼 먹고 숨쉬려면 출생 때까지 기다려야 한다. 태아는
어머니를 통해 필요한 음식과 산소를 공급받는다.

이 공급은 수정란의 '부속물' 인 복잡한 기관 덕분에 가능하다. 이 부
속 기관은 일시적이다. 출생 후에는 제거된다. 태반, 탯줄, 수정란의

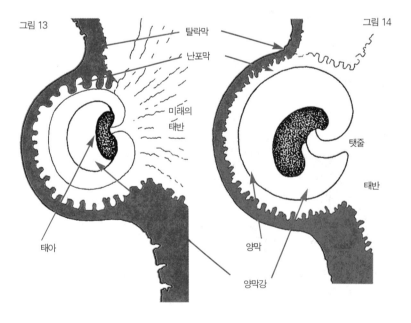

그림 13
그림 14

탈락막
난포막
미래의 태반
태아

탯줄
태반
양막
양막강

영양아층이 융모를 뻗
어내며 태반을 생성하기
시작한다. 수정란의 주변
부는 난포막이라 불린다.
양막강이 나타난다.
(그림 13)

양막강이 수정란을 모
두 점령한다. 태아가 그곳
에 '떠 있다'.
(그림 14)

막이 부속 기관에 포함된다.

태반과 탯줄은 서로를 돕지만 각자의 역할이 따로 있다. 태반은 모체의 혈액에서 태아에게 필요한 물질과 산소를 끌어내고, 탯줄은 이것을 태아에게 옮긴다. 출산 후에 태반은 배출된다. 막은 그 안에 수정란이 있는 주머니와 양수를 만든다.

우리는 착상 때 수정란이 자궁 내막 안으로 깊숙히 침투하는 것을 보았다. 수정란이 착상한 부분에서 영양아층은 두 개의 뚜렷한 지역으로 나뉜다. 깊은 것은 자궁 내막 속에 침투하여 태아의 발육에 필요한 양식을 끌어내기 위해 모체의 혈액 속으로 연결된다. 이것이 탈락막이라고 불리는 태반이 된다.

영양아층의 다른 부분은 수정란의 주변부에 자리를 잡고, 난포막이라는 이름을 가진다. 수정란은 발육하면서 두 가지 세포 조직, 즉 탈락막과 난포막으로 둘러싸이게 되는 것이다.

이와 함께 태아 봉오리 안에 약간의 액체로 채워진 강이 나타나는데, 이것이 양막으로 둘러싸인 양막강이다. 이 강은 빠르게 액체로 채워진다. 부피가 커지면서 자궁강에서 점점 넓은 자리를 차지하게 되고, 10주쯤에는 완전히 자궁강을 점령한다. 경계를 짓는 양막은 난포막과 탈락막에 붙게 되고, 수정란의 막을 형성한다.

동시에 크기가 커진 태아는 점차 자궁벽에서 멀어져 하나의 끈으로 태반과 연결된다. 이것이 미래의 탯줄이다. 좀더 자세히 알아 보자.

● 태반이 영양과 산소를 생산한다

수정란이 보금자리를 꾸미면, 영양아층은 태아의 발육에 필요한 영양을 얻기 위해 자궁 내막으로 파고들어 모체의 혈관 속으로 침입한다. 태반을 만들기 시작하는 것이다. 영양아층은 모체의 혈관 벽을 파괴하고 그 속으로 가느다란 섬유들을 수없이 내보낸다. 몇 주 만에 이 섬유들은 두꺼워져서 태반의 융모를 형성한다.

융모의 모양은 가지가 많은 나무와 비슷하다. 융모의 끝은 수십 개의 작은 봉오리들로 가득 차 있다. 연이은 분열에 의해 융모가 수천 개에 이르면 이것이 15~33개의 두꺼운 줄기와 연결된다. 바로 이 융모에서 아기의 영양과 산소 공급이 이루어지는 것이다.

융모들은 모체 쪽 태반 속에서 일종의 작은 피바다에 잠긴다. 이 피바다에는 모체의 혈액이 순환하고 있다. 한편 융모 속에는 탯줄을 통해 운반된 아기의 피가 순환한다.

이렇게 어머니의 혈액과 아기의 혈액이 태반에서 서로 만나지만, 융모의 막으로 분리되어 있기 때문에 결코 섞이지는 않는다. 이 융모 막을 통해 어머니와 아기의 모든 교환이 이루어진다. 이 융모 막은 태아가 자람에 따라 더 많은 교환을 하기 위해 점점 얇아진다.

이 설명은 좀 어려운 듯하지만 어머니와 아기의 혈액순환을 이해하려면 꼭 알아야 한다. 두 혈액을 분리시키는 융모 막은 어머니의 혈액이 직접 아기에게 옮겨지지 않는다는 것을 잘 보여준다.

태반은 영양 공장의 역할을 한다. 융모 막을 통해 영양과 산소를 공급한다. 물은 대부분의 무기물처럼 쉽게 태반을 통과한다. 35주째에는 시간당 3.5리터가 통과한다. 다른 영양분들은 좀 더 복잡하다. 탄수화물과 지질, 유기물들은 쉽게 통과한다. 그러나 어떤 것들은 태반이 흡수하기 쉽게 변화시켜야 한다. 영양 공장인 태반은 영양을 저장해 두었다가 태아가 필요할 때 찾는 영양 창고의 역할도 한다.

태반은 또한 물질을 통과시키거나 차단시키는 역할을 한다. 태아를 공격하는 요소들을 차단시켜 태아를 보호하는 것이다. 그래서 대부분의 미생물들은 태반을 통과할 수 없다.

그러나 불행하게도 항상 그런 것은 아니다. 대장균 같은 세균이나 매독균, 톡소플라즈마 같은 것은 19주부터 통과할 수 있고, 대부분의 바이러스들은 크기가 너무 작아서 일찍부터 통과가 가능하다. 임신 초기에 풍진을 감염시켜 기형을 일으키는 것으로 알 수 있다.

모체에서 만들어진 항체도 태반을 통과한다. 공격과 전염에 대항하기 위해 만들어진 항체는 대부분이 태아에 유익한 작용을 한다. 모체의 항체는 처음 6개월 동안 전염병으로부터 태아를 보호한다.

혈액형 Rh-인 어머니가 Rh+의 아기를 임신했을 때는 이 작용이 재

태반에서 어머니와
아기의 상호교환
혈액이 섞이지 않는다
는 점을 주목하자.

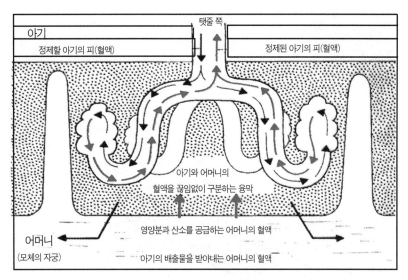

아기

정제할 아기의 피(혈액)

탯줄 쪽

정제된 아기의 피(혈액)

아기와 어머니의
혈액을 끊임없이 구분하는 융막

어머니

(모체의 자궁)

영양분과 산소를 공급하는 어머니의 혈액

아기의 배출물을 받아내는 어머니의 혈액

난이 될 수도 있다. 어머니가 반(反) Rh 응집소를 만들고, 이것이 아기의 혈액 속으로 들어가 적혈구를 파괴할 위험이 있기 때문이다.

많은 의약품들도 태반의 차단기를 통과한다. 이것은 때로 유익할 수도 있다. 어떤 항생 물질은 병원균과 싸워서 아기를 보호한다. 하지만 해가 될 수도 있어서 어떤 약들은 아기에게 치명적인 작용을 한다. 어머니가 흡수한 알코올은 물론, 모르핀같은 마약도 태반을 쉽게 통과한다. 태반은 대체로 좋은 보호막이지만 완전한 차단기는 아니다.

태반은 또한 호르몬을 생성한다. 난포막 생식선 호르몬과 태반 유선 호르몬인데 임신 중에만 나타나는 독특한 것들이다. 난포막 생식선 호르몬은 임신에 중요한 작용을 한다. 혈액이나 소변 속에 함유된 이 호르몬을 확인함으로써 임신 여부를 알 수 있게 하는 것이다.

난포막 생식선 호르몬은 10~12주까지 빠르게 증가되는데 그 비율로 임신의 건강 상태를 측정한다. 이어서 4개월까지 그 비율이 줄어들고, 그 다음에는 일정해진다. 난포막 생식선 호르몬은 임신에 없어서는 안되는 난소의 황체 활동을 계속하게 하는 것이다.

태반 유선 호르몬은 최근에 발견되었다. 그 역할이 아직 분명히 밝혀지지는 않았으나 태반의 기능을 점검하는데 좋은 지표가 된다는 사실만은 널리 알려졌다.

태반은 이미 우리가 잘 아는 에스트로겐과 프로게스테론도 생성한

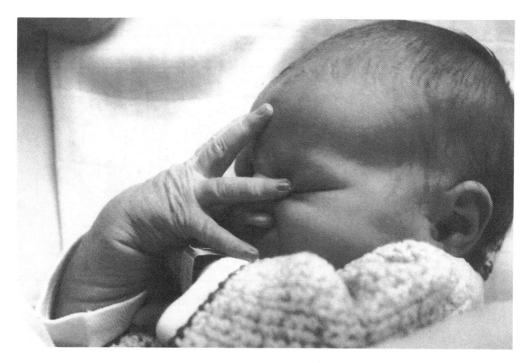

다. 임신 초기에 이 호르몬들은 황체에 의해 생성되지만, 7~8주부터
는 태반이 이어받아 임신 말기까지 점점 더 많은 양을 배출한다. 출산
이 가까운 임신부의 자궁에는 평상시보다 천 배나 많은 에스트로겐이
있다. 이 호르몬들은 태아의 성장과 발육에 필수적인 역할을 한다. 수
정란을 지키는 데는 태반이 가장 중요한 역할을 한다고 볼 수 있다.

태반 이야기 · · · 원시 사회는 물론 별로 오래지 않은 시기까지 사
람들은 분만 때 함께 나온 추출물에 특별한 관심을 가져왔다. 탯줄과
양막은 건조시킨 후 행복을 기리는 부적처럼 아기와 함께 소중하게 보
존했으며 태반은 여러가지로 사용했다. 토양을 비옥하게 하기 위해 땅
에 묻기도 했고, 16세기의 독일에서는 물고기들을 기르기 위해 물속에
던지기도 했다. 북유럽에서는 태반을 태워 그 재를 약이나 독으로 썼
다. 태반을 그대로 불임 부부의 침대 밑에 갖다 놓거나 불임 여성의 목
욕물에 넣기도 했는데 이로써 불임의 저주가 풀린다고 믿었다.

오늘날 태반은 의약품의 기초가 된다. 그래서 검사를 거쳐 태반을
수집하고 그것을 사용하는 실험실들이 있다. 만약 '태반 기증'을 원하
지 않으면 의사나 산파에게 이를 미리 알려 주어야 한다.

● 탯줄이 공급하고 배출한다

　　　　태반은 탯줄에 의해 태아와 연결된다. 탯줄은 하얗게 빛나는 젤라틴질의 둥근 줄이다. 길이가 50~60cm이지만, 더 짧거나 1.5m까지 나가는 긴 것도 있다. 굵기는 1.5~2cm이다.

　탯줄의 대부분은 아기를 덮는 막 중의 하나인 양막 세포로 구성된다. 줄의 한쪽은 태아의 복부와 연결되고, 다른 쪽은 태반을 덮고 있는 양막과 합쳐진다. 탯줄은 훌륭한 송유관이다. 그 안에 하나의 정맥과 두 개의 동맥이 있어서 정맥은 모체의 혈액에서 공급받은 영양과 산소를 태아에게 운반한다. 동맥들은 탄산가스, 요소 등 태아의 배출물을 태반으로 보내 모체의 혈액 속으로 방출하게 한다.

　탯줄은 5~6kg의 무게를 견딜 정도로 강하고 탄력성이 있으며, 쉽게 압축되지 않는다. 그렇지 않으면 혈액의 운반이 어려울 것이다. 탯줄은 태아가 모든 움직임을 할 수 있도록 매우 유연하다.

　그러나 일단 태아가 세상에 태어나면 모체와 아기의 관계를 한 순간에 끊어버린다. 동맥들이 수축되어 탯줄 속의 순환이 스스로 중단되는 것은 매우 신기한 일이다. 그렇게 해서 얼마 후에는 탯줄이 잘려도 피를 흘리지 않게 된다. 아기의 복부에 남아 있는 탯줄의 일부는 출생 며칠 후에 떨어지고, 평생 지속될 불후의 상처는 배꼽으로 남는다.

● 양수가 따뜻하고 안전하게 보호한다

　　　　태반과 탯줄을 통해 산소와 영양을 공급받는 태아는 막으로 보호된다. 막 안에서 태아는 물 속의 물고기처럼 양수 속에 떠 있다. 난포막, 탈락막, 양막 등의 피막들에 대해서는 이미 앞에서 다루었다. 피막들이 어떻게 구성되었는지, 각각의 자리는 어디인지 다음 그림에 자세히 나타나 있다. 여기서는 피막에 못지 않게 중요한 양수에 대해 알아보자.

　양수는 20주까지는 태아 자신이 피부로 분비하고, 18주부터는 탯줄, 다음에는 폐, 마지막으로 방광에 의해 생성된다. 액체의 다른 부분은 수정란의 막을 통과하여 모체로부터 오는 것으로 보인다. 양수의 양은 다양하다. 7주째에는 20cc, 20주째에는 300~400cc, 말기에는 물양막이 아닐 경우 평균 1리터나 된다. 분만 예정일을 경과하면 양수는 점차 줄어든다.

양수는 허여멀겋고 투명하며 고리타분한 냄새가 난다. 거의 97%가 물로 구성되어 있다. 혈액에서 발견되는 모든 물질이 그 안에 들어 있고, 피부에서 제거된 세포와 태아의 점막들, 털과 지방질 조각들이 떠다니고 있다.

그러나 양수는 늪의 물처럼 괴어 있는 것이 아니라 끊임없이 새로워진다. 임신 말기에는 3시간마다 새로운 양수가 채워진다. 액체가 계속 분비되면서 한쪽으로는 흡수되기 때문이다. 태아는 양수를 많이 마시고 피부로도 흡수한다. 출산이 가까워오면 하루 평균 450~500cc를 마신다. 마신 양수의 일부는 신장에서 여과되고, 규칙적인 태아의 소변으로 배설된다. 다른 일부는 창자에서 흡수되어 태반을 통해 모체로 배출된다.

양수는 어떤 역할을 하는가? 우선 태아 주위에 보호막을 만들어 외부의 충격으로부터 태아를 보호한다. 또한 자궁 안에서 태아가 쉽게 움직일 수 있도록 해주고 일정한 온도를 유지시킨다. 그리고 항상 태아에게 물과 광염분을 제공한다.

분만시에는 가능한 한 가장 쉽게 분만이 진행될 수 있도록 아기가 좋은 위치를 찾게 해준다. 또한 자궁 경관을 확장시키는 물주머니를 만들기 위해 태아의 아래쪽에 모인다. 막이 파열된 후에는 양수가 외부로 흐르며 산도를 깨끗이 해주고 미끄럽게 만들어준다.

실제로 양수에는 이보다 더 중요한 역할들이 많을 것이다. 그러나 아직 제대로 알려지지 않았다. 어떻든 양수는 태아의 성장에 필요한 물질과 세균을 죽이는 물질, 자궁의 수축에 도움이 되는 물질들이 가득 들어 있는 것이 분명하다.

양수는 어머니와 아기가 끊임없이 교환하는 구역이다. 양수는 또한 임신을 의학적으로 관찰하기 위해 그 중요성이 점점 높아지고 있는 검사들, 양수 채취 검사와 양수 내시경 검사를 가능케 하는 곳이다.

물양막은 양수의 양이 과도하게 많은 경우이다. 그 원인은 어머니의 당뇨병이나 혈액이상인 경우일 수도 있고, 기형이나 쌍둥이 임신같은 태아의 문제일 수도 있다. 아주 심할 경우에는 임신 중절을 해야 한다. 만성이 되면 조산의 위험이 있다.

● 태아도 스스로 여러 가지 일을 한다

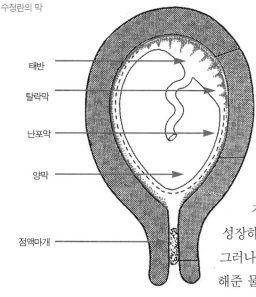

수정란의 막

태반

탈락막

난포막

양막

점액마개

이처럼 태아는 특별한 환경 속에서 성장한다. 태아는 모체 안에서 자궁과 양수라는 두 겹의 막에 의해 충격으로부터 보호된다. 엄청난 속도[2]로 성장하기 때문에 그에 필요한 양식들을 공급하기 위해 태반의 영양 공장은 끊임없이 작업을 한다. 태아는 이 양식들과 함께 산소도 공급받는다.

지금까지는 태아를 스스로는 적극적으로 성장하지 못하는 수동적인 존재로 생각해왔다. 그러나 전혀 그렇지 않다. 태아는 어머니가 공급해준 물질들을 스스로 처리한다는 것을 알게 되었다. 아주 분명한 성장 프로그램에 따라, 필요한 것들을 만들어낸다.

효소가 바로 그렇다. 효소는 인체 속에서 생성되는데, 생명에 필요한 많은 화학 작용을 일으키고, 그 작용의 책임을 맡는다. 모든 작용에 필요한 효소들이 따로 있다. 태아는 자신이 필요한 수천의 효소들을 스스로 생산하며, 필요에 따라 이를 이용한다.

예를 들자면 이런 효소를 이용해 태아는 자신에게 공급되는 포도당을 분해해 자기에게 알맞게 사용할 수 있다.

당은 태아의 주요 영양원이지만 성인과는 다르게 사용한다. 태아는 온도 유지를 위해 에너지를 낭비할 필요가 없다. 온도 조절은 모체에 의해 보장된다. 게다가 태아는 근육을 적게 사용한다. 거의 힘을 쓰지 않고 수중에서 움직이기 때문에 에너지 소비가 적다.

그러므로 태아는 대부분의 당을 두 가지로 사용한다. 성장에 필요한 단백질로 변화시키고, 임신 말기에는 출생 후 일정 기간 사용하기 위해 비축하는 것이다.

고유의 효소와 함께 태아는 독특한 호르몬들을 가지고 있다. 이 호르몬들은 역할에 따라 모든 성장 작업에 명령을 전달하고, 그것을 감

2) 무게는 하루 평균 2주째에 5g에서 21주째에는 10g, 29주째에는 20g, 37주째에는 35g으로 증가한다.

독하는 예민한 능력을 가지고 있다.

여러 가지 호르몬이 태아의 성장을 담당한다. 뇌하수체와 갑상선, 그리고 부신에 의해 생성된 호르몬들이다. 태아의 부신은 분만에서 매우 중요한 역할을 하는 것으로 생각된다. 마찬가지로 태아의 췌장에서 만들어진 인슐린은 포도당을 지방으로 변화시킨다. 뼈대의 골화에 중요한 부갑상선은 칼슘의 신진대사를 주관한다.

또한 전염이나 화학적 공격에 대해서도 태아는 자신을 보호한다. 아직 약하기는 하지만 자신을 방어하는 '면역 체계'를 마련하기 시작한 것이다.

이처럼 태아는 자신의 성장을 위해 스스로 여러 가지 일을 한다. 각종 효소와 호르몬을 제조하고, 당을 단백질로 변화시키며 출생 후를 위해 그 일부를 저장하고, 면역 체계를 마련한다. 이것이 태아의 고유한 '작업'이다.

그러나 태아의 신진대사를 연구하는 데는 아직 어려움이 많다. 어머니와 아기, 그리고 태반이 복잡하게 연결되어 있기 때문에 어느 하나의 기능을 밝히는 것은 매우 어렵다. 이는 인류가 아직 이 분야에서 별로 아는 것이 없다는 뜻이다.

우리는 하나의 정자와 하나의 난자가 수정을 하고, 그들의 핵이 결합하여 남자와 여자의 첫번째 세포인 인간 수정란을 낳는 가장 일반적인 경우를 보았다. 그러나 때때로 두 아기나 여러 아기가 동시에 성장하는 경우도 있다. 쌍둥이와 복수 출산에 대해서는 제6장을 참조하기 바란다.

 ## 어머니의 몸은 어떻게 변하나?

여성이 자신의 배가 팽팽하게 불러오는 것을 보고, 자신의 배 안에서 새로운 생명을 느낀다는 것은 분명 감동적인 일이다. 하지만 자신의 안에서 진행되고 있는 생명 현상을 제대로 알고 나면 더 큰 감동을 느끼게 된다. 새로운 생명 현상은 정말 놀라운 것이다.

어머니는 자기 안에 들어온 수정란을 쫓아내지 않고 보호하며, 수정란이 발육하는 데 필요한 모든 것을 제공한다. 그러기 위해 어머니의 몸은 변화를 감수한다.

임신은 어머니의 심리적, 정신적 상태는 말할 것도 없고 모든 신체 조직과 기능에 영향을 준다. 신체 조직에 대한 적응은 네 개의 큰 축으로 구분된다.

▶ 아기가 커감에 따라 자궁도 함께 커진다.

▶ 동시에 유방이 발달한다. 유방이 수유 준비를 하기 때문이다.

▶ 신체의 기능이 대부분 바뀌기 때문에 자신과 아기를 위해 적극적으로 영양을 섭취하게 된다.

▶ 임신 말기에 모체는 출산을 위한 준비를 한다.

● 자궁이 커진다

수태 전의 자궁은 신선한 무화과와 비교할 수 있다. 무게는 50g이고 넓이는 45㎟이며 용적은 2~3cc이다.

임신 초기부터 자궁이 커지기 시작하는데 그 커지는 것은 여성에 따라 임신 4개월에서 5개월 사이가 되어야 외부에서 볼 수 있다. 2개월째의 자궁은 오렌지만한 크기가 된다.

3개월째에는 치골 바로 위에서 느낄 수 있다. 4개월째의 자궁의 높이는 배꼽과 치골 사이의 중간에 이르게 된다. 5개월 반이 되면 배꼽 높이에 이르고 7개월째에는 배꼽을 4~5cm 넘어서 점점 더 위로 올라간다.

8개월째에는 흉골의 끝과 배꼽 사이에 위치한다(도표 참조).

자궁은 산기가 되면 절정에 달한다. 그렇지만 가끔씩 출산 2, 3주 전에 자궁이 다시 내려오기 시작하는 기분을 느낄 수 있다. 복부의 압박이 줄고 호흡이 훨씬 쉬워지며 몸이 가벼워지는 것을 느낄 것이다. 몸이 자궁 확장에 적응하기 때문이다.

크기가 커지면서 자궁은 자신을 둘러싸고 있는 위, 장, 방광 등을 밀

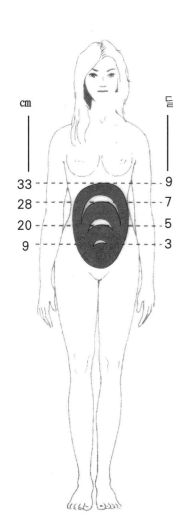

cm

달

33
28
20
9

9
7
5
3

임신 개월 수에 따른
자궁의 높이

어낸다. 복부 벽이 유연하기 때문에 자궁은 별 지장 없이 계속 커질 수 있다. 신체 조직은 여기에 잘 적응한다.

지금까지 호흡 곤란, 변비, 메스꺼움, 정맥류 등 임신 증세는 자궁의 압박 때문이라고 여겨져 왔다. 하지만 그것으로 모든 불편이 설명되지는 않는다. 그런 불편은 자궁이 아직 커지지 않은 임신 초기부터 나타나기 때문이다.

오늘날 불편의 대부분은 호르몬의 영향이라고 추측되지만 오줌이 자주 마려운 것은 방광의 압박과 관련된 것으로 생각한다. 마찬가지로 등을 대고 누울 때 거북한 증상도 대정맥의 압박과 관련이 있는 것으로 여겨진다. 왼쪽으로 누우면 증세가 사라지기 때문이다.

어머니의 신체 자세도 자궁의 크기에 따라 변한다. 허리 사이의 간격이 벌어지고 몸이 뒤로 젖혀진다. 몸을 앞으로 쏠리게 하는 무게를 이기기 위해 뒤로 젖히려는 경향이 있기 때문이다.

어머니의 모습은 복부의 상태에 따라 다르다. 근육이 단단하다면 자궁을 지지해서 앞으로 기우는 것을 막지만, 근육이 느슨하면 늘어진 복부는 자궁의 압박을 조금밖에 견디지 못한다.

'앞으로' 아기를 가졌다는 여성들이 있다. 이 경우에는 몸이 가능한 한 덜 젖혀지게 하기 위해 골반을 흔들어야 한다. 이것은 복근과 등을 풀어주는 역할을 한다.

● 가슴은 젖을 먹일 준비를 한다

임신 중 내내 유방은 아기에게 먹일 젖을 만들기 위한 준비를 한다. 임신 첫달부터 부풀기 시작하여 커지고 무거워진다. 가끔 유두 부위가 따끔거리면서 심한 통증을 느끼기도 한다. 몇 주 후 유두는 훨씬 튀어나오고, 유두를 둘러싸고 있는 짙은 부분인 유두륜이 손목 시계의 유리처럼 튀어나온다.

8주경이 되면 몽고메리 돌기라고 불리는 작은 돌기들이 유두륜 위에 나타난다. 이것들은 피지선이 커진 것으로 아직은 불완전한 유선을 형성한다. 유방의 변화로도 임신을 진단할 수 있다.

4개월부터 유두에서 젖의 전조격인 콜로스트럼이라는 노르스름하고 끈적끈적한 초유가 나온다. 5개월에는 최초의 유두륜 근처에 두 번째 유두륜을 형성하는 고동색 얼룩들이 보이기 시작한다. 유방 내부에서 젖을 만드는 젖샘들은 임신 중이 아니면 거의 없다가 임신을 하면 점점 커지게 된다.

크기가 늘어나는 것은 젖샘에서 만든 젖을 유두로 보내는 관도 마찬가지이다. 왕성한 활동을 하는 이 부분에 영양을 보내주기 위해 정맥이 넓어진다.

그러한 이유로 임신 중에는 유방에서 가끔 정맥이 보이는 것이다. 동시에 유두의 크기도 늘어난다.

산기에 유방은 수유할 준비를 갖춘다. 젖의 분비는 프롤락틴이라는 뇌하수체 호르몬의 영향으로 분만 3일 후부터 시작된다. 처음 이틀간은 유방에서 아기에게 아주 좋은 콜로스트럼이 계속 분비된다.

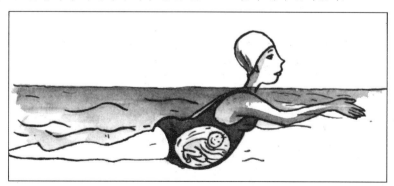

● 심장이 강해지고 호흡이 커진다

자궁과 유방이 커지는 것은 임신 중의 모체에서 볼 수 있는 가장 뚜렷한 변화다. 그만큼 뚜렷하지는 않지만 또 다른 중요한 변화들이 있다. 인체의 중요한 기능인 소화, 순환, 호흡과 관련된 것들이다.

이 변화들은 여러 가지 이유 때문이다. 아기는 자신의 뼈와 피부, 근육을 만들기 위해 필요한 칼슘과 철분, 당분, 지방, 염분 등을 어머니의 피에서 끌어 온다. 그리고 어머니의 핏속에 자신의 찌꺼기를 배출한다. 그와 동시에 어머니 몸에서는 자궁과 유방같은 부분들이 커진다. 이러한 일들은 더 많은 영양분의 보급을 필요로 한다. 그러므로 몸은 더 많은 영양과 물질들을 만들어내야 한다.

그래서 심장과 혈액순환이 우선 강해져야 한다. 태반에서 어머니와 아기의 교환으로 생겨난 임무를 수행하기 위해 혈액의 양이 40% 증가하고 심장은 그만큼 빨리 뛴다. 분당 평균 15박동 이상 빨라진다. 또한 혈액의 양을 늘려서 분당 1.5리터를 더 배출한다.

그만큼 일을 많이 하는 것이다. 이것은 심장병이 있으면 임신을 감당하기 어렵다는 사실을 알게 해 준다. 건강하지 않은 심장으로는 더 많은 힘을 내기가 어렵다.

임신을 하면 호흡이 더 빨라지는 것은 아니지만 호흡할 때마다 더 많은 양의 공기를 폐로 지나가게 해서 10~15% 더 많은 산소를 소비한다. 이것이 자궁이 커져서 위쪽으로 밀려나는 횡격막의 이동과 더불어 임신 말기에 호흡이 가빠지는 원인이다.

필요 없는 찌꺼기를 소변으로 배출하기 위해 피를 거르는 신장은 순환하는 피의 양이 늘어나는만큼 일이 늘어나게 된다.

반면 임신 호르몬들, 특히 황체 호르몬은 모체의 어떤 기능들을 약화시키는데 그것이 자궁에는 도움이 된다. 자궁이 수축하는 것을 막기 때문이다. 하지만 위나 장 같은 소화기관들이 약화되어 소화 장애나 변비 등이 발생할 수 있다.

소변을 신장에서 방광으로 보내는 요관과 방광에서도 마찬가지로 부분적으로 소변 감염이 자주 생길 수 있다.

● 아기가 나올 길을 만든다

아기가 태어나기 위해서는 근육으로 이루어진 자궁이 수축해야 한다. 아기는 평소에는 빨대보다 더 좁고 가는 자궁 경부를 통과한 후 이어서 질을 통과해야 한다. 태어나기 위해 아기가 따라가야 하는 이 길은 벌어지지 않을 것 같은 뼈들로 이루어진 골반 속을 가로질러 간다. 제10장에서 출산이 어떻게 이루어지는지 보게 될 것이다. 임신

의 전 기간 동안 여러 신체 조직들이 출산 준비를 한다.

골반· · ·뼈와 뼈를 잇는 관절들이 풀어지고 골반이 몇 밀리미터 넓어진다. 이 때문에 임신 말기에 고통스러울 수도 있다.

자궁· · ·자궁의 섬유질들은 열다섯 배에서 스무 배 이상 길어지고 동시에 더 넓어진다. 이러한 변화로 자궁은 훨씬 유연해지고, 경부를 열어 아기를 앞으로 밀어내는 힘을 가지게 된다.

자궁에서 혈액 순환은 눈에 띄게 증가한다. 임신 전에 단단하고 섬유질이었던 자궁 경부는 무르고 부드러워진다. 산기에 들어서면 자궁 경부가 완숙된다. 자궁 경부는 별 어려움 없이 열린다.

질· · ·임신 기간 동안 질은 완전히 변해서 임신 말기에는 임신하지 않은 여성과는 전혀 다른 모습이 된다. 질은 길어지고 커지며 질벽이 점점 부드러워지고 늘어나서 아코디언처럼 주름이 잡힌다. 임신 말기에는 질이 아기의 머리가 잘 통과할 수 있도록 준비를 한다. 아홉 달 전에는 생각할 수 없는 일이었다.

동시에 질의 산성도와 분비물이 급격히 증가한다. 질분비는 질염의 원인인 균의 증식을 돕는다. 하지만 높은 산성도는 세균을 막는 훌륭한 장벽 역할을 한다. 임신 말기에 경부에 보이는 점액성의 장애물은 두 번째 장벽을 형성하고, 난포는 세 번째 장벽을 형성한다.

● 호르몬의 종류와 양이 늘어난다

임신은 아홉 달 동안 활발하게 활동하는 호르몬의 지배를 받는다. 난소 호르몬은 자궁이 수정란을 맞아들이게 하고, 수정란의 이동과 착상을 돕는다. 또한 수정란이 자리를 잡는 동안 자궁에서 빠져나가지 못하게 한다.

임신 초기에 호르몬은 황체에서 만들어진다. 이어 많은 양이 필요하게 되면 태반에서 만들어져 임신이 끝날 때까지 이어진다. 활동이 증가하는 것은 난소 호르몬뿐 아니라 췌장과 갑상선, 부신 호르몬도 마찬가지다. 또한 임신중에는 옥시토신이라는 새로운 호르몬이 생기는데 이것은 분만 촉진 역할을 한다. 또한 젖을 분비시키는 호르몬인 프롤락틴도 생긴다.

  이런 중요한 호르몬들의 작용이 아홉 달 동안 모든 변화를 조절한다. 커진 자궁의 세포 조직을 강화하고, 모체의 저장물들을 끌어낸다. 아기의 발육을 위해 까다로운 영양 교환 작용도 조절한다. 모체의 체중을 증가시키고 유선이 발달하게 한다. 그렇기 때문에 임신이 순조롭게 진행되는지 알아보려면 호르몬의 양을 측정하는 것이다.

제 **6** 장
쌍둥이를 임신했다면

"의사 선생님, 혹시 쌍둥이가 아닌가요?"

생각보다 많은 사람들이 이런 질문을 한다. 임신부 둘 가운데 하나는 그런 질문을 한다. 그렇지만 쌍둥이의 가능성은 그리 흔하지 않다. 전체 출산의 1% 정도에서만 발생한다. 그러나 이것은 '자연 발생적인' 경우이고 다음의 경우에는 확률이 월등하게 증가한다.

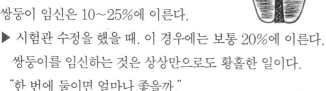

▶ 배란을 촉진시키기 위해 호르몬 치료를 했을 때. 이 치료는 목표를 지나쳐 동시에 수정되는 두 개의 난자를 만들어 낼 수 있고, 이 경우 쌍둥이 임신은 10~25%에 이른다.

▶ 시험관 수정을 했을 때. 이 경우에는 보통 20%에 이른다.

쌍둥이를 임신하는 것은 상상만으로도 황홀한 일이다.

"한 번에 둘이면 얼마나 좋을까."

임신부들은 쌍둥이를 가지기 두려워하면서도 한편으로는 그것을 원한다. 모든 면에서 그렇듯 감정의 양면성을 보여주는 것이다. 어떤 여성들은 쌍둥이를 가지려면 어떻게 해야 하는지 묻기도 한다. 그러나 그것은 어려운 일이다. 쌍둥이는 우연히 생기는 것일 뿐이다.

우선 인종이 중요한 역할을 하는 것 같다. 흑인종은 쌍둥이가 더 많다. 미국에서는 그 확률이 백인들보다 1.5배나 된다. 서부 아프리카의 몇몇 지역에서는 5%까지 확률이 올라가기도 한다. 반대로 아시아인들에게는 쌍둥이 수가 적다. 대개 0.10~0.27% 수준이다.

생활 조건과 풍토 역시 중요한 역할을 하는 것 같다. 유럽에서도 남부보다 북부에 쌍둥이가 더 많다. 스칸디나비아에서는 1.5% 정도이고, 지중해 연안 전역에서는 0.5% 정도이다.

일란성 쌍둥이
··· 하나의 정자가 하나의 난자를 수태시키고, 이 하나의 수정란은 둘로 나누어진다. 이렇게 해서 항상 성이 같고 — 즉 두 아들이거나 두 딸 — 아주 닮은 진짜 쌍둥이가 만들어진다.

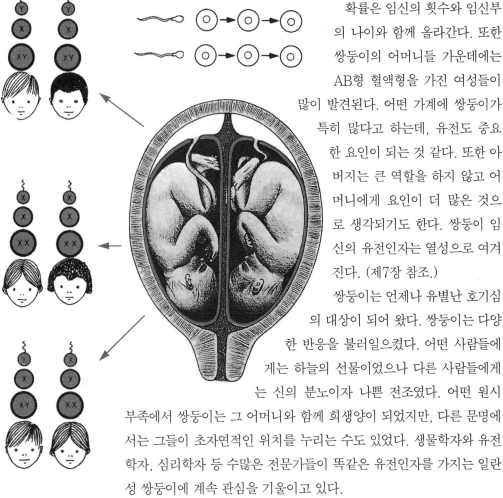

확률은 임신의 횟수와 임신부의 나이와 함께 올라간다. 또한 쌍둥이의 어머니들 가운데에는 AB형 혈액형을 가진 여성들이 많이 발견된다. 어떤 가계에 쌍둥이가 특히 많다고 하는데, 유전도 중요한 요인이 되는 것 같다. 또한 아버지는 큰 역할을 하지 않고 어머니에게 요인이 더 많은 것으로 생각되기도 한다. 쌍둥이 임신의 유전인자는 열성으로 여겨진다. (제7장 참조.)

쌍둥이는 언제나 유별난 호기심의 대상이 되어 왔다. 쌍둥이는 다양한 반응을 불러일으켰다. 어떤 사람들에게는 하늘의 선물이었으나 다른 사람들에게는 신의 분노이자 나쁜 전조였다. 어떤 원시부족에서 쌍둥이는 그 어머니와 함께 희생양이 되었지만, 다른 문명에서는 그들이 초자연적인 위치를 누리는 수도 있었다. 생물학자와 유전학자, 심리학자 등 수많은 전문가들이 똑같은 유전인자를 가지는 일란성 쌍둥이에 계속 관심을 기울이고 있다.

이란성 쌍둥이
· · · 두 개의 정자가 두 개의 난자를 수태시킨다. 이 '가짜' 쌍둥이는 둘 다 아들이거나 딸이거나 혹은 아들과 딸일 수 있는데, 어떤 경우이든 그들은 형제 자매가 닮는 만큼만 서로 닮는다.

● 쌍둥이도 두 종류

실제로는 보다 더 복잡하지만, 쌍둥이에는 크게 두 가지 경우가 있다.

이란성 쌍둥이

'가짜 쌍둥이'라고도 불리는 이란성 쌍둥이는 똑같은 생리주기와 보통은 똑같은 성관계 중에 두 개의 다른 정자에 의해 두 개의 다른 난자가 수태되면서 생긴다. 그 결과 자궁 안에서 서로 옆에 착상하는 두 개의 다른 수정란이 나온다.

각각의 수정란은 각각의 부속물들을 가진다. 난포막과 양막과 태반이 각기 따로 있다. 두 태아 사이에 상관 관계는 없다. 어머니의 조직과 연결되어 있는 각각의 태반을 가지고 있다. 이란성 쌍둥이는 이렇게 함께, 그러나 따로 커간다.

태어날 때 두 아기는 보통의 형제자매와 마찬가지로 서로 닮을 수 있다. 그들은 다른 성(性)을 가질 수도 있다. 이것은 비정상적인 게 아니다. 두 개의 다른 수정란에서 나온 이 쌍둥이는 몇 년 간격을 두고 태어난 형제자매처럼 서로 다른 염색체의 유전을 받았기 때문이다.

두 아기의 아버지가 똑같지 않은 경우도 있을 수 있다. 한 시간 간격으로 백인의 하얀 아기와 흑인의 혼혈 아기를 낳은 백인 여성의 예가 있다. 다태(多胎) 임신이라 불리는 것이다. 그런 일은 그러나 매우 드문 예외이다.

이란성 쌍둥이는 쌍둥이 임신의 3분의 2 이상을 차지한다.

일란성 쌍둥이

쌍둥이 임신의 3분의 1은 수태가 다르게 일어난다. 보통의 경우 하나의 정자는 단 하나의 난자만을 수정시킨다. 그러나 아직 우리가 알지 못하는 어떤 이유로 하나의 수정란이 각각 커 나갈 두 개의 똑같은 수정란으로 나눠진다. 수정란은 이란성 쌍둥이처럼 각기 자신의 막과 태반을 가지기도 하고, 태반은 하나인데 막은 두 개일 수도 있다.

▶ 두 개의 양막 : 각각의 태아가 자신의 주머니를 가지고 있다.
▶ 하나의 양막 : 두 태아가 하나의 양막 주머니 안에 있다. 어떤 막도 그들을 갈라 놓지 않는다.

일란성 쌍둥이는 '진짜 쌍둥이'라고도 불리며 이란성 쌍둥이와 비교해 여러 특징을 갖는다. 우선 훨씬 드물어 3분의 1 이하 수준이다.

또한 두 태아가 함께 쓰는 하나의 태반이 혈액을 공급하기 때문에 하나가 다른 하나보다 피를 더 많이 받아 불균형을 일으킬 수도 있다.

피를 많이 받은 태아는 혈액 과잉으로, 반대 쪽은 혈액 결핍으로 고통받을 위험이 있다. 혈액 과잉은 심장 기능 부전의 위험이 따르고, 혈액 부족은 미숙아나 빈혈의 위험이 있다.

두 태아는 하나의 수정란으로 수태하기 때문에 완전히 똑같은 염색체와 유전 인자를 갖는다. 그러므로 서로 꼭 닮는다. '똑같은 틀에서 찍어낸 두 개의 붕어빵' 이 되는 것이다.

그들은 항상 성(性)이 같다. 지문도 지엽적인 것 말고는 똑같다. 이 놀라운 닮은꼴은 흔히 신체적인 면뿐 아니라 지적, 심리적인 면에서도 똑같고, 어떤 병에 걸리기 쉬운 체질도 닮게 된다.

● 진단이 빨라야 안전하다

쌍둥이 임신은 다른 임신보다 더 주의해야 한다는 데에 의사들은 이의를 달지 않는다. 어떤 의사들은 이 임신을 '위험 임신' 으로 분류한다. 그러므로 가능한 한 빨리 진단을 받아야 한다.

이 진단은 개인 병원의 검사로는 어렵다. 임신에 따르는 증상이 보통보다 훨씬 심할 때 이 임신을 생각해 보지만, 그런 증상이 항상 있는 것은 아니다. 그러나 임신 6~7주가 되면 초음파 검사로 진단을 내릴 수 있다.

좀더 후에 임신부들은 몸 여기저기에서 매우 많은 움직임을 느낄 수 있다. 의사는 임신부를 진찰하면서 자궁의 크기가 임신 기간과 걸맞지 않은 것에 놀라게 된다. 또는 두 개의 머리나 두 개의 엉덩이가 느껴질뿐 아니라, 두 개의 다른 심장 소리를 듣게 된다.

그러나 이것은 생각보다 훨씬 어렵다. 조금이라도 의심스러우면 초음파 검사로 확인해야 한다.

● 두 배 걱정 말고 두 배 주의한다

쌍둥이 임신은 초기의 불편함이 훨씬 더 크다. 자궁이 더 빠르

게 커지므로 자궁의 압박에서 오는 물리적인 장애들, 이를테면 소변을
자주 보고 싶은 욕구 같은 것이 더 일찍 나타난다. 장애들은 훨씬 심하
다. 호흡 곤란이 심하고, 정맥류가 더 쉽게 나타날 수 있고, 불면증이
심해질 수 있다. 그러나 다른 임신처럼 6개월 초에는 상태가 한결 나
아진다.

　의학적 관찰과 식이요법을 소홀히 하면 과도한 체중 증가, 단백뇨,
고혈압과 같은 병발증이 보다 흔히 나타나는 것도 볼 수 있다. 그러나
조심만 하면 보통 임신처럼 잘 진행될 수 있으므로 쌍둥이라고 해서
두 배로 걱정할 필요는 없다. 의사의 충고에 두 배 더 유의하면 된다.

잘 쉬며 의사를 자주 찾아간다.

▶ 정기적으로 2주마다 혹은 최소한 3주마다 의사를 찾아갈 것. 의사
는 아마도 직장 일을 중단하라고 할 것이다.

▶ 의사는 6개월부터 2주마다 소변 검사를 할 것이다. 단백뇨의 위험
이 크기 때문이다.

▶ 조산을 피하기 위해 6개월부터는 가능한 한 잘 쉴 것. 어떤 경우에
는 조산사의 관찰이 특별히 필요할 수도 있다.

　쌍둥이를 임신하면 5개월부터 일찍 출산 준비를 시작하는 것이 좋
다. 정기적으로 의사와 상담하면서 궁금한 점을 물어 본다.

● 쌍둥이 분만은 전문 병원에서

　　　쌍둥이 임신은 흔히 조산으로 이어진다. 두 아기 때문에 자궁
이 늘어나 임신 말기에 더 쉽게 수축하기 때문이다. 초산부는 75~
80%, 다산부는 45~65%가 산기 이전에 출산한다는 통계가 나와 있
다. 대다수의 경우 출산은 정상적으로 진행된다.

　하지만 임신 8개월에 하는 종합 평가에서 골반의 수축 같은 어떤 이
상이 나타나서는 안 되며, 첫번째 아기가 머리를 아래로 두고 있다는
것을 확인해야 한다.

　엉덩이 태위의 경우에는 대부분의 의사들이 분만 시간이 오래 걸릴

지 모르는 위험과 두 아기가 '서로 엉킬' 가능성 때문에 제왕절개를 하려고 한다. 이것은 제왕절개가 30~40%로 일반 임신보다 쌍둥이 임신에 더 빈번하다는 것을 설명해 준다.

자연 분만의 경우에는 두 대의 다른 기계로 두 아기의 심장 기록을 한다. 첫번째 아기의 출생은 한 아기의 출생과 사실상 똑같다. 그 바로 후에 의사가 두 번째 아기의 위치를 확인한다. 만약 머리가 아래로 되어 있으면, 의사는 두 번째 양수 주머니가 있다면 그것을 터뜨린다. 그러면 이미 길이 나 있으므로 두 번째 아기가 곧바로 태어난다.

두 번째 아기가 엉덩이 태위를 하고 있어도 마찬가지이다. 반면에 비스듬히 있을 경우에는 의사가 산도를 통한 자궁 내의 조작으로 아기를 끄집어 내야만 한다. 두 아기의 출생 시간은 일반적으로 15~20분 차이가 있다.

태반 배출은 15~20분 뒤에 일어난다. 태반 배출 때 흔히 출혈이 생긴다. 임신중에 매우 느슨해진 자궁이 잘 오므라들지 않기 때문이다. 이때 인위적인 태반 배출 수술이나 자궁의 재검사를 하게 된다. 이 수술 때는 마취를 해야 한다.

쌍둥이 출산 때는 일률적인 경막외 마취가 꼭 필요한 것은 아니지만 마취 의사의 참여가 바람직하다.

그러므로 출산 장소의 선택은 한 아기의 출산 때보다 훨씬 중요하다. 아기와 어머니의 안전을 보장하기 위해서는 전문 시설이 갖추어진 병원에서 출산해야 한다.

● 쌍둥이는 자기 차례를 잘 안다

거의 모든 쌍둥이는 비록 몇 시간이라도 인큐베이터에 넣는다. 그러나 뭔가 심각한 문제가 있기 때문은 아니다. 대부분 달을 못 채우고 태어났거나 일반적으로 평균 체중에 못 미치기 때문에 단순히 조심하는 차원이다. 체온이 내려가는 것과 그에 따르는 장애, 혈당 부족증이나 호흡 곤란 같은 것을 막아야 한다. 심각한 미숙아는 특별한 치료를 받는다. 제11장을 참조하자.

분만 후에 어머니를 사로잡는 불안은 집으로 돌아갔을 때의 생활이
다. 당연하다. 그러나 도움을 줄 수 있는 사람들이 있다. 남편이나 다
른 사람들이 한 아기의 출생 때보다 훨씬 더 잘 도와 줄 것이다. 우선
은 그때까지라도 아기를 돌보면서 안정을 취할 수 있도록 병원에서 잘
쉬는 것이 중요하다.

어머니는 기막힌 발견을 하게 될 것이다. 아기들은 아주 빨리 '각자
자기 순서가 있다' 는 것을 이해할 테니까.

● 세 쌍둥이, 네 쌍둥이, 다섯 쌍둥이

1934년에 디온이라는 부인이 다섯 여자아기를 낳은 적이 있
었다. 역사에 기록된 최초의 다섯 여자 쌍둥이다. 그것은 국제적인 사
건이었고, 모든 신문의 1면에 기사화되었다. 자연 발생적인 다섯 쌍둥
이 임신의 확률은 4천만분의 1이다. 그러나 오늘날 다수 임신은 더 이
상 희귀한 예외가 되지 않는다. 그것은 제5장에서 말했던 치료들 때문
이다. 배란 촉진과 시험관 수태에서는 4~5% 정도 세 쌍둥이가 나온
다. 자연 발생적으로는 확률이 1만분의 1이다. 그러나 이제 인공적으
로도 네 쌍둥이나 다섯 쌍둥이 임신은 줄어들고 있다. 셋 이상의 태아
를 착상시키는 일이 드물어지고 있기 때문이다.

다수 임신은 태아의 수가 많을수록 그만큼 위험하다. 그래서 의사들
은 네 쌍둥이 이상인 경우에는 부모들에게 태아 수를 줄일 것을 제의
한다. 한 태아의 성장을 중단시키는 것이다. 초음파로 조종하는 천침
술을 통해 8주째에 행해진다.

이것은 불임 치료로 애써 임신을 하고서 다시 임신 중단 시술을 한
다는 모순과 윤리적 비난의 여지가 없진 않지만, 옹호자들에게는 '대
수롭지 않은 악행' 으로 여겨진다. 의사는 부모에게 모든 것을 알려야
하고, 자유로운 합의를 얻어내기 위해 그들에게 생각할 시간을 충분히
주어야 한다.

세 쌍둥이 임신의 주된 위험 역시 조산 가능성이다. 그래서 휴식, 칼
로리가 높고 단백질이 풍부한 식사, 철분과 비타민 섭취 등 특별한 주

의가 필요하다. 매달 초음파 검사를 하면서 정확한 의학적 관찰을 해야한다. 분만에 대해서는 많은 의사들이 36~37주에 일률적으로 제왕절개를 권한다. 반드시 경험이 있는 병원에서 출산해야 한다.

제 **7** 장
임신중 세 가지 의문

딸일까, 아들일까 ?

오늘날 여성의 이미지는 급변하고 있다. 그러나 전혀 변하지 않는 것이 있다. 전과 다름없이 부모들 대다수가 먼저 아들을 원한다는 사실이다. 이것은 동서를 막론하고 다를 바 없다. 뿐만 아니라 아들을 원했는데 딸이 태어났을 경우, 그 책임을 어머니에게 떠넘기려는 경향까지 있다. 이것은 매우 부당하다. 아기의 성(性)은 아버지에게 달려 있기 때문이다. 왜 그럴까? 이를 이해하기 위해서는 미세한 영역으로 들어가 좀더 자세한 설명을 들어볼 필요가 있다.

세포 · · · 생물체는 세포로 만들어진 여러 조직으로 이루어져 있다. 인간은 약 100억 개의 세포를 가지고 있다. 세포는 모든 생물의 기본 요소이다. 세포의 형태는 그 조직의 역할에 따라 서로 다르다. 혈액의 적혈구 세포는 원판 모양을 가진 데 비해 피부 세포는 정육면체 모양을 가지고 있고, 뼈 세포는 별 모양이다.

세포의 핵 · · · 각각의 세포에는 무엇보다도 중요한, 핵이라 불리는 보다 밀도가 높은 부분이 들어 있다.

염색체 · · · 핵은 염료를 빨아들이는 능력을 가지고 있다고 해서 염색질이라고 불리는 물질로 구성되어 있다. 세포가 증식하고 새롭게 만들어지기 위해 분열될 때, 핵의 염색질은 염색체라 불리는 미립자로 분할된다. 염색체의 모양과 수는 동물의 종류에 따라 다르다. 인간에게는 세포마다 46개의 염색체가 있다. 그것들은 23쌍으로 묶여 있다. 한 쌍 중에서 염색체 한 개는 아버지로부터 물려받고, 한 개는 어머니로부터 물려받는다.

X와 Y · · · 22개의 염색체 쌍은 남성, 여성 다 똑같다. 반면에 23번째 쌍은 남성과 여성이 다르다.

이것이 바로 성 염색체 쌍이다. 여성은 이 쌍이 X염색체라 불리는 2개의 비슷한 염색체로 구성되어 있다. 남성은 이 쌍의 두 염색체가 다

여자에게는 모든 성 염색체가 x이다.

남자에게는 성 염색체가 x이기도 하고 Y이기도 하다.

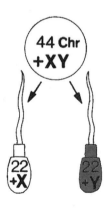

르다. 하나는 X라 불리고, 다른 하나는 Y라 불린다. 그러므로 여성은 세포가 22개의 염색체 쌍과 XX쌍으로 이루어져 있고 남성은 22개 쌍과 XY쌍으로 이루어져 있다.

세포 분열 · · · 신경 세포만 제외하고 생명체의 모든 세포는 새것으로 바뀐다. 세포 한 개의 생명 기간은 4일에서 4개월까지로 정해져 있다. 세포의 생산은 분열에 의해 이루어진다. 각 세포는 모세포와 똑같은 수의 염색체를 가진 두 개의 자세포로 분열된다.

성(性)세포 · · · 그러나 성세포는 이 분열 규칙에서 벗어난다. 여성에게서 난자가 만들어지고 남성에게서 정자가 만들어질 때, 세포의 분열은 약간 특이한 성격을 지닌다. 수태할 수 있는 어른의 난자나 정자는 염색체의 절반만을 가지고 있다. 46개 대신 23개만을 가지는 것이다. 이렇게 절반의 염색체만을 가진 정자와 난자가 결합해서 인간을 특징짓는 46개의 완전한 염색체를 가진 하나의 수정란을 만든다. 만약 그렇지 않으면 수정란이 정상적인 인간의 숫자가 아닌 92개의 염색체를 가질지도 모른다. 뒤에서 어떤 수정란들은 비정상적인 염색체 수를 가진다는 것을 볼 수 있다.

이것은 때로는 유산으로, 때로는 비정상적인 아기의 출생으로 연결된다.

왜 아들이고 왜 딸일까 · · · 우선 이것은 순전히 우연이라는 사실을 인정해야 한다. 난소에서 난자가 만들어질 때 여성은 두 개의 성 염색체가 X와 X로 똑같으므로 난자는 22개의 보통 염색체와 1개의 X염색체를 받을 것이다. 이것은 모든 난자가 똑같은 염색체 공식을 가진다는 것을 의미한다.

반면에 남성에게서 정자를 생성하는 모세포는 2개의 다른 성 염색체 X와 Y를 가지고 있다. 이것이 정자를 만들 때 50%의 정자는 22개의 보통 염색체와 1개의 Y염색체를 받을 것이고, 다른 50%는 22개의 보통 염색체와 1개의 X염색체를 받을 것이다.

따라서 모든 정자는 똑같은 염색체 공식을 가지지 않는다. 그러므로 하나의 난자와 하나의 정자가 결합할 때는 확률이 50%인 두 개의 가능성이 나타나게 된다.

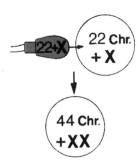

난자가 x 염색체를 가진 정자에 의해 수정되면 그것은 딸이다.

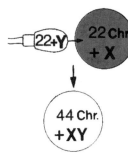

난자가 Y 염색체를 가진 정자에 의해 수정되면 그것은 아들이다.

딸 · · · 난자가 X염색체를 가진 정자에 의해 수태된다. 그 결과로 염색체 결합에 의해 44개의 염색체와 XX의 성 염색체를 가지는 수정란이 나온다. 이 공식은 여성의 염색체이다. 그러므로 수정란은 딸이 된다.

아들 · · · 난자가 Y염색체를 가진 정자에 의해 수태된다. 그래서 염색체의 구성은 44개와 XY의 성 염색체가 된다. 이 공식은 남성의 염색체이다. 이 수정란은 아들이다.

이제 딸과 아들을 결정짓는 것은 수태시키는 정자의 염색체라는 것이 분명해졌다. 따라서 아기의 성에 '책임이 있는' 사람은 아버지라는 것이 판명되었다. 물론 이 표현을 문자 그대로 받아들여서는 안 된다.

수태의 책임은 엄밀히 말해 정자에게 있고, 어떤 정자가 수태를 시키느냐 하는 문제는 하느님의 영역이거나 아니면 우연의 영역이다.

그러나 우연만은 아니다 · · · 그런데 우리의 상식을 넘어서는 일들이 있다. 사실 우연만이 개입한다면, 동전놀이에서처럼 통계적으로 아들의 출생만큼 딸의 출생이 있어야 할 것이다. 그런데 딸보다는 약간 더 많은 아들이 태어난다. 딸 100명에 아들 104~106명 꼴이다.

한편, 어떤 가계에서는 한쪽 성의 아기들이 놀랄 정도로 많이 태어난다. 그래서 딸 부잣집과 아들 부잣집이 생기는 것이다. 심한 경우 3대에 걸쳐 72번 임신에서 72명의 딸이 나온 예도 있다.

이런 현상에 대한 설명은 현재로서는 아직 가설 수준을 넘어서지 못하지만 세계적으로 수많은 연구들이 진행되고 있으므로 차츰 답을 찾게 될 것이다.

과학자들은 X정자와 Y정자 사이에 차이점이 있다는 것을 알아냈다. Y정자는 X정자보다 더 작은 머리를 가지고 있고 더 빨리 움직인다. 또한 정액의 어떤 문제가 X와 Y 어느 한편의 염색체에 손상을 입혀 반대편 염색체의 정자가 증가하게 하는 것 같기도 하다.

이런 것이 왜 어떤 사람은 아들보다 딸을 더 많이 낳게 하는지 설명해 줄 것이다. 그러나 언제까지고 모르는 일들이 수없이 남아 있으리라는 것 또한 사실이다.

● 딸과 아들을 마음대로 고를 수 있을까?

딸과 아들을 마음대로 갖는다는 것은 인류가 있어 온 만큼이나 오래 된 꿈이다. 그런 욕구가 터무니도 없고 효험도 없는 충고와 처방을 수없이 만들어냈다.

몇 년 전부터 여기에 대해 세계적으로 수많은 연구가 이루어지고 있다. 딸이나 아들을 갖고 싶어하는 부모의 욕구를 만족시키기 위해서라기보다는 성에 관련된 유전병이 내림되는 가족을 돕기 위해서다. 뒤에서 보겠지만, 어떤 병은 딸 혹은 아들에게만 걸린다. 지금 그 병에 대한 연구는 어디까지 와 있는가?

첫번째 연구는 아들이 되는 Y정자와 딸이 되는 X정자를 실험실에서 분리하는 가능성에 관한 것이다. 여러 기술들이 제시되었다. 그 기술들은 정액을 채취하고, 수태를 위해 인공 수정의 시술을 필요로 한다.

다른 연구들은 Y정자와 X정자 사이에서 발견된 것과 같은 차이점을 이용하려는 것이다. Y정자는 보다 작고 빠르기는 하지만 저항력이 약할 것이라는 추측을 하고 있다. 또한 어떤 정액 속에서는 Y정자에 비해 X정자가 우세하고 다른 정액에서는 그 반대의 경우가 있어 딸과 아들의 출생을 돕는 것이 아닌가 생각되기도 한다.

이 추측이 맞다면 다음과 같이 함으로써 아들을 가질 기회를 더 많이 기대할 수 있을 것이다.

▶ 체온 곡선 확립으로 통상적인 배란 시기를 알 수 있을 때 배란과 가장 가까운 시기에 강력한 단 한 번의 관계를 가짐으로써.

▶ 저항력이 약한 Y정자를 더 약하게 하는 질내 호르몬의 산도(酸度)를 약하게 함으로써.

반대로 딸의 출생은 다음에 의해 기대될 수 있을 것이다.

▶ 배란과 가능한 한 멀리 떨어진 시기에 여러 번의 관계를 자주 가짐으로써.

▶ Y정자를 약하게 하기 위해 질의 산도를 강화함으로써.

그러나 오늘날 불행히도 이런 노력의 결과는 별로 믿음직스럽지 못하고, 오히려 실망스럽기까지 하다.

● 출생 전에 아기의 성을 미리 알기

아주 오랜 옛날부터 사람들은 출생 전에 아기의 성을 알려고 애썼다. 그 대답을 찾기 위해 그리스인들은 히포클라테스와 함께 안색이나 자궁 크기의 정도를 관찰하곤 했다.

몇 세기를 거쳐 오면서 사람들은 다음 사항에 관심을 가졌다.

▶ 아기의 심장 리듬. 어떤 여성들은 아들이냐 딸이냐에 따라 심장이 더 빨리 뛰기도 하고 더 천천히 뛰기도 한다고 믿었다. 그렇지만 태아 심장 기록을 보면 그렇지 않다는 것을 알 수 있다.

▶ 임신의 진행과 입덧의 정도.

▶ 아기를 배고 있는 방식. 아기가 위에 '올라가' 있으면 아들이고, 밑으로 '내려가' 있으면 딸이라고 생각했다.

▶ 배란과 비교해 수태시킨 성 관계의 날짜. X정자와 Y정자는 생존 기간이 똑같지 않기 때문이다.

오늘날 출생 전에 아기의 성을 알게 해 주는 과학적인 방법이 세 가지 있다. 초음파 검사와 양수 채취, 영양아층의 생체 조직 검사이다.

초음파 검사 · · · 간단하고 위험이 없다는 장점이 있다. 이 검사는 어느 정도 아기의 성을 알아보는 능력이 있다. 어느 정도라고 하는 것은 완전하지는 않다는 뜻이다. 우선 화면에 나타난 것을 읽을 수 있는 의사의 능력이 있어야 한다. 다음으로 아기는 항상 남들이 잘 볼 수 있도록 자리잡고 있지 않다는 것을 알아야 한다. 그러나 초음파 검사는 5개월째부터, 때로는 더 일찍 아기의 성을 알 수 있게 해 준다. 초음파 검사는 임신을 관찰하는 가장 일반적인 방법이다. 이것은 의학적 증상에 따라 특별한 경우에만 행하는 다음 두 검사와는 다르다.

양수 채취 · · · 태아의 조직을 검사해서 염색체를 조사하는 방법이다. 특히 성 염색체를 조사함으로써 딸인지 아들인지 알 수 있다. XY쌍이라면 아기는 아들이고, XX쌍이라면 딸이다. 이 판정은 아기가 담겨 있는 양수를 검사함으로써 가능하다. 양수 속에서 아기가 배설한 세포를 찾아 배양한다. 여러 조작을 거친 후에 아기의 고유 염색체 카드, 즉 염색체 배열을 작성하여 아기의 성을 알 수 있다.

아마도 언젠가는 성을 예측하기가 더 쉬워질 것이다. 호주의 연구가들은 8~12주 사이에 채취한 어머니의 혈액 속에서 아주 소량의 태아 세포를 발견할 수 있었다. 태아 세포는 늘 어머니의 혈액 속을 지나간다

그들은 이 세포로 태아가 딸인지 아들인지 알 수 있었다. 현재의 기술은 아직 완전히 신뢰할 수는 없다. 게다가 그것은 실험실에서 매우 복잡한 조작을 거쳐야 하고, 성에 관련된 유전병을 진단하기 위해서만 사용된다. 그렇지만 앞으로 이러한 기술들이 태아의 성을 쉽고 빨리 알게 해 줄 것이다.

영양아층의 생체 조직 검사 · · ·매우 세밀한 검사가 필요할 때만 시행하는데 동시에 아기의 성도 알 수 있다.

부모들은 모두 출생 전에 아기의 성을 알고 싶어하는가 · · ·어떤 사람들은 주저없이 '그렇다'고 대답한다. 아기의 성을 알면 미리 이름도 짓고, 보다 확실한 계획을 세울 수 있으며, 배내옷도 맞는 것으로 살 수 있다. 그래서 부모들은 태어날 아기의 성을 미리 알고 싶어한다. 그러나 조사에 따르면 그들은 남들에게는 그 대답을 말하고 싶어하지 않는다고 한다. 가족만의 비밀로 간직하고 다른 사람들에게는 감추려고 한다는 것이다.

또한 생각보다 그 수가 많은데, 끝까지 비밀스런 기쁨을 참으려는 부모들도 있다. 어떤 어머니는 이렇게 말한다.

"나는 딸을 원했어요. 왜냐 하면 이미 아들이 둘 있었거든요. 그런데 낳고 보니 또 아들인 거예요. 실망스러웠지만 아기가 너무 귀엽고 사랑스러워서 실망감을 잊게 되었어요. 태어나기 전에 미리 성별을 알았더라면 아기는 태어나지도 못했을 것이고, 나를 위로하지도 못했을 거예요."

만일 태어날 아기의 성을 미리 알고 싶지 않다면 첫번째 초음파 검사 전에 그것을 의사에게 말하는 것이 좋다. 의사가 무의식중에 그것을 말해서 실망을 줄 수도 있기 때문이다.

의사에게 '노'라고 말한다는 것은 쉽지 않다. 의학의 힘은 모든 사람들을 주눅들게 한다. 그러나 '노'라고 말하는 것이 중요하다. 초음파 검사를 원치 않으면 의사에게 분명히 '노'라고 말할 수 있어야 하고, 경막외 마취를 원치 않을 때에도 '노'라고 말할 수 있어야 한다. 진통을 끝까지 기다리고 싶다면 분만 유도를 하려고 할 때 '노'라고 확실하게 말할 수 있어야 한다.

아기를 임신하면 사람들은 때때로 다른 사람들의 의견에 정복당할 만큼 무저항 상태가 된다. 감히 자신의 의견을 말할 엄두를 내지 못한다. 그러나 그러면 안 된다. 임신은 자신의 것이고, 아기 또한 자신의 아기이며, 지금은 자기 인생의 중요한 순간이다. 자신이 진정으로 원하는 것을 말하는 데 주저하지 말아야 한다.

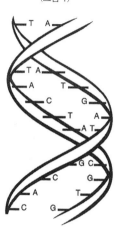

이중 나선
(그림 1)

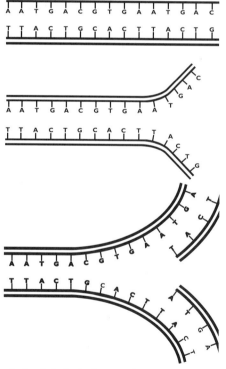

그림 2

● 아기는 누구를 닮을까?

사람들은 아기가 할아버지의 넓은 이마와 둥근 눈을 물려받을지, 아니면 아버지의 곧은 코와 큰 키를 물려받을지 정확히 알고 싶어한다. 또한 할머니의 까다로운 성격은 물려받지 말고 어머니의 음악적인 재능을 물려받기를 바란다. 이것은 다시 말해 신체적, 정신적 특징과 재능이 세대를 거쳐 어떻게 유전되어 가는지 알고 싶어하는 것이다.

그림 3

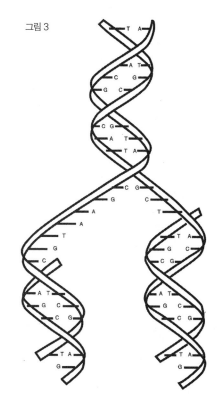

세포 분열시에 D. N. A. 사다리는 열쇠처럼 열린다(그림 2). 절반의 사닥다리는 두 개의 자세포에게 각각 프로그램을 전달해 줄 새로운 이중 나선구조를 다시 구성한다 (그림 3).

유전은 염색체, 특히 유전 인자에 의해 이루어진다. 그것을 연구하는 유전학은 지금 한창 발전해 가고 있고, 이 분야에서는 새로운 발견이 없는 날이 없다. 간략하게 그것을 살펴보자.

유전 인자···세포의 핵 속에 46개의 염색체가 들어 있다는 것은 이미 앞에서 보았다. 세포가 분열하는 동안에 염색체는 핵 속에서 실타래처럼 매우 촘촘하고 둥글게 휘감긴 긴 리본 모양을 이룬다. 이 리본은 풀면 길이가 1.5m나 된다. 우리 몸에 있는 모든 세포의 염색체 리본을 풀어 이으면 지구에서 달까지의 거리가 될 것이다.

이 가늘고 긴 염색체 줄을 생물학자들은 디옥시리보핵산(D.N.A.)이라고 부른다. 녹음기나 비디오의 테이프처럼, D.N.A.는 정보 명령, 즉 컴퓨터의 프로그램같은 것을 지니고 있다.

작은 크기에도 불구하고 이 프로그램은 각각 1천쪽짜리 백과사전 1천 권 분량의 정보를 지닐 정도로 방대하다. 이 프로그램은 인간 생명의 형성과 그 조화로운 작용에 필요한 모든 명령을 보유하고 있으므로, 생명의 열쇠라 할 수 있다. 각 세포의 핵은 이 프로그램을 지니고 있다.

D.N.A.의 가는 줄을 좀더 가까이 관찰해 보면 그것이 시토닌, 구아닌, 아데닌, 티민이라는 네 물질로 이루어진 4단 사닥다리를 닮았다는 것을 알 수 있다. 그 첫 글자를 따서 C. G. A. T.라고 부르는 이 물질들은 항상 똑같은 방식으로 두 개씩 연결되어 있다. C는 G하고만 연결되고, A는 T하고만 연결된다(그림 1).

이 사닥다리는 비꼬여 휘감겨 있다. 이것이 1953년 크릭과 와트슨에 의해 묘사된 이중 나선 구조로, 이 연구는 그들에게 노벨상을 안겨 주었다. 이 사닥다리는 350억 개의 계단을 가지고 있다.

세포가 분열하거나 염색체가 개별화될 때, 각각의 염색체는 모두 같은 크기가 아니므로 각기 수천만 혹은 수억의 계단을 갖는다.

이 D.N.A.의 가는 줄을 훨씬 더 자세히 관찰해 보면, D.N.A. 사닥다리 위의 C. G. A. T. 물질들의 연속이 수십억 단의 긴 고리 마디를 형성하고 있는 것을 알 수 있다.

이 고리 마디가 바로 프로그램이 실제로 나타나도록 해 주는 유전 인자이다. 각각의 유전 인자는 정해진 자리에 고정되어 있으며 태어나는 아기의 특성을 결정하는 정보 단위가 된다.

단백질은 집을 지을 때의 벽돌처럼 모든 생물의 기본 구성을 이루는 요소이다. 이 단백질의 생성을 좌우하는 것이 유전 인자의 상세한 명령이다. 그 명령에 따라 인체는 단백질을 만들어낸다.

눈이나 머리 색깔 같은 것은 한 가지 혹은 여러 가지 단백질의 활동에 달려 있다. 유전학자들은 이런 작용을 두고 유전 인자가 단백질을 '코드화한다' 고 말한다. 여기에서 유전 코드라는 용어가 나왔다. 인체에는 수백억 개의 단백질이 필요하다.

신체적 유전 · · · 어머니와 아버지의 염색체 결합, 즉 유전 인자 상호간의 조합이 아기에게 아버지와 어머니의 신체적, 심리적 특징을 결정지어 준다는 것을 우리는 알았다.

신체적 특징에 대해서 논리적으로는 아기가 아버지와 어머니를 반씩 닮아서, 예를 들어 턱은 아버지를 닮고 코는 어머니를 닮는다고 예상해 볼 수 있다. 그러나 그렇지 않다. 아기는 일반적으로 아버지와 어머니의 용모를 그대로 반씩 빼닮은 모자이크 합성체가 되지는 않는다. 이 사실들은 대단히 복합적인, 유전 법칙이라 불리는 것에 의해 설명된다. 그 법칙을 알아보자.

반(半) 유전 · · · 성세포가 형성될 때 23개의 염색체만이 정자와 난자로 넘어간다는 것을 앞에서 보았다. 그러므로 수태시에 수정란은 어머니, 아버지의 통합이 아니라, 아버지 유전의 반과 어머니 유전의 반만을 받는다.

그 조합은 전적으로 우연히 일어난다. 간단한 계산으로도 2의 23제곱, 즉 8,388,608 가지의 가능성을 나타낸다는 것을 알 수 있다.

또한 한 쌍의 똑같은 염색체는 분리되기 전에 유전 재료를 재결합시키면서 여러 가지를 서로 교환한다. 유전학자들은 이를 크로싱 오버라고 한다. 이런 현상을 고려한다면 이제는 8백만 개의 가능성이 존재하는 게 아니라 지금까지 있어 왔던 인간의 수보다 훨씬 많은 수의 가능성이 존재한다는 것을 알 수 있다.

이렇게 해서, 똑같은 어머니와 아버지에게서 태어났지만 형제자매는 서로 닮는 것 이상의 동질성을 가지지 못한다. 일란성 쌍둥이를 제외하고 각각의 새로운 수정란은 부모, 형제, 자매와 다른 새로운 한 개체를 탄생시킨다고 말할 수 있다.

각각의 새로운 태아는 인류 역사 속에서, 이전에 있었던 어떤 사람과도 다르고 앞으로 있을 어떤 사람과도 다른 하나의 유일한 개체가 되는 것이다.

우성과 열성 · · · 수태시에 아기는 각각의 신체적 특징에 있어서 아버지의 유전 인자와 어머니의 유전 인자를 받는다. 눈 색깔을 예로 들어, 갈색의 아버지 인자와 푸른색의 어머니 인자를 물려받았다고 가정해 보자. 아기의 눈은 반은 갈색이고 반은 파란색이거나 그 두 색의 중간색이 아니라 다만 갈색일 뿐이다.

이유는 갈색 눈의 인자가 파란 눈의 인자보다 힘이 세기 때문이다. 이때 힘이 센 갈색의 인자를 '우성', 힘이 약한 파란색의 인자를 '열성'이라고 부른다. 또한 나타나지 않은 인자는 '억압되어 있다'고 한다. 인자가 유전하는 것을 방해받았기 때문이다.

대체적으로 긴 속눈썹, 넓은 콧구멍, 큰 귀, 주근깨는 우성 인자로 알려져 있다. 또한 가느다란 눈, 밝은 색의 머리, 근시는 열성 인자로 생각된다.

그러나 우성 인자를 받은 아기도 자신의 유전 재료 속에 열성 인자의 형질을 지니고 있다는 사실을 잊지 말아야 한다. 열성 인자가 현재는 비록 우성 인자에 억압되어 나타나지 못했지만 아주 사라진 것은 아니다. 이 인자는 대를 물려 어느 때인가는 다시 나타날 수도 있다.

즉 다시 말해 갈색 눈의 아기는 어른이 된 후 자기 후손에게 파란 눈의 유전 형질을 물려줄 수 있다는 뜻이다. 자신의 유전 인자 중 하나에 그것을 간직하고 있기 때문이다. 그들의 아기는 아버지나 어머니가 갈색 눈인데도 불구하고 파란 눈을 가질 수도 있는 것이다.

모든 유전은 부모로부터 물려받는 것임에도 불구하고 아기가 그들을 전혀 닮지 않을 수도 있다. 대신에 아기는 그 전 세대들로부터 유전 형질을 물려받는다. 신체적인 특징은 유전적이고, 한 개체는 그 전의 세대들이 가졌던 특징들만을 가질 수 있다. 그러나 이런 일반적인 법칙에도 항상 예외는 있다.

환경 · · · 유전 요인의 첫번째 예외는 유전 인자가 외부 요소들의 영향을 받아 다르게 나타나는 것이다.

▶ 몸무게 : 뚱뚱해지는 체질은 유전이다. 그러나 몸무게가 과식이나 굶주림의 영양 조건에 따라 다르다는 것 또한 명백한 사실이다.

▶ 키 : 미국에 이민온 아시아인, 특히 키가 작은 중국인과 일본인의 후손들이 그들 조상보다 키가 크다는 것이 확인되었다. 이는 생활 방식, 그 중에서도 특히 영양의 작용이라는 것말고는 설명할 수 없다.

▶ 피부 색깔 : 피부 색깔 역시 유전에 의해 결정된다. 그러나 피부는 태양에 어느 정도 노출되었느냐에 따라 짙어지는 정도가 다르다.

그러나 이런 환경의 영향은 한계가 있다. 흑인은 태양에 전혀 노출되지 않아도 흰 피부를 가지지 못하고, 백인은 태양에 아무리 노출되어도 갈색이 되지는 않는다. 유전으로 인한 선천적인 것과 환경에서 오는 후천적인 것은 끊임없이 상호 작용을 한다.

돌연변이 · · · 유전 법칙의 두 번째 예외는 돌연변이다. 돌연변이라는 말은 사람들을 두렵게 만든다. 이 말은 공상 과학과 기괴한 인물들을 생각나게 한다.

그러나 유전학에서 돌연변이는 단순히 유전 인자의 배열 속에 들어 있는 철자의 오류로부터 발생하는 것일 뿐이다. 염색체를 이루는 D.N.A.의 고리 마디에 T라는 글자가 나와야 할 것이 C라는 다른 글자가 나온 것이다.

매우 복잡한 확인과 수정 과정을 거쳤는데도 불구하고 성세포에서 D.N.A.가 재생산될 때 오류가 하나 생긴 결과이다. 1천억 개 중에 한

개 이상은 나타나지 않는 오류다.

많은 돌연변이들은 별 문제 없이 받아들일 수 있는 것들이다. 대부분의 오류는 생김새나 머리 색깔을 변형시켜 인생을 다양하게 하고 새로운 매력을 만들 수도 있다.

또한 일반적으로 돌연변이는 금방 두드러지는 변화를 일으키지 않는다. 눈에 띌 정도로 크게 다른 점이 나타나려면 오랜 기간에 걸쳐 수많은 돌연변이들이 중복되어야 한다.

돌연변이는 발전적인 방향으로 진행되기도 한다. 식물이나 동물의 종류에서는 이런 돌연변이가 많은데, 인간에게서는 아직 별로 밝혀지지 않았다. 그렇지만 정상적인 경우보다 두 배 이상 더 산소를 수용하는 돌연변이를 일으킨 헤모글로빈이 어떤 사람들에게서 발견되었다. 또한 어떤 남성들에게서는 보통보다 4배 더 일을 잘하는 당(糖)의 제조 효소들이 발견되기도 했다.

천재들이 나타나는 것은 그들의 예외적인 능력을 가능하게 해주는 여러 돌연변이 때문이라고 말하는 학자들도 있다. 그러나 반대로 돌연변이는 때때로 불길한 결과를 가져오기도 한다.

많은 돌연변이들은 자연발생적으로 우연히 일어난다. 그러나 돌연변이는 그것을 일으키게 하는 원인이 있기 때문이다. X선, 방사능, 수많은 화학 제품 등이 돌연변이의 원인으로 여겨진다.

인류에게서 돌연변이의 수를 알아낸다는 것은 불가능하다. 과학자들은 인류가 최초의 세포에서 오늘날의 인간으로 진화가 이루어지기까지는 수백억 년에 걸쳐 수백억 종의 돌연변이가 있었기 때문이라고 생각한다.

● 성격과 지능도 유전된다

신체적인 것만 유전되는 것은 아니다. 지적, 심리적 형질도 신체적인 것과 똑같은 방식으로 유전된다. 그러나 실제로 그 결과는 잘 드러나지 않는다. 한 개인의 지적, 심리적 구조는 가정 생활 방식과 교육, 사회 관습 등 여러 곳으로부터 영향을 받는다. 아기가 부모로부터

지적, 심리적 형질을 물려받았더라도 그의 인간성은 외부의 영향을 받아 변할 수 있다. 그래서 이런 말이 생기는 것이다.

'그 아버지에 그 아들.'

이 말은 아버지의 형질이 그대로 나타난다는 뜻이다.

'인색한 아버지에 헤픈 아들.'

반대로 이 말은 아버지의 형질이 외부의 영향을 받아 다르게 나타난다는 뜻이다.

이것으로 유전 인자에 의한 선천적인 요인과 외부 영향에 의한 후천적인 요인이 잘 설명되었을 것이다.

만약 아들이 어머니를 닮거나 아버지를 닮았더라도 할머니의 눈 색깔이나 증조할아버지의 머릿결을 가질 수도 있다는 것을 우리는 알았다. 그러나 유전 사슬에서 가장 중요한 고리가 되는 것은 어떤 경우이든 어머니이다. 성격과 취미에 있어서 아기는 어머니의 기질, 예를 들어 음악성 같은 것을 물려받을 것이다. 그는 특히 음악을 좋아할 수 있다. 어머니가 그에게 그 취미를 주었기 때문이다. 그러나 반대로 그는 반발심 때문에 그것을 싫어할 수도 있다.

 # 우리 아기는 정상일까?

우리 아기는 정상일까? 이것은 부모들이 가지는 가장 큰 의문이다. 여기에 대해 우리는 자신있게 대답할 수 있다. 정상이 아닌 아기는 전체의 3%를 넘지 않는다. 그리고 대부분이 쉽게 치료될 수 있다.

모든 것은 자연이 스스로 선택한다고 해야 할 것이다. 임신 6개월에 일어나는 조기 유산의 70%는 염색체 이상과 관련이 있는 것들이다. 이는 대부분의 이상 수정란은 일찍 제거된다는 것을 의미한다. 자세한 것은 뒤에서 다시 이야기하겠다.

이 장에서는 결함이나 기형을 일으킬 수 있는 원인들과 미래의 부모들이 그런 불행을 물리치기 위해 무엇을 해야 하는지 알아보자. 이 분야에는 아직도 많은 점들이 모호한 채로 남아 있기 때문에 가장 근접한 답을 찾기 위해 최선을 다했다.

먼저 자주 제기되는 의문들부터 살펴보자.

유전적인 것과 선천적인 것의 차이는 무엇인가 · · ·이 두 용어는 자주 혼동을 일으키지만 엄밀히 말해 같은 말은 아니다.

일반적으로 그 원인이 자궁 속에서 시작되어 출생 때 드러나는 병과 기형을 선천적이라고 한다. 예를 들어 어머니가 풍진을 앓았던 아기는 출생 때 여러 기형을 나타낼 수 있다. 그 기형은 선천적인 것이지 유전적인 것은 아니다. 어머니가 원래 풍진을 갖고 있었던 것도 아니고, 아기가 그것을 후손에게 물려주지도 않는다.

유전 인자에 의해 전해지는 병을 유전적인 병이라고 한다. 부모가 이미 그 병을 가지고 있고 그것을 아기들에게 물려준 것이다. 예를 들어 혈우병이 그렇다. 유전적인 병은 출생시에는 보이지 않다가 훨씬 뒤에 나타날 수도 있다.

똑같은 가계에서 되풀이해 나타나는 병이 유전 가능성이 아주 큰 것은 사실이지만 반드시 그렇지는 않다. 그 병은 환경이라는 조건과 관련이 있을 수 있다. 예를 들어 요도 부족으로 인한 갑상선종이 그렇다.

아버지의 매독과 알코올 중독이 아기에게 영향을 미치는가 · · · 아니다. 아버지가 매독 환자이든 알코올 중독자이든 그것이 아기의 염색체를 변질시키지는 않는다. 반면에 중대한 결과를 가져올 수 있는 것은 어머니의 매독과 알코올 중독이다. 그것은 아기의 기형이나 장애의 원인이 될 수 있다. 아기는 염색체 때문이 아니라 매독이나 알코올 중독으로 고통받을 수 있는 것이다. 아기가 병에 걸리는 것은 어머니의 뱃속에 있을 때다.

알코올에 대해서는 이 점을 확실히 알아야 한다. 수태 전에는 술이 작용을 하지 않는다. 위험은 일단 수정란이 형성되어 착상되었을 때부터 시작된다. 술은 그것을 차단시키지 못하는 태반을 뚫고 들어가 아기를 해치기 때문이다. 어머니가 알코올 중독일 때 그 폐해는 엄청날 수 있다.

유전병은 항상 심각하고 치료가 안 되는가 · · · 그렇게 단정할 수는 없다. 많은 유전병들은 기형을 일으키지 않고 정상적인 생활을 하게 한다. 그 중의 어떤 병들은 치유될 수도 있다. 그러나 당사자는 여전히 유전병을 일으키는 유전 인자를 보유하게 되고, 그것을 후손에게 전할 수 있다는 것은 분명한 사실이다.

● 왜 아기에게 이상이 생기나?

왜 어떤 아기들은 신체적, 정신적 장애를 가지고 남들과 다르게 태어나는 것일까? 아직도 의사들은 장애를 보이는 신생아 앞에서 대부분의 경우 원인을 찾지 못한다. 해답이 있다면 세 가지 중의 하나의 가능성이다. 임신중 외부의 공격, 염색체 이상, 유전 이상이다.

첫번째 경우에는 수정란이 외부 환경으로부터 손상을 받은 것이다. 나머지 경우에는 수정란이 유전으로 손상을 받은 것이다.

환경의 희생자 · · · 수정란은 자궁에서 성장하는 동안 전염병이나 화학적, 물리적인 감염으로 공격받을 수 있다. 많은 요인들이 수정란의 정상적인 성장을 방해해서 기형을 만들어 낼 수 있다.

지금까지는 거의 모든 전염병이나 기생충이 문제가 된다도 여겨졌다. 그러나 그 중 많은 요인들은 그것이 해로운 작용을 한다는 증거를 찾아내지 못했다.

수정란이 감염된 시기에 따라 피해의 결과는 다르다. 태아가 형성되는 시기인 처음 3개월의 감염은 그 부위에 따라 차이는 있지만 심각한 기형의 위험이 있다. 그 후에 발생한 감염은 출생시에 병을 드러낼 수는 있지만 기형이 될 위험은 거의 없다.

태아에게 화학 물질이 침투할 수도 있다. 보통 임신중 어머니가 받는 약물 치료 때문이다. 또한 환경 재해가 문제일 수도 있다. 일본의 미나마타에서 일어났던 것과 같은 수은 중독이나 이탈리아의 세베소에서 있었던 다이옥신 중독 같은 것들이 그것이다. 또한 X선이나 방사선의 작용일 수도 있다. 제9장과 제10장에서 이런 사고를 피하기 위해 어떻게 해야 하는지 알 수 있다. 흥분, 슬픔, 불안 혹은 우울증이 비정상이나 기형의 원인이 될 수 있는가? 대답은 '노'이다.

유전의 희생자 · · · 수정란이 외부의 공격이 아니라 염색체나 유전인자에 관계된 비정상으로 해를 입는 것이다.

염색체와 관계된 이상 · · · 염색체 이상이나 비정상은 염색체의 수나 구조와 관계가 있다.

염색체 수의 이상 · · · 정자나 난자 생성시에 착오가 있었기 때문이다. 모세포에서 나온 정자가 정상적으로 23개의 염색체를 받지 않고 하나를 더 받거나 덜 받는 실수를 한 것이다. 이 '비정상적인' 정자가 수태를 하게 되면, 수정란은 염색체를 더 받은 경우는 그것을 하나 더 가지는 다염색체가 되고, 덜 받은 경우는 염색체를 하나 덜 가지는 단염색체가 된다. 난자도 마찬가지다. 그런데 '다염색체 21'의 경우 비정상적인 것은 95%가 난자라고 알려져 있다.

1959년에 밝혀진 '다염색체 21'은 최초의 염색체 이상이었다. 염색체의 21번째 쌍이 두 개가 아니라 세 개인 다염색체인 것이다. 이런 염색체 이상이 흔히 '몽골증'이라고도 불리는 '다운증후군'이라는 정신지체의 원인임이 밝혀졌다. 그래서 다염색체라는 단어가 다운증후군이라는 뜻으로 쓰이기도 한다.

아주 드물게는 염색체가 분리되지 않는 수도 있다. 정자 혹은 난자가 46개의 염색체를 그대로 가지고 있는 것이다. 그러므로 수태시에 그것은 23개의 염색체와 더해져 69개의 염색체를 가진 수정란이 된다. 이런 염색체는 생명에 지장을 주는 매우 심각한 기형의 원인이 된다.

구조의 이상 · · · 염색체는 비교적 약한 편이어서 난자나 정자가 만들어질 때에 여러 조각으로 깨질 수가 있다. 이 경우, 깨어진 조각들

이 그 자리에 다시 붙거나, 다른 염색체에 붙거나, 혹은 사라질 수도
있다.

염색체 이상의 결과 · · · 그것은 상당히 다양한 결과를 낳는다.

1) 염색체 조각이 부서진 후 원래의 염색체가 아닌 다른 염색체에
붙어서 사라지지 않았을 경우 : 유전 재료의 손실은 없다. 염색체 배열
이 균형을 이루고 있다. 일반적으로 이상 보유에 대한 어떤 반응도 없
다. 당사자는 완전히 건강한 상태이다.

그러나 자신도 모른 채 비정상을 보유하고 있어서 비정상적인 아기
를 낳을 수 있다. 다운증후군의 2~3%는 우연 때문이 아니라 아버지
나 어머니의 염색체 배열의 이상 때문이라는 것이 밝혀졌다. 이런 이
상은 염색체 배열 카드를 작성했을 때에만 발견된다.

2) 염색체 배열의 불균형, 즉 염색체 조각의 손실로 인해 염색체의
부족이나 과잉이 될 경우 : 다양한 결과를 낳는다. 우선 태아의 성장을
방해해 초기 몇 주 안에 유산에 이르게 한다. 또한 태아가 상당한 기형
을 나타내거나 심지어 사라지는 수도 있다.

염색체 이상이 대부분의 초기 자연 유산의 원인이라는 것은 이미 잘
알려진 사실이다. 염색체 이상은 처음 5주 이내 유산의 90%, 처음 3
개월 이내 유산의 60~70%에 이르는 원인이 된다.

유산이 되지 않으면 그 결과는 염색체 이상이 일반적인 44개 염색체
에 관계되는지, 또는 성 염색체에 관계되는지에 따라 달라진다. 성 염
색체가 아닌 일반 염색체에 관계되었다면 결과는 심각하다. 그것은 실
제로 다양한 기형과 수명 단축, 그리고 심한 저능을 동반한다. '다염색
체 21' 이외에 13번째나 18번째의 다른 다염색체 이상도 있다.

성 염색체 이상은 일반적으로 덜 심각하다. 수명이 정상이고 기형도
보다 미미하거나 없다. 항상 저능이 있는 것도 아니다. 반면에 불임은
흔하다. 가장 일반적인 이상은 염색체 수에 관계된다. 단 하나의 X염
색체, 세 개나 네 개의 X염색체, 하나의 X염색체에 연결된 두 개의 Y
염색체 등이 나타난다.

이런 염색체 이상의 원인은 현재로서는 알려진 것이 거의 없다. 다
만 어머니의 나이가 주요한 역할을 하는 것 같다고 추측할 뿐이다. '다

염색체 배열 카드. 이것
은 염색체의 증명 사진이
라고 할 수 있다. 염색체
배열 카드를 작성하기 위
해서는 세포들을 채집해
복잡한 기술을 거친 후 현
미경으로 염색체를 보고,
사진을 찍고, 분류해야 한
다. 과학자들은 염색체에
번호를 매기고 순서에 따
라 분류하는 데 합의했다.
이 증명 사진 위에 후손들
에게 유전될지도 모르는
어떤 비정상이 나타날 수
도 있다.

염색체 21'에 대해서는 분명히 그렇다. 또한 방사능이나 바이러스가 염색체 이상의 원인이 아닐까 의심하기도 한다.

유전 인자의 이상···유전 인자의 이상은 염색체의 이상보다 훨씬 흔하다. 유전 인자의 이상은 염색체의 한 조각도 안 되는 부분에 관계되므로 염색체 이상보다는 훨씬 지엽적이라고 할 수 있다.

그렇다고 결과가 그만큼 덜 심각하다는 뜻은 절대 아니다. 염색체의 이상은 현미경으로 알아낼 수 있는 반면에 유전 인자의 이상은 아무리 성능이 좋은 현미경으로도 알아낼 수 없다. 현미경으로는 유전 인자를 볼 수 없기 때문이다.

앞에서 돌연변이는 좋은 것일 수도 있다고 했다. 그러나 그것이 기형이나 기능 이상을 일으키는 불행한 결과를 가져올 수도 있다. 정상적인 유전 인자가 '돌연변이'가 되는 것은 자연발생적이지만 대개 광선이나 화학 제품, 감염 등의 영향을 받는 것같다.

돌연변이는 유전 인자가 작업을 수행하는 세포에게 정상적인 명령 대신 다른 정보를 보낸다는 것을 의미한다. 비정상적인 명령을 받은 세포는 비정상적인 다른 단백질을 만들어 내게 되는 것이다.

단백질은 세포의 구조뿐 아니라 생명 활동에 필요한 수많은 물질을 생성해내는 기본 요소이다. 유전 인자가 명령을 내리지 않거나 비정상적인 명령을 내릴 때 단백질을 만들어내는 세포가 혼란에 빠지게 되면 돌연변이가 발생된다. 그에 대해서는 수많은 예가 있다.

뼈 세포는 너무 많은 뼈를 만들거나 뼈가 부족해도 새로 만들어내지 않는다. 근육 세포는 근육을 너무 적게 만들고, 헤모글로빈을 만드는 세포는 정상적으로 산소를 운반하기 어려운 저질의 헤모글로빈을 만든다. 여러가지 효소[1]를 만들어 내는 세포는 그것을 만들기를 멈춘다. 따라서 당, 단백질, 지방의 신진 대사에 문제가 생긴다.

현재 신진대사 유전병이라 불리는 4,000개 이상의 유전병이 알려져 있다. 그 병들은 빨강과 초록을 구별 못 하는 색맹같은 경미한 것일 수도 있고, 반면에 근육쇠약증, 선천적 대사 이상, 점액 과다증 같은 심각한 것일 수도 있다.

유전적 비정상도 유전하는가···그렇다. 이 유전은 정상적인 유

---

1) 효소는 어떤 화학적인 반응을 쉽게 일어나게 하는 물질이다.

유전 인자의 순서 유전병을 더 잘 알아서 조기 발견하고, 치료하기 위해 과학자들은 유전 인자가 염색체 속에 놓여 있는 순서를 연구해왔다. 현재 대략 십만 개의 유전 인자 가운데 천 개의 인자를 알아냈다. 그러나 10년이나 20년 안에 인간의 유전 인자 전체를 모두 확인할 수 있을 것이라고는 생각하지 않는다.

전 형질의 유전처럼 유전 법칙에 따라 행해진다. 비정상 유전 인자가 우성이냐 열성이냐에 따라, 그리고 그것이 성 염색체에 위치하느냐 일반 염색체에 위치하느냐에 따라 후손들에게 위험은 커지기도 하고 작아지기도 한다.

비정상 유전 인자가 열성일 경우 당사자는 이상이 생기지는 않고 그 인자의 보유자가 되기만 한다. 그러나 후손에게 그것을 유전시킬 수 있다. 그 전형적인 예가 피의 응고를 방해하는 혈우병이다. 이 병은 여성에 의해 유전되지만, 남성에게만 장애를 일으키는 특이한 점이 있다. 즉, 여성은 그 병에 걸리지는 않지만 아들에게 그것을 유전시킬 수 있다는 것이다.

● 이상을 일으키는 원인은 무엇인가?

흔히 기형아의 출생은 예측할 수 없는 사건이라고 한다. 그러나 어떤 부부는 다른 부부들보다 위험에 더 많이 노출되어 있는 것으로 생각된다. 확신할 수는 없고 경험적, 통계적으로 추정될 뿐이다.

유전병 · · ·부모 어느쪽이든 가계에 유전병이 있다면 비정상아를 가질 위험은 커진다. 물론 이것은 정상아를 가지는 게 전혀 불가능하다는 뜻은 아니다.

근친혼 · · ·부부가 같은 조상을 가지고 있는 결혼이다. 실제로 문제는 사촌과 육촌 사이에서 일어난다. 그러나 물론 지극히 건강한 아기를 가진 행복한 사촌, 육촌간 부부들도 많다.

그러나 가계에 비정상 유전 인자가 있고, 그것이 열성이라고 가정해 보자. 예를 들어 청각 장애라는 비정상 유전 인자의 보유자가 있어도 모두들 정상일 수 있다. 개개인의 비정상 인자가 정상 인자에 가려져 있기 때문이다.

그런데 그 가계의 사촌끼리 결혼을 한다. 모르고 있지만 두 사람 다 비정상 인자의 보유자이다. 이런 경우 열성인 청각 장애 인자를 아기에게 유전시킬 위험은 커진다. 아기들 중 하나가 양쪽에서 열성 유전 인자를 받는다면 청각 장애자가 될 것이다.

요컨대 근친 관계가 이상을 일으키는 것은 아니다. 그러나 열성이기 때문에 그동안 숨어 있던 비정상 인자가 아기에게 나타나게 할 위험을 커지게 한다.

부모의 나이 · · · 이것은 나이가 난자와 정자의 성세포를 변질시킴으로써 발생할 수 있다. 어머니의 나이에 따라 어떤 염색체의 이상이 많아지는 것으로 나타났다.

'다염색체 21'의 원인이 되는 염색체 이상의 경우, 38세까지는 1,200분의 1이던 것이 38~44세에서는 100분의 1이 되었다가 그 다음에서는 45분의 1로 많아졌다. 또한 여러 기형의 원인이 되는 다른 염색체 이상, '다염색체 18', '다염색체 13'도 비슷했다.

아버지의 나이도 생식 세포에 영향을 미칠 수 있다고 생각하기 시작했다. 최근의 연구 결과는 아버지의 나이가 기형 또는 골격이나 근육에 걸리는 병과 어떤 관계가 있지 않나 의심하게 한다.

또한 아버지의 나이가 아기의 지능 저하의 원인이 될 수 있다는 의문을 갖게 한다. 연구들이 계속되고 있으므로 앞으로 더 확실한 답이 나올 것이다.

● 유전자 진찰을 해야 하는 부부들

유전자 진찰은 누구에게 필요한 것일까?

▶ 이미 기형아를 두고 있고, 다음 임신에서 그것이 재발될지 알고자 하는 부모들. 이런 경우가 유전자 진찰을 요구하는 부부의 50% 이상을 차지한다. 물론 풍진으로 인한 기형과 같은 사고 유형의 기형은 해당되지 않는다.

▶ 염색체 이상에 의해 이미 여러 번 유산을 한 임신부들. 사실 대부분의 유산은 사고로 인한 것이지만, 통계에 따르면 2~10% 정도는 부모의 염색체 이상 때문일 수도 있다. 이런 유산은 재발될 수 있다.

▶ 임신중에 일어난 약 복용, 방사선 검사, 전염병 등 여러 사건들에 대해 걱정되는 임신부.

▶ 결혼하고자 하는데 혹시 자신의 어떤 장애를 후세에 유전시킬 위험

이 있지나 않은지 걱정하는 병이나 기형 보유자들.

▶ 근친 결혼을 하려는 사람들.

오늘날 많은 사람들이 출산 전에 유전자 진찰을 해보고 있다. 진찰 방법도 하루가 다르게 발전하고 있다. 일반적으로 유전학자들은 유전 가능성이 있는 비정상을 알아내기 위해 염색체 배열 카드를 작성한다. 그들은 다음 사항을 고려할 것이다.

▶ 두려워하는 병이 유전되는지 아닌지

▶ 그 유전 형질이 우성인지 열성인지.

▶ 보통 염색체에 의한 것인지 성 염색체에 의한 것인지.

유전자 진찰로 무엇을 알아낼 수 있을까 · · · 불행히도 유전자 진찰은 한계가 있다. 태어날 아기에 대해 가능성만을 추측할 뿐 확신을 가질 수는 없다. 그 유전 방식이 잘 알려진 병일 때라도 비정상의 확률은 둘 중의 하나라거나 넷 중의 하나라고 말할 수 있을 뿐이다.

언제나 출생 가능성은 정상아, 비정상을 보유한 정상아, 비정상아로 나뉜다. 아기의 성에 따라 정상과 비정상이 판가름날 수도 있다.

만약 부모가 이미 다염색체 아이를 가지고 있더라도, 다시 다염색체 아기를 가질 확률은 아주 적다. '다염색체 21'은 대부분 실수에 의한 것이기 때문이다.

하지만 드물게는 부모의 염색체 이상과 관련이 있는 경우도 있다. 그때 그 이상은 유전병이 되고 재발될 수 있다.

가계에 분명한 비정상이 있을 때 사촌간의 결혼은 아기가 비정상을 보일 위험률이 16분의 1이나 된다. 그러나 비정상이 확실히 보이지 않을 때에는 그 위험을 측정하기가 어렵다. 그런데도 유전학자들은 근친혼을 말린다.

유전 방식이 잘 알려져 있지 않거나 유전적 성격이 명백하지 않을 때에는 훨씬 더 막연한 정보밖에 주지 못한다. 그러므로 유전학자로부터 결혼을 해야 할지, 아기를 가져야 할지에 대해 속시원한 대답을 듣기는 기대하지 말아야 한다. 그는 그렇게 할 수도 없고, 그의 역할도 아니다.

임신부는 아기가 정상인지 알 수 있을까 · · · 그렇기도 하고 안

그렇기도 하다. 대부분의 비정상은 상당히 오랫동안 임신중 조기 발견
이 불가능했다. 뇌수종같이 매우 심각한 두개골 기형만이 그것이 의심
스러울 때 X선 촬영으로 진단해 볼 수 있었다. 지금은 의학이 발전해
의사들은 출산 전 진단 방법들을 많이 알고 있다.

● 여러 가지 출산 전 진단법

초음파 검사 · · ·이것은 가장 흔한 검사이다. 모든 임신부들이 혜
택을 받고 있기 때문에 뒤에서 다시 자세히 이야기하겠다.

임신 호르몬 수치 검사(베타 H.C.G.) · · ·모든 임신부의 양수
검사를 할 수는 없으므로 과학자들은 염색체의 비정상을 일찍 발견할
수 있는 보다 간단한 방법을 찾으려고 했다. 그런데 비정상 중 어떤 것
들은 임신 호르몬 수치를 높이는 것으로 생각되었다. 그래서 많은 병
원에서 베타 H.C.G. 호르몬의 수치를 검사한다. 이것은 간단한 채혈
로 충분하다.

이 수치 검사는 임신 15주에 행해진다. 수치가 너무 높을 때는 임신
부의 나이가 어떻든 양수 검사를 하도록 권한다. 태아에 의해 만들어
지는 호르몬의 수치를 측정해 봄으로써 발견을 앞당길 수 있다. 그러
나 이것은 조기 발견의 한 방법일 뿐 확실한 것은 양수 검사로만 알 수
있다. 그렇기 때문에 비정상을 염려하는 임신부들은 양수 검사를 해보
아야 한다.

양수 검사 · · ·양수 검사는 보통 임신 16주와 18주 사이에 이루어
진다. 그 전에는 검사를 하기에 충분한 양수나 양수 안의 태아 세포가
없다.

양수 검사란 어머니의 배꼽과 치골 사이 복부에 주사기를 꽂아 아기
가 들어 있는 양수를 채취하여 검사하는 것이다. 바늘을 잘 조작하기
위해 초음파의 조종 아래 이루어진다. 이것은 아프지 않고 1~2분 정
도밖에 걸리지 않는다.

양수 검사는 입원할 필요가 없고 채취 후 한두 시간 있다가 집에 가
서 하루 정도 안정을 취하면 된다.

채집된 양수는 전문 실험실에서 양수 속에 배설되어 있는 태아의 세포를 채취하여 염색체 배열 카드를 작성하기 위해 배양된다. 경우에 따라서는 다른 생화학 검사들도 행해진다. 결과는 대략 2주 후에 알 수 있다.

양수 검사로 '다염색체 21'과 같은 염색체 이상을 진단할 수 있다. 양수 검사는 또한 성과 관련된 유전병을 조기 발견할 수 있다. 염색체 배열 카드의 작성은 아기의 성을 알게 해 주고, 아기가 성 염색체에 의해 유전되는 병, 예를 들어 남자 아기들만 걸릴 수 있는 혈우병이나 근육쇠약증의 염려가 있는지 알 수 있게 해 준다.

양수 검사는 또한 태아에 의해 만들어지는 알파 페토 프로테인 호르몬의 수치를 측정하게 해 주는데, 그 수치의 비정상은 특히 신경의 기형을 의심해 보게 한다. 또한 양수 검사는 효소 부족을 일으키는 유전병을 조기 발견하게 한다. 이를 위해서는 매우 정교한 함량 분석을 해야 한다.

임신 초기의 양수 검사는 점점 더 자주 시행되고 있고, 이제는 웬만한 병원에서는 다 할 수 있다. 기술이 널리 전파되고 있는 것이다. 기술이 개선되면서 그 위험성도 점점 줄어들고 있다. 그러나 양수 검사는 아직도 비용이 많이 든다.

특히 실험실 작업이 복잡하고 시간이 오래 걸리기 때문에 모든 임신부들에게 조기 양수 검사를 하는 것은 무리이고 바람직하지도 않다. 양수 검사는 다음과 같은 사람들에게만 해당된다.

▶ 염색체 이상, 특히 '다염색체 21'의 위험이 있을 것으로 생각되는 38세 이상 임신부.

▶ 이미 기형아를 가진 여성이나 염색체 이상으로 연이어 여러 차례 유산을 한 경우.

▶ 부부 가운데 한 사람이 염색체 배열에 비정상을 보이는 경우.

▶ 20주에 일률적으로 이루어지는 초음파 검사 때 염색체의 비정상에 관련된 기형을 발견하였을 경우.

영양아층의 생체 조직 검사(난포막 검사) · · · 또 다른 출산 전 진단으로 임신 첫 3개월 안에 자궁 경부에서 영양아층이나 난포막을 채취하여 조직 검사를 한다. 이 방법은 양수 검사보다 훨씬 이른 임신 9주째부터 가능하고 며칠 만에 결과가 나온다는 장점이 있다. 그러므로 필요하다면 훨씬 일찍 임신을 중단시킬 수 있다.

이 방법은 태아의 성 감별과 성에 관련된 병, 혹은 신진대사에 관한 병의 조기 발견을 가능하게 해 준다. 또한 영양아층의 생체 조직 검사는 양수 검사와 같은 효과, 예를 들면 어머니의 나이와 연관된 염색체의 비정상을 알아볼 수 있다.

반면에 이것은 양수 검사보다 더 많은 약 5% 정도의 임신 중단을 일으키는 단점이 있다. 그러므로 아주 특별한 경우에만 한다.

이런 여러 방법들 중에 어떤 것도 한 가지만으로는 모든 기형과 선천적 비정상을 일찍 발견해낼 수 없다. 따라서 다른 방법들에 차츰 관심이 쏠리고 있다.

태아 혈액의 채취 · · ·임신 18~20주부터 임신 말기까지 할 수 있는데 초음파에 의해 조종되는 바늘로 탯줄의 혈액을 채혈해 검사한다. 이로써 다음 사항을 알 수 있다.

▶ 헤모글로빈 병과 혈우병 같은 몇몇 혈액에 관련된 병의 진단.

▶ 초음파 검사에서 발견된 비정상을 확인하기 위한 염색체 배열 연구.

▶ 임신중에 어머니가 톡소플라즈마 감염, 풍진 등 전염병에 걸렸을 때, 태아의 감염 유무를 알 수 있다.

▶ Rh형이 맞지 않을 경우의 적혈구 수혈같은 자궁 안 태아의 치료를 가능하게 해 준다.

그러나 이 방법은 현재 분자생물학 분야에 점차 자리를 양보하고 있다.

● 윤리적인 문제가 생길 수 있다

출산 전 진단은 윤리적인 문제를 낳게 한다. 심각한 병이나 상당한 기형을 발견했을 경우에 과연 임신을 중단시켜야 하는가의 문제로 과학과 윤리는 자주 엇갈려왔다. 임신 중절은 부부의 종교적 신념과 충돌할 수도 있다.

중절 문제는 이미 임신이 진행되고 있을 때 일어나므로 때에 따라서는 실현이 어렵다. 이런 난관을 극복하기 위해서는 심리적인 도움이 필요할 것이다.

그러나 진단이 항상 부부를 심각한 문제에 빠지게 하지는 않는다. 반대로 임신 중절을 피하게 해 주는 경우도 많다. 예를 들어 처음 3개월 중에 톡소플라즈마 감염 진단이 양성으로 나온 20명 가운데 한 태아만이 그것에 걸렸고, 19명은 건강했다. 이때 그 20명의 임신을 중절시켰더라면 건강한 태아 19명을 죽이고 말았을 것이다. 그러므로 이런 경우 출산 전 진단은 바람직한 일이다.

또 다른 경우, 이러한 진단으로 조기 출산이나 제왕절개 혹은 태어나자마자 하는 수술을 계획할 수도 있다.

* 의문이나 희망사항을 기록해 두었다가 의사나 경험자에게 이야기합시다

제 8 장
임신 중에 생기는
문제 해결법

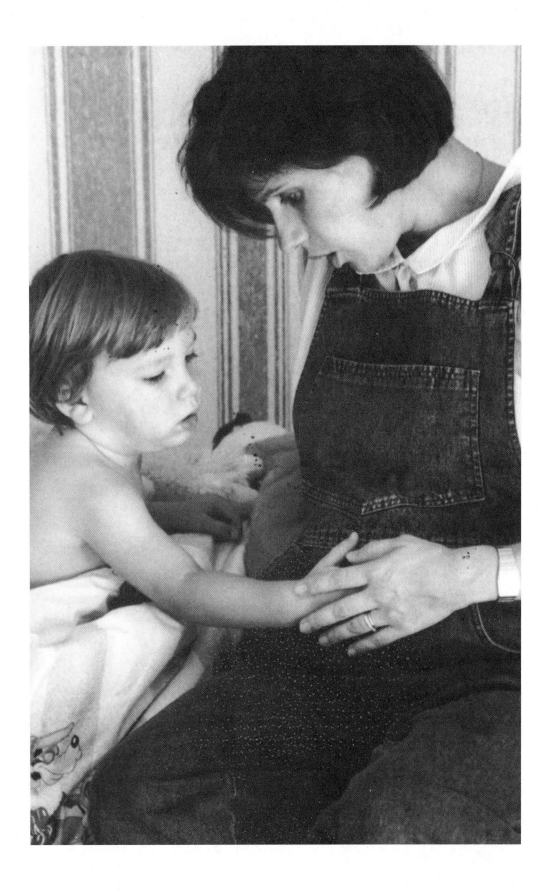

임신중 내내 몸이 더할 나위 없이 가뿐했다고 말하는 여성들이 있다. 그들은 단지 생리가 멈추었기 때문에 임신 사실을 알았고, 출산 때까지 아무런 불편이나 장애가 없었다고 말한다. 그러나 일반적으로 임신을 하면 여러 가지 불편이 따르고 성가시다. 놀라서 불안해하지 않으려면 이런 문제에 대해 미리 알고 있어야 한다.

불편은 임신의 단계에 따라 그 모습이 다르다. 초기와 말기에 더 심하다. 이런 관점에서 임신은 심리적 발전 단계와 같이 3개월씩 3단계로 나눌 수 있다. 처음 3개월은 적응 기간이다. 임신이 '정착되고' 몸도 적응을 시작한다. 몸이 다소 예민하게 반응한다. 대부분의 경우 3개월이 지나면 완전히 사라지지만 여러 가지 장애가 임신 초기를 괴롭게 한다. 메스꺼움과 구토가 그 가장 흔한 예이다.

두 번째 3개월은 균형 기간이다. 그것은 7개월째까지 이어진다. 어머니와 아기의 몸이 서로 완전히 적응한다. 일반적으로 장애는 멈춘다. 자궁도 아직 불편함을 느낄 정도로 크지는 않다. 유산의 위험도 최소한으로 줄어든다. 임신중 가장 편안한 시기이다.

마지막 3개월은 두 가지 원인의 장애가 나타난다. 하나는 아기가 성장하면서 자궁 속에서 점점 더 많은 자리를 차지하기 때문이다. 따라서 피로와 정맥류를 유발시킬 수 있다.

또 하나는 몸이 출산에 대비하기 때문이다. 흔히 골반의 변형이 고통을 준다. 이 시기는 피로한 시기이므로 정말로 휴식이 필요하다. 출산 전 2, 3주의 휴가만으로는 불충분한 경우가 많다.

● 메스껍고 토한다

많은 임신부들이 임신과 메스꺼움을 같은 말로 생각한다. 구토를 동반하는 메스꺼움이 일반적이지만 그것은 50% 정도의 경우에만 일어난다. 아주 편안한 상태로 전혀 메스껍지 않을 수도 있다. 메스꺼움은 일반적으로 3주경에 나타나는데 4개월 이상까지 가는 경우는 드물다.

메스꺼움과 구토는 그것이 일어나는 때와 이유가 어떻든 이 세상의 다른 무엇과도 비교할 수 없을만큼 변화무쌍하고 변덕스럽다. 메스꺼움은 흔히 아침에 밥 먹기 전에 일어나고, 식사 후에는 사라진다. 그러나 때로는 아침 내내 혹은 하루 종일 지속되기도 한다.

그것은 아무 이유 없이 일어나기도 하지만 참을 수 없는 특정한 냄새 때문에 일어나기도 한다. 어떤 음식들은 구역질은 일으키지 않고 단지 밥맛만 떨어지게 한다.

메스꺼움은 나타났다가 금방 사라져 버리기도 한다. 그러나 물이나 담즙 혹은 음식물을 토하고 난 뒤에야 멈추기도 한다.

메스꺼움이 일어날 때는 어떻게 해야 하나? 효과적인 여러 가지 방법이 있다. 이들을 이용해 보면 자신에게 알맞은 방법을 발견할 수 있을 것이다. 특히 위가 비었을 때 메스꺼움과 구토가 일어난다면 다음과 같이 해 본다.

▶ 조금씩 자주 먹는다. 그러나 제3장의 충고를 잊지 말아야 한다.

▶ 아침 식사를 편안히 하고 식사 후 15분 정도 누워 있는다.

▶ 아침 식사로 단백질이 든 음식, 달걀, 요구르트, 치즈 등을 먹는다.

▶ 기름진 음식이나 소화하기 어려운 음식물은 피한다. 이 충고는 임신 기간 내내 받아들여야 한다.

▶ 버터와 식용유는 조리되지 않은 것이라도 먹지 않는다. 그러나 먹어도 괜찮을 때는 곧바로 다시 먹는다.

▶ 탄산수를 마신다. 그러나 지나치면 안된다. 탄산수는 소화를 촉진시켜 식욕이 늘게 하며 소금이 들어 있기 때문에 체중이 늘어나게 할 위험이 있다

▶ 얼마 동안 죽이나 유동식 같은 아기 영양식을 먹는 것도 의외의 효과가 있다.

이렇게 조심했는데도 메스꺼움과 구토가 가라앉지 않으면 의사를 만나본다. 효과 있는 약이 있다. 그러나 처방 없이 복용해서는 안 된다.

예외의 경우 구토가 너무 심해 임신부가 더 이상 아무런 음식을 먹을 수 없는 경우도 있다. 딱딱한 음식이건 물기있는 음식이건 아무 것도 삼킬 수가 없어서 임신부의 상태가 나빠진다. 몸무게가 줄고 탈수 증상을 보인다. 입이 마르고 피부가 건조해진다. 그럴 때는 의사를 찾아가야 한다. 때로 의사는 임신부나 가족을 놀라게 하는 조치를 할 수도 있다. 병원에 입원하여 보호 관찰을 받으라고 하는 것이다. 그러나 놀랄 필요는 없다. 이 입원은 정맥 주사와 같은 효과적인 치료를 하기 위해 필요하다. 입원은 다른 한편으로 이런 경우에 해로운 작용을 할 수도 있는 집안 분위기와 잠시라도 격리시키는 이점이 있다. 대체로 심한 구토는 심리적인 원인에서 비롯되는 경우가 많기 때문이다.

한때 미국에서 널리 복용되었던 메스꺼움을 가라앉히는 약이 수많은 기형을 초래했다는 것을 잊지 말아야 한다.

메스꺼움과 구토는 3개월 말쯤에 저절로 사라진다. 이 기간이 지나도 계속되면 정상이 아니므로 의사의 진찰을 받아야 한다. 그때 의사는 임신과는 관계 없는 다른 원인을 찾아낼 것이다.

때로는 임신 말기에 메스꺼움과 구토가 다시 나타나는 수가 있다. 초기와 마찬가지로 걱정할 필요는 없다.

● 침이 많이 나온다

임신중에 침이 많이 나오는 것은 때로는 아주 심할 수도 있다. 하루 1리터, 혹은 그 이상의 침이 나오기도 한다. 이것은 끊임없이 침을 삼키거나 뱉어야 하는 엄청나게 귀찮은 증상이다.

다행히 그 증상이 메스꺼움보다는 훨씬 드물지만 가끔씩 나타나는 경우가 있다. 이런 증상이 있을 경우 그것은 어떤 이상도 아니지만, 불행히도 아직은 효과있는 처방법이 없기 때문에 참고 이겨낼 수밖에 없다는 것을 알아두어야 한다. 그러나 이러한 과도한 타액 분비도 일반적으로 5개월 정도 되면 멈춘다.

● 위에 가스가 차고 쓰라리다

임신은 위든 장이든 담낭이든 모든 소화 기관의 기능을 떨어뜨린다. 또한 아주 중요한 소화 작용을 하는 간과 췌장의 활동이 변한다. 그 결과 소화 불량에 걸리며, 식사 후 더부룩하고 헛배가 부르고 가스가 찬 느낌을 갖게 된다. 게다가 신트림이 올라오고 위가 따끔거리고 흔히 통증이 따른다.

이러한 고통을 덜기 위해서는 몇 가지 주의할 사항이 있다. 우선 너무 먹으면 안 된다. 매우 중요한 사항이다. 그리고 다음 음식들은 되도록이면 피해야 한다.

▶ 지나치게 기름기가 많은 음식.

▶ 신 음식.

▶ 삭히거나 말린 음식, 튀긴 음식.

▶ 소화하기 힘든 음식.

　그러면 무엇을 먹을 것인가? 부드러운 음식, 버터나 기름에 볶지 않고 물에 삶은 녹색 채소와 과일 등을 먹는다. 그리고 조금씩 여러 번 먹는 것이 좋다.

　위의 쓰라림이 매우 고통스러울 때에는 약을 처방해 줄 의사를 만나 보아야 한다. 어떤 임신부들은 위에서부터 식도를 따라 목구멍과 입으로 거슬러 올라오는 신트림과 쓰라림을 호소하기도 한다. 이 경우 몸을 앞으로 숙이거나 완전히 눕는 자세는 좋지 않다. 잠자리에 누웠을 때, 거의 앉아서 잠을 자는 것같이 보조 베개를 두 개 베는 것이 좋다.

● 변비

　　　전에 한번도 변비에 걸려 본 적이 없는 여성이라도 임신중에는 변비가 자주 생긴다. 변비는 일반적으로 생각하는 것같이 자궁이 커지면서 장을 압박하기 때문에 일어나는 것은 아니다.

　변비는 자궁이 어떤 압박을 가할 정도로 커지기 전인 초기에 흔히 나타난다는 것으로 그 사실을 알 수 있다. 변비는 장의 기능 저하 때문에 생긴다. 변비는 불편할 뿐 아니라 비뇨기의 감염 우려가 있으므로, 변비에 맞서 싸워야 한다. 변비와 싸우는 여러가지 방법이 있다.

▶ 우선 신체적인 운동을 한다. 하루 30분 걷기는 장 기능을 정상화시키는 데 좋다.

▶ 음식을 조심한다. 샐러드와 시금치 같은 녹색 채소와 자두와 귤, 배 같은 과일을 충분히 섭취하고, 치즈와 요구르트 같은 유제품과 현미밥을 먹으며 설탕을 꿀로 대체한다.

▶ 가고 싶을 때를 기다리지 말고 규칙적으로 화장실에 간다.

▶ 아침에 일어나 신선한 주스를 한 잔 마시는 것도 좋다. 오렌지와 토마토는 특히 효과적이다.

▶ 아침 식사 후 치커리 차를 마시면 상당한 효과가 있다. 그리고 하루

에 여러 번, 특히 아침에 밥 먹기 전과 식사 사이사이에 큰 컵으로 물을 마신다.

▶ 회음부를 수축시키고, 숨을 크게 들이마신 후에 하는 배의 마사지도 효과적이다. 약을 쓰려면 글리세린 좌약 또는 흔히 더 효과적인 외용약 마이크로렉사를 써 본다. 그러나 의사의 처방 없이는 복용하지 않는다. 어떤 것들은 장에 염증을 일으킬 수 있다.

▶ 가장 좋은 요법은 약국에서 파는, 저녁 식사 때 먹는 식물 점액과 잠잘 때 먹는 파라핀 타입의 미네랄 기름을 적당한 비율로 배합해서 사용하는 것이다. 의사의 처방 아래 시행하는 이 요법은 필요할 때마다 오래 사용해도 괜찮다.

● 치 질

치질은 직장과 항문의 정맥류이다. 다소 딱딱한 고통스러운 옹이를 형성하며 참을 수 없을 정도로 가렵다. 특히 임신 중반기에 많이 나타난다. 대변 때 피가 나올 수도 있다.

치질에 걸리면 의사에게 알려야 한다. 의사가 치질이 악화되는 것을 막아 줄 간단한 치료를 해 줄 것이다. 그리고 필요하다면 항문과 의사나 위장 전문의에게로 보낼 것이다.

치료 방법은 보통 다음과 같다.

▶ 치질을 악화시키는 변비를 잘 다룬다.

▶ 소독제를 이용한 뒷물같은 국부 치료를 한다.

▶ 루틴, 헤파린, 히드로코르티손을 주성분으로 하여 만든 연고와 좌약 등을 사용한다.

치료를 잘 해도 치질은 출산 후 수일간 악화될 위험이 있다는 것을 알아야 한다. 그 후에 치질은 최소한 부분적으로는 사라진다.

● 정맥류

정맥류는 정맥의 벽이 비정상적으로 늘어나 일어난다. 특히 임신 중반에 나타나고, 임신을 거듭하면서 악화되는 경향이 있다. 정맥류 발생에는 주로 세 가지 원인이 발견된다.

▶ 정맥의 벽을 구성하는 조직의 질 저하, 이 단점은 흔히 유전이다.

▶ 오래 서 있는 직업의 경우.

▶ 임신 자체가 정맥의 벽을 비정상적으로 확장시킨다.

정맥류는 다리의 무지근함, 열, 부어오름, 다소 고통스러운 팽창감 등 다양한 장애를 동반할 수 있다. 때로 간지러움이나 경련을 일으키기도 한다. 이것은 서 있는 자세나 피로, 열 등에 의해 심해진다. 또한 저녁 무렵에 심하다. 정맥류가 임신중에 더 나빠지는 경우는 드물다.

정맥의 궤양과 마찬가지로 피부 빛깔의 변화는 오래 된 정맥류에서만 나타나고, 임신부에게는 예외이다. 정맥염도 역시 드물다.

당장 보기 싫은 점을 제외한다면 대개의 경우 정맥류는 그리 심각한 문제는 아니다. 출산 후에 부분적으로 사라진다. 그러나 다음 임신 때 다시 나타나 그 후에는 완전히 사라지지 않을 수도 있다.

정맥류를 예방할 수 있을까ㆍㆍㆍ다리 정맥의 혈액 순환을 돕기 위한 여러 가지 사항을 준수하면 정맥류를 예방할 수 있다.

▶ 너무 오래 서 있는 것을 피한다. 직장 일이 문제라면 때에 따라서는 진단서라도 끊어 가끔 앉을 수 있는 권리를 얻어야 한다. 집에서는 가능한 한 앉아서 일을 한다. 서 있는 걸 피할 수 없다면 이를 예방하기 위해 만든 특수 스타킹을 신는 것이 좋다.

▶ 양말을 신고 너무 높은 구두를 피하고 자주 걷는 습관을 가진다.

▶ 정맥류의 위험을 생각하지 않더라도 걷기는 임신중의 가장 좋은 운동이다. 수영도 역시 좋다.

▶ 정맥을 압박할 수 있는 너무 꽉 죄는 양말이나 부츠를 피한다.

▶ 다리 밑에 베개나 쿠션을 대고 다리를 약간 올리고 잔다.

▶ 시간이 있으면 낮에도 다리를 올리고 누워 있는 것이 좋다.

▶ 세게 문지르는 다리 마사지

는 수압이 센 샤워와 마찬가지로 절대 하지 말아야 한다.

이 모든 사항은 정맥류를 예방하기 위해서뿐만 아니라 정맥류가 이미 나타났을 때에도 해당된다. 이 경우에는 다음 사항을 덧붙인다.

▶ 라디에이터, 냄비나 벽난로 같은 뜨거운 곳을 멀리 한다. 열기가 정맥을 부풀게 하기 때문이다. 마찬가지 이유로 일광욕도 금한다.

▶ 너무 뜨겁거나 차가운 목욕을 피한다. 이상적인 것은 체온과 같은 37도의 물이다.

▶ 다리를 가볍게 해 주는 특수 양말이나 스타킹을 신는다.

실제적으로 중요한 사항인데 누워서 양말을 신거나 벗는 것이 좋다. 이 자세에서는 정맥이 덜 부풀기 때문이다. 그리고 낮에 휴식을 취할 때에도 양말이나 스타킹을 벗는 게 좋다.

약은 정맥류 그 자체의 조직에는 거의 작용을 하지 않는다. 대신에 정맥류에 의해 유발되는 장애인 무지근함, 열, 둔함 등의 장애에 대해 효과가 있다. 이 약들은 비타민 P와 인도 밤 추출물을 주성분으로 해서 만들어졌다.

정맥류에 대한 보다 적극적인 국부 치료나 수술 같은 것은 임신중에는 하지 말아야 한다. 아기에게 위험할 수 있기 때문이다. 정맥류는 출산 후에 저절로 사라진다. 출산 후에도 사라지지 않으면 의사와 상의한다. 수술은 일반적으로 출산 후 3~6개월 사이에 한다.

임신중 모세혈관의 팽창 때문에 일어나는 가느다란 분홍빛이나 붉은 빛 혹은 푸른빛 팽창이 나타나는 수가 있다. 정맥류와 함께 나타나기도 하고 그 이전에 나타나기도 한다. 가느다란 망이나 반점을 만드는 이 팽창은 출산 후 대부분 사라진다.

● 소변이 자주 마렵고 요실금까지

신장의 기능은 임신중에 거의 변하지 않지만, 태아는 신장의 부담을 가중시킨다. 그래서 임신 전에는 몰랐던 신장의 기능 부전이 드러나는 수도 있다. 이는 규칙적으로 소변 검사를 하는 것이 얼마나 중요한지를 말해 준다.

음부의 정맥류. 어떤 여자들에게서는 정맥류가 외생식기 부분에 나타날 수 있다. 종종 매우 심한 이 음부 정맥류는 걸을 때나 성관계시에 고통의 원인이 될 수 있다. 이 정맥류는 출산 후에는 전혀 후유증을 남기지 않고 깨끗이 사라진다. 특별한 치료가 없고, 단지 국부 치료만이 통증을 약간 가라앉힐 수 있다.

흔히 방광은 특히 임신 초기와 말기에 괴로움을 겪게 된다. 임신부는 임신하지 않았을 때보다 훨씬 자주 소변이 마려운 것을 느낀다. 초기에는 방광이 상당한 양으로 분비되는 호르몬의 영향을 받기 때문이고, 말기에는 아기의 머리가 방광을 누르기 때문에 일어나는 현상이다.

소변이 자주 마려운 것을 피하려고 임신부들은 물을 덜 마시려는 경향이 있다. 귀찮아서 특히 밤에 물을 덜 마시려고 한다. 그렇지만 매일 최소한 1.5리터의 물을 마셔야만 한다. 물을 많이 마시는 것은 임신중에 흔한 비뇨기의 감염을 막는 가장 좋은 예방이다. 소변이 자주 마려운 것이 정말로 너무 귀찮다면 의사에게 말한다. 의사가 효과적인 진정제를 줄 것이다.

임신중에는 요실금도 나타난다. 가벼운 것일 수도 있고, 기침이나 재채기할 때, 참기 힘들 정도로 심각한 것일 수도 있다. 요실금이 6개월 이내에 나타나면 지체없이 회음 훈련을 시작한다. 이 훈련은 운동 요법사나 조산사 혹은 의사의 지도를 받아야 한다. 의사나 조산사에게 물어보면 된다.

만약 요실금이 마지막 3개월 동안에 나타나면 그것은 단순히 아기가 방광을 아주 세게 누르기 때문에 일어나는 현상이다. 반드시 훈련을 받을 필요는 없다. 회음과 괄약근을 오므리는 운동을 하는 것만으로도 충분하다.

● 가려움증

어떤 여성들은 임신 중반 이후 특히 8개월째부터 가려움증에 시달린다. 때로는 전신에, 때로는 배 주위에 자주 일어난다. 일반적으로 가려움증은 발진을 동반하지 않지만 매우 심할 수도 있고, 참지 못하고 긁어서 상처를 낼 수도 있다. 가려움증은 간 기능의 변화 때문에 생긴다. 너무 심하거나 발진이나 물집을 동반할 때에는 의사에게 진찰을 받는 것이 좋다.

가려움증 치료는 주로 약으로 먹거나 근육 주사로 투입하는 코르티손 계통의 호르몬으로 한다. 코르티손 연고도 효과가 있지만 그것은 상당히 주의해야 한다. 연고는 피부에 자국이 남게 하고, 그 자국은 6개월과 8개월 사이에 커진다.

● 백대하

피부는 여러 층으로 배열된 세포로 이루어져 있다. 일생 동안 끊임없이 표층의 세포들은 늙어서 떨어져 나가고 새로운 세포로 대체된다. 표피 탈락이라고 불리는 이 연속적인 현상은 피부가 햇볕에 탔을 때를 제외하고는 맨눈으로는 보이지 않는다.

질의 점막도 피부처럼 되어 있다. 끊임없이 세포들이 분열되고 떨어져 나온다. 임신중에는 난소와 태반에 의해 많은 양으로 분비되는 호르몬의 영향으로 세포의 표피 탈락이 훨씬 심해진다. 세포들은 불쾌한 냄새가 없는 뭉클한 허연 유액을 만들어 내는데, 이것은 매우 정상적인 것이므로 걱정할 필요가 없다.

이 평범한 백대하 혹은 질 분비물은 국부 가려움증과 화끈거림을 동반하는 대하와 혼동하면 안 된다. 대하는 흔히 색깔이 누르스름하거나 푸르스름하고 일반적으로 양이 더 많다. 대하는 질염이나 외음질염에 감염되었다는 증거이다.

이러한 진단은 의사가 내리며, 때때로 채취를 요구할 것이다. 채취된 백대하에서는 일반적으로 곰팡이균이나 기생충이 나타난다. 질염 치료제는 좌약이나 알약 형태로 주로 국부 치료에 쓴다. 때때로 전반적인 치료도 필요하다. 그러나 흔히 재발한다. 어머니가 완전히 치료하지 않으면 분만시에 아기가 감염되어 엉덩이나 입에 염증을 일으킨다.

● 어지러움과 졸도

혈액 순환은 임신중에 변한다. 혈액의 전체 양이 증가하고, 태반에 영양을 주기 위해 새로운 순환이 만들어지며 심장의 박동이 빨라진다. 정상적으로는 심장이 이 늘어난 작업을 무리 없이 이행한다.[1] 그러나 임신부들이 심장에서 비롯되는 불편한 증상들과 맞닥뜨리는 일도 생긴다. '어지럽다' 는 단순한 느낌부터 식은땀을 흘리며 의식을 잃을 것 같은 심한 증상까지 있다. 이 장애들은 심각한 것은 아니다. 그것은 신경계에 근원한 것이다. 임신은 항상 신경계에 영향을 미친다. 이런 증상이 있다면 피가 머리로 몰리도록 발을 올리고 눕는다.

　이런 종류의 장애를 피하기 위해서는 아침에 굶지 말고 갑작스런 체온 변화 혹은 지나치게 난방이 잘 된 방에 있는 것을 피한다. 이런 증상이 자주 일어나는 사람이 차를 몰 때 그런 느낌이 오면 그 자리에서 바로 멈춰야 한다.

　임신 말기에 어떤 여성들은 자리에 등을 대고 누웠을 때 기절 일보 직전까지 간 느낌이 들기도 한다. 이것은 놀라운 일이지만 그러나 심각한 것은 아니다. 이 증상을 사라지게 하기 위해서는 모로 눕거나 베개를 등에 대고 앉는 것으로 충분하다.

　매우 특이한 이 증상은 자궁이 몸 아랫부분에 있는 정맥의 피를 심장으로 가져가는 대정맥을 압박했기 때문에 일어나는 것이다. 무릎 밑에 쿠션을 대도 좋다. 골반이 뒤로 움직이고, 신장이 바닥에 닿으면 대정맥은 압박을 덜 받게 된다.

　이 장애는 놀랍기는 하지만 다른 어떤 일도 일어나지 않는다. 그러나 너무 자주 일어나면 의사에게 말해야 한다.

　혈당 부족 증상 · · ·거의 항상 점심 무렵 가까이에 일어난다. 식은땀을 흘리며 메스껍고 배가 고픈 증상이 나타난다. 이 증상은 커피나 차와 같이 거의 씹히는 게 없는 음식만으로 아침 식사를 했을 때, 혹은 설탕, 잼, 꿀 같은 빨리 흡수되는 당분을 먹었을 때 일어난다.

　당분류는 인슐린 분비를 촉진시키고, 인슐린은 약 2시간쯤 후에 혈당 감소를 일으킨다. 이 증상에 민감한 여성들은 식사를 여러 번에 나누어서 하고 아침 식사에 밥과 채소와 달걀, 치즈 혹은 약간의 고기를 먹는 것이 좋다. 경우에 따라서는 10시경에 간식으로 사과 한 개나 요구르트 한 개를 먹는 것도 좋다. 마찬가지로 오후 4~5시경에도 가벼운 간식을 한다.

1) 반대로 심장병을 가진 여자들은 병이 악화된다. 그러므로 임신중 특별한 관찰이 필요하다.

● 숨가쁨

흔히 임신 중반 이후에 임신부들은 매우 숨을 헐떡인다. 계단 한 층 오르는 것도 고역이다. 이 호흡 곤란은 자궁이 커지면서 복부를 위로 밀어 올려 흉부가 압박을 받기 때문에 일어난다. 숨쉴 자리가 줄어들게 되므로 숨이 막히는 느낌을 갖게 되는 것이다. 이런 느낌은 아기가 골반으로 들어가기 위해 내려올 때 사라진다.

특히 임신 중반기 이후에 심해지는 이 증상에 시달리지 않으려면 가능한 한 육체 노동을 줄여야 한다. 호흡 곤란이 너무 심해지면 의사의 진찰을 받는다. 의사는 심장을 검사하고, 진정제를 처방할 것이다.

숨이 막히는 느낌이 든다면, 여기 좋은 운동이 있다. 등을 대고 누워 다리를 굽히고, 팔을 머리 위로 들면서 숨을 들이마신다. 이런 움직임은 흉곽을 확장시킬 수 있다. 그러고 나서는 팔을 내리면서 숨을 들이쉰다. 천천히 규칙적으로 원래 호흡으로 돌아올 때까지 여러 번 한다.

● 통증

임신으로 온몸에 일어나는 변형 때문에 통증이 생길 수 있다. 아기의 성장에 따라 여러 부위에 걸치는 통증이 여러 시기에 일어난다. 몸이 임신에 적응하고 출산에 대비하기 위해서는 모든 일들이 아무 느낌 없이 조용히 치러질 수 없기 때문에 그런 통증을 체험하는 것은 지극히 정상적인 일이다.

골반 부분 · · · 임신 초기에 어떤 여성들은 생리 때와는 달리 골반과 아랫배 부분이 마구 잡아당겨지는 무지근한 느낌을 경험하게 된다. 자궁이 직장 쪽으로 움직였을 때 더 강하게 느껴진다. 유산을 겁내는 여성들에게 이 통증은 상당한 불안감을 줄 수도 있다. 이 통증은 자궁의 적응 초기인 '자리잡기'에 해당되는데 매우 자주 일어난다. 그러나 똑같은 자리에서 계속해 일어나는 임신 초기의 격심한 통증은 유산이나 자궁외 임신의 신호일 수 있다. 즉시 의사에게 알려야 한다.

그 후 자궁의 성장은 인대의 이완 때문에 통증을 유발시킬 수 있다. 주로 넓적다리와 골반의 접합 부분에 통증을 느낀다.

임신 말기 골반이 출산에 대비할 때 관절들은 조금씩 느슨해진다. 이 느슨해짐 때문에 가끔 매우 고통스럽다. 특히 힘을 줄 때 또는 걸을 때 그렇다. 고통이 방광과 직장까지 확장되어 불편을 느낄 수도 있다.

통증을 덜기 위해서는 휴식을 취하고 의사의 처방에 따라야 한다.

다리 · · · 다리의 통증은 흔하다. 정맥류가 있을 때에는 물론 고통이 더 심하다. 때로 통증은 좌골 신경통처럼 느껴지며 넓적다리의 뒷면에서 나타난다. 이 통증은 종종 끈질기고 가라앉기 힘들다. 비타민 B와 마그네슘을 주성분으로 하는 치료를 하면 효과가 있다.

경련은 5개월부터 다리와 넓적다리에 거의 밤에만 일어날 수 있다. 너무 경련이 심해서 잠을 깨기도 한다. 어떻게 해야 할까? 경련으로 고통을 느낄 때는 일어나서 다리를 마사지한다.

옆에 누가 있으면 다리를 들어서 아주 높이 올려 달라고 부탁한다. 다리를 잡고 있는 사람에게 발이 다리와 수직이 되도록 잡아당기게 하고 임신부는 반대로 발을 펴도록 힘을 쓴다. 경련이 지나가면 몇 걸음 걸어 본다.

경련은 흔히 비타민 B의 부족 때문에 일어난다. 제3장에서 어떤 음식이 그것을 함유하고 있는지 살펴보자. 의사도 비타민 B를 주성분으로 한 조제약을 처방해 줄 것이다.

팔 · · · 임신 말기에 통증이 느껴질 수 있다. 팔이 무겁고 수축하는 것 같고 혹은 온통 저리는 것 같다. 이 통증은 팔을 머리 밑에 혹은 베개 밑에 놓고 잘 때, 특히 새벽에 자주 나타난다. 두 가지 효과적인 조치가 있다.

▶ 밤에 양어깨를 두 개의 베개로 높이고 잔다.
▶ 무거운 물건을 들어 어깨를 잡아당기는 동작을 피한다.

이 고통들은 임신 때문에 일어나는 척추 변형으로 비롯되는 신경 압박 때문이다. 의사가 처방하는 진통제를 먹으면 심한 고통을 줄일 수 있다.

흉곽 · · · 통증이 가슴 부분에서, 때로는 척추를 따라 뒤에서, 때로는 신경통처럼 양쪽 옆구리에서, 때로는 간 부분에서 느껴질 수 있다. 그 이유는 무엇일까? 임신으로 인한 칼슘 손실일까? 흉곽 뼈대의 이완일까? 어떤 것도 확실하지 않다. 이 통증은 항상 진통제에 의해서만 사라질 수 있다.

신장 · · · 마지막으로 수많은 임신부들이 '신장이 아프다'고 호소

손목 관절의 문제. 이것은 흔히 밤에 일어나고 아주 심할 수도 있는 손바닥 저림 문제다. 손목에 있는 관절 부위의 신경 압박 때문에 일어나는데, 출산 후에는 멈춘다. 너무 심하면 류머티즘 전문의가 고통을 덜어 주는 부신피질을 관절 부위에 주사해 준다.

한다. 일반적으로 임신 말기에 몸이 몹시 휘는 것과 관계가 있는 척추
뼈대의 통증이 문제다. 이 통증은 저녁때 혹은 피곤할 때 혹은 오래 서
있을 때 더 심하다. 직업에 따라서는 통증이 더 많이 오기도 한다. 이
통증들은 그리 심각하지는 않다. 제14장에 나오는 운동과 수영, 특히
배영을 하면 나아진다. 어쨌든 의사에게 말한다. 비뇨기의 수축 때문
에 일어날 수도 있기 때문이다. 이 경우 배가 딱딱해진다.

● 잠을 못잔다

임신중에는 잠을 잘 자지 못한다. 초기에 임신부들은 흔히 낮
에도 괴로울 정도로 잠이 쏟아진다. 그러나 말기에는 잠이 달아난다.
임신 말기의 불면증은 아기가 점점 더 움직이는 것과 이 시기에 잦은
경련과 통증 때문에 일어난다.
　임신 말기를 더욱 힘들게 하는 불면에 어떻게 대처해야 하나? 몇 가
지 간단하고 효과적인 방법이 있다.
▶ 저녁 식사를 가볍게 할 것.
▶ 차나 커피 같은 흥분제를 피할 것.
▶ 눕기 전에 미지근한 물에 목욕을 할 것.
▶ 잠자리에 들기 전에 설탕을 넣은 우유나 보리수차 혹은 오렌지 주
스를 약간 섞은 설탕물을 한 잔 마실 것.
▶ 식물을 주성분으로 한 약한 수면제를 복용할 수도 있다.

출산 때까지 긴장을
풀기 위해 이 방법들 가
운데 어떤 것도 효과가 없
으면 의사에게 수면제를
달라고 한다. 진정제나 수
면제는 의사의 처방 없이
복용해서는 안된다. 모든
약이 임신에 해로울 수 있
다. 불면증은 때로는 다가
오는 출산에 대한 걱정에
서 비롯된다. 주변 사람들
과 출산에 대해 많은 이야
기를 해본다. 이야기하는
것은 항상 좋은 것이고,
혼자 속으로 걱정만 하는
것은 걱정을 더욱 강화시
킬 뿐이다. 마음의 평화와
안정을 찾아야 출산 때까
지 긴장을 풀 수 있다.

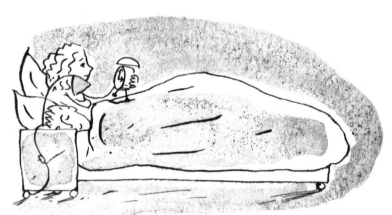

● 신경이 예민해진다

　　　　많은 여성들이 임신중에 자신의 성격이 변하는 것을 경험한다. 신경질적이 되고 안절부절못하거나 매우 감정적이 된다.

　임신을 행복해하면서도 가끔 자신도 놀랄 정도로 우울한 마음이 된다. 이런 마음의 변화는 아기의 출생으로 가족이 겪게 될 일들에 대한 걱정, 비정상적인 아기가 나오지 않을까 하는 불안, 분만에 대한 두려움 같은 이유들이 있기 때문이다.

　임신부가 특히 첫번째 임신에서 이런 불안을 겪고 있다면 그것은 너무나 당연한 일이다. 몸과 마음 속에서 일어나는 모든 것이 처음 겪는 일이고 궁금하기 때문이다. 남편과 함께 많은 이야기를 나누면 불안을 극복할 수 있다.

　사람들은 가까운 사람과 나누는 대화가 얼마나 효과가 큰지 잘 모르는 것같다. 남편이 없으면 친구나 언니, 동생과 이야기를 한다. 그러면서 자신의 불안은 곧 그들의 불안이기도 하다는 것을 발견하고 위안을 받게 될 것이다.

　여기서 중요한 것은 임신부는 자신에게 무슨 일이 일어날 수 있는지를 제대로 알고 있어야 한다는 사실이다. 그것을 알고 있으면, 최소한 어떤 경우에 의사가 도와 줄 수 있는지, 또 어떤 경우에 시간이 지나가기만을 기다려야 하는지 판단할 수 있기 때문이다.

　어떤 장애는 임신의 시기와 관련이 있어서 그 시기가 지나면 별다른 조치 없이도 그냥 사라진다. 일반적으로 이런 증상들은 생활 방식을 개선하면 줄일 수 있다. 알맞은 음식과 규칙적인 운동, 충분한 수면을 반복해서 이야기하는 것은 바로 그 때문이다. 소화나 혈액 순환 약을 달라고 하기 전에 먼저 이것을 생각하자.

　또한 임신 경험자들에게 강조할 말은 이전 임신 때 있었던 증상들이 다음 번에 반드시 재현되지는 않는다는 점이다. 증상은 임신 때마다 다르게 나타난다.

제 9 장

임신에 꼭 필요한 검진

임신부는 때로 어떤 모순을 느낀다. 그녀는 행복에 젖어 아기를 기다리고 있고, 모든 게 순조롭고 불편함이 없다. 아기를 기다린다는 것은 여자의 일생에서 가장 자연스럽고 축복받는 일이라는 말도 듣는다. 그런데도 사람들은 그녀에게 정기적으로 의사에게 가보라고 이야기한다. 임신이 병이란 말인가?

물론 임신은 병이 아니다. 그러나 난자가 정자를 만나 수정란이 생기고, 아홉 달 후에 아기가 태어나는 과정이 자연스러운 일이라고 해서 반드시 언제나 순조롭게만 진행되는 것은 아니다. 자연은 때로 실수를 하기도 한다. 유산, 조산, 만산, 태아 성장 부진, 지진 등은 언제라도 일어날 수 있는 자연의 실수다. 의사의 역할은 바로 이런 자연의 실수를 감시하는 것이다.

오늘날 임신부의 변화와 태아의 발육에 대해 많은 것이 알려져 있다. 매일매일 활발한 연구가 진행되고 있으므로 앞으로는 보다 더 많은 것을 알게 될 것이다. 아기의 성장에 영향을 미칠 수 있는 일들 또한 많이 알려졌다. 그러나 모두 다 알려진 것은 아니다.

의사나 조산사가 정기적으로 하는 검사들은 어머니의 건강이 만족스러운지, 아기가 잘 자라고 있는지 확인하는 데 목적이 있다. 그들은 어머니가 주의하지 않았던 작은 신호도 알아차린다.

임신부는 때로 혼자서는 지나치게 긴장하거나, 반대로 무관심할 수가 있다. 이것은 위험하다. 예를 들어 자궁 경부의 파열을 4개월까지도 모르는 수가 있는데, 그렇게 해서 다섯 중 하나는 봉합수술까지 받아야 하는 어려운 처지에 이르게 된다.

의사의 진찰 후 돌아오는 대답이 부정적인 것은 아니지만 조금 애매할 수도 있는데 그럴 때 임신부는 걱정하게 된다.[1] 또한 많은 질문을 하려고 하다가도, 소심해서 질문의 반은 포기하게 된다. 자신에게는 아주 특별한 일이지만 임신 문제가 일상 생활이 되어 버린 전문인과 이야기 하려니 어쩐지 자신감을 잃게 되고, 때로는 내키지 않는 은밀한 검사까지 받아야 하므로 그것은 당연한 결과라고 할 수 있다.

때로 의사는 상세한 설명을 해줄 시간이 충분치 못할 수도 있고 말이 서툴 수도 있다. 때로는 따뜻한 마음이 부족하거나 만사를 기계적

1) 대기실과 문이 죽 늘어서 있는 산부인과 병원에 처음 가 보고 매우 충격을 받은 젊은 임신부가 있다. 그녀는 "ㅇ부인, 5호실"이라는 호출 소리를 듣고 5호실을 찾아들어갔다. 거기서 그녀는 단호한 문장의 게시문을 읽었다.
"옷을 벗으시오!"
그 임신부가 아주 편안한 마음을 갖지 못했음은 누구나 이해할 것이다.

으로 처리하는 사람일 수도 있다. 그러나 임신부는 자신의 일을 편안하게 이야기하고 친절한 설명을 들을 권리가 있다. 그런 의사를 만나야 한다. 현재의 의사와 그런 관계가 이루어지지 않는다면 하루빨리 상대를 바꿔야 한다.

누가 임신을 지켜보는가?

누가 자신의 임신을 지켜보는가? 조산사, 일반의, 산부인과 전문의, 분만 전문의? 네 사람 모두 정상적인 임신을 지켜볼 능력이 있지만, 출산 전 첫번째 검진은 반드시 산부인과 전문의가 해야 한다.

검진은 어디에서 받는가 · · · 그것은 출산하고자 하는 장소에 달려 있다. 만약 정해진 병원에서 출산하고자 한다면, 검진을 받아야 할 곳은 바로 거기다. 반면에 정해진 조산사나 의사에게서 출산하기를 원한다면, 그들이 검진할 곳과 출산할 병원을 알려 줄 것이다.

조산사 · · · 조산사들은 진단, 임신 관찰과 출산 준비, 출산 보조, 출산 후 보살핌 등의 일을 한다. 모든 것이 정상이라면 조산사는 임신 초기부터 말기까지, 그리고 출산과 그 이후를 모두 보살펴 줄 수 있다. 문제가 있으면 그녀가 의사에게 상의할 것이다.

조산사는 여러 곳에 관여한다. 검진, 초음파 검사, 문제 있는 임신 진행, 출산 준비, 출산 후 관찰 등에 참여할 뿐아니라 수중 운동이나 회음부 훈련에까지 관여한다. 특히 조산사는 분만시에 3분의 1 이상의 역할을 담당한다. 의사가 관여하기 전후에 어머니와 아기를 돌보는 것도 조산사의 몫이다.

출산 전 검진에는 무엇이 있는가. 일상적인 의료 관찰과 전문적인 검사가 필요한 특별한 경우를 알아보자.

임신부에 대한 일반적인 검사

　　　　현재 일곱 가지 의료 검사가 있다. 첫번째 검사는 임신 3개월이 되기 전에 한다. 나머지 검사는 4개월째부터 분만 때까지 매달 치러진다. 검사 사이사이에 비정상적인 징후가 있으면 아무 때고 의사의 검진을 받을 수 있다.

● 첫번째 임신 진단 검사

　　　　다른 검사들은 조산사가 해도 되지만, 이 검사는 의사가 해야 한다. 첫번째 검사는 다음과 같은 목적을 갖는다.

▶ 임신인지 아닌지 확인.

▶ 임신 초기의 이상 검사. 통증과 하혈, 자궁의 정상적인 성장 등.

▶ 앞으로의 임신 진행 예측.

　의사는 많은 정보를 얻기 위해 여러 가지 질문을 할 것이다.

　임신부의 나이가 중요하다 · · · 임신에는 알맞은 나이가 있다. 대략 20세에서 35세 사이이다. 18세 이하의 어린 여성은 조산의 위험에 노출되는 경우가 더 많다. 또 35세 이후, 특히 40세부터는 위험률이 증가한다. 심장병, 신장병, 당뇨병 같은 임신에 연관된 질병과 아기의 기형이 발생하는 비율이 높다. 그러나 다행히도 현대의 발전된 의학 기술과 정보는 나이 많은 임신부들을 훨씬 마음 편하게 해 준다.

　모든 병력을 상세히 말하는 게 중요하다 · · · 이전에 걸렸던 모든 병에 대해 의사에게 말한다. 그 병이 얼마나 심했었는지, 언제부터 언제까지 얼마 동안이나 치료했는지 모든 것을 알려야 한다. 만약 가족에게 유전병이 있다면 반드시 이야기해야 한다.

　유산과 분만에 관한 이력 · · · 역시 어떤 경우에는 임신에 대해 더욱 세심한 주의를 기울이게 한다. 그러므로 유산을 한 경험이 있는지, 그 원인이 무엇이었는지 주저하지 말고 말해야 한다.

　부부가 오랫동안 불임이었고 불임 치료를 받았다면, 그 임신은 특별히 주의깊게 관찰해야 한다. 분만시의 사고와 병발증의 위험이 있으므로 특별한 관찰과 검사가 필요하다. 반대로 이전의 임신과 출산이 정상이었다면, 이번에도 모든 상황이 그럴 것이라고 예상하게 되는데 그래서 오히려 위험할 수가 있다. 언제나 미리 조심하고, 특히 네 번째 아기부터는 진료에 충실히 따라야 한다.

사회 경제적 조건ㆍㆍㆍ이것은 확실히 임신의 진행에 커다란 역할을 한다. 직책, 작업 시간 등 직장의 환경, 집과의 거리, 교통 수단 등을 분명하게 말해야 한다. 밖에서 일을 하지 않더라도 집에 있는 아이와 가족, 잡다한 집안일은 피로의 중대한 원인이 될 수 있다.

생활 습관ㆍㆍㆍ식사와 생활 습관, 기호품과 담배 등에 대해서도 역시 의사가 질문할지 모른다.

그리고 나서 다음 검사가 이어질 것이다.

▶ 키, 몸무게, 혈압, 심장검진 등을 비롯한 일반 검사.

▶ 산부인과 검사.

▶ 여러 분석 검사. 당과 알부민을 조사하는 소변 검사와 채혈.

피를 뽑는 것은 다음 사항을 알기 위해서다.

▶ 매독 및 기타 혈액병 유무.

▶ 혈액형 확인. 이미 혈액형을 알고 있더라도 다시 확인하는 것이 좋다. 이전의 혈액형 판정에서 착오가 있었을 수 있기 때문이다. 만약 임신부가 Rh 음성이라면 남편의 혈액형도 검사해야 하고, 자신의 혈액에 항 Rh 응집소가 있는지 확인해야 한다.

▶ 풍진과 톡소플라즈마에 대한 면역 여부.

▶ 에이즈 검사. 이 검사는 경우에 따라 반드시 필요할 때도 있다.

이밖에도 어떤 여성들에게는 B형 간염의 항체 검사를 받으라고 권한다. 그 검사는 본인의 동의 없이는 할 수 없다.

또한 의사들은 초음파 검사를 하라고 할 것이다. 임신이 정상적으로 시작되었는지 확인하고, 경우에 따라서는 임신의 날수와 진행을 정확히 알기 위해서다.

이 첫번째 검진에서 의사는 다음 사실을 알려 줄 것이다.

▶ 임신의 정상적인 진행에 대한 일반 상식.

▶ 일상 생활과 영양 섭취에 대해 기울여야 할 주의 사항.

▶ 임신 초기에 흔히 있는 사소한 장애를 가지고 있다면 그 치료법.

검진에서 의사는 질문과 검사를 통해 필요한 사실들을 알아본다. 그것으로 임신이 특별한 관찰을 필요로 하는지 예측할 수 있다. 대부분의 경우, 즉 90% 이상은 아무 문제가 없다. 임신부는 건강하고 임신도 정상적으로 시작된다.

대략 열 명 중 하나는 특별한 조치를 필요로 하는 '위험 임신'이다. 이런 임신에 대해서는 다음에 다시 나온다.

● 두 번째 3개월의 검사

이 검사들은 다음 사항을 확인해 준다.
▶ 자궁 경부가 정상적인 길이이며 잘 닫혀 있는가.
▶ 자궁이 정상적으로 성장하고 있는가. 이를 위해 자궁의 높이를 재고 평균 수치와 비교한다. 자궁의 높이를 재는 것은 태아의 신장을 재는 것이 아니라 태아가 차지하는 자리를 재는 것이다. 이 측정은 태아가 시기에 맞게 성장을 잘 하고 있는지 확인시켜 준다.
▶ 심장 소리가 잘 들리는가. 이것은 일반 청진기로도 하지만 임신부 스스로 아기의 심장 박동을 들을 수 있도록 초음파 청진기로 하는 수가 많다.

일반적인 검진은 주로 혈압, 몸무게, 소변 등을 검사하는 것이다. 이 시기에는 여러 번의 초음파 검사를 할 수도 있다.

● 세 번째 3개월의 검사

이 시기의 검사들은 분만 계획을 세우기 위한 것이다. 태아의 크기를 측정하고, 아기가 정상적으로 머리부터 나오는 태위인가 아닌가를 알아보며, 골반의 특징 등을 검사한다.

골반 검사는 임신 마지막 주에 한다. 이때가 되어야 질이 가장 유연해지고 크기가 결정적으로 커져 골반을 자세히 검사할 수 있기 때문이다. 만약 어떤 이상이 의심된다면 의사는 X선 촬영을 해 보자고 할 것이다. 그러나 안심해도 된다. 아기에게는 아무 위험이 없다. 마지막 3개월 중에는 특히 다음 검사가 필요하다.

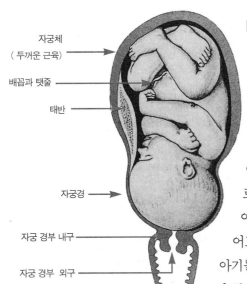

자궁체
(두꺼운 근육)

배꼽과 탯줄

태반

자궁경

자궁 경부 내구

자궁 경부 외구

임신 마지막 달의 태아 모습. 다음과 같은 것을 볼 수 있다.
▶ 자궁 경부는 두 개의 입구를 가지고 있다 : 질 쪽에 있는 것(외구)과 아기 쪽에 있는 것(내구)이다. 이미 한 번 이상 출산 경험이 있는 임신부는 임신 말기에 장상적으로 외구가 열린다. 이 때 중요한 것은 외구가 열리더라도 내구가 닫혀 있어야 한다는 점이다.
▶ 또한 임신 말기에는 자궁경이 아기의 머리 모양에 꼭 맞게 형태가 잡혀 있는 것을 알 수 있다. 그리고 의사나 조산사가 질을 촉진할 때 느껴지는 아랫부분이 어떤 것인지 볼 수 있다.
▶ 제왕절개는 옛날에는 자궁체 부분을 절개했지만 지금은 자궁경 부분을 절개한다. 이렇게 하면 상처 자리가 더 튼튼해진다.

▶ 몸무게, 소변, 혈압 검사. 임신 중독증이 이 마지막 3개월에 잘 나타나기 때문이다.
▶ 자궁의 높이와 자궁 경부의 관찰. 조산의 위험 때문이다.

검진 중에 출산에 대해 궁금한 것들을 물어 볼 수 있다. 경막외 마취가 가능한지 물어도 된다. 회음부 절개에 대해서도 일률적으로 해야 하는 것인지, 피할 수 있는 것인지 물어본다. 또한 출산 후에 아기를 어머니 옆에 두어도 되는지 알고 싶을 것이다. 어떤 병원에서는 아기를 공식적으로 10시간 동안 인큐베이터에 넣어 둔다.

임신부는 또한 아직 결정이 되지 않았다면 누가 분만을 도와 줄 것인지 물어 볼 수도 있다. 그동안 자신의 임신을 쭉 보아왔던 담당 의사인지 아닌지 알아보고 원하는 요구를 할 수도 있다.

● 초음파 검사는 누구나 한다

임신의 진행에서 그 비중이 점점 높아지고 있는 것이 바로 초음파 검사다. 그것은 임신에 대한 지금까지의 견해를 바꿔놓기까지 했다. 또한 지금까지는 거의 열어볼 수 없었던 초기 단계에서부터 태아를 들여다보게 했다. 이전에는 태아를 만져 보거나 심장 소리를 통해 들어 보기만 했는데, 이제는 직접 보게 된 것이다.

인간의 귀로는 들을 수 없는 소리를 초음파라고 부른다. 초음파는 메아리처럼 무엇에 부딪치면 근원지로 되돌아가는 성질을 가지고 있다. 박쥐가 어둠 속에서도 정확하게 날 수 있는 것은 바로 이 초음파 때문이다. 이런 원리가 오래 전부터 잠수함과 물고기 떼의 탐색에 이용되어 왔다.

의학에서 사용되는 초음파는 수정(水晶)을 이용해 발생시킨다. 이 초음파를 증폭시켜 모니터 위에 그림 형태로 나타나게 한다. 그림 중에서 흥미로운 것들을 사진으로 찍어 다른 검사와 비교할 수 있게 임신부의 파일에 보관한다. 초음파 검사는 매우 간단하다. 다음 사항만 지키면 된다.

▶ 검사 일주일 전부터는 배에 어떤 크림도 바르지 말 것. 크림은 초음파의 진행을 방해하고 그림을 해석하기 어렵게 만든다.

▶ 검사하기 45분 전에 1리터의 물을 마셔 방광을 가득 채울 것. 탄산 음료는 안 된다. 초음파는 방광이 꽉 차 있을 때 자궁으로 훨씬 잘 전파된다.

초음파 검사를 하기 위해 의사는 피부에 젤을 바른다. 좋은 그림을 얻기 위해 필요한 것이다. 곧이어 배 위에 굽은 막대 모양의 기계를 지나가게 한다. 초음파를 발사하고 회수하는 기계다. 자궁에 근접하여 더 상세한 그림을 보여주는 기계도 있다. 그 기계의 검사는 방광을 꽉 채우지 않아도 된다. 초음파 검사는 고통스럽거나 위험하지 않다. 그러므로 안심해도 된다. 정상적인 임신중에는 두 번이나 세 번의 초음파 검사가 시행된다.

첫번째 초음파 검사

아주 초기에 이루어지는데, 임신에 아무 문제가 없는 것 같으면 꼭 필요한 것은 아니다. 이것은 무생리 5~6주째에 임신 여부를 확인하는 데 도움이 된다. 생리가 규칙적이지 않은 여성들에게는 수정란의 크기 측정으로 임신의 날수를 정확하게 알려 준다. 검사가 임신 12주 전에 이루어지는만큼 정확성이 더 크다.

첫번째 초음파 검사는 무생리 5주째부터 심장 박동을 탐지하고, 10주째부터는 태아 움직임을 감지해서 임신의 진행을 확인한다. 또한 쌍둥이 진단을 조기에 할 수도 있다. 통증, 하혈 등으로 임신의 시작이 좋지 않을 때는 반드시 해야 하며 아울러 유산이나 자궁외 임신의 징후를 진단할 수 있다.

두 번째 초음파 검사

무생리 20~22주 사이에 이루어진다. 이 시기 이전에는 잘 보이지

3차원 초음파 검사. 초음파 분야의 진보 발전이 끊이지 않고 있다. 최근에는 입체감을 주는 3차원 영상을 가능하게 하는 기계가 출현했다. 이 영상들은 새롭고 상세한 자료들, 특히 얼굴과 발, 손 부분의 자료들을 보여 준다.

초음파 검사는 아기에 대한 귀중한 정보들을 알려주지만, 화면을 통해 태아의 사진을 보는 게 아니라 밝거나 어두운 부분만을 볼 뿐이다. 한마디로 컴퓨터에 의해 만들어진 영상을 보는 것이다. 그 영상을 의사가 해독하고 설명해 준다.

않는 기형을 조기 발견하는 것이 목적이다. 태아의 모습을 그림으로 나타내 두개골의 기형같은 것을 발견하는 것은 이전에도 X선이 했던 일이다. 그러나 초음파 검사는 다른 방법으로는 관찰할 수 없는 기형들, 예를 들면 소화기관, 비뇨기, 심장, 신경계의 기형을 조기 발견할 수 있다.

이것은 중요하다. 왜냐 하면 그 기형들 가운데 어떤 것들은 미리 알고 있다면, 아기가 태어나자마자 응급 치료의 혜택을 받을 수 있기 때문이다. 오늘날에는 임신중 자궁 안에서 그것을 치료하는 연구까지 진행되고 있다. 어쩔 수 없는 몇 가지 기형에 대해서는 임신 중절을 논의해볼 수도 있다.

초음파 검사는 때로 염색체 비정상의 징후를 발견하기도 하고, 어머니의 나이에 관계없이 양수 검사를 해야 하는 경보 신호도 발견한다. 손의 이상을 통해 '다염색체 13'을, 목덜미의 특이한 모습으로 '다염색체 21'을 발견할 수 있는 것이다.

세 번째 초음파 검사

무생리 34주에 하는데, 아기의 위치와 크기, 태반의 위치 등 모든 것이 출산을 위해 정상으로 진행되고 있는지 확인시켜 준다. 그것은 아기의 건강한 성장, 사지의 움직임, 호흡 등을 확인시켜 준다. 전체 임신 기간 중에 초음파 검사는 또한 태반의 위치를 확인해 주고 아기가 순조롭게 성장하는지 알게 해 준다.

▶ 태반이 낮아 자궁 경부에 너무 가까이 하지 않았나 의심스러울 때는 태반의 위치를 알아본다. 태반이 낮으면 출혈을 일으키는 전치 태반이 될 수 있으므로 아기의 건강 상태를 관찰하기 위해 지체없이 병원에 가야 한다. 그러나 임신 초기의 아래에 붙은 태반은 염려할 것이 없다. 대부분 곧 다시 위로 올라오고 분만 때는 정상적으로 자리를 잡는다. 진짜 전치 태반은 매우 드물다.

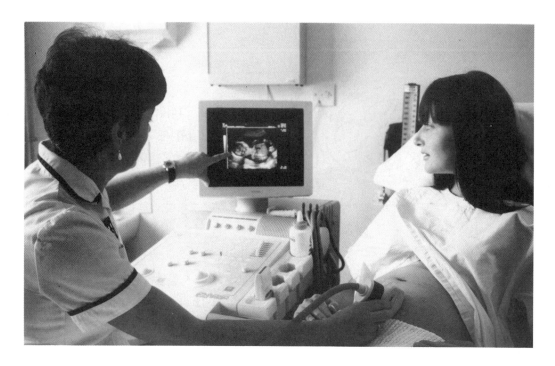

▶ 자궁의 크기와 임신 시기 사이에 차이가 있을 때는 반드시 태아의 성장을 검사해 보아야 한다. 초음파 검사로 태아의 두개골과 배의 지름, 대퇴골의 길이 등을 재 평균 통계와 비교하고 수주 동안 성장을 지켜본다. 초음파 검사는 또한 태아의 성을 알게 해준다.[2]

초음파 검사는 문제 임신이나 위험 임신에서 필요하다면 언제나 위험 없이 되풀이할 수 있다. 쓸데없이 하는 검사는 아니다.

어떤 부모들은 아기의 성장을 지켜보기 위해 매 검진 때마다 초음파 검사를 하고자 원한다. 그러나 의학적으로 꼭 필요하지 않은 검사는 낭비이며, 무릇 모든 검사란 그것이 간단한 분석이건 X선이건 '정말 모든 게 정상일까?' 하는 불안을 일으키게 한다는 사실을 다시 한 번 생각하자. 왜 쓸데없는 걱정거리를 만들려고 하는가?

2) 초음파 검사는 태아에 대한 지금까지의 지식을 흔들어 놓았다. 그것은 또한 여러 가지의 검사와 처치를 가능하게 했다. 초음파 유도 장치를 통해 양수 검사도 할 수 있게 했다.

● 자신의 몸에 귀 기울여야 한다

임신의 관찰에서 임신부가 직접 보고 느끼는 것은 매우 중요하다. 임신의 진행을 잘 알고 있고, 하혈, 통증, 열 등 경보 신호를 가장 먼저 발견하는 사람은 바로 임신부 자신이기 때문이다. 9개월 내내 자궁 수축과 피로라는 두 가지 신호가 안내인 노릇을 할 것이다.

▶ 분만 작업은 아기를 밀어내어 밖으로 나오게 하는 자궁 수축에 의해 이루어진다. 그래서 임신중에도 자궁 근육은 매일매일 조금씩 수축한다. 자궁이 미리 연습하는 것이라고 할 수 있다.

자궁이 딱딱해질 때 배가 딱딱해지는 것을 느낀다. 이 수축은 아프지 않을 수도 있다. 그러나 때로는 배나 신장 쪽의 약한 통증이 따른다. 이 증상을 참작해서 임신부는 쉬어야 한다. 쉬는 데도 수축이 계속되면 조산의 우려가 있다. 그때는 의사에게 자궁 경부의 길이와 열림을 진찰받아야 한다.

▶ 피로는 반드시 주의해야 할 또 다른 요소이다. 그러므로 일이든 운동이든 피로하지 않게 하는 것이 중요하다. 임신중의 걷기는 좋은 운동이지만 이것도 지나치면 안된다. 그렇다면 어느 정도가 적당한가? 매일매일 걸어야 하는가? 하루에 얼마나 걸어야 하는가? 그러나 적당한 운동량을 깨닫는 것은 바로 자기 자신이다.

필요한 운동의 양은 사람마다 다르다. '자신의 육체에 귀 기울이기'를 게을리하지 않으면서 자신이 얼마나 휴식을 필요로 하는지 가장 잘 아는 사람은 자신밖에 없다. 자신의 육체에 귀를 기울이는 일은 바로 피로를 느끼는 것이다. 그리고 정말 피로를 느낄 때는 망설이지 말고 의사를 찾아간다.

▶ 4개월째가 되면 아기의 활발한 움직임을 느끼게 된다. 그것은 태아의 생명력을 반영해 주는 것이다.

마지막 3개월 중에 몇 시간 동안 움직임이 줄어들거나 사라지면 진찰을 받아야 한다. '위험'이라고 말하는 임신에서는 급한 경우에 빨리 의사에게 알릴 수 있도록 임신부 스스로 하루에도 여러 번 태아의 움직임을 점검해 보아야 한다.

▶ 당과 알부민의 비율을 알아보기 위한 소변 검사를 꼭 해야 한다. 그것은 병원에서 정기 검진 때 시행된다. 아니면 약국에서 파는[3] 색깔 있는 시험지를 사서 임신부 스스로 이 검사를 해 볼 수도 있다.

6개월까지는 3주마다, 그 후로는 계속 10일마다 검사하는 것이 좋

임신의 의료 진단 일반적으로 임신과 출산의 진단은 의사이건 조산사이건 처음부터 똑같은 사람이 계속하는 것이 좋다. 어떻든 임신부의 파일 안에 들어있는 의료 기록은 검진 때마다 작성되어, 임신의 진행을 분명히 알 수 있게 해준다. 그래서 어떤 이유로 진료 장소나 의료진을 바꾸더라도, 필요한 모든 정보를 그 기록 속에서 찾을 수 있다.

3) 이 시험지 가운데 어떤 것은 비뇨 감염의 조기 발견도 가능케 한다.

다. 알부민이 있다면 자국만 나는 정도라도 몸을 깨끗이 한 후 다시 해 보고, 그래도 자국이 있다면 의사를 찾아간다.

▶ 몸무게도 반드시 관찰해야 한다. 매주 재야 한다. 비정상적으로 체 중이 늘면 의사나 조산사의 진찰을 받는다. 임신중에 체중이 거의 늘 지 않는 여성도 있고 많이 느는 여성도 있지만, 둘 다 규칙적인 곡선을 그리게 된다. 경계해야 할 것은 곡선의 균형이 깨지는 것이다.

▶ 진찰받으러 가기 전에 묻고자 하는 크고 작은 질문 목록을 만든다. 그렇지 않으면 질문을 잊어버릴 수 있다. 우습게 보일까 봐 두려워하 지 말고, 조금이라도 의심스러운 것은 모두 의사에게 말한다.

● 40세 이후의 임신은 위험하다

요즘 임신부의 나이가 높아지고 있다. 여성들은 평균적으로 28세에 첫아기를 갖는데 40세의 임신도 흔해졌다. 40세 이상의 출산 율은 최근 10년 사이에 50%나 늘어났다. 40대의 아기는 때로 첫아기 와 15~20세 터울이 있는 둘째일 수도 있다.

이는 원숙기, 개화기의 아기이다. 새로운 사랑의 아기일 수도 있고, 그와 함께 모든 것이 다시 시작되기를 원하는 아기일 수도 있다.

40대의 임신부들은 아기에게 덜 집착하고 더 푸근하다고들 한다. 그 러나 임신했을 때 종종 불안해한다. 38~39세의 여성들은 다른 여성 들보다 위험의 신호를 더 많이 보인다.

우선 임신중에 실제로 불편한 증상들이 더 많다. 피로와 정맥류, 치 질 같은 정맥 장애가 더욱 잦다. 고혈압, 신장병, 당뇨병 등 임신에 관 련된 병들의 위험 역시 더 크다. 모든 것이 아기의 건강과 심장에 영향 을 미칠 수 있다.

기형아가 태어날 위험, 특히 '다염색체 21'의 위험이 크다는 사실은 이미 잘 알려져 있다. 그러므로 일률적으로 양수 검사를 해야 한다.

또한 분만도 어렵다. 유산과 조산이 더 많다. 분만 때 제왕절개의 비 율이 눈에 띄게 늘어난다.

이런 여러 가지 이유 때문에 높은 나이의 임신은 위험하다고 말한

다. 실제로 임신부는 다음 사항을 받아들여야 한다.

▶ 일이건 운동이건 생활에서 휴식을 좀더 많이 갖도록 노력할 것.

▶ 더욱 엄격하게 관찰할 것. 최소한 한 달에 한 번은 시설을 잘 갖춘 의료 기관에서 정기 검진을 받는다.

▶ 어느 나이를 지나면 증가되는 기형의 위험 때문에 출산 전 진단을 꼭 받아야 한다.

이 모든 충고는 40세가 넘어 임신한 여성에게 가혹하게 보일지 모르지만, 미리 알아두는 것이 중요하다. 사실 이 나이의 임신부는 일반적으로 이 귀중한 임신을 대단히 행복해하며, 자연히 상당한 주의를 기울인다.

● 약, 예방 접종, X선 촬영

검진중에 임신부들은 약, 예방 접종, X선 촬영 때문에 혹시 일어날지도 모르는 아기의 위험에 대해 의사에게 자주 묻는다. 기형아

를 가질지도 모른다는 두려움이 있기 때문이다. 아주 오래 되긴 했지
만 탈리도마이드의 비극적 사건이 아직도 기억 속에 남아 있는 것이
다. 임신부가 탈리도마이드라는 약 때문에 기형아를 낳은 사건을 말한
다.

그 사건은 임신중에 받은 치료가 아기에게 미칠지도 모르는 위험 때
문에 임신부들을 예민하게 만들었다. 이 두려움은 극에 달해 임신부들
로 하여금 모든 약, 아주 대수롭지 않은 약이나 의사의 처방에 따른 약
까지도 복용하지 않게 만들었다.

여기에 대해서는 일반적으로 다음과 같이 말할 수 있다.

▶ 최대의 위험은 임신 15일부터 3개월 말 사이에 있다.

▶ 처음 15일 전에는 외부의 유해 요인이 아무 작용을 하지 않거나 작
용을 하면 수정란은 죽어서 바로 배출되어 버린다.

▶ 3개월 후에는 기형이 아주 드물다.

● 약은 반드시 의사와 상의한다

여러 형태의 수천 가지 약을 일일이 훑어볼 필요는 없다. 전체
적인 유형별로 살펴보자. 약은 대체로 두 가지 유형으로 나눌 수 있다.

▶ 일반적인 약. 소화제라든가 아스피린같이 보통 가
정의 약장에서 볼 수 있고 의사의 처방 없이 살 수
있는 약들은 위험하지 않으므로 평소대로 먹어도
된다. 그러나 나라에 따라서는 많은 약들이 의사의
처방없이 팔리고 있으므로 조심해야 한다.

조금이라도 걱정이 되고 의문이 생긴다면
의사에게 물어본다. 어떤 의사들은 임신 초
기와 말기에 아스피린을 먹지 못하게 한다.

▶ 특수한 약. 다른 약들은 반드시 의사와 상의해야 한
다. 의사는 아기에게 위험한 어떤 약도 복용하지 못하게 한다.

임신 전에 당뇨병 같은 만성 질환을 앓고 있어서 치료를 요하고, 임
신 기간 동안 계속 치료해야 하는 경우도 있다. 게다가 감기 같은 급성

병 혹은 전염병은 어느 때라도 일어날 수 있다.

이럴 때도 역시 임신중에는 사용할 수 없는 약에 대해 잘 알고 있는 의사의 말을 들어야 한다.

● 예방 접종은 경우에 따라

임신중 예방 접종의 위험은 그 종류에 따라 다르다. 다음과 같이 구별할 수 있다.

해롭지 않은 접종

▶ 파상풍 접종은 임신중에 어떤 위험도 초래하지 않는다. 그것은 특히 건물 밖에 나가 일하는 여성들에게는 권장되기까지 한다. 항체가 신생아에게 전해지면, 신생아는 보기 드물지만 대단히 무서운 신생아 파상풍에 예방이 된다. 마찬가지로 필요하다면 파상풍, 소아마비 재접종이 임신중에도 가능하다.

▶ 독감 접종 역시 신생아를 초기 수개월간 보호하는 이점이 있다.

▶ B형 간염 접종도 마찬가지다.

▶ 광견병 ‘치료’ 접종은 개에게 물린 후에 꼭 필요하다. 그러나 ‘예방’ 접종은 좋지 않다.

해로울 수도 있는 접종

▶ 약으로 복용하는 소아마비 예방 접종은 유산의 위험이 있으므로 이롭지 않다. 주사 접종은 위험이 없다.

▶ 풍진 접종도 좋지 않다. 그러나 임신 초에 접종을 한 어머니에게서 태어난 아기는 어떠한 기형도 알려진 적이 없다.

▶ 황열병 접종도 좋지 않다. 그래도 반드시 필요하다면 임신 두 번째 3개월을 택하는 것이 바람직하다.

▶ 콜레라 접종은 그 병이 더 이상 퍼지고 있지 않은 지역에서는 별다른 지시 사항이 없다. 그러나 그 병이 있는 지역에서도 임신부에게는

신중해야 한다.

▶ 폐렴과 뇌막염 접종은 병원 종사자같이 그 전염에 특히 노출되는 여성들만 받는다.

이 모든 접종은 하지 않는 것이 좋다. 그러나 이 접종들이 진짜로 얼마나 해로운 작용을 하는지에 대해서는 의견이 엇갈리고 있다.

실제로 어떤 여성이 임신 초에 부주의로 이런 접종을 했다고 해서 임신 중절까지 고려한다면 그것은 잘못된 일이다.

해서는 안 되는 접종

▶ 수두 접종은 단호하게 금지되어 있다.

▶ 디프테리아, 장티푸스, 파라티푸스 접종은 점차 허용되었다가 그것이 일으키는 강한 반응 때문에 금지되었다. 장티푸스 접종은 허용되고 있지만, 임신부에 대한 효과는 아직도 잘 알지 못한다.

▶ 백일해 접종은 금지되었다.

▶ 천연두 접종은 이제 없어졌다. 그 병이 근절되었기 때문이다.

● X선과 방사선은 금지

방사선은 돌연변이를 일으키고, 아기에게 종양과 암의 위험을 초래하며 기형을 유도하는 것으로 비난받고 있다. 이런 가능성은 다량의 방사선 투여 후에는 두말할 나위도 없다. 원자 폭발 후의 피해가 이를 잘 증명하고 있다.

그러나 주의를 기울여 사용된 진단용 X선의 위험은 훨씬 가벼운 것 같다. 그렇지만 임신중 X선 치료는 모두 금지되어 있다. 여러 번 찍어야 하는 X선 검사 또한 금하고 있다. 검사 부분이 어머니의 배에 가까울수록 그리고 임신 초기일수록 더욱 그렇다.

가장 위험한 시기는 역시 중요 기관이 형성되는 임신 15일에서 3개월 사이이다. 따라서 임신이 시작되었을지 모르는 생리 주기 후반의 여성은 X선 검사를 자제하는 것이 바람직하다.

특별한 관찰. 방사선 실에서 일하는 임신부들은 세밀한 의료 관찰을 받는다. 사실 의료 기관이나 방사선과 직원뿐 아니라 원자 산업 직종에도 해당하는 법 규정이 있다. 모든 임신부는 임신한 사실을 알게 되자마자 그것을 의사에게 알려야만 한다. 공기업에 고용된 직원은 예방 의학과 의사가 맡고, 사기업체 직원은 산업 의학과 의사가 맡는다. 여자들은 임신 전 기간 동안 혹은 단지 얼마 동안이라도 부서를 바꾸게 될 것이다.

여기서 특별히 유의해야 하는 경우가 있다. 어머니가 아이를 방사선 과에 데리고 갔는데 의사가 X선 촬영을 하는 동안 어머니에게 아이를 붙잡고 있어 달라고 부탁하는 경우이다. 만약 그때 어머니가 임신중이 라면 그것을 거절해야 한다. 그때는 X선에 노출되어도 좋은 시기가 아 니기 때문이다. 의사는 다른 사람에게 그 일을 부탁할 것이다.

임신 초기에는 주의를 해야 하지만 그 후에는 위험하지 않은 X선 검 사도 있다. 흉곽 X선 검사다. 어떤 경우에 의사가 그것이 필요하다고 판단할 수 있다. 이 X선 촬영은 뢴트겐 투시법보다 우위에 있고 실제 로 아무런 위험도 없다.

임신 말기에 태아의 상황과 골반의 크기, 형태 등을 정확히 알기 위 해 시행되는 X선 검사도 마찬가지다.

위험 임신이라고 한다

만약 자신의 임신이 이렇게 불려진다 해도 불안해할 건 없다. 이 표현은 임신부나 아기가 대단한 위험을 무릅쓸 것이라는 뜻은 아니 다. 이것은 가장 정상적이고 평범한 임신과는 다른 몇가지 이유로 보 다 주의 깊은 관찰과 전문적 검사를 필요로 한다는 뜻일 뿐이다. 정상 임신과 차이를 두기 위해 의사들이 쓰는 표현이다.

● 어떤 임신이 위험한가?

임신을 이렇게 분류하는 이유는 여러 가지이다.

임신부의 나이 · · · 이것은 매우 중요한 요소이다. 임신했을 때 어 린 나이, 특히 18세 이하는 성인과 비교해 위험률이 큰 것을 통계적으 로 알 수 있다. 임신 중독증은 세 배 높고, 조산의 위험은 두 배 높으 며, 출산 전후의 발병률과 사망률 또한 상당히 높다.

여러 상황들이 이 사실을 뒷받침해준다. 우선 원하지 않는 임신이라 면 상당 기간 동안 은폐되고 병원에 가는 것이 늦어져 의료 관찰이 부족해진다. 독신 생활이나 불리한 여건으로 인해 영양이 부족될 수도 있고, 과로나 정신적 피로가 축적될 수도 있다.

그러나 가족들의 정성스러운 보살핌을 받고 애정을 듬뿍 받는 경우라면 물론 아무 문제 없이 정상 분만을 할 수 있다.

40세 이후의 임신도 특별한 관찰이 필요하다.

임신의 횟수···여러 명의 아이를 출산한 경우에도 특별한 관찰이 필요할 때가 있다. 네 번째 출산부터는 비정상적인 태위와 난산의 위험이 늘어난다. 자궁의 힘과 수축력이 약해지기 때문이다. 마찬가지로 후산 배출 때 출혈이 더욱 많다. 또한 지금까지 아이를 낳는데 별 문제가 없었다면 네 번째, 다섯 번째 때는 위생과 검진에 주의를 덜 기울이는 경향이 있다.

이전 임신의 문제···이전의 임신이나 출산에서 위험이 있었다면 의사가 더 주의깊은 관찰을 하는 것은 당연한 일이다. 오랫동안 치료를 받아야 했던 불임, 습관성 유산이나 조산, 임신 중독증이나 출혈, 제왕절개를 해야 했던 난산이나 사산, 기형아에 대해서도 마찬가지다.

사회 경제적 여건···이 사항은 임신에서 중요한 역할을 한다. 출산 전후의 사망률은 열악한 사회 계층에서 두 배나 높다. 여러 요인들이 영향을 미친다. 가정 형편 때문에 임신중에도 힘든 교통 수단을 이용하여 장거리 출퇴근을 하면서, 어려운 일을 계속할 수밖에 없는 경우도 있다. 아이들이 여럿 있다면 피곤한 집안일도 해야 한다. 돈이

없어 올바른 영양 섭취를 하기 힘들 수도 있다. 고기, 생선과 신선한 채소를 주로 한 식이요법은 꽤 돈이 든다.

이런 이유들 때문에 임신 중독증, 빈혈 등 임신중 문제와 조산의 위험이 크다. 어떤 이유로 오랫동안 임신 사실을 숨김으로써 출산 전 검사를 충분히 받지 못할 수도 있다. 그때 사고 발생률은 평균치보다 10~15% 더 높다.

임신에 관련된 병들 · · · 이 병들은 관찰과 때로는 특별한 치료를 요한다. 제10장을 참조할 것.

골반의 비정상 · · · 골반의 기형이나 키가 150cm 이하로 작은 여성같이 체질적인 것일 수도 있고, 골반 골절같이 사고로 일어날 수도 있다. 골반 이상은 출산의 정상적인 진행을 방해할 수 있다.

'위험 임신'으로 분류되는 이유는 이밖에도 다양하다. 여러 가지 위험이 한 사람에게 중복되어 나타날 수도 있다. 습관성 유산이나 오랜 불임 끝에 첫아기를 가진 40세 이상의 여성이 그러하다. 위험은 측정하기 어렵고 의사에 따라 견해가 다르다. 문제 발생은 정상적인 임신중에도 느닷없이 일어날 수 있으며 그 임신은 위험 임신이 된다.

● 위험 임신은 세심한 진단이 필요하다

실제로 '위험 임신'은 어떻게 해야 하는가? 우선 정상적인 경우보다 더 자주 검사를 받아야 하고 더 세밀한 관찰이 필요하다. 의사는 아마도 2주마다, 또는 매주 임신부를 만나려고 할 것이다. 임신부가 움직일 수 없거나 움직여서는 안 될 때는 의사가 직접 집으로 오거나 정기적으로 조산사를 보내 관찰할 수도 있다. 의사는 더 복잡한 검사를 위해 훌륭한 시설을 갖춘 병원에 입원하라고 충고할지도 모른다. 어떤 검사가 있는지 알아보자.

초음파 검사 · · · 이것은 앞에서 보았듯이 지금은 일반적인 검사가 되었지만 위험 임신에서는 더 자주 초음파 검사를 하게 된다.

도플러 검사 · · · 혈관의 혈액 유입량을 재는 기구이다. 이 검사로 자궁의 동맥과 태아의 탯줄, 뇌동맥에 지나가는 혈액의 양이 정상인지 검진할 수 있다. 이 검사는 여러 경우에 사용된다.

▶ 원인이 무엇이건 자궁 안에서 태아의 성장 부진이나 지진이 의심될 때. 이 검사는 그 여부를 확인하고 심각성을 상세히 밝혀 준다. 때에 따라서는 임신 중절 같은 결정을 하게 해 준다.

▶ 이전에 비정상 임신이 있었던 경우에도 드물게 할 수 있다. 검사는 26주와 28주 사이에 한 번, 32주와 34주 사이에 다시 한 번 한다.

태아 심장 리듬의 기록, 모니터링···이 기록은 태아의 심장 활동 상태를 진단하게 해 주는 기구 덕분에 가능하다. 검사는 어른의 심전도 검사 때와 거의 똑같다. 임신중의 이 기록은 태아의 지진을 조기 발견하는 데 목적이 있다. 분만시에는 이 기록으로 아기에 대한 자궁 수축의 영향을 관찰할 수 있다.

신토시논 테스트···신토시논 주사를 놓고 태아의 반응을 보아 태아의 심장 리듬을 기록하는 것이다. 태아 지진의 진단에 목적이 있다. 조산이나 전치 태반의 위험이 있는 경우에는 금지된다.

X선 검사···복부에 대한 간단한 X선 촬영으로 쌍둥이를 확인할 수 있고, 기형을 조기 발견하며, 아기의 성숙도를 측정하고, 아기의 태위를 알 수 있다. 또한 골반 길이를 밀리미터까지 잴 수 있고, 출산이 자연적으로 진행될 것인지 혹은 제왕절개 수술을 준비해야 하는지 미리 예측할 수 있다.

그러나 현재 X선 검사는 점차 초음파 검사로 대체되고 있다.

양수 검사, 양수경 검사···양수 검사는 임신의 여러 시기에 매우 중요한 정보를 알게 해 준다.

▶ 양수 검사는 초음파 검사로 태아와 태반의 위치를 알아낸 후, 모체의 복부를 통해 필요한만큼의 양수를 뽑아내 검사한다.

임신 초기의 양수 검사는 기형을 조기 발견하는 데 목적이 있고, 임신 말기에는 아기의 성숙도를 측정하는 데 유용하다. 예를 들어 당뇨병이나 임신 중독증이 아기의 생명을 위협할 수 있으므로 양수 검사를 통해 아기의 생명력을 측정하는 것이다. 아기의 성숙도와 분만 시기 측정은 양수 안에 들어 있는 아기의 세포들과 생성물의 함량을 분석함으로써 가능하다.

▶ 양수경 검사는 완전히 다르다. 이것은 바늘을 찌르지 않고 자궁 경부에 튜브를 끼워 넣어 양수를 살펴보는 것이다. 양막 속에 들어 있는 양수의 상태에 따라 임신이 비정상적으로 오래 끌고 있는지 알아볼 수 있다. 그러므로 출산 가까이에만 시행된다.

호르몬 수치 검사 · · · 임신은 난소와 태반이 정상적으로 호르몬을 분비하고 있을 때에만 정상적으로 진행될 수 있다. 그러므로 소변과 혈액에 함유되어 있는 호르몬의 양을 잼으로써 진행 과정을 관찰할 수 있다. 이 검사는 임신 기간 내내 할 수 있다.

이 호르몬 관찰은 습관성 유산, 불임 치료 등 이전 병력이나 통증, 하혈 등 임신이 순조롭지 않을 때 하게 된다. 정상 임신 초기에 난포막 호르몬의 비율은 대략 이틀마다 배씩 늘어난다. 임신이 진행될수록 호르몬 수치 검사는 하지 않고 다른 방법으로 관찰하게 된다.

이처럼 최근 10년 사이에 태아를 더욱 정확하게 진단할 수 있는 기술들이 등장했다. 그리하여 '태아 의학' 이라는 말까지 생겨났을 정도이다.

자신도 위험 임신이 아닌가 걱정할 필요는 없다. 전문적인 관찰과 특별한 검사를 요하는지 의사가 알려 줄 것이다.

제 *10* 장
임신중 발생하는
문제들

대다수의 경우 임신은 아무 문제 없이 진행되고 건강한 아기가 태어남으로써 행복하게 결말을 맺는다. 하지만 극히 소수의 경우에 어머니나 아기의 건강에 영향을 미치는 문제들이 발생한다.

조금이라도 이상한 증후가 있을 때는 필요한 조치를 취할 수 있도록 즉시 의사에게 알려야 한다. 이 장은 그러기 위해 필요한 것이다. 예를 들어 보자.

임신 말기에 어떤 임신부가 굉장히 뚱뚱해졌는데 그녀는 전혀 걱정하지 않았다. 임신하면 뚱뚱해지는 건 당연하다고만 생각했다. 그녀는 임신 말기에 갑자기 체중이 느는 것은 '자간(子癎)'을 초래할 수 있다는 사실을 몰라 의사에게 가지 않았다.

그런 정보의 부족으로 그녀는 어머니와 아기에게 다같이 무서운 결과를 낳을 수 있는 위험에 빠지고 말았다. 자간은 두통과 현기증, 호흡 곤란과 함께 경련을 일으키며 까무러치는 임신중의 무서운 증상이다.

만약 임신부가 이런 사실을 미리 알고 있었더라면 즉시 의사를 찾아가 혈압을 재고 소변을 분석해 봄으로써 아무렇지도 않게 자간의 위험을 피할 수 있었을 것이다.

시간이 없거나 지금 이 장을 읽을 여유가 없다면 이 장 마지막에 나오는 '위험 주의!'를 자세히 읽어보자. 조금이라도 이상하면 의사에게 알려야 하는 증후들이 나온다. 그 증후들은 위험에 대한 경계 경보이다. 그런 것이 느껴지면 즉시 의사에게 알려야 한다. 다음 번 검진 때까지 미루면 안된다. 문제 해결은 빠를수록 좋다.

이 문제들은 세 그룹으로 구분할 수 있다.

첫번째 그룹은 임신 자체에 관련된 문제들인데 자연 낙태 같은 것이다. 두 번째 그룹은 임신중 생긴 병에서 비롯된 문제들인데 풍진이나 톡소플라즈마 감염 같은 것이다. 세 번째 그룹은 임신부가 임신 전에 가지고 있던 병으로 인한 문제들인데 임신에 좋지 않은 병들, 즉 에이즈나 당뇨병 같은 것들이다.

일반적인 문제들

　　　　이 문제는 임신 초기에 발생하느냐 말기에 발생하느냐에 따라 상당한 차이가 있다. 임신 초기에 발생하는 문제는 주로 자연 낙태와 자궁외 임신이다.

● 유산은 아주 흔한 일이다

　　　　임신의 자연적인 중단을 흔히 유산이라고 하고 의학 용어로는 자연 낙태라고 한다.

　　임신 6개월까지는 유산이 문제이고, 그 후에는 조산이 문제이다. 유산의 위험은 처음 3개월 동안에 가장 크다.

　　유산의 위험은 어떻게 나타나나···임신이 정상적으로 시작되는 것 같았는데, 갑자기 하복부에 통증이 오면서 하혈이 발생한다.

　　겁을 내기 전에 우선 생리가 아닌지 날짜를 생각해 본다. 임신부는 임신 첫 2개월이나 3개월 동안에 약간의 하혈을 하는 수가 있다. 이런 하혈은 전혀 문제가 없다. 그러나 다른 모든 하혈은 경계 신호로 보아야 하며 지체없이 병원에 가야 한다. 의사만이 하혈의 원인을 찾을 수 있다. 의사가 때로는 초음파 검사를 해 보라고 권할 것이다. 초음파 검사로 수정란의 크기와 모양에 따라 임신이 정상인지 아닌지 정확하게 알 수 있다.

　　의사는 또한 호르몬이 정상적으로 분비되고 있는지 알아보기 위해 임신 호르몬 수치 검사도 권할 것이다.

　　무엇을 해야 하나···일반적으로 유산의 위험을 당장 예측하기는 어렵다. 유산인지 아닌지를 알아보기 위해서는 기다리는 수밖에 없다. 초음파 검사를 다시 할 때까지 며칠이 걸릴지도 모른다. 몇 년 전까지는 유산의 위험이 있으면 자동적으로 호르몬 치료를 했지만 지금은 그렇게 하지 않는다. 호르몬 치료는 더 이상 자라지 못하는 수정란을 자궁 안에 정체시키기만 할 뿐 다른 효과가 없다는 것이 확인되었기 때문이다.

하혈이 있는 경우 정확한 진단이 내려지기까지는 활동을 중단하고 기다리는 것이 바람직하다. 그렇지만 원인이 자궁 경부의 열림 같이 알 만한 이유라면 적절한 치료를 할 것이다.

무슨 일이 일어날까 · · · 치료가 순조롭게 진행되면 하혈이 줄고, 자궁 경부가 닫히며, 자궁이 계속 커진다. 호르몬 분비도 많아진다. 초음파 검사는 임신의 진행이 계속되는 것을 확인시켜 준다. 이런 경우는 보통 태반이 얇아서 수정란이 자궁에 착상하기 어려울 때 발생하는 것이다. 그래도 의사가 유산의 위험이 사라졌다고 할 때까지 활동을 하면 안 된다.

많은 임신부들은 이런 유산의 위험이 기형아를 낳게 하지 않을까 하는 두려움을 갖는다.

그러나 그것은 근거없는 두려움이다. 유산의 위험을 극복하고 임신이 계속 진행되고 있다는 것은 정상 분만에 이르는 길을 정상적으로 가고 있다는 것을 의미하기 때문이다.

반대로 치료가 어렵고 위험이 조금씩 분명해질 수도 있다. 자궁이 더 이상 커지지 않으며, 하복부의 통증과 함께 많은 양의 하혈이 계속된다. 결국 유산이라는 결론에 이르게 된다. 하복부의 통증은 수정란을 밀어내는 고통스러운 자궁의 수축이었던 것이다.

유산했는데도 심한 출혈이 없다면 · · · 곧바로 큰 병원으로 갈 필요는 없다. 유산은 즉시 병원으로 달려가야 하는 응급질환은 아니다. 그러나 빨리 의사나 조산사를 찾아가는 것이 좋다.

배출물은 어떻게 해야 하나? 전에는 염증을 유발할 수 있는 수정란의 일부가 자궁에 남아 있지 않은지 의사가 확인하도록 배출물을 가지고 있어야 한다고 했다. 그러나 오늘날에는 그럴 필요가 없다. 초음파 검사가 확인해 주기 때문이다. 이 검사로 자궁 안에 수정란의 일부분이 남아 있는 것이 확인되면 흡입기로 제거한다. 이 수술은 마취하에 시행되며, 24~48시간의 입원을 요한다.

유산에 상당한 출혈이 있다면 · · · 큰 병원 응급실로 가거나 지체 말고 의사에게 알려야 한다.

유산 후에는 · · · 유산 후에는 얼마나 쉬어야 할까? 일반적으로 며

1) 접종이란 단어는 의학적으로 적절하지 않다. 사실은 혈청이 문제이기 때문이다. 그러나 통상적으로 사용되고 있기 때문에 그 표현을 사용한다.

칠이면 회복된다. 임신부가 Rh 음성이라면 의사는 항Rh 양성접종[1]을 하라고 할 것이다.

유산 후에는 흔히 다소 오래 갈 수도 있는 우울증이 따른다. 이 우울증은 출산 후와 마찬가지로 임신의 중단에 따르는 호르몬의 혼란 때문에 생긴다. 또한 심리적인 이유도 있다. 많은 여성들은 유산 후에 정신적 고통을 겪는다.

의사와 가족은 이 사건을 하찮은 것으로 여기는 경향이 있다. '괜찮아' '흔한 일이야' '아기는 또 가지면 되는 거야' 라고 말한다. 자신은 깊은 슬픔에 잠겨 커다란 상실감을 느끼지만 주위 사람들은 보지도 못한 아기를 잃은 것이 정말 그렇게 슬픈 일인지 충분히 이해하지 못한다. 때때로 어떤 여성은 유산에 대해 죄책감을 느끼기도 한다. '충분히 쉬지를 않았어' '너무 스트레스를 받았어' '아기를 그다지 원치 않았나 봐' 하고 자책한다.

여성은 대체로 빨리 잊어버리려 하기보다 자신의 슬픔을 이해하고 존중해 주기를 바란다. 그러므로 자신을 돌보아 주는 사람들에게 잃은 아기에 대해 말할 수 있어야 하고, 주변 사람의 애정과 심리적인 지지를 느낄 수 있어야만 한다. 유산한 여성에게는 정신적으로 회복할 시간과 잃어버린 아기의 장례를 치를 시간이 필요하다.

왜 유산이 일어날까 · · · 유산 후에 여성은 미래를 위해 이런 것을 자문하게 된다. 유산의 원인을 알고 싶어하고, 다음 번에 다시 유산되는 것을 막으려면 어떻게 해야 하는지 자세히 알아두려고 한다.

우선 한 가지 중요한 점은 유산은 아주 흔한 일로 우연한 사고라는 것이다. 임신은 경우에 따라 여러 가지로 다르다. 자연 낙태의 대부분은 염색체의 비정상으로부터 비롯된다. 우리는 제7장에서 염색체에 대해 알아보았다. 염색체의 수와 형태 혹은 배열의 이상은 흔히 살아남을 수 없는 불완전 수정란을 낳고 만다.

유산은 이와 같은 불완전 수정란을 스스로 배설해 냄으로써 자연의 실수를 바로잡는 것이다. 이런 불완전 수정란들 가운데에는 태아가 없는 것들도 있다. 태아는 없이 수정란의 부속물 부분만 발육한 것이다. 염색체 이상에 의한 유산은 재발에 대해 염려할 필요가 없다.

염색체 이상이 아닌 습관성 유산은 아직 그 원인이 밝혀지지도 않았고 치료법도 알려지지 않았다.

습관성 유산

습관성 유산을 일으킬 수 있는 원인들 가운데에도 여러 유형이 있다. 자궁에 자리잡고 있는 국부적인 원인, 어머니의 병, 면역적인 원인, 그리고 논란의 여지가 많은 호르몬 부족 등이다.

자궁의 국부적 원인 · · · 수정란의 정상적인 발달은 수정란을 보호하는 자궁과 자궁 내막, 자궁을 막아 주는 자궁 경부 등 그 모두를 필요로 한다. 이 가운데 하나라도 이상이 있으면 임신이 중단될 수 있다. 자궁은 섬유종에 의해 형태가 변할 수도 있고, 선천적으로 기형일 수도 있고, 발육 부진일 수도 있고 잘못 자리잡을 수도 있다.

자궁 내막은 착상을 방해하고 수정란의 올바른 영양 섭취를 어렵게 하고, 혹은 정상적인 성장을 방해하는 상처나 감염이 생길 수 있는 곳이다. 자궁 경부는 임신 기간 내내 정상적으로 닫혀 있어야 한다. 그래야 수정란이 밖으로 배출되지 않는다. 그러나 어떤 이유로 그 부분이 더 이상 빗장 역할을 하지 못하고 열릴 때가 있다. 그것은 선천적인 것일 수도 있고 난산, 인공 유산 등의 결과일 수도 있다.

어머니의 병 · · · 어머니의 모든 감염은 부분적인 질 감염이건 멀리 떨어져 있는 목, 편도선, 신장 등의 감염이건, 혈액을 통해서나 혹은 전염으로 임신을 중단시킬 수 있다. 그러므로 모든 감염은 반드시 치료해야 한다. 신장병이나 혈관병, 기생충병, 중독증 등도 유산을 일으킬 위험이 있다.

면역적인 요인 · · · 이 분야에 대한 연구가 매우 활발하게 진행되고 있으나 아직은 복잡하고 불확실하다.

호르몬 부족 · · · 오늘날에는 호르몬 부족에 대해서는 그리 중요하게 여기지 않는다. 실제로 임신이 중단될 때 호르몬 수치가 떨어지는 것은 분명히 중단의 결과이지 원인은 아니다. 그래서 호르몬 치료는 임신 이전에 있었던 호르몬 부족의 경우 이외에는 하지 않는다.

앞으로의 대책 · · · 자연 낙태는 다양한 원인이 있을 수 있다. 첫번

자연 유산의 빈도는 측정하기 어렵다. 50% 정도의 유산은 수정란이 자궁에 착상하기도 전에 제거되는 것 같기 때문이다. 습관성 자연 유산은 약 0.4%로 추정된다.

째 유산 후 의사는 경우에 따라 체온 곡선이나 호르몬 함량 검사 같은 몇가지를 권할 것이다. 임신중의 호르몬 부족이 유산의 원인은 아니라고 하더라도 임신 전 호르몬의 균형은 임신이 정상적으로 시작되고 진행되기 위해 꼭 필요한 것이기 때문이다.

습관성 유산이라면 의사는 더욱 복잡한 검사들을 권할 것이다. 자궁의 X선 촬영, 자궁경 검사, 혹시 있을지도 모르는 이상을 검색하는 스페르모그램, 감염이나 기생충을 찾는 혈액 검사, 부모의 염색체 배열 검사 등이다.

이 검사들은 몇 주가 걸린다. 이 검사들로 밝혀진 원인에 대한 치료나 수술을 하기 위해서는 더 많은 시간이 필요하다. 그러므로 임신을 너무 서두르거나 초조해하면 안된다. 어떻든 어떤 경우라도 유산 후 3개월 안에 다시 임신하는 것은 피해야 한다. 신체 리듬이 정상을 되찾기 위해서는 시간이 필요하다.

● 자궁외 임신은 빨리 발견해야 한다

수정란이 자궁에 착상하지 않고 비정상적으로 나팔관에 그대로 붙어 있는 것이다. 제5장 '수정란의 여행' 참조. 성장할 자리가 없으므로 수정란은 일반적으로 3개월 안에 죽는다. 그러나 그러기 전에 매우 심각한 사고를 일으키며, 나팔관의 벽을 부식시켜서 갈라지거나 터지게 한다.

그러므로 일찍 수술을 할 수 있도록 진단이 빨라야 한다. 그밖의 해결책은 없다. 자궁외 임신은 진행될 수가 없다.

자궁외 임신은 생리 예정일 전에 나타나는 거무스름한 출혈로 알 수 있다. 하복부에 매우 강렬한 통증이 일어나기도 한다. 두 가지 검사로 진단한다. 베타 H.C.G.호르몬 함량 검사와 초음파 검사다. 초음파로 자궁이 빈 것과 나팔관에 이상한 영상이 있는 것을 알 수 있다.

진단을 확인시켜 주는 복강경 검사를 할 수도 있다. 배를 조그맣게 절개하고 밀어넣은 불빛을 단 튜브가 배 안을 들여다보게 함으로써 자궁외 임신의 유무를 확인시켜 준다.

자궁외 임신 후. 자궁외 임신 후에도 여러 번의 임신을 성공적으로 끝낼 수 있다. 그러나 이 증후가 되풀이되는 경향이 있는 것도 사실이다. 이미 자궁외 임신의 경험이 있다면, 생리가 조금만 지체되거나 조금이라도 비정상적인 징후가 보이면 주저하지 말고 빨리 진찰을 받아야 한다. 임신이라는 확신이 들 때도 물론 마찬가지이다.

자궁외 임신은 수술로 치료해야 한다. 그러므로 임신 초기에 통증을 수반한 하혈이 있다면 지체없이 의사에게 진찰받아야 한다.

유산과 자궁외 임신은 임신을 중단시킨다. 그러나 다음 문제점들은 치료만 잘 하면 임신 진행에 아무 문제가 없다.

● 빈혈에는 철분 처방을

임신중에는 철분이 대단히 많이 필요하다. 필요한 철분의 일부는 음식물을 통해 받아들이고, 나머지는 모체의 저장분에서 얻어 온다. 제3장의 철분이 풍부한 음식물을 참조할 것. 모체의 저장분이 충분하지 않을 때, 철분 부족으로 어머니는 빈혈을 일으킬 수 있다.

빈혈은 비정상적인 피로와 숨가쁨, 창백함 같은 증후로 나타나지만, 아무런 증후 없이 혈액 검사를 통해서만 드러날 수도 있다. 빈혈은 의사의 철분 처방으로 좋은 효과가 나타난다. 하지만 빈혈이 아기에게 영향을 미치지는 않는다.

● 임신 중독증을 주의해야 한다

이름이 가리키는 것처럼 임신 때만 생기는 병으로 임신에 의해 발생하는 고혈압을 말한다. 일찍 발견되는 드문 병 중의 하나이다. 소변 속에 알부민이 나타나거나 동맥 혈압 상승, 부종이 특징이다.

소변 속 알부민 출현 · · · 임신중의 비뇨 감염이나 초기의 임신 중독증을 증명해 준다. 그래서 조금이라도 이상이 있으면 소변 분석을 통해 정기적으로 알부민을 관찰해야 한다.

알부민 검사 · · · 누구에게나 정기 검사가 필요하다. 건강하다고 느끼는 사람도 단백뇨를 가질 수 있기 때문이다. 단백뇨가 확인되면 더 자주 분석 검사를 해야 한다. 매 검진 때마다 병원에서 반응 테이프로 검사한다. 임신부 스스로 할 수도 있다. 양끝에 노란 종이가 달린 테이프를 소변에 닿게 해서 종이가 노래지면 알부민이 없는 것이고, 녹색으로 변하면 알부민이 있는 것이다.

얼마나 있는가? 스스로는 그 수치를 잴 수 없고, 실험실에서 정확한 분석을 할 수 있다. 이 분석을 위해 24시간 동안 깨끗한 용기에 모아 놓은 소변에서 채취한 샘플을 가져가야 한다. 소변을 모을 때는 임신 중에 늘어나는 질의 분비물 때문에 분석 결과가 잘못되지 않도록 몸을 깨끗이 씻는 것이 좋다.

소변 속에 조금이라도 알부민이 나오면 의사에게 말해야 한다. 알부민은 비뇨 감염이나 임신 중독증의 신호일 수 있기 때문이다.

혈압의 비정상적인 상승· · · 검진 때 의사가 확인해 준다.

부종· · ·발목이 붓고 반지를 뺄 수 없을 정도로 손가락이 굵어지며 얼굴이 부어오른다. 부종이 항상 임신 중독증을 뜻하는 것은 아니다. 정상적인 임신중에도 날씨가 너무 덥거나 하면 발목이 부을 수 있다. 그러나 갑자기 부종이 나타나고 갑자기 심해지거나 혹은 그와 함께 갑작스럽게 체중이 늘면, 경계 신호로 여기고 지체없이 의사에게 진찰을 받아야 한다.

임신 중독증은 신장 기능의 이상을 나타내므로 빨리 치료를 받아야 한다. 그렇지 않으면 심각한 문제를 일으킬 수 있다. 태아에게는 영양 불량과 성장지체를 일으키고, 임신부에게는 30년 전까지만 해도 가장 무서웠지만 다행히 오늘날에는 거의 보기 힘든 자간의 위험이 있다. 그러므로 임신부는 정기적으로 몸무게를 재고, 과도한 체중 증가를 경계하며, 정기적으로 소변 검사를 해야 한다.

임신 중독의 위험이 큰 다음 경우에는 훨씬 더 자주 해야 한다.

▶ 임신부 나이 18세 이전과 40세 이후.

▶ 첫 임신이나 쌍둥이 임신에서 임신 마지막 3개월.

▶ 가을과 겨울. 추위와 습기가 임신 중독증의 위험을 높일 때.

▶ 비만일 때.

▶ 임신 전에 고혈압이나 신장병을 앓았던 경험이 있을 때.

치료를 위해 잠시 동안 입원해야 한다. 누워서 쉬는 것이 가장 좋다. 그러면서 동맥의 혈압을 낮추기 위해 진정제나 약을 투여할 수 있다. 태아의 관찰은 특히 중요하다. 태아의 심장 리듬을 기록하고 정기적으로 초음파 검사를 한다.

● 태아의 성장 지연과 영양 불량

임신중에 아기가 충분히 자라지 못하는 경우가 있다. 이것을 영양 불량이라고 한다. 영양을 충분히 공급받지 못했다는 뜻이다. 그러나 평균 이하의 체중이라도 정상일 수 있다.

체중 미달이라도 규칙적으로 성장하고 있다면 아무 문제가 없다. 출생시 아기는 다만 평균 이하의 무게를 가질 뿐이다. 그것은 유전적인 문제이다. 작은 아기를 낳는 가계도 있고, 큰 아기를 낳는 가계도 있다. 그러나 진짜 성장 지체는 비정상이다.

다음과 같은 여러 원인이 있다.

▶ 어머니의 고혈압과 임신 중독증, 심한 영양 불량과 과로, 흡연, 만성 알코올 중독 등에 의해.

▶ 탯줄의 비정상, 태아 기형 등에 의해.

그러나 30%의 경우에는 어떤 원인도 발견되지 않는다. 때로 자궁내 성장 지체는 일시적인 경우도 있다. 태어나기 전부터 아기들은 똑같은 속도로 자라지는 않는다.

자궁 속 태아 지체에 대해서는 엄격한 관찰이 필요하다. 때로는 자궁 안 사망의 경우도 있기 때문이다. 임상 실험, 초음파 검사, 도플러 검사, 태아 심장 리듬 기록 등으로 관찰할 수 있다.

물론 임신 중독증, 흡연 등 원인을 알면 치료를 할 수 있다. 가능한 한 왼쪽으로 눕는 휴식도 절대적이다. 태반을 잘 세척시켜 주기 때문이다.

많은 의사들이 치료에 소량의 아스피린을 사용한다. 그러나 성장 지체가 심각하면 제왕절개로 임신을 중단시킬 수도 있다.

전치태반은 절대 안정이 필요

정상적으로 수정란은 자궁 안쪽에 착상한다. 그러나 때로 수정란이 자궁의 아랫부분, 자궁 경부 가까이에 착상하는 일이 생긴다. 때로는 태반이 자궁 경부를 완전히 뒤덮을 수도 있다. 전치태반이라 불리는 것이다. 보통 이 비정상적인 위치는 아기의 발달을 방해하지는 않는다. 그 대신 특히 임신 말기의 수축 때문에 태반이 부분적으로 얇아질 수 있다.

수축이 자주 반복되다가 태반이 얇아지면 갑자기 심한 출혈을 일으킨다. 임신 말기에 출혈이 있으면 즉시 의사의 지시에 따라야 한다. 의사는 태반의 정확한 지점을 알아낼 것이다. 출산 때까지 절대 안정이 필수이며 제왕절개 분만이 필요하다.

● 아기에게 위험한 어머니의 병

임신중 전염병 발병은 임신부를 불안하게 한다. 대다수의 경우 전염병들은 임신에 특별한 영향을 미치지 않는다. 하지만 때로는 유산, 조산, 태아 기형 등 심각한 문제를 일으킬 수도 있다.
모든 전염병을 다 살펴볼 필요는 없다.

아기에게 위험한 병에 대해서만 알아보자. 이 때 어떤 특별한 증후가 없더라도 체온이 38~38.5도 이상 올라갔다는 사실만으로도 의사의 진찰을 받아야 한다.

● 풍진

풍진은 특히 봄에 생기고 주로 아기들이 걸리는 지극히 흔한 전염병이다. 가끔 분홍색 발진, 결절종, 열 등 증상이 너무 가벼워 둘 중 하나는 병을 알지 못한 채 지나간다. 풍진 자체는 임신중이 아니면 매우 가벼운 병이다. 그러나 풍진에 걸린 임신부는 뱃속의 아기에게 병을 옮길 수 있다.

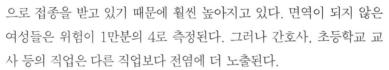

풍진은 임신중에 흔한가 ··· 그렇지 않다. 가임 여성들 90%가 이미 풍진을 앓은 경험이 있고 따라서 풍진에 면역이 되어 있다. 게다가 이 수치는 몇 년 전부터 아기들이 일률적으로 접종을 받고 있기 때문에 훨씬 높아지고 있다. 면역이 되지 않은 여성들은 위험이 1만분의 4로 측정된다. 그러나 간호사, 초등학교 교사 등의 직업은 다른 직업보다 전염에 더 노출된다.

풍진의 면역 여부를 어떻게 아는가 ··· 혈청 진단으로 혈액 속 풍진 항체의 유무를 검사해 봄으로써 알 수 있다. 항체가 없는 음성이면 병에 걸린 적이 없는 것이고 면역이 안 되어 있는 것이다. 임신중에 매우 조심하고 전염을 피해야 한다. 임신하지 않았다면 접종을 받아야 한다. 항체가 있으면 면역이 되어 있는 것이므로 두려워할 필요가 없다. 풍진 혈청 진단은 첫번째 출산 전 검사에 속한다.

풍진 환자와 접촉했다. 어떻게 해야 하나?

▶ 면역되었다는 확신이 있으면 아무 위험이 없으므로 걱정할 필요가 없다. 접종을 해도 마찬가지다.

▶ 면역이 안되어 있으면 15일 간격을 두고 두 번의 혈청 진단을 받는다. 처음으로 감염된 풍진만이 기형의 원인이 된다. 처음으로 풍진에 걸린 경우이다. 이미 풍진에 걸려 본 적이 있는데 두 번째로 또 걸렸다면 아기에게 위험하지 않다. 이것은 이상하게 생각되겠지만 가능한 일이다. 혈청 진단을 통해 이를 구분할 수 있다.

풍진의 위험. 임신 기간에 따라 그 심각성의 정도가 줄어든다. 심장, 귀, 눈, 신경계 등의 기형은 초기 감염 때 발생한다.(첫달에 85%, 두 번째 달에 40%, 세 번째 달에 20%). 세 번째 달이 지나면 일반적으로 비정상의 위험은 10% 이하로 줄어든다. 그러나 아기는 비록 정상이라도 출생시에 바이러스를 가질 수 있다. 이것은 출생시에 확인된다.

▶ 의심이 가는 경우에 의사는 병의 잠복기에만 작용하는 감마글로불린을 주사할 것이다.

▶ 풍진이 처음 4개월 중에 확인될 경우, 여러 나라에서는 임신 중절이 허용된다.

풍진 예방 접종 · · · 풍진 예방 접종은 대부분의 나라에서 모든 아기들에게 시행한다. 그러나 아직도 정확하게 그 면역 기간은 알 수 없다. 그러므로 임신을 하기 전에 혈청 진단을 해 보는 것이 바람직하다. 양성이면 면역이 되었으므로 걱정할 필요가 없고, 음성이면 접종을 해야 한다. 접종은 매우 간단하고 단 한 번의 주사로 끝난다.

그런 다음 3개월 안에는 임신하지 않는 것이 좋다. 임신을 한 다음의 접종에 대해서는 아직 그 효과를 잘 모르기 때문이다. 그러나 임신한 것을 모른 채 접종을 받은 경우 아직까지는 어떤 기형도 확인된 적이 없다.

● 톡소플라즈마 감염

톡소플라즈마라는 기생충에 의한 톡소플라즈마 감염은 피가 뚝뚝 흐르는 고기를 좋아하는 서구인들에게 널리 퍼져 있는 병이다. 잘 구우면 죽어버리는 톡소플라즈마는 양고기와 돼지고기에 특히 흔하다. 양의 50%, 돼지의 30%가 이 기생충을 가지고 있다. 쇠고기와 송아지 고기는 좀 덜하다.

풍진처럼 톡소플라즈마 감염의 증후도 매우 가벼울 수 있다. 부은 머리나 목의 결절종, 미열, 피로, 근육이나 관절의 통증 등이다.

톡소플라즈마에 감염된 여성들은 아기에게 전염시킬 위험이 있다. 이 전염은 아기의 생명이나 건강에 심각한 결과를 가져올 수도 있다.

톡소플라즈마 감염의 면역 여부는 어떻게 아는가 · · · 혈청 진단을 함으로써 알 수 있다. 혈청 진단은 임신 초기에 한다. 혈청 검사로 혈액이 이 병에 대한 항체를 포함하고 있는지 알 수 있다. 충분한 수치의 항체를 가지고 있다면 면역이 된 것이다. 의심스러울 경우에는

톡소플라즈마 감염에 대한 접종은 현재로서는 없다.

2~3주 뒤에 다시 검사를 받는다. 항체의 비율이 낮으면 음성이며 면역이 되지 않은 것으로 보아야 한다. 면역이 되어 있으면 임신중에 어떤 위험도 겪지 않는다.

　면역이 되지 않았다면 어떤 주의를 해야 하는가 · · · 혹시 있을지도 모르는 감염을 즉시 발견하고 응급 치료를 할 수 있도록 4~5주마다 혈청 진단을 받을 것. 물론, 부은 결절종, 비정상적인 피로가 있을 경우에는 지체없이 검사를 받는다.

　그리고 날고기와 덜 구운 고기, 특히 양고기를 피한다.[2] 깨끗하게 씻은 샐러드와 과일을 많이 먹는다. 실제로 고기를 먹어 감염된 고양이가 내장에 톡소플라즈마를 가지고 있다가 배설물을 통해 내보내는 것이 발견되었다. 만약 면역되지 않았고, 고양이를 기르고 있다면 주의해야 한다.

　면역이 되지 않았으면 어떤 위험이 있는가 · · · 임신중에 톡소플라즈마에 감염되었을 때에만 위험하다. 그러나 음성 혈청 진단을 받은 여성들 중 4~5%만이 임신 기간에 톡소플라즈마에 감염된다. 또한 임신중 어머니가 톡소플라즈마에 감염된 경우, 아기가 이 병에 걸릴 위험률은 40%이다. 위험률은 임신의 시기와 신속한 치료에 따라 달라진다.

▶ 임신의 시기 : 처음 3개월에는 톡소플라즈마가 태반을 지나는 일이 드물다. 그러나 기생충이 태반을 뚫고 들어갔을 때, 수정란의 감염은 매우 심각하다. 수정란이 죽음으로써 유산으로까지 이어질 수 있다. 두 번째 3개월에는 특히 5개월부터 태반을 지나가기가 더 쉽다. 그러므로 아기는 더 쉽게 감염되고, 태아의 감염은 치료받지 않을 때 심각해진다. 뇌와 눈의 손상까지 입을 수 있다.

세 번째 3개월 중에 감염은 훨씬 더 흔하게 일어나지만, 결과는 훨씬 덜 심각하다. 아기는 겉으로 보기에는 무사하게 태어나고, 병은 실험실 검

2) 기생충은 냉동을 하면 죽으므로 냉동 고기는 여기에 해당되지 않는다.

사를 통해서만 드러난다. 물론 진단을 받자마자 아기는 치료를 받는다. 이렇게 겉으로 드러나지 않는 병의 형태가 가장 흔하다. 다섯 중 넷의 비율로 나타난다.

▶ 임신중에 나타나는 톡소플라즈마의 경우, 초음파 검사나 양수 검사를 통해 태아 감염의 위험을 정확히 알 수 있고, 적절한 치료를 할 수 있다. 이 치료는 매우 효과적이다.

● 다른 전염병들

임신부들은 특히 다른 아이들이 있을 경우 전염병으로부터 안전한 상태가 아니다. 문제는 가장 흔한 질병인 홍역, 수두, 감기, 성홍열 등이 태어날 아기에게 걸릴 수 있는지 알아내는 것이다.

홍역 · · ·기형을 일으키지는 않는 것 같다. 그렇지만 어머니가 출산 며칠 전에 홍역에 걸렸을 때는 아기가 심각한 폐 곤란을 일으키는 선천적 홍역을 가지고 태어날 수 있다. 그래서 이 병에 면역되지 않은 모든 임신부는 홍역에 접촉되었다고 의심되면 72시간 내에 감마글로불린을 주사맞아야 한다.

수두 · · ·8주와 15주 사이에 수두는 신경계, 눈, 사지 등의 기형을 일으킬 수 있다. 그래서 임신부가 임신 첫 4개월 중에 수두에 걸렸을 때, 의사는 감마글로불린을 주사하게 한다.

그러나 불행히도 100% 효과는 없다. 수두가 의심되면 아기가 감염되지 않았는지 알아보기 위해 정기적으로 초음파 검사를 해야 한다. 그러나 수두는 어릴 때 상당히 널리 퍼지는 병이어서, 거의 모든 임신부들은 수두에 걸린 적이 있어서 면역이 되어 있다.

감기 · · ·예외로 특별히 독한 유행성 감기에 걸렸을 때를 제외하고는 일반적으로 상관이 없다.

성홍열 · · ·어머니가 일찍 제대로 치료하면 아기에게 심각한 영향을 끼치지 않는다.

● 비뇨 감염

임신부들이 소변을 자주 보고 싶어하는 일반적인 비뇨 장애 말고도 방광의 통증을 느끼거나 소변볼 때 따끔거리는 것은 누구에게나 있을 수 있는 일이다. 그러나 때로는 방광보다 위에 있는 신장 높이에서 통증을 느끼게 된다. 어떤 여성들은 이 통증을 자궁 수축으로 착각하지만 대개 방광염인 경우가 많다. 방광염의 원인은 비뇨 감염이다. 그것은 때로 핏빛을 띤 소변 장애를 동반한다. 물론 의사에게 진찰을 받아야 한다. 의사는 소변의 세균 검사를 해 보라고 할 것이다. 검사를 통해 대장균 계통의 세균을 발견할 수 있다. 빨리 치료받으면 쉽게 낫지만, 흔히 재발하는 경향이 있다.

비뇨 감염 후에는 소변을 더욱 주의깊게 관찰해야 한다. 치료를 않거나 충분히 하지 않으면 비뇨 감염은 신장까지 퍼질 위험이 있고, 임신에 영향을 미쳐서 태아의 영양 불량과 조산을 초래할 수 있다.

● 바이러스성 간염

이것은 전신의 심한 가려움증을 동반한 황달로 나타나지만, 모르고 지나갈 수도 있다. 여러 종류의 바이러스성 간염이 존재한다. A형 간염은 특히 게나 조개류 같은 바이러스를 보유한 음식물을 통해 감염된다. B형 간염은 혈액을 통해 감염된다.

간염은 임신 중반 이후에 발생하면 심각한 결과를 초래할 수 있다. 50%의 경우 조산을 부른다. 아기는 태반을 통해서나 혹은 출생시 어머니로부터의 전염을 통해 간염에 걸릴 수 있다.

어머니의 간염은 비록 오래 전에 완치되었더라도 아기에게, 특히 B형 간염의 위험을 전할 수도 있다고 최근에 알려졌다. 또한 환자 중

10%는 표면상 완치된 후에도 바이러스가 핏속에 남아 있어서 출생시에 아기에게 전염될 우려가 있다. 그러나 그 위험은 출생 후 즉시 아기에게 항간염 감마글로불린 주사를 놓고 접종을 하면 사라진다.

간염 때문에 임신 초기에 일률적으로 어머니의 혈액 속에 있는 간염의 항체 검사를 한다. 양성 반응일 경우에는 출생 후 아기를 치료해야 한다.

또 다른 간염으로 D형이 있다. 그 특징과 예방법은 B형 간염과 비슷하다. C형 간염은 혈액을 통해 전염된다. 그러나 1990년 이래 수혈을 통한 C형 간염의 전염은 없었다. 그러므로 C형 간염은 주로 마약 중독자들과 관련이 있다고 보아야 한다. C형 간염이 에이즈와 연계되어 있을 때를 제외하고는 아기에게 전염될 위험은 매우 약하다.

● 수술

임신 중에 수술을 받을 수 있을까? 그렇다, 가능하다. 그러나 응급한 급성 맹장염 같은 것만 받을 수 있다. 수술로 배를 열어야 할 경우에는 유산이나 조산의 위험이 있으므로 특별히 주의해야 한다.

● 임신 전에 병을 앓고 있었다면

병을 앓고 있는 여성의 임신은 문제를 일으킬 확률이 크다. 실제로 병과 임신은 함께 할 수 없다. 임신이 필요로 하는 신체적 요구 때문에 병이 악화되기 때문이다. 또한 모체의 병이 임신을 위협하고 출산을 방해하며 아기의 건강을 해칠 수 있다.

그러나 어떤 경우에는 현대의 발전된 의학 덕택에 병을 앓으면서도 무사하게 임신을 진행시킬 수 있다. 어떤 병들이 임신에 문제를 일으키며, 어떻게 하면 그런 병들을 가지고도 무사히 임신을 진행시킬 수 있는지 가장 일반적인 병들을 대상으로 자세히 살펴보자.

● 당뇨병이 있어도 임신할 수 있다

당뇨병은 혈당이 비정상적으로 높고 소변에서 당이 검출되는 병이다. 당뇨는 어머니와 태아 모두를 위태롭게 한다. 그러나 의학의 발달로 그 위험이 상당히 줄어들었다. 출산 전후의 사망률이 정상 임신 수준으로 뚝 떨어졌다. 그러나 몇몇 문제는 더 자주 발생한다. 고혈압, 임신 후반의 태아 성장 지체 같은 것들이다. 당뇨를 제대로 조절하지 못하면 더 복잡한 문제들이 발생할 수도 있다. 유산, 태아 기형, 임신 마지막 주 태아의 사망까지도 일어날 수 있다.

그러나 당뇨병이 있더라도 다음 사항을 잘 지키면 임신은 무사히 진행될 수 있다.

▶ 당뇨 전문의와 함께 임신을 준비할 것. 의사는 엄격한 식이요법과 최소한 하루 3회의 인슐린 주사, 하루 6회의 혈당 자가 검사를 하도록 할 것이다. 어머니의 당뇨로 인해 태아가 기형이 되는 것은 생명의 첫 몇 주 동안이기 때문이다. '준비된' 어머니에게서는 단지 1.2%의 비정상이 나온 반면, 그렇지 않은 어머니에게서는 11%가 나왔다.

▶ 처방된 치료와 식이요법을 철저히 따를 것.

▶ 당뇨 전문의와 산부인과 전문의에게 2주마다 규칙적으로 반드시 진단을 받을 것.

▶ 당뇨를 조절하기 위해 수태 전이나 임신 초에, 그리고 조금이라도 문제가 발생하면 임신 말기에라도 입원을 받아들일 것.

임신 내내 이런 주의를 기울인다면 병세는 상당히 호전될 것이다. 대개 산기를 다 채우게 되지만 일찍 출산하게 될 수도 있다. 제왕절개가 필수는 아니지만, 정상치보다는 비율이 높다. 신생아는 종종 혈당 부족 때문에 처음 며칠간 치료를 받아야 한다. 정맥 주사나 음식을 통해 지속적인 당분 섭취가 필요하다.

당뇨병은 임신중에 발견될 때도 있다. 임신 전에 이미 있었는데 모르고 있다가 알게 된 경우일 수도 있다. 그러나 대개는 임신중의 호르몬 변화 때문에 생겼다가 분만 후 사라지는 '임신 당뇨'인 경우가 많다. 임신 당뇨 또한 기존 당뇨병 환자와 똑같이 심각하게 대해야 한다.

식이요법은 대체로 그것만으로도 완전한 혈당 조절이 가능하지만, 대개는 인슐린 치료를 덧붙여야 한다.

스스로 치료를 할 수 있도록 주사와 혈당 자가 관리 등의 기술을 습득하고 인슐린 치료를 받기 위해 일시적인 입원이 필요하다. 이 경우 인슐린 치료는 분만 후 곧바로 중단된다. 그러나 그 후에 특히 에스트로겐 황체 호르몬제 피임을 하는 경우나 새로 임신을 한 경우에는 반드시 혈당을 확인해야 한다.

비만 여성의 적절한 다이어트는 당뇨병의 위험을 줄일 수 있다.

다음과 같은 여성들은 다른 여성들보다 임신 당뇨병을 일으킬 위험이 더 크다.

▶ 과다하게 체중이 나가는 여성.

▶ 부모, 형제 중에 당뇨 환자가 있는 여성.

▶ 거대아나 사산아를 낳은 경험이 있는 여성.

▶ 피임약을 먹었을 때 혈당이 약간 올라갔던 여성.

그런 여성들은 임신 진단 때 의사에게 알려야 한다.

아직도 많은 여성들을 불안하게 하는 문제가 남아 있다. 임신중의 소변 검사에서 당이 검출된 경우이다. 그러나 불안해할 필요는 없다. 90% 이상은 임신과 관련된 신장 여과 때문에 생긴 단순한 이상일 뿐이다. 그러나 혈당을 확인할 수 있도록 의사에게 알려야 한다.

● 신부전증과 고혈압은 임신 중독증 위험

이 분야에도 큰 발전이 이루어졌다. 임신에 대한 영향력이 훨씬 줄어들었고, 임신을 중단시켜야 할 정도의 위험은 사라졌다. 그러나 이러한 전형적인 위험 임신은 전문 기관에서 특별히 주의를 기울여야 한다는 사실은 아직도 변함이 없다.

유산, 태아 성장 지체, 조산 등 문제는 아직도 많다. 신부전증이나 고혈압의 경우에 심각한 임신 중독증이 자주 일어나는 것도 주목할 만한 일이다.

● 심장병은 매우 주의를 기울여야

모든 심장병이 똑같이 심각한 것은 아니지만 임신이 심장에 가하는 부담 때문에 그만큼 주의가 필요하다. 가능한 한 완전한 휴식, 염분이 적은 식이요법, 흥분이나 피로가 없는 조용한 생활, 규칙적인 의료 진찰 등 모든 일상적인 주의가 절대 필요하다.

● 비만은 지방질 음식 금지

뚱뚱한 사람은 임신중에 다른 사람들보다 더 무거워지고 더 복잡한 문제들을 일으키는 경향이 있다. 단백뇨, 고혈압 등은 특별히 엄격한 식이요법이 필요하다.

그러나 섭취량이 하루 800 칼로리 이하여서는 안 된다. 아기의 성장이 보장되어야 하기 때문이다.

특히 지방을 제한해야 한다. 하루 30g 이상의 지방은 금물이다. 탄수화물은 적당한 양을 섭취해야 한다. 영양 섭취는 구운 고기, 달걀, 생선 등 단백질 식품과 녹색 채소, 지방질이 없는 치즈, 유제품, 과일 등으로 이루어져야 한다. 아기들은 흔히 무게가 늘어나므로 당뇨병 환자들과 마찬가지로 난산의 위험이 있다.

● 결핵은 아기에게 감염 주의

세상에서 사라져 가던 결핵이 불행히도 다시 나타나는 경향이 있다. 결핵은 임신의 진행에는 별 문제가 없고 분만도 정상적으로 이루어진다. 결핵에 걸린 어머니에게서 태어난 아기가 결핵인 경우도 거의 없고 자궁 내에서의 감염도 없다.

그런데도 어머니가 결핵을 보유하고 있고 그것을 아기에게 감염시킬 위험이 있다면, 매정하겠지만 아기는 어머니에게서 떼어내야 한다. 대부분의 의사들은 모유 수유를 말린다. 그것은 어머니의 피로를 가중시킬 위험이 있다. 신생아는 첫주부터 B.C.G.접종을 받아야 한다.

● 알레르기는 임신 중에는 치료 불가

알레르기는 임신중이라고 피해가지 않는다. 특히 호흡기와 피부에 나타난다.

천식은 임신중 가장 많은 호흡 장애이다. 3분의 1의 경우 악화되고, 3분의 1은 나아지고, 3분의 1의 경우는 변함이 없다. 천식에 사용되는 일반적인 약들은 코르티손 계열까지 포함해 임신중에 모두 허용된다. 그러나 임신중에 알레르기의 민감성을 치료하는 것은 좋지 않다.

알레르기성 비염은 별로 심각하지 않다. 그러나 반드시 의사에게 문의해야 한다. 수많은 치료약 때문에 기형아를 가질 위험성이 있기 때문이다. 피부병인 두드러기, 습진 등은 평상시처럼 치료될 수 있다. 그러나 항히스타민이라 불리는 약은 경계해야 한다. 이 약들 중 상당수는 금지되어 있다.

● 섹스로 전염되는 병은 모두 위험

섹스로 전염되는 병들은 최근 10년 동안 전혀 줄어들지 않았다. 이 병들은 어떤 유형으로든 아기에게 위험하다. 이 병들 가운데 중요한 몇 가지에 대해 알아보자.

에이즈 · · · 비록 어떤 증상을 나타내지 않더라도 면역 결핍증인 에이즈 바이러스의 보균자들이 있다. 그러나 아직도 왜 이 사람들 가운데에서 에이즈 양성 반응자라 불리는 어떤 사람들은 언젠가 진짜 에이즈로 발전되고, 다른 사람들은 그렇지 않은지 이유를 모른다. 바이러스와의 반복적인 접촉이 악화 요인인 것 같다는 추측만 할 뿐이다.

임신부도 물론 에이즈 양성 반응자가 될 수 있다. 이것은 심각한 위험에 속한다. 에이즈는 임신부와 아기 둘 다에게 위험하다. 임신에 의한 면역성의 변화는 병의 진행을 가속화시켜 죽음에 이르게 할 수도 있다. 특히 임신 말기와 출산 후에 더욱 악화될 수 있다.

감염된 대다수의 아기들은 임신 말기, 특히 분만 때에 더욱 위험하다. 위험도는 여러 가지 요인에 따라 변한다.

▶ 어머니가 에이즈 양성 반응자일 때에는 14%의 위험이 있는 반면, 에이즈가 진행된 단계에서는 50% 이상의 위험이 있다.

▶ 어머니의 나이 25세 이하에서는 16%의 위험이 있는 반면, 35세 이상에서는 30%의 위험이 있다.

에이즈 양성인 어머니에게서 태어난 아기는 모두 출생시에 양성 반응을 보인다. 그러나 이것은 모든 아기들이 감염된다는 것을 의미하지는 않는다. 출생 후 즉시 상세한 진단을 내릴 수 있도록 여러 가지 검사가 연구중이다. 어떤 아기들은 출생 후 12~15개월에 항체가 사라지는 것을 볼 수 있다. 이 아기들은 감염을 면한 것이다. 이후에 이들은 정상적인 다른 아기들과 전혀 다름이 없다.

불행히도 15~30%는 항체를 지닌다. 이는 그들이 감염되어 있다는 것을 의미한다. 그런데 에이즈는 어른보다 어린이에게 더 심각하다. 신생아 감염자들의 3분의 1이 3, 4년을 넘기지 못하고 심각한 면역 결핍을 나타낸다. 모유 수유는 전염의 위험을 두 배나 증가시키므로 절대 금지된다.

에이즈 양성 반응을 보이는 아기들은 태어나서 처음 몇 년간 계속 주의깊게 관찰되어야 한다.

포진 · · · 이 바이러스성 병은 붉은 자국 위에 모여 있는 작은 수포들의 출현에 의해 나타난다. 포진은 얼굴, 특히 입술에, 혹은 외음부, 질과 자궁 경관 등에 자리잡을 수 있다. 생식기 포진은 아기에게 위험하다. 아기는 분만시에 자궁을 나오면서 감염될 수 있고, 아주 심각한 뇌염의 위험이 있다. 그래서 생식기에 포진이 발생되었을 때는 제왕절개가 불가피하다. 그러면 아기는 감염을 면할 수 있다.

그러나 외음부의 포진은 눈으로 쉽게 보이는 반면, 자궁 경부의 포진은 임상 진단이 불가능하다. 그래서 임신중에 생식기 포진이 있었던 여성은 임신 마지막 6주에 10~15일마다 자궁 경부의 포진 세포에 대한 검사를 해야 한다. 이 검사가 양성이면 제왕절개가 불가피하다.

출산 후에는 바이러스성 감염에 대항할 힘이 없는 신생아를 보호하기 위해 위생상의 주의가 필요하다. 입술 포진의 경우에는 아기에게 입 맞추는 것을 금해야 한다.

에이즈에 대해서는 아직 어떤 치료법도 발견되지 않았다. 그러나 임신부와 출생 후의 신생아에게 A. Z.T. 라는 약을 투여하면 어머니와 아기의 감염을 상당히 줄이는 것 같다. 어떤 통계에서는 90%의 아기들이 감염을 면했다고 한다. 그러나 그에 대한 최종 결론을 내리기는 아직 너무 이르다. 그래서 대부분의 의사들은 에이즈 양성 반응을 보이는 여성이 아기를 갖는 것을 단호하게 만류하고 있다. 어떤 의사들은 에이즈 양성 반응 여성이 임신하면 강력하게 임신 중절을 제안하기도 한다. 하지만 위험에 대한 정확한 평가가 다르기 때문에 이 점에 대해서는 의견이 통일되어 있지 않다.

임질과 박테리아성 감염 · · · 임질은 보통 외음부와 질의 상당한 출혈과 염증을 일으킨다. 이는 양수 주머니의 조기 파열과 양막의 감염, 분만시 아기의 감염이 우려된다. 출혈이나 염증이 있으면 지체없이 진찰받아야 한다.

박테리아성 감염은 매우 흔하고, 의사들이 발견하지 못할 정도로 가볍게 지나간다. 아기에 대한 위험으로 조산과 막의 감염이 우려된다. 분만중 자궁 경부나 질의 직접 접촉에 의한 감염 위험도 있다. 이 감염은 결막염과 폐렴을 일으킬 수 있다. 이런 징조가 나타나면 역시 지체없이 진찰을 받아야 한다.

매독 · · · 이 성병은 사라지던 중이었는데 10년 전부터 되살아나고 있다. 기록에 의하면 몇 년 만에 300%나 증가했다고 한다. 중요한 것은 아버지가 아니라 어머니의 매독이다. 아버지의 매독은 어머니가 혹시 걸릴지도 모르는 감염의 근원만 제공할 뿐이다.

결핵과는 달리 매독이 자궁에서 아기에게 전염될 수 있는 것은 5개월째부터이다. 그래서 임신 초에 조기 발견하는 것이 중요하다. 첫 검사가 음성이면 그 뒤에는 감염이 되지 않도록 주의해야 한다. 첫 검사가 양성이면 치료를 받아야 한다. 그러면 아기는 건강하게 세상에 나올 수 있다. 중요한 것은 5개월 이전에 치료받는 것이다. 치료가 되지 않으면 정상적인 아기를 낳을 확률이 35%밖에 되지 않는다.

어머니가 이 병을 앓은 적이 있으면, 아기가 감염되지 않았는지 진단하기 위해 태어나자마자 혈액 분석을 해야 한다.

성접촉에 의한 코딜로마 맨드라미라고 불리는 외음부에 위치하는 작은 무사마귀의 일종이다. 이 사마귀는 보통 크림이나 연고를 바르면 치료된다. 그러나 상당히 많을 때에는 전기 응고요법으로 없애는 방법도 필요하다.

● 술과 마약은 물론 절대 위험

알코올 중독과 임신 · · · 어머니가 알코올 중독이면 아기는 출생 때 특이한 모습을 보인다. 신장, 무게, 머리 둘레가 정상 이하이며, 얼굴은 튀어나오고 턱은 쑥 들어가고 코는 주저앉아 있다. 거기에 심장이 기형인 경우가 많다.

술은 풍진으로 인한 심장 기형보다 더 많은 심장 기형의 원인이 되고 있다. 이런 아기는 출생 때부터 특이하게 몸을 흔든다. 그 후에도 이 선천적 장애는 개선되지 않는다. 성격 장애를 동반한 신체적, 지적

성장 지체가 따른다. 이것은 임신부가 하루 2리터의 포도주
나 여섯 병의 맥주 혹은 위스키 6잔을 날마다 마신 경우
이다.

c'est exceptionnel!

술의 피해는 두 가지이다. 하나는 술이 직접 태반을
통과하여 아기의 순환계 속으로 들어가는 것이다. 태아의 간
은 어른처럼 술을 분해할 능력이 없는만큼 술은 태아 세포의
신진대사와 성장을 방해한다. 또 하나는 술이 어머니에게 영양
불량을 일으켜 아기에게 충분한 영양 공급을 하지 못하게 하는
것이다.

술은 유전이 아니다. 만성 알코올 중독이라도 임신하기 이전에
술을 끊으면 아기는 여느 아기와 마찬가지로 정상이 된다. 그렇다
면 임신부는 아홉 달 동안 술을 한 방울도 입에 대지 않아야 한
다는 말인가? 반드시 그렇다고 할 수는 없지만 거의 그렇다고
해야겠다.

마약과 임신 · · · 임신중 마약 사용의 결과는 중독 유형에 따
라 가지각색이다.

▶ 모르핀과 헤로인은 모든 종류의 임신부 감염과 임신중에 일어나는
모든 문제의 원인이 된다. 이보다 더 큰 기형의 원인은 없다. 신생아는
반드시 체중이 정상 이하이다. 미숙아인데다 치명적인 결핍 증후를 나
타낼 수 있다. 또한 마약 사용자들 중에는 에이즈 환자가 많이 발견된
다. 마약은 주로 주사로 놓으므로 주사기를 통해 에이즈가 감염되기
때문이다. 따라서 마약 사용자들의 임신 위험률은 몇 배로 높다.

▶ L.S.D.와 같은 환각제는 두 배 높은 유산과 세 배 높은 선천적 기
형을 초래한다.

▶ 대마 추출물은 임신에 별 피해가 없는 것으로 여겨져왔으나 최근
에는 상당한 영향이 있는 것으로 밝혀지고 있다. 태아 성장 지체, 조
산, 신생아의 일시적인 신경 장애 등이 발생할 수 있다.

또한 어떤 마약이건 그것을 사용하는 여성들은 생활 방식에서도 임
신에 상당한 위험 요소를 지니고 있다.

Rh 음성 어머니에 Rh 양성 아기

우리 모두는 A, B, O, AB로 표시되는 혈액형을 가지고 있다. 근래에 들어 여기에 매우 중요한 다른 요인이 첨가되었다. Rh 요인이다.[3] 인간의 85%가 혈액 속에 이 요인을 가지고 있어서 Rh 양성이라고 한다. 나머지 15%는 그것을 가지고 있지 않아서 Rh 음성이라고 한다. 수혈시에는 받는 사람과 주는 사람의 혈액 사이에 양성과 음성이 일치해야 한다.

그렇지 않으면 심각한 사고가 생길 수 있다. Rh 음성 혈액이 Rh 양성 혈액과 접촉하면 Rh 항체를 생산하면서 응고한다.

Rh 음성 여성이 어떤 때 위험한가?

▶ Rh 양성 혈액의 수혈을 받음으로써. 참으로 드문 실수이다.

▶ Rh 양성 아기를 임신함으로써. 태아의 Rh 양성 적혈구가 어머니의 몸에 들어갈 수 있다. 반드시 그런 것은 아니지만 그럴 가능성은 항상 존재한다. Rh 양성 적혈구와 접촉했을 때 어머니는 Rh 항체를 생산할 것이다. 이 항체들이 다시 태반을 통해 들어가 태아의 적혈구를 파괴할 수 있다. 이론적으로는 충분히 그럴 수 있다.

그러나 실제로 태아의 적혈구가 어머니의 혈액을 통과하는 것은 주로 분만 때의 일이다. 그러므로 어머니에게 항체가 생성되었다고 해도 아기는 이미 태어났으므로 해를 입힐 수가 없다. 하지만 항체가 어머니의 혈액에 남아 있다가 다음 번 아기에게 해를 입히게 된다.

지금까지는 그것이 문제였다. 그러나 그런 일은 오늘날 더 이상 일어나지 않는다. 분만 후에 접종을 해서 어머니의 응집소가 발전되는 것을 막기 때문이다.

Rh 음성 여성이 Rh 양성 아기를 임신할 수 있는가? 그것은 아버지에 달려 있다. 아버지가 Rh 음성이면 아기도 마찬가지로 그럴 것이고, 따라서 위험이 없다. 아버지가 Rh 양성이면 아기가 Rh 양성과 음성이 될 확률은 각각 50%씩이다. 그렇다면 많은 사고가 발생할텐데 의외로 사고는 드물다. 많은 부분들이 아직 잘 알려지지 않은 어떤 작용에 의

Rh 인자의 사고가 임신 중에 일어날 수 있는 유일한 경우는 Rh 양성의 남성과 결혼한 Rh 음성 여성의 경우이다(반대의 경우는 아니다).

3) 현재 임신 신고시에 ABO 그룹과 Rh 그룹, Kell 그룹(이것은 또 다른 그룹이다)의 결정이 필수적이다. 사실 Kell 그룹과 맞지 않는 수혈은 Rh 시스템에서 관찰되는 사고와 유사한 태아 사고를 일으킬 수 있다.

해 보호받는 것 같다.

임신부가 Rh 음성이면 어떻게 해야 하나 · · · 우선 Rh 음성임을 일찍 발견해야 한다. 임신 첫 3개월 안에 혈액형을 검사해야 하는 것이다. Rh 음성이 확인되면, 아버지의 혈액형을 알아본다.[4] 아버지가 Rh 음성이면 아기도 반드시 Rh 음성이므로 어떤 위험도 없다.

하지만 아버지가 Rh 양성이라면 아버지 햴액형의 A, B, O 타입을 알아야 한다. 여기에서 두 사람이 양립 불가능 형태, 예를 들어 여성이 A형이고 남성이 B형일 때는 여성은 면역 사고로부터 어느 정도 안전할 수 있다.

그렇더라도 임신을 주의깊게 관찰하고 충분한 검사를 해야 한다. 매달 항체 검사를 해야 한다. 이전 임신 때 예방 치료를 받았더라도 다시 해야 한다. 임신중에 항체가 나타나지 않으면 아무 문제가 없다. 아기는 무사하게 태어날 것이다.

만약 아기가 Rh 양성이면 어머니는 Rh 감마글로불린을 주사맞을 것이고, 다음번 임신 때에도 이전 임신에서와 같은 주의를 기울이면 된다. 이러한 경우는 아주 흔하다.

예방 · · · 이제 앞으로는 Rh 요인에 의한 사고는 일어나지 않을 것이다. 새로운 방법이 나왔기 때문이다. Rh 음성인 어머니의 혈액이 항체를 만들기 전에 어머니의 혈액 속에 있는 태아의 적혈구를 파괴하는 것이다. Rh 양성 혈구를 파괴하는 특별한 감마글로불린을 출산 72시간 이내에 어머니에게 주사하면 된다. 바로 Rh 양성 접종이라 불리는 것이다.

이 치료는 매 출산 때마다 반복된다. 그러나 이미 항체를 만든 경험이 있는 여성에게는 해당되지 않는다. Rh 양성 남성과 결혼한 Rh 음성 여성은 이 접종으로 인해 얼마든지 안전하게 임신을 할 수 있다.

항 Rh 접종은 아기의 적혈구가 어머니의 혈액 순환계 속으로 들어갈 위험이 있을 때마다 한다. 그러므로 접종은 자연 유산이나 자궁외 임신 후에도 해야 하고, 양수 검사나 봉합, 복부 외상이 있는 경우에는 임신중에도 해야 한다.

4) 아버지 쪽은 100%로 확실하지는 않기 때문에 의사들은 사실 아버지의 혈액형은 별로 고려하지 않고, 마치 위험이 있는 것처럼 말만 한다.

위험 주의 !

발견하자마자 곧장 의사에게 알려야 하는 증후들이 있다. 이 증후들이 반드시 심각한 문제를 발생시킨다고 할 수는 없지만 전문의만이 이 증후들을 제대로 해석할 수 있다.

증 후	생길 수 있는 복잡한 일
약하긴 하지만 하혈이 있다. 약한 하혈이 반복된다. 하복부 통증이 있다.	초기: 유산의 위험, 자궁외 임신 말기: 조산의 위험, 전치 태반
체중이 지나치게 빨리 는다. (일주일에 450g 이상) 다리, 발목, 손이 붓는다. 소변에 단백질이 있다.	비뇨 감염 심각한 임신 중독증
시각 장애가 있다. 눈 앞에 점이 보이거나 시야가 흐리다. 특히 이 장애가 명치 끝의 더부룩함과 두통과 함께 온다.	자간
배와 신장 부위에 통증과 열이 있고, 소변을 볼 때 따끔거린다. 그러면서도 자주 소변을 본다.	비뇨 감염
열이 있으며, 열과 함께 다른 증후가 나타나기도 하고 아무 증후도 안 나타나기도 하다. 목 주위에 결절종이 느껴진다. 신체의 어느 부위에 발진이 있다.	전염병
6개월부터 통증과 함께 반복되는 자궁 수축이 있다. 반복되지 않고 한 번만 올 수도 있다.	조산의 위험
양수가 나온다. 요실금이나 무의식적인 배뇨가 아니라는 것을 먼저 확인한다. 냄새로 알 수 있다.	막의 파열 조산의 위험
어지럽고, 가끔 의식을 잃어버리기도 하며 비정상적으로 피곤하고 숨이 차다.	빈혈
추락, 교통 사고, 부딪침같은 물리적 사고나 정신적으로 상당한 충격을 당했다.	조산의 위험
마지막 두 달 동안에 아기의 움직임이 지속적으로 약해지고 강도나 민첩성이 뚜렷이 감소되었다.	태아 정체

● 출산 예정일은 어떻게 계산하나

임신 기간은 정확히 아홉 달인가? 그렇다면 어느 날짜부터 계산해야 하나?

수태 날짜와 임신의 확실한 기준을 알고 있다면 이 질문에 대답하기가 쉬울 것이다. 그러나 불행히도 이 두 요소는 변동적이다.

수태 날짜···난자는 수태되지 않으면 하루 이상을 살지 못하기 때문에 수태 날짜는 배란일과 일치한다. 28일마다 규칙적으로 생리를 하는 경우 배란은 생리 13일째와 15일째 사이, 그러니까 14일째에 가장 많이 일어난다.

다음과 같은 경우에도 수태 날짜는 거의 확실하다.

▶ 생리중에 자기 체온을 쟀을 때.

▶ 단 한 번의 관계로 임신이 되었을 때.

▶ 인공 수정, 시험관 수태, 혹은 배란 유도 후에 임신이 되었을 때.

수태 날짜가 확실한 경우에는 수태 날짜에 아홉 달을 더하면 출산 예정일이 된다. 예를 들어 마지막 생리일이 1월 1일이고, 1월 14일에 수태가 되었다면 출산 예정일은 거기에 아홉달을 더한 10월 14일이 된다. 그러나 많은 경우에 이 날짜들은 명확하지 않다.

▶ 생리 주기가 28일이 아닐 때. 28일이 안 되는 주기에서의 배란은 14일 이전에 발생한다. 주기가 더 긴 경우에는 반대이다. 주기가 불규칙적일 때는 더욱 불확실하다.

▶ 풍토의 변화, 감정적인 쇼크, 병 등 배란일 전후로 어떤 요인들이 발생했을 때. 바캉스에 가서 그것을 경험했을 것이다.

▶ 마지막 생리일을 잊어버렸을 때.

▶ 피임약을 끊은 직후에. 배란 날짜는 보통 늦추어진다. 또는 출산에

서 회복되기 전에 임신이 되었을 때.

이런 어려움 때문에 사람들은 일반적으로 수태 날짜보다 더 잘 알고 있는 마지막 생리의 첫날부터 시작해서 출산 예정일을 계산하기로 결정했다.

그래서 달로써가 아니라 무생리의 주로써 임신을 계산한다.

이것은 의사들이 계산하는 방법이다. 이런 계산 방식으로 계산하면 출산 예정일은 마지막 생리일로부터 41주가 되는 날이다. 임신 기간은

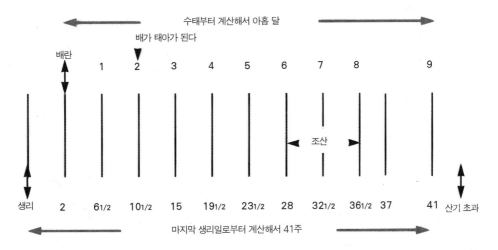

아홉 달이므로 36주일 것이라고 생각했다면 이 숫자에 다소 놀랄 것이다. 추가로 5주가 더 계산되었으니까.

그러나 이것은 생리의 1일째와 14일째, 즉 배란일 사이의 기간을 더한 것이고, 거기에 한 달은 정확히 4주가 아니라 2월을 제외하고는 달에 따라 4주에 2, 3일이 더 있기 때문이다.

임신 기간 · · · 수태 날짜를 정확히 알더라도 출산 날짜를 정확히 알기는 어렵다. 왜 그럴까?

임신에는 정확히 정해진 기간이 있는 것이 아니라 통계 평균 기간이 280~287일 사이이기 때문이다.

지금까지의 경험을 통해 대체로 다음 사항을 알 수 있다.

▶ 50~60%는 거의 예정일 가까이에 출산한다.

▶ 20~25%는 10~15일 전에 출산한다.

▶ 20~25%는 4~8일 후에 출산한다.

이로써 우리는 출산 예정일은 정확하지 않다는 것을 알게 되었다. 그렇다면 하늘의 달이 출산에 영향을 미치는가? 민간에 유포되어 있는 이런 생각은 지금 과학적으로도 진지하게 연구하고 있다.

그런 연구에서 밝혀진 것이 있다. 마지막 현, 즉 달의 주기를 넷으로 나누어 가장 마지막 주기에 아기가 훨씬 더 많이 출생하고, 처음 현에는 적게 출생한다는 것이다..

이 연구는 다른 두 가지 리듬도 밝혀냈다. 한 주일로 보면 일요일에 출생 수가 가장 적다는 것과 한 해로 보면 5월에 출생이 가장 많고, 9~10월에 가장 낮아진다는 것이다.

임신의 통계 평균 기간이 40~41주, 280~287일이기는 하지만 전후로 며칠간 차이가 있다는 것을 보았다. 이것은 다만 통계상의 오류일 뿐이다.

그러나 지금 알아보려고 하는 조산과 만산은 통계의 문제가 아니다. 분만은 예정일 여러 주 전에 일어날 수도 있는데 이것이 조산이다. 또한 임신이 비정상적으로 길어지는 것이 만산이다.

● 조산은 막을 수 없는가?

조산은 드문 일이 아니다. 그 빈도는 사회와 경제의 수준에 따라 다르다. 임신부가 의학적 도움을 잘 받으면 그만큼 줄어든다.

몇 년 전까지는 출생시의 무게에 따라 미숙아를 일률적으로 분류했다. 몸무게 2.5kg 이하면 무조건 미숙아에 해당했다.

그러나 가볍기는 하지만 제 날짜에 태어난 아기들도 많다. 다만 영양 불량일 뿐이다. 그래서 지금은 마지막 생리일로부터 계산해서 37주가 못 되어 태어난 아기를 미숙아로 분류한다. 무게가 아니라 성숙의 '기간'이 문제인 것이다. 아기가 일찍 태어날수록 무게는 더 가볍게 마련이다.

● 왜 분만이 빨리 일어날까?

조산은 여러 가지 이유가 있다. 어떤 이유는 유산과 공통된다.

원인은 우연일 수 있다

▶ 교통 사고 같은 심한 충격, 특히 그것이 격렬하게 복부에 가해졌을 때 산기 이전에 분만하게 될 수 있다. 또한 맹장 수술같은 개복 수술은 며칠 내에 분만을 초래할 수 있다.

▶ 임신 마지막 3개월에 걸리는 모든 급성 전염병, 특히 눈에 보이지 않는 비뇨 감염은 조산을 일으킬 수 있다. 그래서 조금이라도 의심이 되면 의사는 세균 검사를 한다.

▶ 자궁의 비정상적인 이완도 마찬가지이다. 보통 그것은 쌍둥이 임신이나 양수 과다 때문에 발생한다. 쌍둥이의 20~30%는 미숙아다.

▶ 태반의 비정상적인 위치, 즉 전치 태반 역시 조산의 원인이 된다.

다른 영구적 원인들 · · ·자궁의 기형이나, 정상적인 빗장 역할을 하지 못해 아기를 빠져나가게 하는 자궁 경부의 이상이 원인이 된다. 또한 임신 중독증, 당뇨 같은 어머니의 병도 조산을 일으킬 수 있다.

아기가 어머니의 병을 옮아 앓을 때는 분만 예정일 전에 인위적으로 임신을 중단시킬 수도 있다.

조산의 위험과 태아의 성장 지체 중 어느 한쪽을 선택해야 하기 때문에 이런 결정은 내리기가 어렵다.

요즘은 양수 검사, 초음파 검사 등으로 조산의 위험을 측정한다.

사회적 경제적 요인도 중요하다 · · ·임신부의 피로가 조산의 위험을 높이는 것이 확실하다. 근로 조건, 출퇴근 거리와 교통 수단, 과중한 작업 등이 원인이다. 통계에 의하면 임신부의 사회적 경제적 수준이 낮을수록 조산이 더 많다. 그러므로 출산 전후 휴가는 반드시 지켜야 한다.

지금까지 살펴본 모든 원인들이 항상 조산을 일으키는 것은 아니다. 그러므로 위와 같은 경우라 하더라도 불안해할 필요는 없다. 주의를 기울이면 산기까지 가는 것은 전혀 불가능한 일이 아니다.

● 조산의 위험 신호

조산의 위험 신호는 주로 비정상적인 자궁 수축에 의해 나타난다. 배가 '딱딱해지는' 것을 느끼게 되는데 이 수축은 아플 수도 있다. 이런 경우에는 즉시 휴식을 취하고 만약 가지고 있다면 경련 진정 좌약을 넣고 즉시 의사에게 알리거나 병원으로 가야 한다.

● 미숙아는 정말 위험할까?

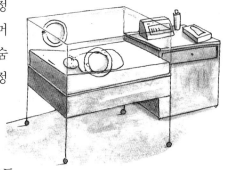

미숙아로 태어난 아기는 정상적인 아기와 모습이 똑같지 않다. 일반적으로 피부가 더 빨갛고 더 여리다. 정맥이 눈에 보인다. 아직도 솜털이 많다. 반대로 머리카락은 드물고, 손톱은 거의 자라지 않았으며, 숨구멍이 넓고 물렁물렁하다. 미숙아는 말 그대로 정상적인 성장 수준에 도달하지 못한 것이다. 그것은 모든 신체 기능에서 확인된다. 바로 거기에 미숙아를 '키우는' 어려움이 있다. 미숙아는 제대로 성장할 수도 있지만, 대단한 타격을 받을 수도 있다.

미숙아는 두 가지 유형으로 분류될 수 있다.

• 일반적으로 거의 위험하지 않은 35~36주의 미숙아. 많은 경우에 단지 약할 뿐이고, 미숙아 일반 센터에서 보육된다. 때로는 병원에서 어머니와 같이 있기도 하고 어머니와 함께 집으로 돌아갈 수도 있다.

• 몸무게 2kg이 안 되는 35주 이전에 태어난 미숙아. 집중 치료 기관에서 특별한 보살핌을 받아야 하는 이 미숙아는 실제로 여러 가지 어려움에 노출되어 있다.

▶ 호흡이 곤란하다. 이것은 산소를 공급받지 못하는 뇌 때문에 심각한 결과를 가져올 수 있다. 산소 결핍증이 그것이다.

▶ 체온을 조절할 능력이 없으므로 체온이 내려갈 수 있다. 그래서 인큐베이터 안의 온도를 계속 지켜보아야 한다.

▶ 대체로 젖을 빨 능력이 없고, 위의 용량이 매우 작다. 종종 어쩔 수 없이 주입관이나 주사로 영양을 공급해야 한다. 몇몇 음식들, 특히 지방을 잘 소화시키지 못한다.

▶ 감염에 걸리기 쉽다.

▶ 충분히 피를 생산할 능력이 없으므로 때때로 수혈받아야 한다.

▶ 비타민과 철분이 모자란다.

▶ 필요한 분비선이 없기 때문에 땀을 흘리지 못한다. 그러므로 건조하지 않은 환경을 만들어 주어야 한다.

● 조산에 어떻게 대비해야 하나?

첫번째 할 일은 정기 검진을 받았던 의사나 조산사와 상의하는 것이다. 그들의 충고에 따라 주저하지 말고 분만 계획을 바꾸어야 한다. 미숙아 전문 기관이 있는 병원에서 분만하는 것이 가장 좋다.

옮겨가는 것이 불가능해서 처음에 예정했던 병원에서 분만한다면 의사는 아기가 병원에 그대로 있어야 할지 미숙아 전문 기관으로 옮겨야 할지를 출산시에 바로 결정할 것이다. 아기에게는 집중적인 관찰과 특별한 보살핌이 필요하고, 특히 영양을 잘 공급받아야 한다.

다행히도 요즘은 이러한 입원으로 부모와 아기가 단절되지는 않는다. 부모들은 정기적으로 그들의 아기를 보고 만지고 말하러 갈 수 있다. 그리하여 아기와 부모의 관계가 멀어지지 않고 잘 유지된다. 미숙아를 낳은 부모들은 항상 다소 죄책감을 느낀다. 아기와 접촉을 하는

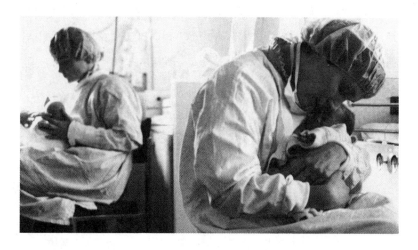

것은 죄책감을 극복하는 데도 큰 도움이 된다.

요즘은 훨씬 더 많은 미숙아들이 생명을 건진다. 그러면서도 중요한 것은 살아남은 아기들이 별다른 장애를 가지지 않는다는 점이다.

미숙아의 사망률이 줄었을 뿐 아니라 조산으로 인한 장애아의 수도 줄었다. 이제는 몸무게 1kg 미만인 아기들이 문제인데, 이런 심한 미숙아들까지도 특별히 시설을 잘 갖춘 전문 기관 가까이에서 출산하면 살아날 확률이 있다. 미숙아는 운반 도중 체온이 떨어지지 않아야 하기 때문이다.

● 조산을 피할 수 있을까?

조산을 예방하는 것은 의사들의 주요 관심거리이다. 아기의 미숙은 분만중 혹은 분만 후에 일어나는 사망 원인의 절반을 차지한다. 물론 의학의 발달과 전문 병원의 발전은 예전 같으면 살아나지 못했을 아기들의 생존을 가능케 한다.

그러나 아직 충분하지는 않다. 미숙의 가장 좋은 치료는 오늘날에도 역시 가능한 한 산기 가까이까지 어머니의 뱃속에 있게 하는 것이다. 아기에게 가장 좋은 인큐베이터는 바로 어머니이기 때문이다.

그러기 위해 수술로 조산을 예방할 수 있는 분명한 경우들이 있다.

수술로 고칠 수 있는 자궁 기형과 자궁 경관의 봉합을 통해 고칠 수 있는 자궁 경부의 열림 등이다.

그런데 대략 30%의 경우에는 왜 조산이 되는지 이유를 알지 못하므로, 아기가 예정일보다 좀 일찍 태어났다 하더라도, 그것을 피하기 위해 최선을 다했다면 죄책감을 가질 필요는 없다.

자궁 경부 봉합은 임신 두 달 반과 세 달 사이에 시술된다. 주머니를 닫는 것처럼 튼튼한 실로 자궁 경부의 입구를 꿰매는 것이다. 봉합은 전신 마취하에 행해지고 며칠간의 입원을 요한다. 봉합을 했어도 임신 말까지 안정을 취하며 주의해야 한다. 산기 며칠 전 혹은 출산이 시작되면 의사는 실을 빼낸다. 자궁 경부 봉합 수술은 아직도 찬성하는 사람이 많지만, 오늘날에는 몇 년 전보다 시술이 줄어들고 있다.

만산은 얼마나 위험한가?

만산은 전체의 2~3%로 조산보다는 훨씬 드물지만 역시 심각한 문제가 될 수 있다. 임신이 비정상적으로 오래 연장될 때 아기는 성장이 지체해 있을 위험이 있다. 심지어는 자궁 속에서 죽을 수도 있다. 태반은 산기까지만 태아에게 영양분과 산소를 공급한다. 산기가 지나면 태반은 생명이 다해 기능을 잘 하지 못한다. 그러므로 태아에게 공급되는 것들이 부족해져 태아 정체의 위험성이 커진다.

그러나 실제로 어디까지가 만산인지 판단하기는 어렵다. 확실한 수태 날짜를 아는 것이 쉽지 않아서 임신 기간을 정확히 계산하기가 어렵고, 출산 전후 며칠간의 이동은 일반적이기 때문이다. 그러므로 사실상 예정일보다 8~10일이 더 연장될 때에만 염려스럽다.

산기가 초과한 것은 아기의 움직임이 확연히 감소하는 것으로 나타날 수 있다. 의사는 최소한 이틀마다 하는 태아 심장 리듬 검사를 통해 태아 정체를 알아본다.

자궁 경부가 충분히 열렸을 때에만 가능한 양수경 검사는 태아가 정체될 때 양수가 초록색으로 변하는 것을 보여준다. 이런 검사 후에 의사는 분만 결정을 내릴 수 있다. 만산의 아기는 출생시에 흔히 특이한 모습을 보인다.

피부는 산기에 태어난 아기보다 더 쪼글쪼글하고 기름층 자국이 전혀 없다. 피부가 표층을 벗어 버린 것이다. 껍질을 벗었다고 말하기도 한다. 또 손톱이 매우 길다. 그러나 일반적인 만산의 아기는 특별한 보살핌을 요하지 않는다.

● 출산 날짜를 미리 잡을 수 있을까?

그렇다. 출산 예정일 전에 인위적으로 분만 작업을 개시하는 것이 가능하다. 이를 위해 젤리 형태의 프로스타글랜딘과 함께 분만 촉진을 위해 자궁을 수축시키는 뇌하수체 후엽 호르몬을 주입하기도 한다. 임신부들은 여러 가지 이유로 '계획된' 분만을 시도한다. 의사들 역시 거기에 호의적이다. 의사들은 작업이 힘든 밤보다는 전 의료진이 자리에 있고 일하기 좋은 낮에 출산하는 것이 더 낫다고 생각한다.

그러나 모든 인위적인 출산은 몇가지 위험이 있다.

▶ 필요한 조건들이 갖춰지지 못해 실패로 끝나 버릴 위험. 특히 자궁 경부가 충분히 말랑말랑해야 하고 방긋이 열려 있어야 한다.

▶ 분만 작업을 시작한 후 너무 오래 가고 어려워 어머니와 아기에게 충격을 줄 수 있다. 그래서 결국 하지 않아도 될 제왕절개를 하는 상황에 이를 수도 있다.

임신 날짜를 알 수 있는 초음파 검사 덕분에 이제 미숙아의 위험은 사라졌다. 의사는 산기에 대해 확신이 서지 않으면 인공 분만을 시도하지 않을 것이다. 그러므로 분만 날짜를 미리 계획해 짜는 것은 가능하다. 그러나 어떤 때 그렇게 해야 할까?

그런 질문이 필요없는 경우가 있다. 아기가 어머니의 자궁에서 너무 오래 있을 때다. 고혈압, 당뇨병, 자궁 내 성장 지체 혹은 산기 초과의 경우이다. 이때는 분만을 촉진하는 것이 절대적이다.

의학적인 이유 뿐 아니라 개인적인 이유도 물론 있을 수 있다.

그러나 최소한의 조건이 충족되었을 때에만 산기 전 분만을 생각해 보아야 한다. 되도록이면 예정된 산기에 가까운 날짜를 선택해야 하며, 분만이 성공할 수 있다는 의사의 동의가 있어야 한다. 그렇지 않으면 앞에서 말한 어려운 분만과 제왕절개 등의 위험을 무릅쓰게 된다.

어떻든 가장 좋은 것은 자연이 알아서 하게 내버려 두는 것이다. 자연적인 출산이야 말로 가장 훌륭한 결정이다. 이것은 대부분의 임신부들이 원하는 선택이다.

● 어떤 병원에서 출산해야 하나?

분만을 하려는 예비 부모들의 병원에 대한 가장 큰 걱정은 안전 문제이다. 많은 사람들은 병원 의료진의 능력이 어느 정도인지, 있을 수 있는 모든 사고에 대처할 만한 장비와 인력, 즉 마취 의사, 소아과 의사, 수술실, 소생 기구 등이 갖춰져 있는지 직접 확인해 보라고 충고한다.

그러나 실제로 병원장을 만나서 그런 사항을 물어 본다는 것은 그리 쉬운 일이 아니다.

"필요한 모든 것이 있습니까? 인큐베이터가 몇 개나 있습니까? 필요할 때 구급차는 얼마 만에 올 수 있습니까? 마취 의사가 24시간 대기하고 있습니까? 필요하다면 수혈을 받을 수 있습니까?"

수많은 질문들은 더 큰 불안을 갖게 한다. 오늘날 치료의 질, 의료 장비, 의료인의 능력에 관해서는 정해진 기준이 있다. 이에 미치지 못하는 병원은 문을 닫아야 한다. 병원이 없어지면 그만큼 불편하기는 하지만 그보다 더 중요한 것이 안전이기 때문이다.

그러면 실제로 어떤 병원을 선택해야 할까?

▶ 병원이 하나밖에 없는 경우는 물론 선택의 여지가 없다.

▶ 정해진 병원에서 분만하고자 하는 경우, 가능한 한 빨리 등록을 하고 그 병원의 산부인과로 의료 검사들을 보내야 한다. 병원은 분만하려는 임신부를 거부할 수는 없지만, 미리 등록을 안 하면 복도에 침대를 놓거나 다른 병원으로 가야 할 우려가 있다.

병원에 대해서는 다음 사항들을 알아 보아야 한다. 출산시에 어떤 준비를 해야 하는가? 원한다면 경막외 마취를 할 수 있는가? 신생아는 어머니의 병실에 함께 있을 수 있는가? 아버지는 어떤 대접을 받는가? 아버지가 분만시에 같이 있을 수 있는가? 가족의 방문 시간은 어떤가? 다른 아기들이 올 수 있는가? 출산 후 며칠간 있어야 하는가? 어머니가 젖 먹이기를 원한다면 모유 수유를 할 수 있는가?

또한 출산에 대해서도 몇 가지 질문을 하고 싶을지 모른다. 자궁 경부가 열리는 동안 자유로이 왔다갔다할 수 있는가? 원할 때 피로를 풀 시설이 있는가? 분만 때 자신이 자세를 선택할 수 있는가?

이런 질문들은 당연하다. 그에 대한 대답이 병원을 결정하는 데 도움을 줄 것이다. 다른 사람들에게서 얻은 정보 역시 중요하다. 이 때는 소문이 종종 결정적인 역할을 한다.

　마지막으로 재정적인 문제가 있다. 퇴원시에 지불하는 계산서는 병원마다 큰 차이가 있을 수 있다. 그러므로 등록할 때 잘 알아보아야 한다. 지불해야 할 것이 정확히 무엇인지 물어 본다. 미리 이런 것들을 알아두면 합리적인 예산을 짤 수 있고, 예상보다 높게 나온 계산서에 놀라지 않을 것이다.

　병원 계산서에는 때로는 몇가지 추가 요금이 붙을 수 있다는 것도 고려해야 한다.

임신 달력

1월	10월	2월	11월	3월	12월	4월	1월	5월	2월	6월	3월	7월	4월	8월	5월	9월	6월	10월	7월	11월	8월	12월	9월
1	14	1	14	1	12	1	12	1	11	1	14	1	13	1	14	1	14	1	14	1	14	1	13
2	15	2	15	2	13	2	13	2	12	2	15	2	14	2	15	2	15	2	15	2	15	2	14
3	16	3	16	3	14	3	14	3	13	3	16	3	15	3	16	3	16	3	16	3	16	3	15
4	17	4	17	4	15	4	15	4	14	4	17	4	16	4	17	4	17	4	17	4	17	4	16
5	18	5	18	5	16	5	16	5	15	5	18	5	17	5	18	5	18	5	18	5	18	5	17
6	19	6	19	6	17	6	17	6	16	6	19	6	18	6	19	6	19	6	19	6	19	6	18
7	20	7	20	7	18	7	18	7	17	7	20	7	19	7	20	7	20	7	20	7	20	7	19
8	21	8	21	8	19	8	19	8	18	8	21	8	20	8	21	8	21	8	21	8	21	8	20
9	22	9	22	9	20	9	20	9	19	9	22	9	21	9	22	9	22	9	22	9	22	9	21
10	23	10	23	10	21	10	21	10	20	10	23	10	22	10	23	10	23	10	23	10	23	10	22
11	24	11	24	11	22	11	22	11	21	11	24	11	23	11	24	11	24	11	24	11	24	11	23
12	25	12	25	12	23	12	23	12	22	12	25	12	24	12	25	12	25	12	25	12	25	12	24
13	26	13	26	13	24	13	24	13	23	13	26	13	25	13	26	13	26	13	26	13	26	13	25
14	27	14	27	14	25	14	25	14	24	14	27	14	26	14	27	14	27	14	27	14	27	14	26
15	28	15	28	15	26	15	26	15	25	15	28	15	27	15	28	15	28	15	28	15	28	15	27
16	29	16	29	16	27	16	27	16	26	16	29	16	28	16	29	16	29	16	29	16	29	16	28
17	30	17	30	17	28	17	28	17	27	17	30	17	29	17	30	17	30	17	30	17	30	17	29
18	31	18	31	18	29	18	29	18	28	18	31	18	30	18	31	18	1	18	31	18	31	18	30
19	1	19	1	19	30	19	30	19	1	19	1	19	1	19	1	19	2	19	1	19	1	19	1
20	2	20	2	20	31	20	31	20	2	20	2	20	2	20	2	20	3	20	2	20	2	20	2
21	3	21	3	21	1	21	1	21	3	21	3	21	3	21	3	21	4	21	3	21	3	21	3
22	4	22	4	22	2	22	2	22	4	22	4	22	4	22	4	22	5	22	4	22	4	22	4
23	5	23	5	23	3	23	3	23	5	23	5	23	5	23	5	23	6	23	5	23	5	23	5
24	6	24	6	24	4	24	4	24	6	24	6	24	6	24	6	24	7	24	6	24	6	24	6
25	7	25	7	25	5	25	5	25	7	25	7	25	7	25	7	25	8	25	7	25	7	25	7
26	8	26	8	26	6	26	6	26	8	26	8	26	8	26	8	26	9	26	8	26	8	26	8
27	9	27	9	27	7	27	7	27	9	27	9	27	9	27	9	27	10	27	9	27	9	27	9
28	10	28	10	28	8	28	8	28	10	28	10	28	10	28	10	28	11	28	10	28	10	28	10
29	11			29	9	29	9	29	11	29	11	29	11	29	11	29	12	29	11	29	11	29	11
30	12			30	10	30	10	30	12	30	12	30	12	30	12	30	13	30	12	30	12	30	12
31	13			31	11			31	13			31	13	31	13			31	13			31	13
1월	11월	2월	12월	3월	1월	4월	2월	5월	3월	6월	4월	7월	5월	8월	6월	9월	7월	10월	8월	11월	9월	12월	10월

- **검은 숫자** : 마지막 생리의 첫날.
- **빨간 숫자** : 출산 예정일(앞쪽에서 이야기한 변동과 함께).

제 *12* 장

고통 없는 출산
충격 없는 탄생

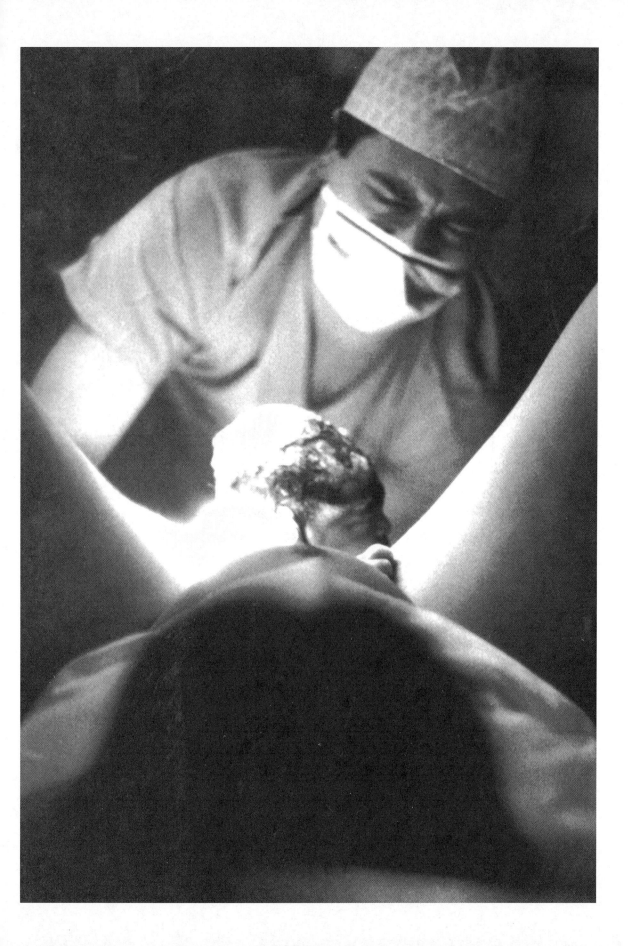

어머니와 아기가 다같이 편안하게

출산과 출생은 결국 같은 일이다. 같은 일이지만 어머니에게는 출산이고, 아기에게는 출생이다.

어머니에게는 '고통 없는 출산'이 중요하고, 아기에게는 '충격 없는 출생'이 중요하다.

수년 전부터 사람들은 아기의 출생을 즐겁게 생각하게 되었다. 고통 없는 출산이 가능해지면서 생긴 일이다. 아기의 탄생에 대해 지금까지는 몰랐던 수많은 것들을 알게 되었으며, 또한 성교육을 통해 이제까지 의학 전문 용어로만 생각되었던 많은 단어들과 친숙하게 되었다.

신문과 잡지에서 여성들이 아기를 낳는 사진을 볼 수 있게 되었고, 아기의 출생을 찍은 많은 화면이 등장하게 되었다.

이렇게 해서 아기를 기다리는 모든 부모들에게 출산이 갖는 신비로움과 두려움이 조금씩 벗겨지게 되었다.

그렇지만 사진이나 화면을 통해 출산에 상당히 친숙해진 부모라도, 특히 첫아기의 경우, 임신부는 출산에 대해 보다 상세한 것을 알고 싶어한다.

어떻게 출산이 시작되는지, 그것을 무엇으로 알 수 있는지, 언제 병원으로 가야 하는지, 분만 시간은 얼마나 걸리는지 그리고 진통이 얼마나 힘겨운지 모든 것을 알고 싶어한다.

출산은 다음 두 가지 방식으로 이야기할 수 있다.

▶ 출산의 구조와 출산시 발생하는 생리적 현상, 산도가 열리는 과정.

▶ 출산 과정이 시작된 것을 산모가 어떻게 알 수 있는가, 어떤 감각을 느끼게 되는가, 분만의 여러 단계를 어떻게 쉽게 알 수 있는가?

그에 앞서 출산시에 일어나는 현상들을 알아보자.

● 출산 전에 꼭 알아야 할 것들

출산이 임박한 아기

그림에서 태어나기 직전의 아기 모습을 볼 수 있다. 아기는 아기를 잘 보호하기 위해 다른 장기와 차단되어 있는 자궁 안에서 대부분의 경우 머리를 밑으로 하고 두 개의 얇은 막으로 둘러싸여 마치 주머니 안에 들어 있는 것 같다. 자궁 밑부분에 있는 자궁 경부는 임신기간 내내 빗장처럼 잠겨져 있다. 그 길이는 약 3~4cm이다.

출산이란 아기가 어머니의 자궁과 생식도 밖으로 나오는 것을 말한다. 이렇게 아기가 밖으로 나오려면 아기를 밀어내는 동력이 필요하다. 그 동력에 해당하는 것이 바로 자궁의 수축이다. 자궁의 수축은 다음 두 가지 효과를 갖는다.

▶ 자궁 경부가 열리게 한다.

▶ 일단 문이 열리고 나면 자궁의 수축을 통해 아기는 골반부, 그리고 회음[1]과 외음부[2]라는 연질부로 이루어진 터널을 통과하게 된다.

출산은 양쪽의 힘이 마주치는 것으로 생각할 수 있다. 한쪽은 적극적으로 아기를 밖으로 밀어내려는 자궁이 수축하는 힘이며, 다른 한쪽은 수동적으로 아기가 밀려나가지 못하게 저항하는 산도의 힘이다.

자궁이라는 동력과 아기, 그리고 아기가 지나가야 하는 산도에 대해 좀더 자세히 살펴보자.

1) 질과 직장 사이의 근육이 회음이다.

2) 외음부는 질의 입구를 말한다.

● 아기는 자궁의 힘으로 밀려나온다

자궁은 무엇이며 어떤 기능을 하는가. 자궁은 말하자면 이두근과 같은 근육이다. 하지만 이두근과 달리 속이 비어 있다. 주머니 모양으로 되어 있어서, 아기가 그 안에 자리잡는다. 모든 근육이 그러하듯이 자궁은 수축력을 갖는 섬유질로 되어 있다. 자궁의 수축은 자율적으로 이루어지므로 개인의 의지로 조절할 수 없다. 인위적으로 자궁의 수축을 강하게 하거나 약하게 할 수도 없다.

그렇다고 해서 산모가 출산 내내 수동적으로 자궁의 수축을 감내하기만 한다는 뜻은 아니다. 이에 대해서는 다시 다루겠다. 자궁의 수축은 임신 후반기부터 나타날 수 있다. 하지만 진짜 아기를 내보내기 위해 활동하는 것은 출산 때이다.

어느 날 자궁이 힘을 쓴다 · · · 어떤 이유로 어느 날 갑자기 자궁이 수축되기 시작하는가? 지금으로서는 이 질문에 정확히 대답하는 것이 불가능하다. 하지만 여러 가지 요인이 있는 것으로 여겨진다. 그 중 몇몇 요인은 기계적인 것이다. 우선 자궁은 임신 말기부터 긴장하기 시작하며, 그로 인해 자궁 경부가 점차 열리게 된다. 또한 자궁이 긴장하면 수축을 일으키는 물질이 자궁 근육에 분비된다. 자궁에서 만들어지는 호르몬인 프로스타글랜딘의 비율이 임신 말기에는 현저하게 높아지는 것을 볼 수 있다.

또한 반사 신경도 어떤 작용을 한다고 믿고 있다. 임신 말기에 임신부를 검진하면 그로 인해 24시간 안에 출산이 유발된다는 말을 믿는 사람들도 있다. 하지만 그러한 반사 기능에 대해서는 아직까지 정확하게 밝혀지지 않았다.

아울러 태아의 부신선(副腎腺)도 중요한 역할을 하는 것으로 추정된다. 출산 직전의 며칠 혹은 몇 시간 동안 부신선의 활동이 현저히 늘어나기 때문이다. 하지만 그러한 영향이 구체적으로 어떻게 작용하는지는 아직 밝혀지지 않았다.

또 다른 호르몬이 자궁의 수축을 촉발하고 유지시키는 것으로 알려져 있다. 뇌하수체에서 분비되는 옥시토신이다. 옥시토신은 출산중에 자궁의 수축을 강화하고 조절하는 호르몬인데, 임신 말기에 이르면 어머니의 뇌하수체와 아기의 뇌하수체에서 동시에 분비된다.

결론적으로는 이러한 여러 요인들 중 그 어느 것도 혼자의 힘으로 출산을 일으키지는 않는다. 서로 다른 요소들이 아직까지 밝혀지지 않은 어떤 작용에 의해 서로 결합하여 자궁의 수축을 일으키고 유지하고 강화시키는 것이다.

자궁수축의 효과
자궁은 수축하면서 길이가 짧아지게 된다. 근육이 수축하면 그림의 화살표가 나타내는 것처럼 오그라들게 된다. 자궁 밑부분이 위에서 밑으로 당겨지면서 자궁 경부는 조금씩 밑에서 위로 당겨진다. 그렇게 해서 경부가 열리고 아기가 밖으로 나오게 된다.

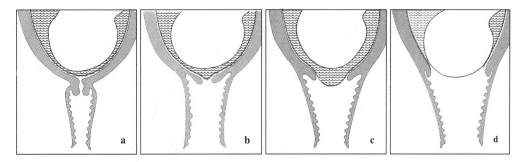

자궁이 열리기 시작한다···자궁 수축이 시작되면 위에서 아래로, 즉 자궁 끝에서 경부 쪽으로 힘이 가해진다. 그럼으로써 자궁 경부에 변화가 일어난다. 그림에서 보듯이 자궁이 수축할 때마다 자궁 내막이 경부를 위쪽으로 잡아끌게 되고, 그 힘에 의해 자궁 경부가 조금씩 열리게 되는 것이다. 아기가 자궁 밖으로 나오기 위해서는 그림 a, b, c, d가 보여주는 것처럼 자궁 경부가 열려야 한다.

물론 임신 기간 중에 자궁 경부는 점차 부드러워져 열릴 준비를 한다. 하지만 자궁 경부가 열리기 위해서는 자궁이 수축되어야만 한다.

자궁 경부가 벌어진다···처음에는 자궁 경부가 조금씩 짧아지다가 결국 없어져 버리고 둥근 자궁의 일부가 되어 버린다. 이것을 경부가 사라진다고 말한다. 하지만 그러고 나서도 경부는 처음에는 여전히 닫혀 있다(그림 b). 그 다음 시기가 되면 경부가 열리고, 수축이 계속된다. 이것을 자궁 경부가 벌어진다고 한다(그림 c).

이전에는 자궁 경부가 벌어진 상태를 정확한 기준으로 설명하지 않았다. 손가락 두 개만큼, 세 개만큼 등으로 말했다. 요즈음은 정확하게 cm로 표시한다. 자궁 경부의 변화는 벌어지는 동안 계속 질을 관찰함으로써 측정할 수 있다. 초산부의 경우 출산 초기에 자궁 경부가 사라지는 것과 자궁이 벌어지는 것은 하나가 끝난 후에 다른 하나가 이어지는, 분명하게 구별되는 두 가지 현상이다. 그러나 출산의 경험이 있는 다산부의 경우, 대부분 두 가지는 동시에 진행된다. 다시 말하면 자궁 경부가 사라지는 동시에 자궁이 벌어지는 것이다.

물론 자궁 경부가 완전히 벌어져야만 아기가 나올 수 있다. 하지만 그 전에 아기를 감싸고 있는 내막이 파열되어야 한다. 이 역시 자궁 수축의 효과로, 내막의 일부가 벌어진 경부로 내려가게 된다. 그렇게 해

위의 네 그림은 자궁 경부가 벌어지는 과정을 보여준다.

아기의 머리, 양수(검은 선), 내막(붉은 선)이 그려져 있고, 모두 자궁 안에 들어 있다. 질 쪽으로 자궁 경부가 열린다.

(a)출산 초기에는 자궁 경부가 닫혀 있다.

(b) 자궁이 수축되면서 조금씩 길이가 짧아진다. 이것을 자궁 경부가 **엷어진다**고 한다. 아직 열리지 않은 상태이다.

(c) 자궁 경부가 열리는 중이다. 양수에 밀려 내막이 돌출된다. 이것을 **물주머니**라고 한다.

(d)자궁이 열리고 양수가 터지면 아기의 머리가 골반에 진입하여 자궁 밖으로 나온다. 그러면 최대한으로 벌어진 질과 음문을 통과하게 될 것이다.

서 경부 아래로 처진 내막 부분과 그 안에 들어 있는 양수를
물주머니라고 부른다(그림 c). 자궁의 수축으로 인해 자
궁 경부가 열리면, 아기는 역시 수축의 힘으로 골반의
산도를 지나게 된다.

● 아기가 빠져나와야 할 힘든 터널

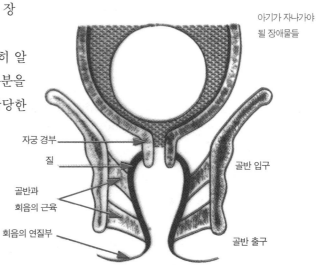

　　　　아기가 지나가야 하는 산도는 그림과 같다. 그것은
곧 골반과 생식도라는 터널이다. 이 터널을 지나는 동안 아기는 여러
가지 장애물과 만나게 된다.

　이 산도에는 우선 그림에서 볼 수 있는 골반뼈가 있다. 골반은 네 개
의 뼈로 이루어져 있다. 뒤쪽으로 선골과 미저골이 있고, 양 옆에 장골
이 있으며, 좌우의 장골이 만나 앞쪽에 치골을 이룬다.

　임신 기간 중에 아기는 치골 위쪽에 자리잡는다. 그러다가 출산이
시작되면 골반으로 들어가 그곳을 통과하여 밖으로 나간다. 아기가 들
어가는 자궁 입구의 구멍은 상부 협로라고도 불리며, 카드의 하트 모
양과 비슷하다. 아기가 나가는 구멍은 하부 협로라고 한다.

　골반 아래쪽에는 근육이 있는데, 그 근육은 회음과 외음부라는 연질
부로 덮여 있다. 전체가 딱딱한 골반뼈와 달리 매우 부드럽다. 아기는
출산중에 단계적으로 이러한 장
애물을 통과해야 한다.

　회음에 관해서는 좀더 자세히 알
가 있다. 안쪽 골반의 바닥 부분을
이루고, 따라서 출산중에 상당한
긴장이 가해지기 때문이다.
치골과 미저골 사이에 마치
해먹처럼 걸쳐진 이 근육은
요도와 질, 직장에 걸쳐 있
다. 회음에 관해서는 다시
설명하자.

위에서 내려다본 골반뼈
　상부 협로와 척추의
요부, 좌우측 장골(넓은
뼈), 치골의 반관절(앞
쪽), 선골(척추 밑부분),
미저골(선골 끝부분)이
나타나 있다.

아기가 지나가야
될 장애물들

자궁 경부
질
골반과
회음의 근육
회음의 연질부
골반 입구
골반 출구

● 아기도 대단한 준비를 한다

임신 말기에 이르러 출산이 시작될 때 아기는 밖으로 나갈 준비를 마친다. 앞에서 본 것처럼 일반적으로는 머리를 아래로, 즉 자궁 아래쪽으로 놓고 수직 자세로, 내막과 양수의 보호를 받으며 둘러싸여 있다.

조금 전에 살펴본 장애물을 통과하기 위해서 아기의 머리는 일련의 조종을 통해 산도의 형태와 크기에 맞추어져야 한다.

가장 먼저 아기의 머리가 골반의 위쪽 구멍, 즉 상부 협로를 지나간다. 그 경우 머리가 산도에 들어섰다고 말한다. 이와 같이 산도에 들어서는 것과 동시에 아기의 머리는 비스듬히 나아간다. 산도의 위쪽 구멍은 비스듬히 지나가야 자리가 더 넓기 때문이다.

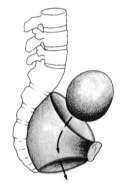

머리를 오른쪽이나 왼쪽으로 돌리고 아래쪽으로 구부리는 것이 머리를 똑바로 하는 것보다 들어가기 쉽기 때문에 아기는 그러한 자세를 취하게 되는 것이다. 이와 같이 태아의 머리가 산도에 진입하는 것은 첫출산의 경우 출산 직전 몇 주 동안에 일어날 수 있다. 때로 산모는 이 때문에 통증을 느낄 수도 있다.

상부 협로를 통과하고 나면 아기의 머리는 조금씩 골반 아래쪽으로

산도를 이루는 뼈의 모양을 보여주는 이 그림에서 알 수 있듯이 아기는 '똑바로' 나가는 것이 아니다. 두 번 방향을 바꾼다. 위의 그림은 임신부가 서 있는 상태이고, 밑의 그림은 누워 있는 상태이다.

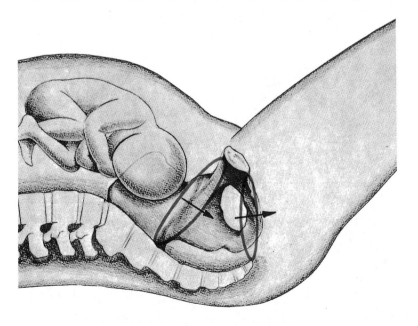

내려간다. 동시에 앞에서 뒤로 조금씩 회전한다. 골반의 출구 구멍, 즉 하부 협로에서 가장 넓은 곳은 상부 협로에서와 같은 비스듬한 직경이 아니라 앞에서 뒤로 똑바로 열려 있다.

따라서 이 경우 역시 태아의 머리는 가장 넓은 면적을 이용하기 위하여 방향을 잡는다. 이렇게 해서 골반을 지나는 동안 태아는 그림에서 보듯이 두 번 머리의 방향을 바꾸게 된다. 골반에 진입할 때는 자기의 왼쪽 혹은 오른쪽 어깨를 보는 자세이다가 골반을 벗어날 때는 바닥을 내려다보는 자세가 되는 것이다.

골반뼈를 모두 지나면 아기의 머리는 새로운 장애물을 만난다. 회음의 근육이 아기를 가로막는 것이다. 태아의 머리는 그곳을 지나가기 위해 힘을 가하고 기대게 된다. 회음과 질은 그 탄성에 힘입어 점차 벌어지게 된다. 이것을 만출이라고 한다.

아기의 진행을 도와 주는 것들 · · · 점차 머리가 내려가서 산도를 통과하는 것을 도와 주는 세 가지 요소가 있다.

▶ 골반뼈들은 관절로 연결되어 있다. 그런데 임신 말기에 이 관절들이 느슨해질 수 있다. 때로는 통증을 동반한 이러한 변화로 골반은 몇 밀리미터 정도 넓어지게 된다.

▶ 아기의 머리뼈는 아직 완전히 결합되지 않은 상태이다. 생후 몇 개월이 지나야만 완전히 고정된다. 따라서 아기의 머리뼈는 어느 정도

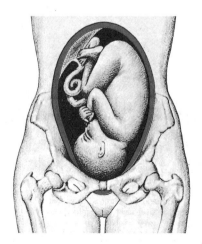
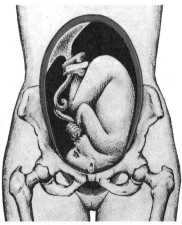

출산이 임박하였음을 알리는 전주곡

이 아기는 몇 시간 후면 세상에 태어날 것이다. 그림은 이제 아기가 태아로서의 삶을 마치려는 순간을 보여준다. 왼쪽 그림은 엄마 몸 안에 아기가 자리잡은 것을 보여주고, 오른쪽 그림은 자궁이 아직 열리지 않았지만 아기 머리가 골반으로 진입하기 시작한 것을 보여준다. 이때 임신부는 배 아래쪽에 묵직한 느낌을 갖게 된다. 다음 쪽의 그림은 출산의 전단계를 보여준다.

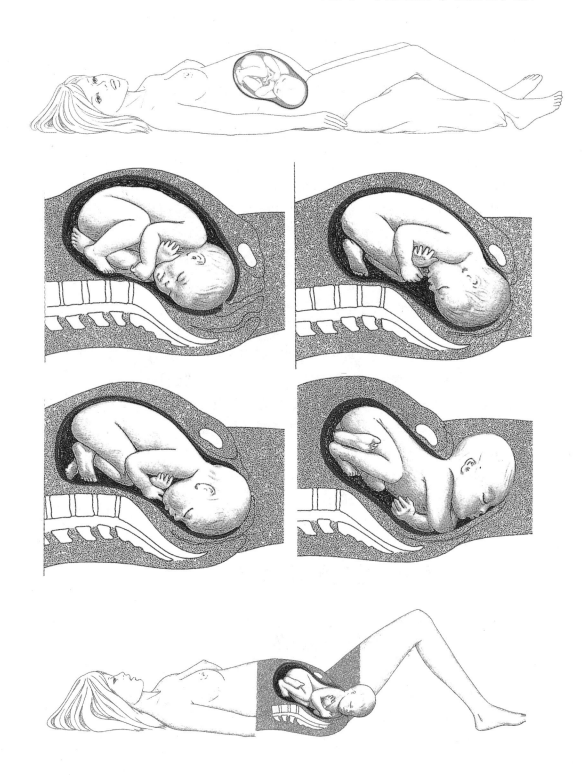

유연성이 있어서 좁은 산도를 지나면서 그 모양에 따라 어느 정도 적응할 수 있다.

▶ 골반의 연질부 즉, 질과 회음은 자연적인 탄성을 갖고 있다.

여기서 다음 두 가지만 지적하자.

▶ 우리는 지금까지 마치 아기의 머리만 중요한 것처럼 머리에 관해서만 이야기했다.

실제로 출산시에는 머리가 가장 중요하다. 아기의 몸에서 가장 큰 부위이기 때문이다. 머리가 일단 장애물을 통과하면 나머지 부분은 어려움 없이 따라오게 되는 것이다.

▶ 출산 도중 아기의 움직임은 스스로 무엇인가를 할 수 없기 때문에 적극적이지 못하다. 모든 것은 자궁 수축의 결과로 일어난다. 다시 말해, 자궁의 수축이 출산의 원동력이 된다는 것이다. 바로 그 수축을 통해서 자궁 경부가 조금씩 벌어지게 되고 아기가 내려간다.

이 두 가지 현상은 동시에 진행되며, 자궁 수축이 규칙적이고 효과적이지 못하면 정상적인 출산이 불가능하다. 출산은 두 단계로 진행되는데, 각 단계는 지속 시간이 다르다. 뒷단계보다 긴 처음 단계는 자궁 경부가 벌어지는 단계이고, 훨씬 짧은 두 번째 단계는 아기를 밖으로 배출하는 단계이다.

아기가 태어나고 나면 세 번째 단계에서 출산이 완전히 끝난다. 그것은 태반이 배출되는 단계로, 후산(後産)이라고 부른다.

● 출산은 어떻게 이루어지나?

● 무엇으로 시작을 알 수 있지?

언제나 분명하고 명확하게, 정해진 틀에 맞추어 출산이 시작되는 것은 아니다. 특히 초산의 경우, 병원에 가야 할 때가 된 건지 망설일지도 모른다.

적어도 이론상으로는 자궁 경부를 막고 있는 점액질 마개가 배출되고 통증을 동반하는 자궁의 수축과 함께 출산이 시작된다.

이슬이 비친다 · · · 이것은 임신 기간 중에 자궁 경부를 막고 있는 점액질 마개인 분비물을 말한다. 따라서 출산을 기다리는 산모는 이 마개가 몸 밖으로 나오면 병원으로 갈 준비를 해야 한다. 하지만 이것이 결정적인 기준은 아니다. 때로는 출산 24시간이나 48시간, 혹은 훨씬 전에 이슬이 비칠 수도 있기 때문이다. 또 때로는 거의 눈에 띄지 않고 배출되는 수도 있다. 이슬의 배출은 자궁 경부가 변화를 시작한다는 표시일 뿐 출산이 시작했음을 알리는 진짜 표시는 통증을 동반한 자궁의 수축이다.

통증이 오고 자궁이 수축한다 · · · 임신 말기, 특히 마지막 몇 주 동안에 자궁이 수축될 수도 있다. 손을 배 위에 얹어 보면 그것을 알 수 있다. 때때로 배가 딱딱해지는 것이다. 하지만 그러한 수축은 정확한 리듬이 없고 주기도 규칙적이 아니다. 아무런 규칙이 없으며 별로 배가 아프지도 않다. 그 경우 출산의 시작과는 무관하다.

어떤 때는 묵직한 느낌이 오고 또 어떤 때는 뼈가 늘어나는 듯한 느낌이 있을 수 있는데, 이 역시 출산의 시작과는 무관하며, 아마도 머리가 골반으로 진입하거나 골반이 변형되면서 오는 느낌일 것이다. 첫 수축은 일반적으로 배에서 느껴지지만 때에 따라 허리에서 느껴질 수도 있다. 처음에 수축은 별로 강렬하지가 않아서 알아차리기 어렵다. 그저 약하게 꼬집는 듯한 느낌, 혹은 생리 때와 비슷한 느낌이다.

꼬집는 듯한 느낌이 약해서 자궁 수축에 의한 것인지 판단할 수 없을 때는 간단히 확인하는 방법이 있다. 즉 배에 손을 얹어 보았을 때 배가 딱딱해지는 느낌이 있으면 자궁이 수축하는 것이다.

자궁의 수축으로 출산이 시작될지도 모른다고 생각되면, 다른 특징들로 그것을 확실하게 판단해야 한다.

▶ 수축이 규칙적이 되면서 정확한 리듬이 생긴다. 한 번 수축이 지나간 뒤 다음 번 수축이 올 때까지의 시간을 측정할 수 있다.

▶ 그 간격이 점점 더 좁아진다.

▶ 수축이 한 번 시작되면 점점 더 오래 지속된다.

▶ 수축이 점점 더 강렬해지고 통증이 커진다.

통증은 마치 파도처럼 밀려와 꼼짝할 수 없게 만든다. 등 가운데에서 생겨나 엉덩이를 둘러싼 두 가지를 따라 나누어진 뒤 허리띠처럼 몸을 감싸면서 배 위에서 만나는 것 같다.

처음의 약한 수축, 꼬집는 듯한 미약한 느낌이 마침내 규칙적인 리듬으로 자주 찾아오고 길어지는 수축, 점점 더 강하고 고통스러운 수축이 되면 이제 정말 아기가 태어날 준비를 하는 것이다.

출산에 따르는 통증에 대해서는 제13장에서 다시 언급할 테지만, 우선 사람마다 다르다는 것을 알아 두어야 한다. 자궁의 수축이 다가오고 점점 강해지고 있다는 것을 알고 나면 그 순간부터 산모의 태도에 따라 통증을 어느 정도는 덜 느낄 수도 있고 더 느낄 수도 있다.

진짜 출산 시작이 아닐 수도 있다 · · ·여전히 확실하지 않다면 다음과 같이 해 보면 된다. 즉, 10분 간격으로 경련 진정제 좌약을 넣는다. 의사가 이미 처방을 내려 주었을지도 모른다. 출산이 시작된 것이 아니라면 수축이 약해지고 이내 사라져 버린다.

하지만 진짜 출산이 시작된 것이라면 약은 아무 소용 없이 자궁의 수축이 계속될 것이다. 경련 진통제가 없으면 앞에서 설명한 자궁 수축상의 특징으로 답을 내리게 된다.

위의 설명과 달리 수축이 불규칙적이고 더 잦아지거나 길어지지도 않고 강해지지도 않는다면 진짜 출산이 아닐 확률이 많다. 조금 있으면 수축이 사라질 것이고, 진짜 출산은 며칠 후 혹은 심지어 몇 주 후에나 일어날 것이다.

그러한 경우가 자주 있을까? 100건 중 10~15건의 경우가 이에 해당되며, 아기의 머리가 자궁 내에 진입하는 경우는 그보다 훨씬 더 흔하다. 출산이 시작된 것이 확실하면 더 이상 물을 마시거나 음식을 먹지 않는 것이 좋다. 출산중에 물을 마시거나 음식을 먹으면 구토를 일으킬 수 있고, 또 마취가 필요할 경우 위가 비어 있어야 하기 때문이다. 병원으로 떠나기 전에 간단한 관장을 할 수도 있다. 미크로락스나 글리세린 좌약을 이용하면 된다.

그러면 몇 시간 후에 힘을 주고 싶거나 화장실에 가고 싶을 때 참느라고 몸에 힘을 주지 않아도 된다. 분만대 위에서 화장실에 가고 싶은 생각이 들지 않고 편안히 회음을 이완시킬 수 있다.

양수가 터진다· · ·출산을 알리는 첫신호로 양수가 흐른다고 생각하는 사람들도 있다. 그런데 사실 양수가 터지는 것은 일정하지 않다. 출산이 시작되지도 않았는데 터질 수도 있다. 양수는 일반적으로 자궁 경부가 벌어질 때 터지는 것이다. 저절로 터지지 않으면 자궁이 5cm 쯤 벌어졌을 때 의사나 조산사가 일부러 터뜨린다. 옛날에는 일부러 양수를 터뜨리지 않았고, 그대로 자궁이 완전히 열리면 아기는 머리에 그 막을 덮어쓰고 태어났다. 이것을 '모자를 쓰고 태어났다'고 표현했으며 행운의 징표로 생각했었다.

● 언제 병원으로 가야 하나?

처음 수축이 시작되면 바로 병원으로 가야 하는가? 이슬이 비치면 가야 하는가? 출산이 시작되었음이 거의 확실해질 때까지 기다려야 하는가?

이에 대한 답은 초산부인가 둘째 혹은 셋째 아기를 기다리는 다산부인가에 따라 다르다. 초산의 경우라면 더 오래 걸리고, 따라서 첫 수축이 있은 후 완전히 벌어질 때까지는 시간이 있는 셈이다.

좀더 정확한 기준을 위해서 자궁 수축의 리듬을 측정하는 것이 좋다. 수축 간격이 10분 이내가 되기 전에는 병원에 가지 않아도 된다. 하지만 다산인 경우에는 자궁이 보다 빨리 벌어지므로, 수축이 규칙적으로 일어나면 그 간격에 상관없이 바로 병원으로 가는 것이 좋다.

물론 언제 병원으로 갈 것인가를 정하는 데는 다음과 같은 다른 것들을 고려해야 한다. 즉 낮인가 밤인가, 병원이 얼마나 떨어져 있는가, 어떤 지역을 통과해야 하는가 등이다. 밤중에 첫아기를 위해 병원에 가는 것보다 도심에서 한낮에 셋째 아기를 위해 병원으로 가는 것이 훨씬 더 급하다는 것은 말할 나위가 없다.

하지만 한 가지 덧붙여야 한다. 즉 병원에 가야 할지 계속 망설여질 때는 일단 병원으로 가서 조산사의 검진을 받는 것이 좋다. 그 결과에 따라 병원에 남아 있기도 하고 아직 출산이 시작된 것이 아니라면 집으로 돌아오기도 한다.

괜히 병원에 가서 우스운 꼴을 당하지 않을까 걱정할 필요는 없다. 쓸데없이 사람들을 방해하게 되더라도, 뒤늦게 병원으로 가 낭패를 보는 것보다는 낫기 때문이다.

특정 의사를 선택해 출산하기를 원하는 경우에도 마찬가지이다. 전화만 하면 의사가 바로 결정을 내려 줄 것이라고 생각해서는 안 된다. 의사 역시 검진을 해 보아야만 정확한 판단을 내릴 수 있다.

아기를 기다리는 사람들이 흔히 걱정하는 것 중의 하나는 혹시 한밤중에 병원으로 가야 할 때 주위에 아무도 없으면 어떻게 하나 하는 것이다. 예를 들어 직업상 남편이 어디 가고 없다면 가장 확실한 것은 주위에서 남편을 대신할 사람을 미리 구해 놓는 것이다. 친구나 이웃, 혹은 구급차가 있다. 그들의 전화 번호를 잘 기록해 놓아야 한다.

조금 유치한 충고라고 생각하는 사람도 있겠지만, 실제로 미처 거기까지 생각하지 못하는 경우가 있다. 위급한 경우에는 언제나 구급대나 소방서에 연락한다.

● 양수가 터지면 구급차를 부른다

일반적으로는 출산중에, 즉 병원에 있을 때 양수가 파열된다. 하지만 집에 있을 때 양수가 흐르면 그 양이 아무리 적고 출산 시작을 알리는 다른 표시가 없더라도 곧 병원으로 가야 한다. 가능하면 차에 눕거나 의자 등받이에 기대어 가야 한다. 걸어가면 안 된다. 병원이 아무리 가까워도 필요하면 구급차를 부른다. 물론 아무 문제가 없겠지만, 일단 양수가 터지면 특히 태반 탈수 같은 합병증의 우려가 있으므로 무조건 조심해야 하고 바로 병원으로 가야 한다.

● 병원에는 일찍 가도 된다

이제 병원으로 가야 할 때가 왔다. 산모의 짐과 아기의 짐이 든 가방은 이미 준비되었을 것이다. 이제 와서 혹시 빠진 게 없나 찾아보아서는 안 된다. 잊은 것이 있다면 남편이나 어머니가 가져다 줄 수 있다. 또한 운전하는 사람에게 빨리 가 달라고 해도 안 된다. 다시 한 번 말하지만 아직 시간은 충분하다.

뉴욕의 택시에는 이렇게 쓰인 표지판이 있다.

"뒤로 기대 앉아 긴장을 푸십시오."

눈앞에 바로 이 표지판이 붙어 있다고 생각하면 된다. 병원에 도착하면 간호사가 입원실이나 검진실로 안내할 것이다. 그러고 나면 조산사가 이전의 산전 검사 때와 같이 몸무게, 혈압, 소변, 자궁 높이를 측정하고, 아기의 심장 소리를 듣고, 태아의 심장 박동과 자궁 수축의 기록 등을 검사할 것이다. 그러면 다음 두 가지 중 하나로 판별된다.

▶ 아직 출산이 시작되지 않았을 수 있다. 이 경우 집으로 돌아간다.

▶ 조산사가 출산이 시작되었다고 판단하면 자궁 경부를 검진하게 된다. 자궁이 벌어지기 시작했다면 이미 출산이 시작된 것이다. 출산의 첫 단계는 바로 자궁이 벌어지는 것이다.

이때 자궁이 얼마만큼 벌어졌는지 알려 줄 것이다. 앞에서 말했듯이 자궁 경부가 벌어지는 단계는 cm로 표시한다. 예를 들면 "자궁이 3cm 벌어졌습니다"라고 할 것이다. 다음 단계는 분만 대기실로 옮겨지게 된다. 혹은 경우에 따라 입원실에서 기다리기도 한다.

이제 출산이 시작되었는지 확신이 서지 않던 단계를 지나 조산사라는 전문가의 손에 맡겨져 규칙적으로 검진을 받을 것이므로 산모는 한 가지만 신경을 쓰면 된다. 즉, 몸의 긴장을 풀고 자궁이 벌어지는 동안

해야 할 일을 기억하는 것이다. 출산 준비 프로그램에 참석했다면 이미 들었겠지만, 다음 쪽에서 상세히 이야기할 것이다.

어쩌면 산모를 담당한 조산사가 다시 이야기해 줄 수도 있고, 혹은 곁에서 지켜보고 있는 남편이 말해 줄 수도 있다.

일반적으로는 지금까지 이야기한 것과 같이 진행되지만, 병원에서 언제나 임신부를 친절하게 맞아 주는 것은 아니라는 사실을 알아야 한다. 의료 행정 책임자는 별로 좋아하지 않겠지만, 엄연한 사실이다.

일반적으로 산모들은 어느 병원에서나 문을 활짝 열고 자기를 공주처럼 맞아 줄 것이라고 생각하고 있고, 사실은 또 그래야 마땅하다. 그런데도 전혀 다른 대우를 받게 된다. 물론 언제나 그런 것은 아니지만, 산모를 쳐다보지도 않고 쌀쌀맞게 말하는 여직원을 만나게 될 수도 있다.

"의료 보험증이나 내놓으시고요, 조산사가 올 테니까 그때까지 저어기 앉아 기다리세요."

그러면 임신부는 낭떠러지로 떨어지는 듯한 기분이 되고, 차가운 태도에 신경이 곤두서면서 무엇보다도 우선적으로 긴장을 풀어야 하는 출산 준비가 순식간에 무너져 버린다.

병원을 인간적으로 만들어야 한다는 데 모든 사람의 의견이 일치하고 있다. 의사들은 의료 기술뿐 아니라 병원 환경의 발전에도 관심을 가져야 한다. 이제 기회를 놓쳐서는 안 된다. 아기를 낳기 위해 병원에 온 임신부들을 맞아들이는 전담 직원도 있어야 할 것이다.

● 산모가 긴장하면 자궁도 긴장한다

이미 병원에 도착하기 이전에 처음 느낄 수 있었던 자궁의 수축은 계속 진행될 것이다.

자궁이 완전히 벌어지는 데 얼마나 시간이 걸리는지는 정확히 말할 수 없다. 그것은 사람에 따라 다르고 여러 가지 요인에 따라 다르다. 자궁이 벌어지는 동안 조산사나 의사가 다음 상태를 알아보기 위해 규칙적으로 검진을 할 것이다.[3]

3) 미리 의사를 선택하여 출산하려 하는 경우, 조산사가 의사에게 분만의 진행 과정을 규칙적으로 알려 주면 그에 따라 의사가 판단을 내리게 된다.

▶ 자궁 수축이 잘 이루어지고 있는가.

▶ 자궁 경부가 점진적이고 규칙적으로 벌어지고 있는가.

▶ 아기의 머리가 골반의 산도로 진입하고 있는가.

▶ 아기의 심장 박동 소리에 문제가 없는가.

또한 자궁이 벌어지는 동안 다음과 같은 일이 있을 수도 있는데, 놀라거나 경계심을 가질 필요는 없다.

▶ 몇 가지 약을 주사할 수도 있다. 출산을 원활하게 하고 너무 오래 걸리지 않게 하기 위한 것이다. 또는 혈관 주사를 통해 수분과 글루코즈를 주입할 수도 있다.

▶ 양수가 저절로 터지지 않을 경우 분만중에 인위적으로 터뜨리게 된다. 아무런 통증 없이 그저 따뜻한 물이 흐르는 느낌이 있을 뿐이다.

▶ 또한 수축이 제대로 되고 있는지, 아기의 심장 박동에 문제가 없는지 살펴보게 된다.

자궁 경부가 완전히 열리면 출산의 새로운 단계로 아기가 밖으로 나오게 된다. 아기가 이 세상에 태어나는 것이다.

자궁이 벌어지는 동안 어떻게 해야 하나···산모는 자궁의 수축이 자기의 의지와는 상관없이 진행된다는 것을 곧 알게 될 것이다. 마음대로 증가시킬 수도 감소시킬 수도 없으며, 그 리듬을 변화시킬 수도 없다. 수축이 얼마 만에 한 번씩 오며 또 얼마 동안 지속되는가 정확히 말할 수는 없지만 대략 진통이 한창 진행될 때 3~5분 간격으로 40~60초간 수축이 있다고 생각하면 된다.

하지만 진통이 진행되는 동안 산모가 수동적으로 그대로 받아들이기만 하는 것은 아니다. 산모 스스로 어떤 태도를 취하느냐에 따라 출산의 진행에 큰 영향을 미칠 수 있다. 평온하게 긴장을 풀수록 빨리 진행되는 것이 틀림없다.

이제 출산을 준비하면서 배워 둔 훈련을 실천에 옮길 때가 되었다. 이때 중요한 것은 다음 두 가지이다. 즉 호흡을 조절하는 것과 몸의 긴장을 푸는 것이다. 그 이유는 다음과 같다.

• 호흡을 조절한다 : 근육이 긴장하면 많은 산소를 소모하게 된다. 따라서 자궁의 수축이 진행될수록 더 많은 산소가 필요하다. 자궁은

엄청난 일을 하는 중이므로 엄청난 산소를 공급해 주어야 한다. 또한 태아에게도 계속 산소를 보내 주어야 한다. 그러기 위해서는 많은 산소를 받아들여야 하는데 이때 가장 좋은 방법은 규칙적으로 호흡을 하는 것이다.

• 몸의 긴장을 푼다 : 자궁의 수축은 의지와는 무관하다. 하지만 산모 스스로 수축을 일으킬 수는 없다 해도 그 통증을 어느 정도 조절하는 것은 가능하다. 자궁은 무슨 일을 하고 있는가? 앞에서 보았듯이 경부를 조금씩 열게 하기 위하여 규칙적으로 수축하고 있는 것이다.

정상적이라면 자궁 경부는 차츰차츰 벌어져 완전히 열리게 된다. 이때 산모가 긴장하게 되면, 그렇지 않아도 벌어지지 않으려고 저항하고 있던 자궁 경부는 더더욱 저항을 강화하게 된다. 따라서 통증이 심해진다.

저명한 산부인과 의사 리드(Read) 박사는 이때의 통증을 방광에 비교하여 설명했다. 자궁과 마찬가지로 방광은 경부로 닫혀 있다. 경부는 평상시에는 수축되어 있어 소변이 흐르지 않게 한다. 하지만 방광을 비워야 할 때가 되면 경부가 느슨해지면서 방광 내벽이 수축되고 소변을 배출하게 된다. 그런데 바로 그 순간 소변을 참아야 한다면 몸에 힘을 줌으로써 방광을 닫고 있는 경부가 열리지 못하게 한다.

그 노력은 처음에는 불편한 정도이지만 얼마 지나면 고통스럽고 참을 수 없을 정도로 괴롭게 된다. 경부가 열리고 방광이 비워지지 않는 한 이 고통은 사라지지 않는다.

그러므로 자궁이 벌어지는 동안 자연스러운 것을 억제하지 않으려면 몸의 긴장을 풀어야 하며, 그렇게 되려면 우선 편안한 자세를 취해야 한다. 리드 박사에 대해서는 뒤에서 다시 이야기할 것이다.

자궁이 벌어지는 동안 어떤 자세가 좋은가 · · · 옆으로 눕는 것이 가장 좋지만, 각자 자기가 가장 편한 자세를 찾아낸다. 서 있든 앉아 있든 누워 있든 상관이 없고, 걸어다니는 것이 편하면 걸어다녀도 좋다. 집에 있을 때라면 미지근한 물에 목욕을 하면서 오랫동안 몸의 긴장을 풀면 자궁 경부가 열리는 데 도움이 된다. 하지만 단 한 가지 조건이 있다. 양수가 터지지 않았어야 한다.

편한 자세를 취한 다음에는 모든 근육의 힘을 빼고 몸의 긴장을 완전히 풀어 주어야 한다. 그러고 나서 자궁이 수축되기 시작하는 것이 느껴지면 긴장하거나 저항하지 말아야 한다.

자궁이 수축하기 시작하면 일종의 반사적인 자기 보호로 몸이 굳어지는데, 이 반사적 반응에 따르지 말고 오히려 반대로 몸의 긴장을 풀어야 한다.

링 위의 권투 선수는 몸을 움츠리고 상대방의 공격으로부터 몸을 보호한다. 산모는 반대의 자세를 취해야 한다. 즉, 몸의 긴장을 풀고 오히려 공격이 잘 지나가도록 몸을 '열어야' 하는 것이다. 그래야 자궁이 문제 없이 잘 수축되며 통증도 가장 적다. 리드 박사는 말한다.

"산모가 긴장하면 자궁도 긴장되어 수축하고, 산모가 긴장을 풀면 자궁 경부도 긴장을 풀고 잘 열린다."

이것은 아주 중요한 말이기 때문에 잘 기억해 두어야 한다. 몸의 긴장을 완전히 풀게 해 주는 훈련은 제14장에서 설명하겠다. 가장 중요한 것은 호흡 훈련이다. 자궁이 열리는 동안 어떻게 적용하는지 살펴보자.

어떻게 숨을 쉬고 언제 긴장을 풀어야 하는가···자궁의 수축이 다가오면 깊은 숨을 쉬는 것이 좋다. 그러고 나서는 짧고 가볍게 규칙적으로 숨을 들이쉬고 내쉬면서 얕은 숨을 쉰다. 수축이 지나갔다고 느껴지면 다시 천천히, 마치 긴 한숨을 쉬듯이 깊은 숨을 쉰다. 그러고 나면 다시 평상시대로 호흡하며 최대한 긴장을 풀어야 한다. 그래야 다음번 수축을 잘 제어할 수 있다. 그리고 매번 수축이 다시 찾아올 때마다 같은 방식으로 깊은 숨, 얕은 숨, 깊은 숨을 되풀이한다.

어째서 자궁이 수축되는 동안에는 가볍게 숨을 쉬어야 할까? 그것은 횡격막이 자궁을 누르지 않게 하기 위해서이다. 자궁이 눌리면 완전히 수축할 수 없기 때문이다. 횡격막은 흉부와 복부 사이에 있는 근육이다. 숨을 들이쉬면 횡격막은 수축하며 밑으로 내려가고, 호흡이 깊어질수록 더 밑으로 내려간다. 반대로 얕고 가볍게 숨을 쉬면 횡격막은 거의 움직이지 않는다.

그러므로 자궁이 강하게 수축될수록 가볍고 빠르며 얕게, 하지만 규칙적으로 숨을 쉬어야 한다.

진통이 지속되는 동안, 특히 자궁이 벌어지는 주기의 끝부분에 아기의 머리가 골반에 진입하면 산모는 자궁이 수축할 때 '힘을 주고' 싶어진다. 하지만 이 단계에서 힘을 주는 것은 분만에 아무런 도움을 주지 못하고 진통을 심하게 할 뿐이다. 게다가 시간도 전혀 단축되지 않고 오히려 지체시킨다.

자궁 경부가 완전히 벌어지지 않았을 때 힘을 주면 자궁이 벌어지는 것을 방해하며 결국 출산에 더 많은 시간이 걸리게 된다. 또한 그렇게 미리 힘을 주며 애쓰면 산모가 지치게 되고 정작 온몸의 힘을 동원하여 적극적으로 아기의 탄생에 참여해야 할 순간에는 지쳐 버리게 된다. 힘주어야 할 때가 되면 조산사가 말해 줄 것이다. 그때까지는 헐떡거리며 숨쉬면 자기도 모르게 힘을 주게 되는 것을 피할 수 있다.

이러한 빠르고 얕은 호흡은 '고전적'인 방식이 가르치는 호흡법의 기초이다. 그런데 얼마 전부터 몇몇 조산사들이 너무 힘겨운 이 호흡법의 문제점을 지적하기 시작했다. 이들에 의하면 차라리 출산이 진행되는 동안 계속해서 넓고 깊게 완전한 호흡을 하는 것이 좋다. 이 문제에 관하여는 의사와 상의해서 자기에게 가장 적합한 리듬을 찾아내고 몸의 긴장을 풀 수 있는 호흡법을 찾아내는 것이 좋다.

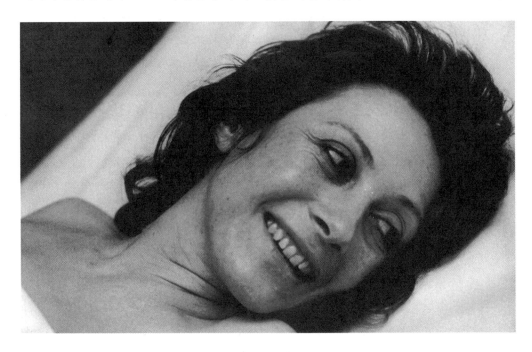

● 아기를 세상에 내보내기

자궁이 완전히 열리면 출산의 두 번째 단계가 시작된다. 이 단계는 첫단계에 비해 훨씬 짧아서 초산의 경우 20~30분 걸리고, 다산인 경우 그보다 더 빨리 진행된다. 이 단계에서는 자궁의 수축이 점점 자주 다가오고 또 훨씬 오래 지속된다. 아기의 머리가 회음의 근육을 눌러 산모는 힘주고 싶어진다. 그런데 이때 힘을 적절히 잘 주는 것이 중요하다. 이에 관해서는 조산사나 의사의 지시를 따르면 된다.

다시 말하면 자궁이 벌어지는 동안에는 자궁이 수축되는 것을 감내하면서 온몸의 힘을 빼고 자궁이 하는 일을 그대로 두어야 한다. 하지만 두 번째 단계가 되면 반대로 산모는 아기가 태어나는 데 적극적으로 참여해야 한다. 즉 아기를 앞으로 밀어내기 위하여 자궁의 일을 도와야 하는 것이다.

아기는 골반뼈를 벗어나 질과 회음으로 이루어진 연질부의 산도를 지나게 된다. 이때 힘을 주면 그 노력은 자궁을 도와 아기의 머리가 장애물들을 쉽게 통과하게 해 준다.

두 번째 단계에서 임신부가 할 일 · · · 이 단계에서 자궁을 돕기 위해서는 어떻게 해야 하는가? 횡격막을 내려가게 하고 복근에 힘을 주어야 한다. 그러면 자궁이 횡격막에 의해 위에서 아래로 압축되고 복근에 의해 앞에서 뒤로 압축되어 아기에게 더욱 압력을 가하게 된다. 하지만 중요한 것은 자궁이 수축되는 순간에 힘을 주어야 한다는 것이다. 그 방법을 알아보자.

• 수축이 시작될 때 : 아기를 배출하는 자세를 취한다. 즉 등을 들고 다리를 벌리며 발은 안장처럼 생긴 대에 얹는다. 혹은 발을 푹신한 받침대 위에 얹고, 그 위에 무릎과 장딴지를 지탱한다.[4] 회음에 힘을 주지 말고 깊게 숨을 쉬는 것이 좋다.

• 수축이 진행되는 경우 : 입을 다물고 숨을 깊이 들이쉬어야 한다. 흉식 호흡이다. 그래야 횡격막을 가장 밑에까지 내려가게 할 수 있다. 숨을 다 들이쉰 순간 호흡을 멈추고, 그리고 나서 회음의 힘을 뺀 채로 명치부터 복근에 힘을 주면 아기는 그 힘에 눌려서 밑으로 내려가게

4)이것이 전통적인 자세이다. 실제로 앉거나 몸을 웅크린 전통적인 자세를 다시 권하는 의사들도 있다. 이에 대해서는 뒤에서 다시 설명하겠다.

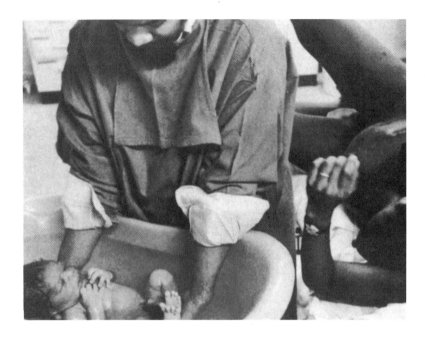

된다. 이것이 바로 그 유명한 '들이쉬고 멈추고 힘주기' 이다.

힘을 주려면 발받침을 연결하는 대를 양손으로 잡고 앞으로 당기는 것이 좋다. 그러다 보면 어깨가 올라가고 몸을 일으키게 된다. 그러한 자세에서 등을 굽히고 머리를 가슴 쪽으로 잡아당긴다. 수축이 진행되는 동안 내내 숨을 멈추지 못했다고 걱정할 필요는 없다. 사실 그것은 어려운 일이다. 중간에 힘들게 느껴지면 폐 속의 공기를 입으로 내뱉고 빨리 새로 숨을 들이쉰 뒤 다시 숨을 멈추고 계속해서 수축이 끝날 때까지 힘을 주면 된다.

• 수축이 지나간 뒤 : 아주 힘든 일을 하고 난 다음이므로 천천히 숨을 들이쉬고 내쉬면서 깊은 호흡을 하는 것이 좋다.

• 다음번 수축이 있기까지 : 몸의 긴장을 풀면서 기운을 회복하고 정상적인 호흡으로 돌아온다. 의사의 지시가 없으면 수축과 수축 사이에 힘을 주지 않는다.

위의 내용을 읽다 보면 과연 힘을 주어야 할 때와 긴장을 풀어야 할 때를 잘 구별할 수 있을까 하는 생각이 들 것이다. 그에 대해 걱정할 필요는 없다. 의사나 조산사가 곁에 있다가 아기가 어느만큼 왔는지를 지켜보며 산모를 이끌어 줄 것이다.

산모들이 걱정하는 것과 달리 이 단계는 출산 과정에서 가장 힘든 단계가 아니다. 온 힘을 다해 아기를 내보내면 그 노력으로 자궁의 통증을 느끼지 못하게 되기 때문이다. 말하자면 힘을 주려고 노력하는 동안 통증이 묻혀 버리는 것이다.

아기의 머리가 지나갈 자리가 없을까 봐 무서워서 힘을 주지 못하는 산모들도 있다. 그것은 임신 상태가 아닌 평상시의 질을 생각한 것이다. 임신중의 질의 상태는 전혀 다르며, 아기가 지나가도록 준비가 되어 있다.

산모가 힘을 주면 열려진 음부로 아기의 머리가 나타나기 시작하며 머리카락이 보인다. 수축이 있을 때마다 음부는 조금씩 더 벌어지고 머리가 거의 다 나타나게 된다.

이때는 이제 힘을 주지 말라는 말을 듣게 될 것이다. 의사나 조산사는 천천히 조금씩 아기의 머리를 음부 밖으로 꺼내는데, 이때 머리를 들어 몸을 일으켜서는 안 된다. 머리를 침대에 대고 있어야 힘을 주지 않게 된다. 그리고 이때 자궁이 벌어지는 주기의 끝처럼 헐떡거리며 얕은 숨을 쉬는 것이 좋다.

한번 해 보면 곧 알게 되겠지만 그렇게 숨쉬면서는 힘을 줄 수 없다. 그리고는 잡고 있던 침대의 대를 놓아도 된다. 이제는 그냥 가만히 있기만 하면 된다. 쓸데없이 힘을 주면 아기의 머리가 갑자기 밖으로 나오면서 회음이 파열될 수도 있다.

어떻게 힘을 주는가 · · · '숨을 들이쉬고 멈추고 힘주기'는 고전적인 방법으로 아기를 밀어내는 단계에서 가장 흔히 권장된다. 정확하게는 출산 초기에만 '숨을 들이쉬고 멈추고 힘을 줄 것'을 권하며, 다음 단계, 즉 아기의 머리로 인해 회음과 음부가 벌어지기 시작한 이후로는 숨을 멈추지 않고 천천히, 마치 긴 한숨을 쉬듯이 '들이쉬고 내쉬기'를 한다.

산부인과에서는 연구가 활발히 진행되고 있어 얼마 전부터는 새로운 방법이 제안되었다. 새로운 방법을 사용하면 회음을 더 잘 보호할 수 있고 직장 탈수도 피할 수 있다. 이것은 출산 전문가인 베르나데트 드 가스케 박사의 제안으로, '숨을 제어하며 내쉬면서 힘주기'이다. 그 방

법은 다음과 같다.[5]

"힘을 주고 싶어지면 복근이 저절로 아기를 누르게 되고 앞으로 밀어낸다. 이때 엄마가 일부러 아기를 밀어내지 않아도 된다. 그렇게 되면 방광에도 압력이 간다. 오히려 아기로부터 '떨어져 나와' 그대로 내버려 두면서 열려진 회음을 지나가게 하면 된다. 숨을 억제하면서 내쉬려면 산모가 몸을 웅크리거나 앉은 자세에서 몸을 쭉 뻗치는 것이 좋다. 예를 들면 남편의 목이나 침대의 손잡이에 매달리거나 혹은 겨드랑이를 잡게 하면 된다. 이렇게 기지개를 켜듯이 몸을 뻗치면 복근이 더욱 죄어지면서 회음이 열리게 된다. 그렇지 않으면 전통적인 자세를 약간 조정할 수 있다. 누워서 무릎을 가슴으로 올린 자세에서 그 무릎을 손으로 밀어낸다. 그러면 복근의 압력이 커진다."

호흡하는 방법이나 힘주는 방법에 있어서 이러한 차이점들이 복잡하게 느껴질 수도 있겠지만, 굳이 모두 이야기하는 것은 출산시에 의사나 조산사가 처음 이 책에 설명된 것과 다른 것을 주문하더라도 놀랄 필요가 없음을 말해 주기 위해서이다.

중요한 것은 산모는 혼자가 아니며, 언제나 조산사가 곁에 있다는 점이다. 조산사는 출산이 진행되는 데 따라 산모를 안내하고 도와 주는 사람이다.

● 회음 절개는 아프지 않다

아기의 머리가 음부 밖으로 나오는 것이 쉽지 않은 경우가 있다. 즉 아기가 너무 크다든지, 음부가 좁다든지, 회음이 너무 질기거나 반대로 비정상적으로 약한 경우가 그것이다.

회음이 약한 것은 선천적일 수도 있고 후천적일 수도 있다. 임신중에 체중이 증가하면서 세포 조직이 침윤된 경우이다. 그 경우 회음이 찢어지는 것을 피하기 위해 의사는 회음을 절개하게 된다.

회음을 절개하면 요실금을 피할 수 있다고 생각하는 의사들도 있다. 사실 회음을 절개하면 음부와 요도 끝의 괄약근에 가해지는 긴장을 약화시킬 수 있다.

5) 이 방법에 대한 자세한 내용은 가스케 박사의 저서 〈안락한 임신과 출산〉에 정리되어 있다. 수년간 연구의 결과를 수록한 이 책은 산모들이 임신 기간 중 육체적으로 안락하게 지낼 수 있도록 도와주는 것이 그 목적이다.

회음을 절개하면 아프지 않을까 걱정하는 사람들이 있는데, 물론 아프다. 그러나 일반적으로 국부 마취를 하고 절개를 하기 때문에 전혀 통증이 없다. 국부 마취가 아니면 산모가 힘을 주는 순간에 절개하여 고통을 덜 느끼게 한다.

● 드디어 아기의 첫 울음 소리를 듣다

일단 아기의 머리가 음부 밖으로 나오면 의사는 아기의 어깨를 하나씩 꺼낸다. 그 다음 나머지 부분은 별 어려움 없이 나오게 된다. 이제 아기가 태어난 것이다.

콧구멍이 벌어지면서 얼굴에 주름이 잡히고 가슴이 들어올려지고 입이 조금 벌어진다. 아기가 처음으로 호흡을 하는 것이다. 그때 아기는 울음 소리를 내는데, 그것은 아마도 괴로워서 우는 것일 것이다. 공기가 아기의 폐 속으로 들어가 갑자기 폐가 벌어지기 때문이다.

이 울음 소리를 듣는 순간의 느낌은 말로 설명하기 어렵다. 자부심이 뒤섞인 강렬한 만족감일 것이다. 한편 배 안에 아홉 달 동안 들어 있던 아기가 이제 바로 자기 옆에 있다는 것이 실감나지 않을 것이다. 물론 엄청난 일을 하고 난 다음이므로 지치기도 한 상태일 것이다. 한마디로 말해서 풍요롭고 복합적이며 주체할 수 없는 느낌일 것이다.

그것을 애써 분석하려 할 필요는 없다. 이제 막 세상에 내놓은 아기, 어쩌면 이미 팔 안에 안겨 있는 아기를 바라보고 경탄만 하면 된다.

병원에서는 아기가 태어나자마자 엄마의 배 위에 얹어 주는데, 그와 동시에 엄마와 아기의 관계가 이루어질 수 있다. 아니, 보다 정확히 말해 '다시' 이루어진다. 엄마는 아기를 보다 잘 느끼고 만질 수 있으며, 아기의 육체를 현실적으로 확인할 수 있다.

또한 아기 아빠가 출생을 지켜본 경우라면 한 순간에 세 사람의 관계가 이루어지는데, 경험자들의 말에 의하면 그것은 상당히 당혹스럽다고 한다.

옛날에는 아기가 태어나 첫 울음을 터뜨리지 않으면 걱정을 하고, 일부러 울리려고 했다. 첫 울음은 곧 아기의 생명의 징표로 여겼기 때문이다. 하지만 오늘날에는 아무 문제 없는 건강한 아기도 울지 않을 수 있다는 것을 알게 되었다.

중요한 것은 아기의 얼굴색이 바뀌는 것이다. 즉, 처음에는 푸른빛이다가 첫 호흡 후에는 불그스레해진다. 따라서 아기가 태어나면서 울지 않더라도 놀랄 필요는 없다.

● 탯줄을 자르고 아기를 검진한다

이제 분만실에는 한 사람이 늘었다. 분만의 마지막 단계인 태반 배출을 기다리며 자궁이 쉬고 있는 동안 우선 아기를 돌보아야 한다. 의사는 탯줄 위에 두 군데 핀을 꽂고 그 가운데를 자른다. 핀을 꽂아 두면 탯줄상에 피의 순환이 저절로 멈추고, 조금 있으면 탯줄을 잘라도 피가 나지 않는다.

이때 아기도 산모도 통증을 느끼지 않는다. 탯줄을 자르는 행위는 곧 아기가 최초로 자율적인 존재가 된다는 것을 의미한다.

그러고 나면 폐색 제거 도구를 갖춘 따뜻한 탁자 위에 아기를 누인다. 엄마 뱃속에서 피 등의 점액질을 들이마셨을 경우 그것을 제거해 주어야 하기 때문이다. 필요한 경우 산소 호흡기도 사용된다.

출산의 마지막 단계로 태반이 배출되는 동안 조산사 혹은 육아사가 아기를 씻긴다. 얼굴에 덮인 분비물을 미지근한 기름, 혹은 물과 비누로 닦아낸다. 아기를 씻기고 나면 몸무게를 재고, 키와 머리 둘레를 잰다. 또한 감염을 막기 위하여 아기의 눈에 안약을 넣어 준다. 그러고 나선 아기가 바뀌지 않도록 이름을 적은 팔찌를 손목에 채운다.

의사와 조산사는 간단한 검진을 통해 아기에게 아무런 문제가 없는지 살펴본다. 즉 피부색, 호흡과 심장 박동의 리듬, 자율 운동 기능, 외부 생식기, 작은 주입관으로 코, 식도, 항문 검사 등을 한다.

앞으로 좀더 완전하고 체계적인 검사를 할 것이다. 그 중에서 특히 엉치뼈의 탈구 경향을 알아보기 위해 돌출의 징후가 있는지 관찰하게 된다. 또한 신생아의 반사 신경을 살펴보며 신경계 검진을 한다.

아기는 저절로 걸으려 한다. 탁자의 딱딱한 바닥 위에 아기를 세우면 몇 발짝 뗀다. 아기는 손과 발을 움켜쥔다. 손바닥이나 발바닥을 만지면 꽉 오므린다. 입에 무엇을 대면 반사적으로 빤다.

이러한 반사는 아기의 신경계에 아무런 이상이 없다는 것을 증명한다. 또한 퇴원 전에 아기의 발꿈치에서 피를 채취하여 선천성 대사 이상이나 갑상선 분비 부족 같은 몇 가지 질병을 확인한다. 그 결과를 아기 건강 수첩에 기재한다. 소아과 의사를 선택하고 싶을 경우 그 의사를 병원으로 오게 할 수 있다.

● 태반 배출까지 끝나야 출산 완료

산모에게는 아직 한 가지 일이 남아 있다. 아기가 태어난 지 얼마 안 돼 다시 자궁이 수축되는 것을 느낄 수 있는데, 물론 출산시보다는 훨씬 약하다. 이 수축으로 자궁에 붙어 있던 태반이 떨어지게 된다. 태반이 떨어지면 의사가 자궁을 누르고, 그러면 태반이 밖으로 나온다. 이것을 태반 배출이라고 한다.

아기가 태어나자마자 젖을 물린 경우 태반이 훨씬 더 쉽게 배출된다. 혹은 산모가 배에 힘을 주면 별다른 통증 없이 태반이 배출된다.

이제 출산은 완전히 끝이 난 것이다. 이때 자궁이 줄어드는 것을 돕기 위하여 주사를 놓는 의사도 있다.

자궁과 태반을 연결하던 혈관은 태반이 떨어진 뒤 벌어진 채로 있는데, 자궁의 근육 섬유가 줄어들면서 혈관이 닫히게 된다. 이렇게 해서 출혈을 피할 수 있다.

회음을 절개한 경우 국부 마취로 다시 꿰매야 하고, 출산시 경막외 마취를 한 경우 그대로 꿰맨다. 이 외과 시술은 전혀 통증이 없다.

그리고 나선 부분적으로 씻고 방으로 옮겨진다. 출산중 잠이 들었다면 바로 이 병실에서 아기를 처음 만나게 된다.

● 출산 시간은 얼마나 걸리나

출산이 정확히 몇 시간 정도 걸린다고 말하는 것은 불가능하다. 너무도 많은 요인이 영향을 미칠 수 있기 때문이다. 하지만 통계에 의해 다음과 같이 추정할 수 있다. 초산의 경우 평균 8~9시간이 걸리며, 두 번째 출산은 5~6시간이 걸린다. 다산부는 초산부보다 3시간 정도 덜 걸린다.

둘째 아기의 출산이 첫아기의 출산보다 빨리 진행되는 것은 한 번 벌어진 적이 있는 자궁 경부와 질이 다시 열리면서 처음의 경우보다 저항이 약하기 때문이다.

하지만 이 숫자는 수많은 출산의 경우를 평균한 것일 뿐, 실제로는 이보다 더 빠를 수도 있고 느릴 수도 있다. 한 가지 분명한 것은 오늘날에는 출산이 너무 오래 끄는 것을 그대로 방치하지는 않는다는 것이다. 그 진행을 촉진하며 시간을 줄이는 효과적인 방법들이 개발되어 있다. 출산중에는 자궁 경부가 벌어지는 단계가 가장 오래 걸려, 전체 시간의 약 90%를 차지한다. 초산의 경우 7~8시간, 두 번째 이상의 경우 4시간 정도 걸린다.

반면 아기를 배출하는 단계는 초산의 경우 20~25분 정도, 두 번째 이상의 경우 4~5분밖에 걸리지 않는다. 때로는 다산부의 경우 자궁이 완전히 벌어지자마자 아기가 배출되는 수도 있다.

출산에 걸리는 시간을 단축시키거나 연장시킬 수 있는 요인은 다음과 같다.

▶ 아기의 크기 : 아기가 클수록 출산이 오래 걸린다.

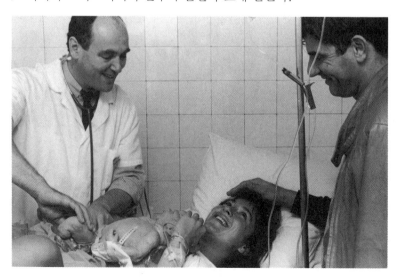

▶ 아기의 태위 : 머리가 밑으로 가지 않고 거꾸로 선 경우 더 오래 걸린다.

▶ 자궁 수축의 강도와 빈도 : 이것은 산모마다 다르다.

● 출산 때 누가 함께 있어야 하나?

출산 때 누가 함께 있는 것이 좋은지 묻는 사람들이 있다. 물론 그 마음은 이해가 되지만, 질문에 정확하게 답하기는 어려운 일이다. 병원에 따라 다르고 언제 출산하느냐에 따라 다르기 때문이다.

조산사 한 사람만이 곁에 있을 수도 있고, 분만 의사, 마취사, 육아사 등이 함께 있을 수도 있다. 혹은 연수중인 견습 조산사나 견습 육아사도 참여할 수 있다.

가족 중에 누가 함께 있느냐 하는 것도 부모의 의사와 병원에 따라 달라진다. 흔히 아기 아버지가 함께 있는 경우가 많은데 거기에 대해서는 다시 이야기하겠다. 아기 아버지가 아니면 친정어머니나 형제, 친구가 와 있을 수도 있다.

때로 아기의 형제들이 와 있기를 바라는 부모도 있다. 그것이 좋다고 주장하는 사람들도 있지만, 꼭 그렇다고는 할 수 없다.

아기들을 동반해야 한다는 부모의 주장은 이런 것이다.

"그렇게 되면 형제들이 아기를 더 잘 받아들일 수 있잖아요."

그러나 이것은 출산의 장면이 아기들에게 얼마나 충격적일 수 있는가를 생각하지 않은 것이다. 물론 출산은 감동적이고 경이로운 것이지만, 또한 충격적인 것이기도 하다.

그토록 강렬한 장면을 아기들에게 강요할 권리는 없다. 비록 아기들이 아무 말을 하지 않는다 하더라도 그들에게 아무런 영향이 없다고 장담할 수는 없는 것이다.

● 아버지는 옆에 꼭 있어야 한다

분만실에 아버지가 들어오는 문제가 이야기되기 시작한 것은 한 30여 년 정도밖에 되지 않았다. 그 이전에는 아버지들은 분만실에 들어갈 수 없었다. 분만실은 절대적으로 의사만의 영토였던 것이다. 아버지는 복도에 나가서 담배나 피웠다.

그런데 그 이후에 무통 분만이 시작되었고, 남편들이 출산을 위한 호흡을 할 수 있도록 부인을 도와 주게 되었다. 그리고는 아기의 탄생에도 참여하도록 권유받았다.

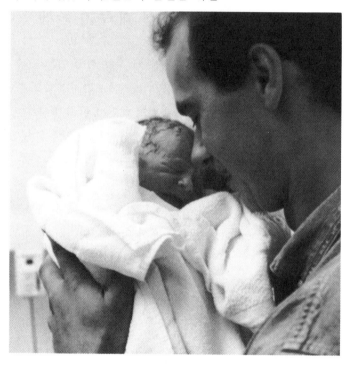

"오세요. 겁내지 말고 들어 오세요."

조금 뒤에 이야기할 '충격 없는 탄생'은 확실하게 아버지들을 분만실로 끌어들이게 되었다. 오늘날에 이르러서는 아버지를 분만실에 들어 오라고 단순히 권유하는 것 정도가 아니라 그것이 곧 아버지의 의무라고 생각하는 의사들도 있다. 하지만 산부인과 의사 베르나르 퐁티는 출산시에 아버지가 없으면 곧 부부간에 문제가 있는 것처럼 생각하는 풍조는 진짜 문제라며 안타까워한다.

부인의 출산을 지켜본다는 것이 남편에게 어떤 의미를 갖는지는 정확히 알 수 없다. 그것은 아마도 꿈이나 환상 속에 간직하고 있던 영상들을 만나는 것이며, 좌절과 원망으로부터 해방되는 것이며, 강렬하고 복합적이며 총체적인 느낌에 직면하는 것일 것이다. 그 일은 아마도 아버지의 무의식 속에 흔적을 남기게 될 것이다. 그런데 그 흔적은 언제나 긍정적일까? 바로 그 때문에 분만실에 들어가기를 망설이는 아버지들이 있다.

사실 지금까지는 분만실에 들어오라고 강압적으로 권하지 않았다. 몇 년 전까지만 해도 분만 의사들은 이런저런 핑계로 아버지를 들어오지 못하게 했었다. 하지만, 오늘날에는 거의 모든 병원에서 아버지의 입장을 허용하고 있다.

아버지가 출산을 지켜보는 경우···병원에 따라 아버지가 들어오도록 권하기도 하고 적극적으로 장려하기도 하고 그저 허용하기만 하는 곳도 있다. 우리가 조사한 앙케트에 의하면 10명 중 8명의 아버지가 출산을 지켜보았는데, 그 동기는 서로 달랐다.

우선 출산 과정을 기록하기 위해 오는 사람들이 있다. "아주 특별한 일이니까요"라고 그들은 말한다. 하지만 이것이 가장 흔한 이유는 아니다. 대부분은 남편으로서 부인 곁을 지키기 위해, 그리고 아버지로서 중요한 순간을 함께 하기 위해 그곳에 온다.

"물론 나는 출산을 지켜볼 겁니다. 첫아기 때도 그렇게 했는데, 우리 모두가 강하고 또 아주 가깝다는 느낌이 들었습니다."

"아기가 태어난 지 10분도 안 되어 안아 볼 수 있었습니다."

출산을 지켜보는 데에도 아버지에 따라 차이가 있다. 부인 곁을 떠나지 않는 남편도 있고, 출산의 일부 과정에만 참여하고 실제로 아기가 나올 때는 복도에 나가 기다리는 아버지도 있다.

어떤 아버지들은 아기가 태어날 때가 되면 알려 달라고 말하기도 한다. 기다리는 사람들에겐 분만 시간이 너무 오래 걸리기 때문이다.

또한 경우에 따라 출산을 지켜보겠다고 결심했던 아버지가 마지막 순간에 마음을 바꾸기도 한다. 또한 아버지가 분만실에 들어간다면 그 안에서 어디에 있어야 하는가?

아버지들은 부인이 지금 겪고 있는 격렬한 고통을 덜어주기 위해 아무것도 할 수 없고 어찌할 바를 모른 체 분만실 구석에 서 있는 경우가 많다. 몸을 사리며 불편한 자세로 서 있게 된다.

현재 진행되는 일에 동참하지 못한 채 스스로 불필요한 사람이라고 느끼게 된다. 아기가 태어날 때까지 그렇게 있다가, 아기가 태어나면 비로소 아버지가 필요한 자리가 생긴다. 아기를 받아들이는 기쁨과 아울러 정말 말로 다할 수 없이 강렬한 그 순간을 사랑하는 부인과 함께 나누는 기쁨이 있는 것이다.

하지만 진통중에 아내를 도울 수도 있다. 우선 가까이 있다는 것만으로도, 육체적인 접촉만으로도, 즉 배에 손을 얹어 아기 가까이에 놓는 것만으로도 아내를 돕는 것이다. 그리고 팔로 부인의 목을 받쳐 주는 것으로 도와 줄 수도 있다. 자신이 아내를 도울 수 있다는 것을 느끼면 그의 손은 아내를 안심시킬 것이다. 분만실에서 아버지의 위치와 관련하여 한 조산사는 다음 사항을 꼭 알아야 한다고 당부했다.

즉, 아기가 태어나는 동안 아버지가 아내 정면에 있는 것은 자신에게도 아내에게도 좋지 않다는 것이다. 남편이 있어야 할 장소는 바로 아내 옆쪽이다.

아버지가 분만실에 들어가지 않는 경우 · · · 그렇다면 출산을 보러 들어가지 않는 아버지들의 이유는 무엇인가? 사실 이 '보러 간다'는 말에 아버지의 참여를 주장하는 사람들은 질겁을 한다. 남편은 그냥 옆에 있으면서 아내를 바라보기만 하는 것이 아니라 의사와 마찬가지로 아내를 돕는 것이라고 그들은 주장한다. 심지어 의사와 함께 아기를 꺼내고 탯줄을 자르기까지 한다.

때로는 아내 쪽에서 남편이 지켜보는 것을 꺼리는 경우도 있고, 또는 아버지 스스로 꺼리기도 한다. 아내의 입장에서 보면 그 이유는 여러 가지가 뒤섞여 있다.

▶ 여자의 일생에서 이토록 중요한 순간을 혼자 체험하고 싶은 마음, 도움 없이도 혼자서 출산을 잘 마무리할 수 있음을 증명하고 싶은 마음, 그리고 소리지르고 싶을 때 마음껏 소리지르고 자기 마음대로 출산을 치르고 싶은 마음이 있다.

▶ 사랑하는 남자에게 별로 달갑지 않은 장면을 보이게 되지 않을까 하는 두려움, 그리고 그 장면이 앞으로 부부간의 성 관계를 망치게 되지 않을까 하는 두려움, 특히 수술 등의 처치를 해야 할 때 남편이 겁을 먹게 되지 않을까, 특히 그가 정신을 잃지나 않을까 걱정하는 것이다.[6]

아버지가 분만실에 들어가지 않는 경우 진짜 이유는 두려움 때문이다. 수백 번 상상으로 본 장면을 실제로 감내하지 못하면 어떻게 하나, 사랑하는 여인이 고통받는 것을 어떻게 볼 것인가, 또 아내가 걱정하듯이 그들의 성 관계에 영향을 미치지 않을까 걱정하는 것이다.

6) 수술을 하게 되는 경우 아버지를 나가게 하는 의사도 있고 그대로 있게 하는 의사도 있다.

지난 번 아기를 낳을 때 난산을 겪은 경우 아버지는 분만실에 들어가기를 망설이게 된다.

"겸자를 이용해서 아기를 꺼냈는데, 의사는 나보고 나가 있으라고 했어요. 아기의 울음 소리가 들리고 다시 나를 불렀는데 그 장면에 나는 엄청난 충격을 받았습니다. 아내는 발을 벌린 채 안장 같은 곳에 얹혀 있었고, 가위 같은 것이 질 부위에 매달려 있었으며, 온통 피범벅이 되어 있었어요. 겸자는 땅에 떨어져 있었고요. 나는 너무나 놀라서 어찌할 바를 몰랐습니다."

분만 때 아버지가 옆에 있어야 한다고들 하는 이야기를 들어 왔고 일반적으로 아버지는 오겠다고 약속을 한다. 그러나 마음이 바뀌면 마치 거짓말하는 학생처럼 무언가 변명을 한다. "급한 약속이 있었습니다" 등의 핑계를 대게 마련이다. 두려워서 아내 곁에 있기가 망설여진다면 차라리 가지 않는 편이 낫다. 공포만큼 전염성이 강한 것은 없기 때문이다. 출산의 순간은 무엇보다도 침착해야 하는 때인 것이다.

아버지로서 아기의 출생을 지켜볼 것인가를 정하는 것은 전적으로 자유로운 선택이어야 한다. 마찬가지로 아기에게 모유를 먹일 것인가는 어머니의 자유로운 선택에 맡겨야 한다.

출산과 관련된 작은 태도들은 단순한 몸짓이 아니라 심리적이고 정서적인 연장이며, 심오한 의미를 갖는 것이다. 주위에서 무엇인가를 강요하거나 유행에 따라 강요되어서는 안 된다. 아버지와 어머니가 함께 의논하여 결정을 내려야 한다.

● 출산 중 내내 모니터링을 한다

R.C.F.(태아의 심장 박동)라고도 불리는 모니터링은 전자과학의 발전에 힘입은 현대적 기술로서, 출산중 아기의 상태를 집중적으로 살펴볼 수 있게 해 주었다. 물론 이전에도 분만중에 아기의 심장 소리를 들으면서 아기의 상태를 지켜볼 수 있었다. 하지만 전통적인 방식으로는 충분하지 않은 경우가 있다고 의사들은 말한다. 지난 몇 년 동안에 새로운 전자 기구가 개발되어 다음과 같은 두 가지를 측정할

수 있게 되었다.

가장 널리 통용되는 기술은 자궁 수축의 강도와 리듬, 지속 시간 등과 태아의 심장 박동을 지속적으로 기록하는 것이다. 그러기 위해 산모의 배 위에 작은 기구를 얹어 놓고 기록 장치에 연결한다. 그렇게 해서 산모의 자궁이 수축되는 정도와 아기의 심장 박동이 그려진다.

또 다른 기술은 예외적인 경우에만 시행되는 것으로, 아기의 두피에서 혈액 내의 수치들을 검사하는 것이다.

출산중 내내 모니터링을 함으로써 무언가 아기에게 문제가 있으면 곧 알 수 있게 되었다. 그에 의해 자연 분만을 중지하고 제왕절개를 결정하게 된다.

이 기구는 정상 분만의 경우에도 점점 더 널리 사용되고 있다. 그러므로 병원에서 모니터링을 설치한다고 해서 겁낼 필요는 없다.

● 분만 때 가장 좋은 자세는?

나라에 따라, 그리고 문명이나 시대에 따라 아기를 낳는 방법은 모두 다르다. 앉아서 낳는 경우도 있고 몸을 웅크리고 낳는 경우도 있다. 뿐만 아니라 서거나 누워서 낳을 수도 있다.

오늘날에는 자궁이 벌어지는 동안에는 산모 마음대로 편한 자세를 취할 수 있게 한다. 즉, 누워 있기도 하고, 왔다갔다 자유로이 움직일 수도 있다. 그러나 아기를 몸 밖으로 내보낼 때는 전통적인 자세가 가장 널리 사용된다. 즉 등을 바닥에 대고 눕거나 반쯤 기대어 앉아서 다리를 벌려서 들고 있는 자세를 말한다.

분만의나 조산사의 입장에서 보

자면 아기가 나올 때 산모의 자세에 따라 일이 쉬워질 수도 있고 어려워질 수도 있다. 가스케 박사는 산모가 원하면 아기를 밖으로 내보낼 때라도 움직여도 좋다고 말한다. 아기가 내려오면서 회전을 하고 축을 바꾸는 데도 산모의 골반이 그대로 있어야 한다는 것은 논리에 맞지 않다고 지적한다.

예를 들면 산모가 자리에 앉거나 옆으로 돌아눕기만 해도 죄어 있던 탯줄이 풀릴 수 있다. 촉진에 의한 태아 진단법에서는 오히려 앉은 자세의 분만을 권한다. 어느 경우든 중요한 것은 아버지가 엄마와 육체적으로 가까워야 한다는 것이다.

실제로 어떤 의사들은 아기가 나올 때도 산모가 편하다면 몸을 웅크리거나 앉아 있어도 좋다고 한다. 분만용 의자를 갖춘 병원도 있다.

머리가 밑으로 간 태위

● 여러 가지 태위의 출산

95%의 경우 아기는 출산시에 머리를 밑으로 한 자세이다. 골반에 제일 처음으로 진입하는 부위에 따라 태위의 이름을 정하게 된다. 대개의 경우 아기는 턱이 가슴에 닿도록 머리를 완전히 숙이고, 머리 윗부분을 골반 입구에 대고 있다.

얼굴이 밑으로 간 태위

머리가 밑으로 간 태위 · · ·가장 흔한 태위로, 지금까지 설명한 출산은 바로 이 태위에 준한 것이다. 하지만 태아가 언제나 이 자세로 있는 것은 아니다.

얼굴이 밑으로 간 태위 · · ·이 경우는 머리가 완전히 뒤로 젖혀진다. 이 경우 자연 분만이 가능하기는 하지만, 대부분의 경우 쉽지는 않고 겸자를 사용해야 한다. 때로는 제왕절개를 해야 하는 경우도 있다.

이마가 밑으로 간 태위 · · ·머리가 밑으로 간 태위와 얼굴이 밑으로 간 태위의 중간 자세로, 이 경우는 자연 분만이 불가능하다. 아기 머리가 너무 커서 빠져나갈 수 없다. 제왕절개를 해야 한다.

옆으로 누운 태위(어깨 태위) · · ·등이 위로 가거나 밑으로 간 채 아기가 옆으로 누운 자세이다. 이 경우 역시 제왕절개를 해야 한다.

이마가 밑으로 간 태위

엉덩이가 밑으로 간 태위 · · ·아기의 엉덩이가 밑으로 간 자세로,

머리는 자궁 윗부분에 닿는다. 3분의 2의 경우 엉덩이, 3분의 1의 경우 다리가 제일 먼저 골반에 진입하게 된다.

아기가 어떤 태위로 있는지는 임신 말기 7개월 중반에서 8개월 정도에 손으로 배를 만져 진단한다.

그때쯤 자궁 안에서 아기의 자세가 고정되기 때문이다.

이후 방사선 촬영이나 초음파로 진단을 확인하게 된다. 만일 엉덩이가 밑으로 간 자세를 잡았다면 의사가 몇 가지 주의를 줄 텐데, 그 때문에 놀랄 필요는 없다.

이 경우 문제가 되는 것은 출산 때 제일 마지막으로 골반을 벗어나는 아기의 머리가 그 방향과 크기에 따라 골반 안에 끼이게 될 수도 있다는 점이다. 그것은 아주 위급한 상황으로 다음 두 가지 경우가 있다.

▶ 출산한 경험이 있는 경우, 즉 골반이 정상인 경우. 이때는 정상적인 자연 분만과 같다.

▶ 첫아기인 경우는 출산 전에 가능한 한 모든 요소를 측정해야 한다. 초음파를 통하여 태아의 크기를 측정하고, 방사선 골반 측정법을 통하여 골반의 크기를 정확히 측정해야 한다.

대부분의 의사들은 확실하지 않으면 제왕절개를 선호한다. 자연 분만을 하는 경우는 힘을 오래 주어야 하기 때문에 자궁이 벌어지기 시작하는 초기부터 경막외 마취를 하도록 권한다. 짧게 전신 마취를 하는 것도 아기가 빨리 나오는 데 도움이 된다.

'엉덩이가 밑으로 간 태위'의 경우 유사한 상황의 출산 경험이 있는 병원에서 분만하는 것이 좋다.

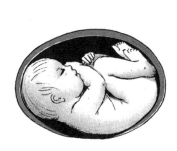

옆으로 누운 태위

엉덩이가 밑으로 간 태위

● 자연 분만이 불가능한 경우

대부분의 경우 분만은 아무런 문제 없이 이루어진다. 하지만 정상적인 출산 구조가 흔들리는 경우가 있다. 아기가 잘못된 자세로 진입한다든지 골반이 너무 좁아 아기가 지나갈 수 없다든지 하는 경우이다.

그 경우에는 산모와 아기 중 어느 하나도 피해를 입지 않도록 겸자를 사용하든지 제왕절개를 해야 한다.

● 겸자는 보조 도구로 사용

겸자는 두 종류의 '숟가락' 으로 이루어진 기구로서 아기의 머리를 잡아서 밑으로 내리고 꺼내는 데 사용되는 기구이다.

사실 아직까지도 사람들은 겸자를 별로 좋아하지 않는다. 이전에 골반 내에서 아기가 충분히 내려오지 않았고 골반에 진입하지도 않았을 때 겸자를 잘못 사용했던 데서 비롯된 것이다.

하지만 그 당시에는 별다른 도리가 없었다. 물론 오늘날에는 상황이 바뀌었다. 머리가 더 이상 앞으로 나아가지 않고 골반에 진입하지 않으면 장애물을 직접 건너지 않고 우회로를 택한다. 즉, 제왕절개를 시행하는 것이다. 이제는 그러한 상황에서 겸자를 사용하여 충격을 주는 시술을 하지 않는다. 겸자를 사용할 때는 전신 마취를 할 수도 있다.

이미 경막외 마취가 되어 있는 경우는 그대로 시행한다.

때에 따라서는 국부 마취를 시행할 수도 있는데, 그 경우 겸자는 단순한 보조 도구로서 산모는 계속해서 힘을 주어 스스로 아기를 내보내야 한다.

• 진공 배출기 · · · '진공을 통하여 끌어내는 기구' 를 의미하는 이 기구는 부드러운 소재로 만든 흡입판으로, 아기를 밖으로 '끌어내는' 것을 도와 준다. 자궁이 수축되는 순간에 부드럽게 끌어당김으로써 수축 효과를 배가시킨다. 진공 배출기의 사용은 겸자의 사용과 같다.

● 제왕절개는 이제 간단한 수술

제왕절개는 흔한 수술이다. 어떤 경우에 제왕절개를 결정하게 되는지, 수술은 어떻게 하는지, 수술 후의 상황은 어떤지 살펴보자.

언제 제왕절개를 하는가 ··· 제왕절개를 해야 하는 이유는 여러 가지가 있으나, 여기서 모두 다 열거할 수는 없다. 가장 흔한 경우를 세 가지 부류로 묶어 설명한다.

• 다음과 같은 이유로 자연 분만이 어려울 경우

▶ 산모의 골반이 너무 작을 때.

▶ 아기가 너무 크거나 정상적인 태위가 아닌 경우, 즉 이마가 밑으로 오거나 옆으로 누워 있을 때. 엉덩이가 밑으로 왔을 때도 특히 초산부의 경우 제왕절개가 시행되는 경향이 있다.

▶ 아기가 나오는 것을 방해하는 장애물이 있을 때. 즉, 섬유종이 있거나 전치 태반인 경우.

• 임신 상태가 계속되는 것이 아기에게 위험하여 임신을 중단시켜야 할 경우. 당뇨나 혈액 Rh 거부 반응, 임신 중독증의 경우.

• 다음 이유로 출산을 오래 끌 수 없을 때

▶ 자궁 경부가 충분히 벌어지지 않거나 아기의 머리가 골반으로 진입하지 않을 때.

▶ 때로 산모의 생명이 위급한 경우도 있지만 대부분의 경우에는 출혈이나 분만중의 고통으로 아기의 생명이 위급한 경우가 많다. 근래에는 모니터링을 통하여 태아의 상태를 측정하는 것이 가능하게 되었다.

경우에 따라서는 임신 말기에 제왕절개를 미리 준비할 수도 있고, 출산 중에 결정할 수도 있다. 미리 준비된 경우는 출산 예정일보다 약 열흘 전에 제왕절개 일정을 짠다. 출산중에 결정되는 경우 이미 경막외 마취가 시행되었다면 다른 마취를 할 필요가 없다.

현재 제왕절개는 증가 추세를 보이고 있다. 사실 이것은 우려되는 바이다. 어째서 제왕절개가 늘어나고 있는지는 다음 요인으로 부분적인 설명이 가능하다.

▶ 외과술과 마취학의 발달로 제왕절개는 이제 간단한 수술이 되었다.

▶ 자연 분만을 할 경우에 아기에게 위험한 것을 미리 알 수 있게 되었다. 아기가 너무 크다든지 또 반대로 너무 작다든지, 엉덩이가 밑으로 가 있다든지, 조산의 경우.

▶ 모니터링을 통하여 분만중 아기가 겪는 고통을 알게 되었다.

▶ 위험 그룹의 임신이 많아졌다.

　제왕절개는 어떻게 시행하는가 · · ·제왕절개는 외과적인 수술로서, 분만실이 아니라 수술실에서 행해진다. 우선 음모를 깎고 방광에 관을 연결한다. 수술중에 방광이 가득 차 의사에게 방해가 되지 않게 하기 위해서이다. 배 부분의 피부를 소독하고 수술 부위를 보호하기 위하여 천을 얹는다. 수술 준비가 완료되면 의사는 우선 피부를 절개한 후, 복부 내벽의 근육을 복강까지 절개한다. 그 다음 자궁을 절개하여 아기를 꺼낸다. 그 후 곧바로 태반을 꺼낸다.

그 다음은 수술의 제2단계로, 절개된 곳을 하나씩 꿰매야 한다. 즉, 제일 먼저 자궁을, 그리고 복부 내벽을, 마지막으로 피부를 실로 꿰매거나 연결쇠로 붙인다. 5일에서 7일 후면 실을 뺀다. 수술은 모두 합해 1시간에서 1시간 반 정도 걸린다.

지금까지는 제왕절개를 할 때면 전신 마취를 했었다. 하지만 최근 들어 경막외 마취가 점점 더 많이 시행되고 있고, 아주 급박한 경우에만 전신 마취를 한다. 경막외 마취는 15분 정도 지나야 효과가 나타나지만, 전신 마취는 즉시 효과가 나타나기 때문이다.

경막외 마취를 하면 아기가 태어나자마자 자연 분만의 경우와 마찬가지로 산모가 아기를 볼 수 있고 울음 소리를 들을 수 있다. 또한 수술 후의 회복이 훨씬 빠르다.

수술 후의 상태 · · · 자연 분만과 비교해 볼 때 수술 이후의 단계는 별다른 차이가 없다. 단지 수술 후 며칠 동안 몸의 상태가 자연 분만에 비해 피곤을 더 느낄 뿐이다.

수술 후 처음 이틀 동안은 산후 자궁 수축으로 인한 통증이 자연 분만의 경우보다 심한데, 그것은 자궁이 상처가 있는 상태에서 수축을 하기 때문이다. 더욱이 장기가 다시 활동을 시작하면서 복부에 통증이 수반된다. 따라서 이 기간 동안에는 금식을 하거나 적절한 식단에 따라야 한다. 산모는 수술 다음날부터 일어날 수 있다. 처음에는 몇 발짝 걸음을 떼는 것도 상당히 힘이 들 것이다.

하지만 실망할 필요는 없다. 둘째날이 지나고 셋째날이 지나면 훨씬 편하게 움직일 수 있게 된다. 그 동안에는 병원에서 아기를 돌보아 줄 것이고 먹여 줄 것이다. 산모가 원한다면 제왕절개를 했더라도 모유를 먹일 수 있다. 단지 산모의 신체 상태 때문에 젖이 도는 것이 2~3일째가 아니라 4~5일째로 늦어질 수도 있다.

제왕절개를 한 경우 산모는 휴식을 취해야 한다. 친구들도 방문을 늦추는 것이 좋다. 자연 분만의 경우보다 병원에 더 오래 입원하므로 나중에라도 방문객을 맞을 수 있다. 평균 7~10일 정도 입원한다.

4~5일째 되는 날부터 샤워를 할 수 있고, 상처의 실은 6~7일쯤에 뽑는다. 수술을 하면 상처가 보기 흉할 것이라고 생각하지만 그렇지 않다. 배는 밑부분을 가로로 째는데, 음모로 가려지는 부분이다.

몇 주가 지나면 상처는 붉은색이 되고 약간 튀어나오며 가렵다. 하지만 그것은 일시적인 증상이다. 제왕절개의 상처는 출산 후 여덟 달이 지나면 완전히 자리잡지만, 일년이 지나기 전에는 햇빛에 노출해서는 안 된다.

퇴원 후 집으로 돌아가면, 자연 분만의 경우처럼 빨리 본래의 삶으로 돌아갈 수는 없다. 하지만 4주 정도 지나면 수술받았다는 것을 잊게 될 것이다. 한 마디로 제왕절개는 이제 일상적인 수술이 되어 버렸다고 의사들은 말한다. 그러므로 수술을 해야 할 상황이 되었을 때 겁먹을 필요는 없다.

제왕절개 이후에도 임신할 수 있다···한 번 제왕절개를 하면 그 다음에도 꼭 제왕절개를 해야 한다고 생각하는 사람들이 많다.

그것은 언제나 맞는 말은 아니다. 예를 들면 골반이 너무 작다든지 하는 영구적인 이유로 제왕절개를 했다면 다음번 출산시에도 역시 제왕절개를 해야 한다.

하지만 출혈, 태아의 고통 등 우발적인 이유로 제왕절개를 한 경우라면 다음번에도 무조건 제왕절개를 해야 할 이유는 없다. 단지 자연 분만을 하려면 임신 말기에 모든 것을 측정해서 정상으로 나타나야 하고 출산 역시 아무 문제 없이 빨리 진행되어야 한다.

또한 사소한 문제만 생겨도 수술할 준비가 되어 있어야 한다. 따라서 수술실 가까이 있어야 하고 마취도 준비해 두어야 한다. 왜냐 하면 출산중에 자궁이 수축되면서 자궁에 있는 지난번 수술 자리가 터질 수 있기 때문이다. 그 경우 산모와 아기 모두가 위험한 상황에 처하게 된다. 이전에 제왕절개를 한 경우에는 다음번 출산 때도 수술을 할 위험이 높은 것은 사실이다.

연속해서 세 번 이상은 제왕절개를 할 수 없다고 생각하는 사람들도 있다. 이것은 정해진 규칙이 아니다. 일반적으로 세 번째 제왕절개 수술을 할 때 나팔관을 매는 경구 피임 수술을 함께 할 것을 권하는 것은 실제로 증명된 이유에 근거한다기보다는 혹시 있을지 모를 위험에 대비하기 위한 것이다. 의사 중에는 아기를 많이 원하는 산모를 위해 네번째, 심지어 다섯 번째까지도 제왕절개로 아기를 받은 경험이 있는 사람도 많다.

● 태반이 저절로 떨어지지 않을 때

일반적으로 태반은 아기가 태어난 뒤 이어지는 자궁의 수축으로 저절로 떨어진다는 것을 앞에서 보았다. 그런데 여러 가지 이유로 문제가 생길 수 있다. 자궁이 수축되지 않거나 수축이 약한 경우, 태반이 잘못 붙어 있는 경우 등이다. 태반이 저절로 떨어지지 않으면 출혈이 있을 수 있다. 이 경우 의사는 자궁으로 손을 집어넣어 태반을 떼어내야 한다.

흔히 전신 마취나 경막외 마취하에서 시행된다. 물론 꼭 마취를 해야만 하는 것은 아니지만 마취하면 산모가 더 편안하기 때문이다.

● 출산 후 출혈이 있으면

출산이 끝나고 태반이 배출된 이후에 출혈이 있는 경우가 있다. 의사는 그 원인을 찾아내야 한다. 일반적으로 태반의 일부가 자궁내에 남아 있기 때문이다. 태반을 꺼낼 때와 마찬가지로 의사는 전신 마취나 경막외 마취하에 자궁 안으로 손을 넣어 확인해 본다.

● 집에서 아기를 낳고 싶다면

병원에 가지 않고 집에서 아기를 낳으려는 부부도 있다. 집에서 아기를 낳아도 아무런 문제가 없었던 예전 사람들의 이야기를 들은 경우이다. 출산이 하나의 의료 행위가 되어 버려서, 수많은 기구들로 둘러싸인 살벌한 출산 장면 사진을 보고 충격을 받은 사람들이 자기 아기는 좀더 가족적인 분위기에서 식구들이 보는 가운데 태어나기를 바란다. 이러한 희망은 충분히 이해되는 것이다.

실제로 출산은 정상적이고 자연스러운 사건이다. 하지만 아무런 이상이 없는지는 실제 출산이 있은 후에야만 알 수 있다. 예측할 수 없는 일이 우발적으로 발생할 가능성은 언제나 있는 것이다. 때로 그것은 순식간에 중대한 문제를 일으키는 사고가 될 수도 있다.

그러므로 가정에서 출산을 하려면 경험이 많은 의사나 조산사가 함께 있어야 한다. 그들은 전적으로 믿을 만한 사람들이어야 하고, 출산에 아무 문제가 없도록 모든 조건이 구비된 경우에만 가정에서의 출산을 허락해야 한다. 경우에 따라서는 출산 도중 산모를 병원으로 옮겨야 한다.

집에서 아기 낳기를 꿈꾸는 부부는 많지만 그것을 실제로 실행에 옮기는 경우는 그리 많지 않다. 가정에서의 출산은 쉽게 권장할 만한 것이 아니다. 그것은 너무도 중대한 책임이 따르는 결정이다.

또한 가족들에 둘러싸여서 아기를 낳는 것이 심리적으로나 정서적인 측면에서는 바람직한 일일 수 있지만, 이틀 후면 벌써 자리에서 일어나 집안일을 챙겨야 하는 경우라면 별로 바람직하지 못하다는 것이다.

병원에 입원해 있는 것은 며칠간 휴식을 취하는 것이며, 그럼으로써 일상 생활의 피로에서 벗어날 수 있다.

한 설문 조사에 따르면 집에서 아기를 낳고 싶어하는 가장 큰 이유는 아기가 태어나는 순간을 좀더 가족적이고 다정하고 온기 있는 분위기로 만들고 싶다는 것인만큼, 진정한 해결책은 어디에서나 산모를 좀더 따뜻하게 대하는 것이다.

병원을 인간적인 장소로 만들어야 한다고 끊임없이 이야기하고 있지만, 그 중에서도 특히 산부인과의 경우는 더 시급하다. 인생에 있어서 그토록 중요한 순간에 병원에 오는 사람들은 일반 환자로서가 아니라

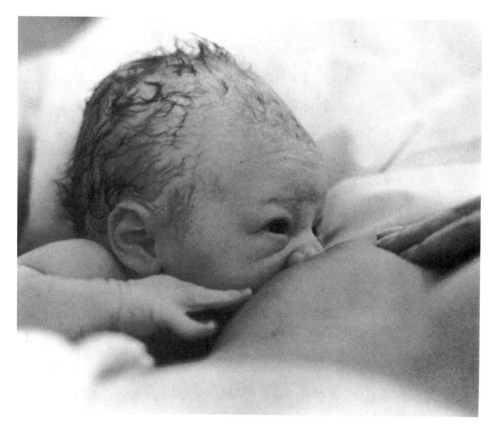

특별히 환영받아야 한다. 어느 조산사가 말한 적이 있다.

"아기를 낳으러 올 때는 환자로서 온 것이 아니에요."

아기를 낳을 엄마는 그 어느 곳에서도 혼자 기계 앞에 내버려져서는 안 된다. 때로 사람을 초조하게 만드는 모니터링 기계가 특히 그렇다. 언제나 주위에 사람이 있어야 한다. 집에서 아기를 낳는 것은 너무 위험하다고 주장하며 강경하게 반대하는 의사들이 그와 같은 열성으로 병원을 좀더 친절하고 안락하게 만든다면 집에서 아기를 낳으려는 사람은 아마 하나도 없을 것이다.

의사나 조산사들 중에는 병원이 집과 같은 분위기를 갖게끔 시도하는 사람들도 있다. 즉, 장식을 바꾸고 색과 빛을 바꾸어 병원이라는 엄격한 분위기를 좀더 친숙하게 만들며, 산모들 혹은 부부들간에 서로 만나서 의견을 교환할 수 있는 공간을 만들기도 한다.

이러한 호의적인 병원이 점점 많아져야 한다. 다정한 분위기 외에도 아기를 낳는 부부는 다른 부부와의 접촉을 원하기 때문이다.

"느낌을 서로 이야기하고 어려운 점도 이야기했습니다. 아기를 낳는 여자들끼리의 대화와 아버지들간의 대화는 그런 것이 바로 출산의 일부를 이룬다고 생각합니다."

이렇게 말하는 사람도 있다. 아버지들 역시 좋은 대우를 받아야 한다. 그저 옆에 있는 것이 허락되는 것으로 그치는 경우가 많은데, 그래서는 안 된다. 산모가 원하면 출산 2~3일 후에 집으로 돌아가 조산사의 도움을 받고, 그 비용이 보험으로 처리되면 좋을 것이다.

실제로 그러한 방식이 시행되는 나라도 있다. 그것은 아기의 탄생을 인간적으로 만드는 한 가지 방법이 될 수 있다.

또 다른 해결책으로는 순회 출산을 들 수 있다.

순회 출산 · · · 네덜란드나 독일에서는 흔히 시행되는 제도로 다음과 같이 이루어진다. 처음으로 자궁의 수축이 강하게 느껴지면 산모는 임신 기간 내내 자기를 담당한 조산사에게 전화를 한다. 그러면 조산사가 집으로 찾아와서 출산이 어느 정도 진행되고 있는가를 확인한다. 산모는 자궁이 벌어지기를 기다리면서 따뜻한 물에 목욕을 하고 관장을 한다. 그리고 적절한 순간이 되면 산모와 가족, 그리고 조산사가 함께 병원으로 간다.

병원에서는 의사가 임산부를 검진하고, 조산사의 도움으로 출산을 마친다. 아무 문제가 없으면 출산 후 몇 시간 후에 아기와 부모, 조산사는 함께 집으로 돌아온다.

그 후 며칠 동안 조산사가 매일 아침 들르고, 집안일을 돌보아 주는 사람이 하루 몇 시간씩 가사와 아기를 돌보아 준다.

이런 방법으로 아기를 낳아본 산모들은 그것을 열렬히 지지하고 있다. 프랑스에서도 몇몇 병원에서 시행되고 있는 이러한 방식의 출산은 두 가지 욕망, 즉 병원에서 누릴 수 있는 기술상의 혜택과 집에서 누릴 수 있는 편안한 분위기를 조화시키는 훌륭한 방법이다.

순회 출산은 또한 조산사의 역할을 인정하고 확장시킨다는 장점이 있다. 조산사는 병원을 인간적으로 만드는 데 있어서 가장 중요한 사람이다.

● 충격 없는 탄생의 시대

자궁 내의 삶으로부터 바깥 세상으로 나오는 아기의 숭고한 탄생은 최대한 존중되는 분위기 속에서 아무런 충격 없이 이루어져야 한다. 그런데 실제로 매일매일 분만실에서 행해지는 것을 보면 사람들의 동작이나 태도에서 신생아에 대한 관심과 존중을 그렇게 높이 찾을 수가 없다. 하지만 '충격 없는 탄생의 시대' 이래 이 분야에 있어서 상당한 발전이 있었다. 그 이야기를 하려면 잠깐 과거로 돌아가야 한다.

1974년, 파리 의과대학 외과 · 산부인과 과장을 역임한 프레데리크 르부아예 박사가 〈충격 없는 탄생을 위하여〉라는 책을 발간했다. 이 책은 그 이전까지 일반적으로 받아들여지던 의식들을 비난하면서 당시에 큰 반향을 일으켰다.

산부인과 의사인 그가 사람들에게 충격을 주는 위험을 감수하면서까지 꼭 말하고자 했던 것은 무엇이었을까? 그것은 막 태어난 아기의 울음 소리가 너무도 당혹스러웠기 때문이다. 그때까지 사람들은 아기의 첫 울음 소리는 행복한 것으로 받아들였다. 그것은 곧 생명의 상징이었기 때문이다. 하지만 대부분의 아기들은 고통스러운 듯이 경직되어 있다. 이유는 무엇일까?

'어쩌면 아기를 출산한다는 것이 어머니에게 엄청난 고통인 것처럼 아기에게도 태어난다는 것은 대단히 고통스러운 일이 아닐까?'

이것이 바로 르부아예 박사의 생각이었고, 그 답은 분명했다. 아기는 태어날 때 고통을 느낀다. 그러므로 첫 울음은 고통의 울음이다.

그러나 극히 단순한 몇 가지 동작을 통해, 또는 새로운 방식으로 아기를 맞음으로써 아기가 이 세상에 좀더 평화롭게 첫발을 내딛도록 도와 줄 수 있다.

그러한 동작들이 무엇인지를 알아내려면 아기가 이 세상에 나오는 것이 얼마나 어려운 일인지를 생각해 보면 된다. 어둡고 부드럽고 아늑한 보금자리를 벗어나면서 아기는 갑자기 소음과 강렬한 빛, 어수선한 분위기, 그리고 온갖 종류의 기계와 시술 앞에 놓이게 된다.

조금 전까지 살았던 세계와의 연속성을 아기에게 제공하기 위해서는 아기를 좀더 부드럽게 대해야 한다고 르부아예 박사는 말한다. 가능하면 조명을 어슴푸레하게 하여 아기가 눈이 부시지 않도록 해야 하며, 강렬한 소리를 피해 주고 급작스러운 동작을 삼가야 한다. 그러고 나선 아기를 엄마의 배 위에 뉘어서 아홉 달 동안 자기의 삶이 함께했던 심장 소리와 호흡 운동을 접하게 해야 한다는 것이다. 어머니가 아기를 다정하게 쓰다듬을 때 아기는 비로소 긴장을 풀게 된다.

이후 탯줄은 더 이상 뛰지 않을 때까지 기다려 잘라야 아기의 폐가 그것을 이어받을 시간적 여유를 가질 수 있다. 물론 위급한 다른 요인이 없을 경우의 이야기다.

그 다음 아기를 체온과 같은 온도의 물에서 목욕을 시키는데, 그것은 아기를 씻기기 위해서가 아니라 자궁 밖으로 나오기 이전에 물속에 살았던 아기를 위해 같은 환경을 만들어 주려는 것이다. 그 안에서 아기는 평화롭게 편안한 마음으로 눈을 뜨게 되는 것이다.

목욕이 끝난 후에 비로소 아기는 육아사의 보살핌을 받게 되며, 검진을 마친 뒤 몸무게를 달고 옷을 입는다.

이것은 르부아예 박사의 제안을 요약한 것이다. 비록 30년 가까운 옛날 것이라 해도 이 제안에서 우리가 관심을 가져야 하는 것은 이런저런 자세한 시행 수칙이 아니라 아기를 받아들이는 태도, 아기의 욕구와 반응에 주의를 기울이는 것, 그리고 지속적으로 아기를 존중하며 온화하게 인내심을 가지려고 애쓰는 것이다.

"아기는 두 세상의 한 가운데에 있다. 다른 세상으로 들어가는 문턱에서 아기는 망설이고 있는 것이다. 그러므로 아기에게 충격을 주어서는 안된다."

이러한 제안은 단순히 아기를 맞아들이는 문제를 넘어 상당한 파급 효과가 있었다. 무엇보다도 아버지를 아기의 탄생에 참여하게끔 한 것이다. 아버지는 곁에 있음으로써 혹은 직접 행동으로 아내를 도울 수 있고, 또 탯줄을 자르거나 아기를 목욕시킬 수 있기 때문이다. 또한 '충격 없는 탄생'의 제안은 아기에게 일찍 젖을 먹이는 문제에 있어서도 다행스러운 영향을 미쳤다. 엄마의 배 위에 아기를 놓으면 아기는 엄마의 가슴을 찾아들고 젖을 빨기 시작한다.

르부아예 박사의 제안이 전적으로 시행되지는 않았다 하더라도 적어도 많은 병원의 분위기를 바꾸어 놓은 것은 사실이다. 아기에게 새로운 관심을 쏟게 된 것이다. 이제는 부모들이 의사나 조산사들에게 분만실이 곧 아기가 탄생하는 방이고 그 아기를 맞아들이는 방이 될 수 있도록 요구해야 한다.

예를 들어 파리 지역의 한 병원에서는 부모들이 작은 욕조를 가져다 놓았다. 그 안에서 첫 목욕을 한 신생아의 태도에 모두가 감탄하게 되었고, 그 결과 욕조를 계속 사용하게 되었다. 그리고 욕조와 함께 그에 달려 있는 모든 정신이 그대로 남게 되었다.

하지만 분만의 조건들, 그리고 출산에 있어서 예기치 못한 일들이 이어지고 또 환자나 그 가족을 상대하는 교육의 부족으로 흔히 부모들의 요구와 전문가들의 요구를 조화시키는 것은 어려운 일이다.

＊의문이나 희망사항을 기록해 두었다가 의사나 경험자에게 이야기합시다

제 *13* 장

무통 분만

출산의 고통에 대해서는 여러 가지 일화가 있다. 출산에 대해서 성경에서는 다음과 같은 선고가 내려졌다.

"너희는 고통 속에서 출산하게 되리라."

사람들은 수세기 동안 출산의 통증에 맞서 싸울 방편을 만들어냈고, 그 후로 어느 때에는 약품에 의존하게 되었다. 그 약품들은 지금도 점점 더 고도로 정밀해지고 있다.

1950년대에 들어서 무통 분만의 '혁명'이 이루어졌다. 잘 준비만 하면 아무런 고통 없는 출산이 가능하다는 과감한 주장이 나왔다. 통증에 맞서 싸우기보다 다른 방식으로 출산을 겪기 위한 여러 가지 준비법들이 정리되고 제시되었다.

또한 의약품 분야에서도 혁신이 일어났다. 경막외 무통증 제제가 등장해 매우 신속하게 확산되었다. 통증의 문제를 곧 완벽하게 개선시킬 것이라는 기대가 일고 있다. 그러나 먼저 모든 산모가 동일한 방식으로 느끼는 것은 아닌 출산 통증에 대해 상세히 알아보자.

● 출산의 고통은 사람마다 다르다

자궁이 수축하기 시작할 때 그것이 시작되었다는 것을 알려주는 것이 바로 통증이다. 만약 산모가 자궁이 수축한다는 것을 느끼지 못한다면 모든 아기들은 택시 안에서 태어나게 될 것이다.

그러므로 첫째, 고통은 분명히 있다. '그러나' 사람마다 다르다. 이 '그러나'가 중요하다. 대개는 통증을 느끼는데, 약품의 도움을 받지 않고도 거의 고통 없이 아기를 낳는 사람들도 있다는 뜻이다. 30년 동안 아무런 통증도 느끼지 않고 생리를 하는 여성이 있는 반면 고통스러운 생리 때문에 진짜 지쳐 버린 경우도 있는 것과 마찬가지다.

이 두 극단 사이에, 통증을 견딜 만한 정도로 느끼는 경우와 견디기 어려운 정도로 느끼는 경우들이 있다. 그런가 하면 또 어떤 경우에는 출산이 끝날 무렵에야 통증으로 신음하기도 한다.

따라서 출산의 고통은 개인에 따라 다르다. 산모가 어느만큼 예민한가에 따라, 또 어느만큼 지쳐 있는가에 따라 수축에 따른 통증의 강도가 달라지는 것이다. 또한 똑같은 통증에도 어떤 산모는 단순히 인상만 찡그릴 것이고, 또 다른 산모는 조산사의 손을 더욱 세게 움켜쥘 것이며, 또는 "더 이상 참을 수 없어요, 마취해 주세요."라고 말하기도 할 것이다.

이처럼 고통을 느끼는 정도가 다양한 것은 그 원인이 복잡하게 얽혀 있기 때문이다.

분위기가 평온한 가정에서는 마치 곧 일어날 자연스러운 사건에 대하여 이야기하듯 출산에 대해 말한다. 이러한 가정에서 산모는 훨씬 쉽게 긴장을 풀고 출산을 맞이한다. 이러한 사실은 산부인과 의사와 조산사들이 한결같이 확인한 바 있다.

통증은 또한 신체적 요인에 따라 달라질 수도 있다. 아기의 머리가 골반 쪽을 향해 있으면 그 때문에 더욱 견디기 어려운 허리의 통증이 느껴질 수도 있다.

그러나 정확한 실상은 알기 어렵다. 흔히 산모들이 자기 어머니에게 극심한 고통을 호소하면서 결코 다시는 아기를 낳지 않을 것이라고 선언하는 것을 듣곤 한다. 그러나 얼마쯤 지나면 사실은 그토록 고통스럽지는 않았으며, 또다시 아기를 가지게 되어 몹시 기쁘다고 말하는 것을 듣게 된다.

그런가 하면 분만 때는 아무 말도 하지 않다가 다음날 지독하게 고통스러웠다고 불평하는 경우도 있다. 또 어떤 산모들은 소리를 지르고 싶었지만 그렇게 하지 못했다고 말한다.

소리를 지르는 경우는 조산사를 지치게 하거나 다른 산모들에게 겁을 주게 된다. 하지만 비명이 과도한 긴장을 덜어 줄 수단이 될 수도 있다.

그 정도야 어떻든 이러한 고통을 감소시키거나 없앨 수는 없을까? 이에 대해 두 가지 대답이 있다. 하나는 약품을 사용하는 것이다. 이 문제에 관해서는 제15장에서 별도로 다루겠다.

또 하나는 더 이상 고통스럽지 않기 위해 출산에 대비한 훈련을 하는 것이다.

거의 같은 시기에, 매우 멀리 떨어진 두 도시, 런던과 레닌그라드에서 두 명의 의사가 이같은 제안을 한 바 있다.[1] 현대 여성들에게 좋은 소식이 될 수 있으므로 여기서 그 이야기를 간략하게나마 소개하려고 한다. 그로부터 유용한 정보를 끌어낼 수 있으리라.

● 무통 분만

런던, 리드 박사

첫번째 이야기는 매우 감동적이다. 그것은 어떤 산부인과 의사를 유명하게 만든 이름 모를 한 훌륭한 여성의 이야기이다.

추운 겨울날, 런던에서 가장 가난한 구역인 화이트채플의 한 오두막집에서 젊은 여인이 맨땅에 놓인 침대에 누워 있다. 밤이 되자, 젊은 산부인과 의사가 그녀를 도와 주러 서둘러 자전거를 타고 왔다.

집에 들어오면서 그는 찰스 디킨스의 소설에 자주 나오는 너무나 가난한 집안 형편과 대조를 이루는 너무나 평화로운 분위기에 놀랐다.

"아기는 지극히 정상적으로 태어났다. 아무런 소란도 없었고 장애도 없었다. 모든 일이 잘 진행되었다. 단지 아주 사소한 사건이 하나 있었을 뿐이다. 나는 산모에게 아기의 머리가 보이고 분만이 시작되면 클로로포름을 몇 번 흡입하라고 말했다. 그 부인은 나의 제안에 언짢아하는 듯하더니 정중하지만 단호하게 그것을 거절했다. 내가 의사 생활을 하는 동안 클로로포름을 제의했다가 거절당하기는 처음이었다. 그 집을 떠날 채비를 하면서 나는 그녀에게 왜 그것을 거절했는지 물어보았다. 그녀는 수줍게 대답하며 오히려 되물었다. '별로 고통스럽지 않았습니다. 그렇게 고통스러울 리가 없지 않아요, 선생님?'"

리드 박사는 이 단순한 질문을 받은 날부터 그 이유를 알아내려고 애썼다. 그녀는 어떻게 해서 고통스럽지 않았는가? 그는 결국 다음과 같은 결론을 내렸다.

"오래 고심하던 어느 날 나의 보수적인 정신에 서광이 비쳤다. '마음이 평온한 상태에 있는 산모는 그만큼 고통을 적게 느낀다.' 그리고 한편으로 나는 산모가 평온한 상태에 있는 것은 두려워하지 않기 때문

1) 레닌그라드는 지금은 상트 페테르부르크라는 옛 이름을 되찾았지만, 통증 없이 아이를 낳은 이 일이 있던 시기에는 레닌그라드로 불렸으므로 이 명칭을 그대로 사용하였다.

이라고 생각하였다."

임신에서 두려움이라는 단어는 리드 박사가 처음 사용한 것이며, 그의 방법론인 '두려움 없는 분만'의 토대가 되었다.

임신부는 두려워하기 때문에 고통을 느낀다. 출산은 고통스러운 시련이라는 말을 들어 왔기 때문에 두려워한다. 모르기 때문에 두려워한다. 아기가 어떻게 아홉 달 동안 어머니의 몸 속에서 사는지, 어떻게 태어나게 되는지를 모르기 때문에. 결국 임신부는 신경이 예민해지면 예민해질수록 더욱더 공포심을 가지게 되는 것이다.

두려움은 과도한 근육의 긴장을 초래한다. 아기가 태어나게 하기 위해 긴장을 풀어야 할 사람이 잔뜩 위축되어 있다. 이 위축이 고통을 일으키게 한다. 따라서 통증을 이기려면 먼저 두려움을 극복해야 한다. 어떻게? 임신부에게 자신의 몸 속에서 일어나고 있는 일을, 아기가 어떻게 생존하고 어떻게 태어나게 되는지를 설명해 주는 것이다.

근육과 신경과 정신의 긴장을 푸는 법을 가르쳐 주어야 한다. 또한 출산에 대비하는 호흡법과 체조를 하게 한다. 한마디로 말해서 출산에 대한 정보를 주는 것이다.

1945년 그랜틀리 딕 리드 박사는 영국과 미국에서 대성공을 거둔 책, 〈두려움 없는 출산〉을 써냈다. 이후로 통증에 맞서 싸우고자 한다면 두려움을 없애야 한다는 생각이 서서히 유포되었다.

레닌그라드, 벨보스키 박사

이로부터 몇 년이 지난 후, 이번에는 수천 킬로미터 떨어진 소련에서 의사인 벨보스키 박사가 리드 박사와 일치하는 발견을 하였다. 그러나 이는 영국 의사의 자연적인 방식과 대조를 이루는 아주 과학적인 다른 접근법에 의해 이루어졌다.

벨보스키 박사는 먼저 임신부는 사회적 조건이 통증을 느끼게 되어 있기 때문에 고통을 겪는 것이라고 주장했다.

사람들은 '첫번째 수축을 느낄 때'라고 말하지 않고 '첫번째 진통을 느낄 때'라고 말한다. 그 결과 이미 임신하기 전부터 머릿속에는 수축은 곧 통증이라는 관념이 고정되어 있다. 출산을 통증과 같은 말로 받아들이는 이 관념을 없애려면 무엇보다도 임신부가 대대로 물려받은 두려움으로부터 벗어나게 해야 한다.

그렇게 하기 위해 벨보스키 박사는 임신부들에게 출산의 구조를 상세하게 설명하고 주위 사람들에게 그녀를 불안하게 하지 말라고 권한다. 그는 다음과 같이 단언했다.

"그렇게 함으로써 나는 임신부를 마취시키지도 않고 환상으로 그녀를 속이지도 않는다. 반대로 나는 더욱 명료한 의식을 갖게 한다."

이처럼 정신적으로 두려움에 맞서도록 유도한 후 벨보스키 박사는 필요한 신체적 반응을 끌어내기 위해 조처를 한다. 분만에 필요한 신경과 근육을 단련시키는 것이다. 이러한 작업 전체가 근본적으로는 파블로프가 설명한 조건 반사 이론에 근거를 둔 심리 예방법의 토대를 이룬다.

프랑스 산부인과 의사 라마즈 박사는 소련을 여행하다가 레닌그라드의 한 병원에서 어떤 임신부가 미소를 머금은 채, 마취를 하지 않고 완전히 명료한 의식으로 아기를 낳는 것을 목격하였다. 라마즈는 다음과 같이 이야기했다.

"나는 그 부인에게서 눈을 뗄 수가 없었다. 그녀의 다리와 팔을 만져보았다. 모든 근육이 이완되어 있었다. 마치 출산 행위와 무관한 듯이 완전히 이완되고, 긴장이 풀린 신체 속에서 오직 자궁의 근육만이 활동하고 있는 것처럼 보였다. 그녀의 이마에는 작은 땀방울 하나 맺혀있지 않았고 안면 근육의 수축도 전혀 없었다. 때가 되자 그녀는 완전한 평온 속에서 아기를 밀어내려고 힘을 주었다."

화이트채플의 산모와 달리 레닌그라드의 산모는 벨보스키 박사의 방법에 따라 과학적으로 준비되어 있었다.

라마즈 박사는 경탄을 금치 못했다. 프랑스로 돌아온 그는 심리 예방법, 즉 정신 현상에 작용함으로써 통증을 예방하는, 약어로 P.P.O. 법이라고 말하는 '라마즈 분만법'을 창안했다.

몇 년 안에 리드 박사의 가르침과 라마즈 박사의 가르침이 널리 보급되고 결합되었다. 의사들은 계속해서 P.P.O.라고 말하지만, 일반인들은 '무통 분만'이라는 더욱 매력적인 명칭을 찾아냈다.

무통 분만은 일종의 진정한 혁명이라 할 수 있다. 그것은 출산이 더 이상 무작정 감내할 수밖에 없는 고통인 채로 남아 있지 않게 했으며, 출산에 대해 알면 알수록 훨씬 익숙하게 된다는 것을 알게 했다. 또한 훈련을 통해 출산의 분위기를 변화시킬 수 있다는 것을 입증했다.

무통 분만법은 점차 더 간단하고 정확하게 '출산 준비법'이라고 불리게 되었다. 오늘날 산부인과 병원들은 모두 이 출산 준비법을 권한다. 우리는 이 장에서 출산 준비법의 원칙을 알게 될 것이다. 그리고 다음 장에서는 그 수련에 대해 더욱 상세하게 알게 될 것이다. 또한 현재 권장되고 있는 요가와 촉진법 등 다른 방법들도 알 수 있다.

● 통증 없이 아기를 낳는 '출산 준비법'

출산 준비법은 먼저 임신부에게 임신, 출산과 관련되어 반드시 알아야 할 기초 지식, 즉 생식기에서부터 생리 주기에 관한 것, 난자의 발육, 수태에서 출산까지의 전과정에 대한 지식을 가르쳐 주는 것으로 시작된다.

이어서 임신부는 분만이 어떻게 진행되는지, 분만을 예고하는 신호는 무엇인지 알아야 하고, 분만의 세 단계, 즉 자궁의 벌어짐, 아기의 출생, 태반 배출을 알아야 한다. 대개 한 번의 강좌는 임신 기간 동안의 식이요법과 일상 생활에 할애된다. 그 다음에 출산 준비법은 다음과 같은 일련의 신체 단련법으로 이루어진다.

▶ 분만시 필요한 다양한 호흡법을 익힌다.

▶ 특별히 힘을 들여야 할 근육들을 단련시킨다.

▶ 수축과 수축 사이에 최대한으로 휴식할 수 있도록 긴장을 풀고 이완하는 습관을 가지도록 한다.

출산을 앞둔 여성들간의 대화와 최근 아기를 낳은 부모들과의 대화, 그리고 출산에 관한 영화 상영도 준비되곤 한다. 출산 준비법을 책임진 의료진은 신뢰감을 넓혀갈 수 있어야 한다. 의료진과 임신부의 상호 신뢰가 출산 준비법의 중요한 기본 요소 중

하나이다.

어떤 산부인과에서는 의사와 조산사들이 '임신부 수련 그룹' 강좌를 열기도 한다. 이 그룹 속에서 임신부들은 자유롭게 자기 의사를 표현하고 불안과 두려움에 대해 말한다.

예비 어머니에게는 자신을 사로잡고 있는 문제를 솔직히 표현하는 것이 긴장을 풀어 주는 중요한 요소가 된다. 출산 준비법 강좌 중에 임신부들은 분만실을 방문하여 다소 신비스럽기까지 한 장소와 친숙해지고 여러 기구들을 가까이에서 관찰한다. 출산 준비법 강좌는 8회에 걸쳐 이루어진다. 이 강좌에는 아버지도 참여할 수 있다.

출산 준비법의 이점은 물론 상당히 많다. 그러나 일부의 견해에 따르면 항상 그런 것은 아니다. 강좌의 횟수가 너무 적거나 너무 늦게 시작되면 몇 가지 신체 단련이나 교실에서의 이론 강연, 슬라이드나 영화 관람 정도로 그치는 경우가 많다.

또한 어느 나라에서는 출산 준비법이 초음파 검진이나 경막외 마취 같은 산부인과적 기술보다 가치를 평가받지 못하기도 한다.

다음과 같은 비판도 있다. 출산 준비법 자체만으로는 순산을 보증할 수 없고, 그것을 시행하는 병원에서 충분한 도움을 주어야 한다는 것이다. 물론 긴장을 풀고 신뢰의 분위기를 만들기 위해서는 꼭 그렇게 해야겠지만 그런 서비스가 언제나 잘 갖추어져 있는 것은 아니다.

그렇다면 출산 준비법 과정에 등록하고자 할 때 어떤 병원을 택해야 하나? 등록을 하기 전에 먼저 병원에 대해 알아보아야 한다. 마취의 가능성이나 아버지의 참여 같은 것들이다.

또한 그 병원의 출산 준비법 과정에 대해서도 문의해 보아야 한다. 그 병원의 준비 과정을 이수했거나 그 병원에서 분만을 했던 산모들에게 의논을 해 보는 것도 좋다.

아기를 낳을 병원에서 출산 준비법 강좌를 들어야 하는가 · · · 원칙적으로 출산 준비법 강좌를 통해 임신부는 조산사들을 알게 되고, 건물을 살펴볼 수 있으며, 병원에 대한 특별한 정보, 즉 아기를 위해 옷과 이불을 가져와야 하는가, 경막외 마취를 하는가, 야간 출입문이 어디에 있는가, 등등 필요한 세부 사항들을 들을 수 있으므로 그렇게 하는 것이 좋다. 그러나 반드시 그렇게 해야 하는 것은 아니다.

만약 그 병원의 강좌가 그다지 효과적이지 않다고 생각되거나 진행 일정이 자신에게 맞지 않거나, 혹은 다른 이유가 있을 경우에는 다른 곳에서 준비 과정을 이수해도 된다. 또한 선택한 병원에서 4회 혹은 6회의 강좌만을 제안하면 더 보충할 수도 있다.

제 14 장
출산 준비법

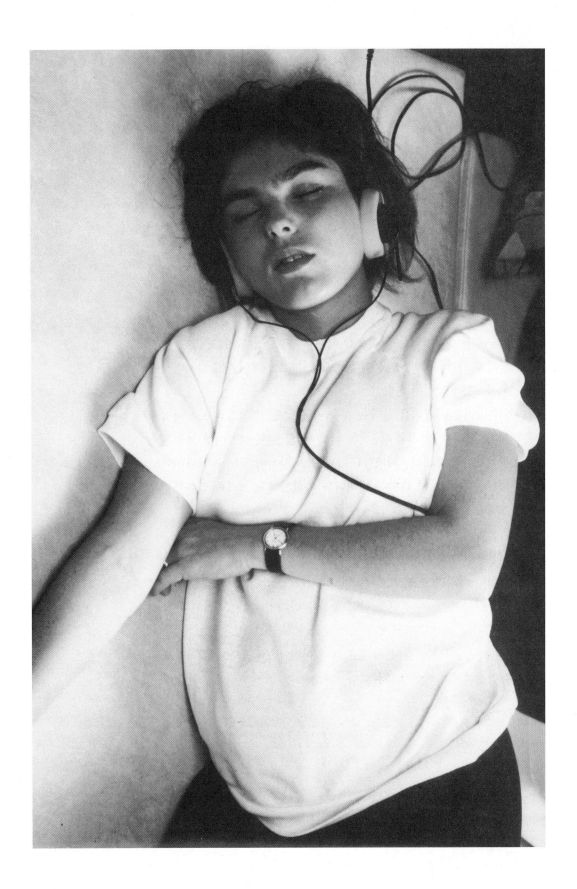

출산 준비는 어떻게 해야 하나? 이 책의 목적은 임신부가 아기를 잘 받아들이고, 아기가 무사히 세상에 태어나게 하는 것이다. 그러기 위해서는 무엇보다도 먼저 분만이 어떻게 진행되는가에 대해 알아야 한다.

특히 초산일 경우 대개는 세부적인 것들에 대해 아는 바가 거의 없는 법이다. 이 책에서는 비교적 상세히 설명하려고 애를 썼으므로 여러 번 주의 깊게 읽어 보라.

그래도 여전히 모든 것이 분명하지는 않겠지만 그럴더라도 반복해서 읽다 보면 몰랐던 것과 좀 친숙해질 수 있다. 그렇게 해서 '두려움을 낳는 무지' 와 '병을 만드는 두려움' 의 악순환을 피해야 한다. 신경을 옥죄고 근육을 수축시키는 두려움을 이겨야 한다. 잘 알지 못할 때 두려움을 갖게 되며, 두려움 때문에 통증을 느끼고 신경이 예민해지면서 위축된다는 것을 알아야 한다.

아기를 받아들일 준비를 한다는 것은 아홉 달 동안 점진적으로 아기에 대해 알아 가는 것이다. 제5장을 읽고 난 임신부는 더 이상 아기를 낯설게 여기지 않으리라 생각된다. 아기 또한 시간이 지날수록 어머니와 친숙해진다. 아기가 태어나 어머니와 아버지의 목소리를 알아듣는 데서 그것이 증명된다.

이제 신체적 훈련에 대해 알아보자.

신체적 훈련은 흔히 사람들이 생각하는 것처럼 출산 준비의 핵심을 이루는 것이 아니라 보조적인 것이다. 하지만 임신 기간 동안 좋은 컨디션을 유지하기 위해, 원인을 알고 출산에 임하기 위해, 그리고 긴장을 푸는 습관을 가지기 위해 반드시 필요하다.

이는 매우 가치있는 것이다. 앞으로 일어날 일을 안다고 할지라도 약간은 긴장하게 마련이기 때문이다.

● 출산에 대비한 신체적인 준비

세 가지 훈련이 있다. 하나는 호흡법이고, 또 하나는 분만을 하는 동안 중요한 역할을 할 근육을 유연하게 하는 훈련이며, 다른 하나는 근육 이완법이다.

꼭 임신 6개월까지 기다려 이 훈련을 시작할 필요는 없다. 이 훈련은 임신 진행을 수월하게 하면서 출산을 준비하고, 몸매를 빨리 회복시키기 위한 것이다. 규칙적인 훈련을 통해 근육의 긴장과 탄성을 유지시킬 수 있다.

처음에는 각 동작을 하루에 두세 번만 연습해 본다. 연습은 서서히 해야 하며, 특히 지칠 정도로 해서는 안 된다.

또한 규칙적으로 해야 한다. 이틀에 한 번 20분씩 하는 것보다 매일 10분씩 하는 것이 훨씬 효과적이다. 마지막으로 천천히, 침착하게 운동하는 것이 좋다.

호흡 훈련과 근육 훈련을 번갈아가면서 하는 것이 좋으며, 통풍이 잘 되는 방에서 운동을 하고, 날씨가 괜찮으면 창문을 활짝 열어 두는 것이 좋다. 연습을 하기 위해서는 자신에게 가장 적합한 시간을 택한다. 단, 식후 소화되는 시간은 피한다. 지시된 모든 동작을 할 시간이 없다면 호흡 훈련과 이완법만 해도 좋다. 임신 진행이나 분만을 위해 가장 중요한 훈련이기 때문이다.

이 훈련을 할 수 없을 경우에는 어떻게 되는가? 앞장에서 소개한 리드 박사의 말을 한 번 더 들어 보자.

"이 훈련의 가장 주된 이점은 임신 기간 중에 최적의 컨디션을 유지하게 하며, 출산에 올바른 호흡법과 알맞게 긴장을 푸는 법을 가르친다는 것이다. 그러나 아무런 훈련을 하지 못했더라도, 어떻게 분만이 진행되는지를 잘 알고 있는 임신부는, 육상 선수 같은 몸을 가졌지만 출산에 대해 아무것도 모르는 임신부보다 훨씬 쉽게 아기를 낳을 수 있을 것이다. 스포츠 기록을 내기 위해서가 아니라, 출산에 이로운 신체 상태를 가지기 위하여 훈련을 하는 것이기 때문이다."

이 훈련을 통해 출산에 대비할 수 있게 된다. 출산 준비법 강좌를 들을 경우, 강좌에 따라 약간의 차이는 있지만 임신부는 그곳에서 실시하는 훈련을 통해 쉽게 그 동작들을 반복하다가, 이어서 자신에게 맞는 훈련을 시작할 수 있게 될 것이다.

● 호흡 훈련

호흡 훈련은 분만을 하는 동안 자궁이 벌어지는 단계에서부터 아기가 나오는 단계까지 내내 이용된다. 임신부는 넉 달째부터 출산 때까지 이 훈련을 할 수 있다. 게다가 이를 통해 편안하게 긴장을 풀 수 있다. 임신부들이 누워서, 무릎을 세우거나 또는 의자 위에 다리를 올려놓고 약간 벌린 채 이 훈련을 하도록 권한다. 혹은 처음에 책상다리를 하고 앉아서 하는 것이 더 쉽다면 그렇게 해도 좋다.

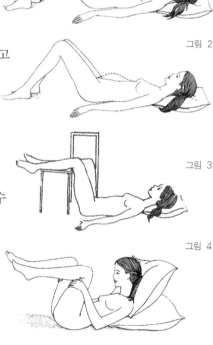

그림 1

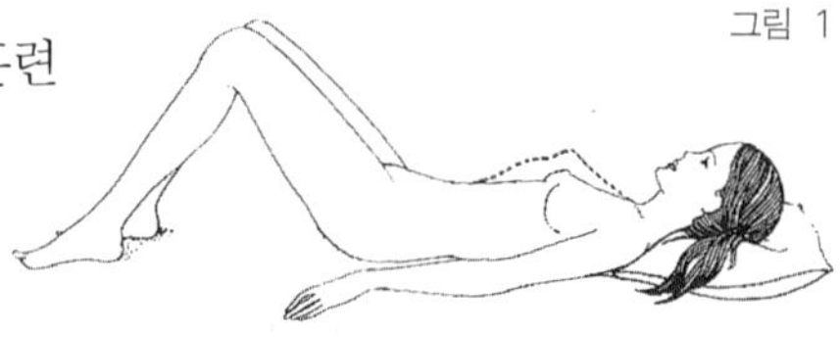

그림 2

그림 3

그림 4

보통 때 사람들은 자신이 어떻게 호흡을 하고 있는지 그 방식에 별로 주의를 기울이지 않는다. 그저 가슴이나 배가 따로따로 약간 올라가거나 혹은 함께 올라가고 감기에 걸리지 않았다면 입을 다물고 코로 호흡한다는 것을 알 뿐이다.

다음과 같이 하면 호흡하는 방식을 의식할 수 있다. 눕든 앉든 편안하게 자리를 잡는다. 그리고 한 손은 가슴 위에, 다른 한 손은 배 위에 올려놓고 자연스럽게 호흡을 할 때 배나 가슴 어느 쪽이 더 많이 들어올려지는지, 자신의 자연스러운 호흡이 가슴으로 하는 흉식인지 배로 하는 복식인지, 혹은 둘 다인지를 살펴본다. 그런 다음 처음에는 가슴으로 하는 흉식 호흡만 연습하는 것이 좋다.

• **흉식 호흡(그림 1 또는 3)** : 연습을 시작하기 전에 깊게 숨을 내쉰다. 이어서 숨을 들이쉬면서 가슴을 부풀린다. 늑골이 벌어지면서

폐가 한껏 팽창하고 횡격막이 낮아진다. 이어서 천천히 숨을 내쉬면 가슴과 늑골이 제자리로 돌아온다.

그 다음 배로 하는 복식 호흡(그림 2 또는 3)만 연습해 보자. 숨을 들이쉬면서 가슴은 거의 움직이지 않고 배를 천천히 부풀린다. 배를 차츰차츰 최대한으로 밀어넣으면서 숨을 내뱉는다.

이 두 가지 호흡법, 흉식 호흡과 복식 호흡을 분리시키는 것이 중요하다. 왜냐 하면 분만을 하는 동안 가장 유용하게 쓰이는 것은 숙달된 흉식 호흡이기 때문이다. 실제로 흉식 호흡부터 시작해야 숨을 멈추는 호흡 차단, 얕은 호흡, 헐떡거리는 호흡을 할 수 있게 된다. 완전 호흡은 두 가지 호흡법, 흉식 호흡과 복식 호흡을 혼합시킨 것이다.

• **호흡 차단** : 깊이 숨을 들이쉰다. 숨을 최고로 들이마셨을 때, 숨을 멈추고 머릿속으로 5까지 세고 난 후 입으로 공기를 내뱉는다. 점차 10, 20 혹은 30까지 셀 수 있게 될 것이다. 다시 말해 30초 동안 호흡을 멈출 수 있게 된다. 이 호흡 차단은 분만의 마지막 단계에서 도움이 된다.

• **얕은 호흡** : 숨을 들이쉬고 이어서 소리나지 않게, 가볍고 빠르게 숨을 내쉰다. 가슴의 윗부분만 움직이고, 배는 거의 움직이지 않은 채 가만히 둔다. 이 호흡은 아주 규칙적으로 해야 한다. 그러므로 숨을 들이쉬는 시간이 숨을 내쉬는 시간과 같도록 주의한다. 10초, 20초, 30초로 점점 오랫동안 얕은 호흡을 빨리 할 수 있도록 연습한다.

임신 말기에 이 얕은 호흡을 거의 60초 동안 할 수 있게 될 것이다. 그러나 이 빠른 호흡이 불규칙적이면 안 된다. 차츰차츰 강하게 호흡하는 것이 문제가 아니라 오랫동안 같은 리듬으로 규칙적으로 호흡하는 것이 중요하다. 2초에 한 번 정도 호흡해야 한다.

눈을 감고 연습을 하면 더 잘할 수 있을 것이다. 조산사들은 이 호흡법을 입을 다물거나 벌리고 연습하도록 권한다. 연습하다 보면 어떻게 하는 것이 자기 자신에게 가장 쉬운지 알게 될 것이다. 이 얕은 호흡법은

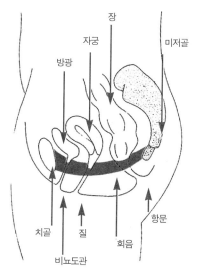

회음부의 구조

장
자궁
미저골
방광
치골 질 회음
비뇨도관
항문

자궁 확장기에 일어나는 강한 수축에 많은 도움이 될 것이다.

　• **헐떡거리는 짧은 호흡(숨을 내쉬는 호흡)** : 이번에는 호흡의 리듬이 빨라져야 한다. 거의 일 초에 한 번 호흡을 한다. 입은 반쯤 벌리고 숨을 들이쉬고 내쉰다. 짧은 호흡을 점차 30초, 45초, 이어서 60초 동안 계속할 수 있도록 훈련을 한다.

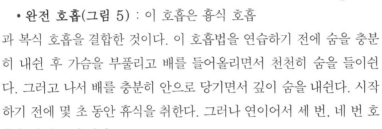

그림 5

　이 짧은 호흡은 임신부가 힘주고 싶을 때와 그것을 참아야 할 때 유용하게 쓰인다. 다시 말해 자궁이 벌어지는 끝무렵과 아기가 나오는 끝무렵에 효과적이다.

　• **완전 호흡(그림 5)** : 이 호흡은 흉식 호흡과 복식 호흡을 결합한 것이다. 이 호흡법을 연습하기 전에 숨을 충분히 내쉰 후 가슴을 부풀리고 배를 들어올리면서 천천히 숨을 들이쉰다. 그리고 나서 배를 충분히 안으로 당기면서 깊이 숨을 내쉰다. 시작하기 전에 몇 초 동안 휴식을 취한다. 그러나 연이어서 세 번, 네 번 호흡을 해서는 안 된다.

　완전 호흡은 폐로 공기를 최대한 흡입하는 것이므로 때때로 현기증과 손이 저리는 느낌을 일으킬 수도 있다. 근육의 경련 발작 증상이다. 이는 다른 호흡에서도 훈련이 지나칠 경우 일어날 수 있다. 이 증상은 임신부를 매우 불안하게 하므로 불쾌감을 주기는 하지만, 심각한 것은 아니다. 호흡의 강도를 줄이면 이 증상은 몇 분 안에 사라진다.

　등을 대고 누워서(그림 3), 혹은 책상다리를 하고 앉은 자세로(그림 7) 자궁이 수축되어 벌어질 때처럼 완전 호흡, 몇 번에 걸친 짧은 얕은 호흡, 또 완전 호흡을 연달아서 한다.

　이같은 여러 호흡법에 숙달이 되면 아기가 나올 때 취할 자세를 잡아 본다. 즉 그림 4에 지시된 대로 쿠션에 기대어 등을 일으키고 다리를 구부려 세운 채 허벅지를 벌린다.

　이 자세로 다음과 같은 훈련에 익숙해지게 한다. 아기를 잘 밀어내게 하도록 호흡을 차단시켰다가 이어서 곧바로 아기의 배출을 막아 주도록 짧은 호흡을 한다. 아기를 밀어내고 싶어서 힘을 주고 난 뒤 갑자기 아기의 머리가 보이면 조산사가 "이제 힘주지 마세요, 그만"이라고 말할 것이기 때문이다.

실제로 이 상황은 이렇게 표현될 수 있다. '숨을 들이쉬고 멈추고, 힘주고 힘주고 힘주고.' 이어서 곧바로 '힘주지 말고, 입을 벌리고 숨을 들이쉬고, 다시 내쉬고, 들이쉬고, 내쉬고 ….' 그런데 호흡 차단에서 짧은 호흡으로 넘어가는 것이 쉽지 않다. 이 때문에 훈련을 하는 것이다. 각 호흡법을 연습하고 난 후 완전 호흡을 하며 휴식을 취한다.

● 근육 훈련

이 훈련은 임신 넉 달째부터 일곱 달 사이에 해야 한다.

허벅지 근육의 이완과 골반 관절의 유연성

그림 6

▶ 그림 6 : 그림에서와 같이 쭈그리고 앉는다. 처음에는 발을 바닥에 평평하게 유지시키기가 힘이 들고, 장딴지와 허벅지의 근육이 고통스럽게 팽팽히 당겨지는 것을 느끼게 될 것이다. 지나치게 오래 할 필요는 없다. 며칠이면 별 어려움 없이 할 수 있기 때문이다.

몸을 굽혀야 할 때마다 앞으로 몸을 숙이는 대신에 이 자세를 취하는 데에 익숙해지도록 해야 한다. 벌어진 무릎을 추켜세우고 등을 곧게 하는 법을 익히고 특히 상체를 뒤로 젖히지 않도록 해야 한다.

그림 7

▶ 그림 7 : 그림에서처럼 발뒤꿈치를 엉덩이 밑에 넣고 무릎이 바닥에서 떨어지게 하여 책상다리를 하고 앉는다. 등이 곧게 되도록 해야 한다. 처음에는 금방 지칠 것이다. 휴식을 취하려면 다리를 앞으로 쭉 뻗는다. 허벅지 근육을 이완시키고 골반 관절을 유연하게 하는 데에 도움이 되는 이 자세에 익숙해지면, 뜨개질을 하거나 책을 읽을 때도 이 자세를 취하도록 한다.

회음부의 탄력성 · · ·회음부는 분만을 하는 동안 강한 긴장을 지속해야 하는 근육이다. 먼저 회음부의 정확한 구조를 알고 있어야 하며, 그 다음에 회음부를 강화시키고 유연하게 하기 위한 훈련을 한다.

이렇게 해서 임신부는 회음부의 상황을 의식할 수 있게 된다. 방광을 비우고 싶은 욕구를 느낄 때 수축시켜 그러한 욕구를 저지해 보고, 대변을 보고 싶을 때도 마찬가지로 한다. 앞뒤로 수축시킨 근육은 회음부를 단련시킨다. 임신부는 바로 이 근육들을 유연하게 만들어야 한  다. 이를 위해서는 비뇨관을 막는 근육과 직장을 막는 근육을 동시에 수축시켜야 한다.

그림 8

다음은 회음부를 강화시키고 유연하게 하기 위한 훈련이다.

▶ 그림 8 : 앉아서 몸을 앞으로 약간 숙이고 양무릎을 벌린 채 팔뚝과 팔꿈치를 허벅지 위에 올려 준다. 천천히, 부드럽게 회음부를 수축시킨 후 몇 초 동안 수축시킨 채로 있다가 두 배의 시간에 걸쳐 풀어준다.

이 훈련은 서서 해도 되고 앉아서 해도 되며, 하루에 두세 번씩 12번 반복할 수 있다. 분만 때까지 별 어려움 없이 움직일 수 있을 것이다.

회음부의 근육을 잘 발달시키려면 확실하게 힘을 들여서, 매번 적어도 5초는 유지되도록 훈련을 해야 한다. 이미 조금씩 '소변이 흐르는 증세'가 있었다면 조심스럽게 탈이 없도록 훈련을 해야 한다.

이러한 훈련은 지루할 수도 있다. 그러나 매우 유용하므로 훈련을 하는 수고의 대가는 충분히 주어진다. 탄력 있는 회음부는 출산을 더욱 용이하게 하며, 특히 그 후에 요실금 같은 비뇨기의 문제도 덜 발생하게 된다. 이 때문에 이 훈련법은 출산 후에도 적극 권장된다.

복부 근육 · · · 흔히 다리와 몸통을 동원하는 고전적인 복부 근육 훈련법은 권하고 싶지 않다. 이 훈련이 복부의 내벽을 늘어나게 하고, 직장 탈수와 요실금 증상을 일으킬 위험이 있기 때문이다.

그림 9　　　　　그림 10

그러나 아랫배를 잡아당기는 훈련은 복부 근육의 조직을 좋은 상태로 유지시키고 배출을 용이하게 하며 출산 후 불룩한 배를 빨리 평평하게 복원시킨다. 이 훈련은 또한 배 아랫부분의 둔중한 느낌을 감소시키고 변비 문제를 개선시킨다.

훈련은 다음과 같이 한다. 깊게 숨을 들이쉬었다가 내쉬면서 배를 약 10초 동안 잡아당기고 쉰다. 이어서 이 동작

그림 11　　　　　　　　　　　그림 12

을 다시 시작한다. 하루에 몇 번에 걸쳐 한다.

요통을 방지하는 골반 시소 운동 · · · 아기가 성장함에 따라 아기의 무게 때문에 점점 상반신이 뒤로 젖혀지고, 허리 부분에 지속적인 긴장이 느껴지게 된다. 이것이 모든 임신부가 호소하는 등과 허리 통증의 주요 원인이다. 통증을 덜기 위해 골반을 상하로 움직이면서 반대로 몸을 휘게 하는 동작을 해야 한다.

▶ 첫번째 : 그림 9에 나온 대로 서서 배를 앞으로 내밀고 허리가 들어가게 해서 왼손을 배 위에, 오른손을 엉덩이 위에 올려놓는다. 숨을 들이쉰다.

▶ 두 번째 : 그림 10. 천천히 점차 복부 근육을 수축시키고 엉덩이를 앞으로, 밑으로 밀면서 조인다. 숨을 내쉰다. 이 동작을 잘 하기 위해서는 힘을 주면서 오른손을 아래로, 왼손을 위로 뻗는다. 이렇게 해서 강제로 골반을 상하로 흔들리게 할 수 있을 것이다. 정확하게 동작을 할 수 있게 되면 더 이상 손의 도움이 필요 없게 된다.

이제 같은 동작을 기는 자세로 해 보자. 팔을 수직으로 뻗고 양손을 30cm 간격을 두고 벌리며, 허벅지도 똑같이 수직으로 세우고 무릎을 20cm 정도 벌린다.

▶ 첫번째 : 그림 11. 등을 가볍게 밀어넣고 머리를 꼿꼿이 세우고 엉덩이를 가능한 한 높이 들어올린다. 이 동작을 통해 배를 이완시키면서 숨을 들이쉰다.

그림 13　　　　　　　　　　　그림 14

▶ 두 번째 : 그림 12. 등을 고양이처럼 위로 휘게 하고 배를 수축시키며 엉덩이를 바닥으로 내리면서 최대한 조인다. 그리고 머리를 두 팔 사이로 가볍게 숙인다. 이 동작을 하면서 숨을 내쉰다.

골반 시소 운동은 반듯하게 누워서(그림 13, 14) 할 수도 있다. 등을 대고 누운 채 무릎을 세우고 골반을 교대로 움직여 바닥에 허리 부분을 붙였다가 뗀다.

경우에 따라서는 한 손이 허리 아래를 스치게 하면서 조정을 한다. 강하게 수축시키거나 유연하게 만들기보다 오히려 사용되는 근육의 감각을 느끼고 동작을 부드럽게 하는 것이 중요하다.

골반 시소 운동은 매우 중요하다.[1] 이 운동은 지치지 않고 매력적인 임신을 유지하게 할 뿐만 아니라, 골반과 척추 관절을 유연하게 하고 복부 근육이 늘어나는 것을 방지해 준다. 서서 여섯 번, 기는 자세로 여섯 번, 누워서 여섯 번 이 운동을 천천히 연습한다.

예쁜 가슴을 간직하기 위해서 · · · 무엇보다도 어깨를 뒤로 고정시킨 채 곧은 자세를 유지해야 한다. 다음에 규칙적으로 가슴을 받쳐주는 근육을 훈련시켜야 한다.

▶ 첫번째 훈련 : 그림 15. 팔꿈치를 어깨 높이까지 들어올리고 손가락을 벌린 채 손은 손가락의 첫번째 관절까지 맞댄다. 그리고 양손에 최대한 힘을 주어 서로 밀친다. 힘주기를 멈춘다. 그러나 양손을 떼지 않고 팔꿈치를 내린다. 이 동작을 다시 처음부터 시작한다. 10회 반복.

▶ 두 번째 훈련 : 팔을 수평으로 들어올렸다가 가능한 한 뒤로 멀리 떨어뜨리면서 뻗친다. 다시 몸통을 따라서 팔을 제자리로 가져온다. 10회 반복.

▶ 세 번째 훈련 : 팔을 수평으로 뻗어 가능한 한 크게 완전한 원을 그린다. 10회 반복.

● 이완법-긴장 풀기

이 훈련은 임신 4개월에 시작해서 출산 때까지 계속해야 한다. 이완을 한다는 것, 다시 말해 신체적, 정신적으로 완전하게 긴장을

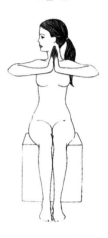

그림 15

1) 촉진에 의한 태아 진단법에서는 골반 시소 운동에 대해 언급하지 않고 중심잡기에 대해 이야기 한다. 목적은 동일하지만 — 뱃속의 아기를 편안하게 지탱할 수 있게 하는 것 — 이 경우 촉진에 의한 태아 진단법의 기본 원칙인 정서 반응을 일으키는 촉진에 의거하기 때문에 그 방법이 다르다.

푼다는 것은 쉬운 일이 아니다.

성공적으로 이 훈련을 하기 위해서는 먼저 조용하고 평온한 분위기를 만들어야 한다. 숙달이 되면 다소 분위기가 어수선하더라도 긴장을 풀 수 있게 될 것이다.

그러므로 처음에는 소음을 피하기 위해 방문과 창문을 닫는 것이 좋다. 커튼도 친다. 너무 강한 빛은 이완을 방해한다. 또한 방광을 비우도록 한다. 그렇지 않으면 회음부의 근육을 적절하게 이완시킬 수 없다. 안경을 끼고 있다면 벗도록 한다. 다음에 매트가 너무 푹신하지만 않으면 침대에 누워도 좋고 맨바닥에 담요를 깔고 누워도 된다.

그림이 가리키는 대로 신체의 모든 부분이 잘 받쳐지도록, 또한 이같은 자세를 지속하는 데에 힘이 들지 않도록 쿠션으로 받친다. 머리 밑에 하나, 무릎 아래에 하나, 발을 받치는 데 하나.

이제 하게 될 훈련은 신체의 모든 근육을 동시에 이완시키는 것을 목적으로 한다. 그렇게 하기 위해서는 무엇보다도 근육의 수축과 이완의 차이를 이해해야 한다. 이를 위해 먼저 신체의 여러 근육들을 차례차례로 수축시켰다가 이어서 이완시킨다. 자신이 하고 있는 일에 정신을 집중해야 하며 아주 천천히 각 동작을 해 본다.

먼저 오른손부터 시작한다. 경련이 일어나지 않을 정도로 주먹을 쥔다. 몇 초 동안 긴장을 유지한 채 그대로 있다가 조금씩 조금씩 손을 느슨하게 한다. 이번에는 팔의 근육을 천천히 수축시킨다. 몇 초 동안 긴장을 유지하다가 천천히 힘을 푼다.

왼쪽 손과 왼쪽 팔에도 똑같은 동작을 한다. 그리고 다음에는 다리로 넘어간다. 발가락, 장딴지, 허벅지의 근육을 연속적으로 수축시켰다가 이완시킨다. 근육의 수축과 이완을 잘 구분할 수 있도록 매번 수축을 몇 초 동안 유지시켜야 한다.

수축을 할 때는 항상 숨을 들이쉬고 이완을 할 때는 숨을 내쉰다. 이
제 팔다리에서 신체의 다른 부분으로 옮겨간다. 엉덩이, 배, 회음부 등
의 근육을 수축시킨다. 얼굴이 마지막이다.

얼굴은 60개 가량의 근육을 가지고 있기 때문에 처음에는 안면 근육
을 완전히 이완시키는 데에 매우 힘이 들 것이다. 따라서 처음에는 동
시에 안면 근육 전부를 수축시키도록 해본다. 눈을 감고 입을 다물고
턱을 꽉 조인다. 이때 이마도 잊어서는 안 된다. 이런 상태로 몇 초
동안 그대로 있는다. 그리고 완전히 긴장을 푼다. 세 번 혹은 네 번
정도 훈련을 반복한다.

이 이완법의 첫단계에서는 이처럼 모든 근육 상태를 인식하는 데에
주력한다.

그리고 다음 단계에서는 신체의 각 부분을 따로따로 이완시키는 훈
련을 한다. 하루는 팔, 다음날은 다리, 그 다음날은 얼굴 등. 아주 작
은 근육들까지 이완시킬 수 있을 때에야 긴장 풀기 요법을 완전히 익
혔다고 할 수 있다. 왜냐 하면 이를 위해서는 모든 근육을 스스로 통
제해야 하기 때문이다. 다음과 같은 테스트를 해 보면 긴장 풀기 요법
을 완전히 익혔는지 확인해 볼 수 있다.

팔을 완전히 이완시킨다. 그리고 나서 누군가에게 팔을 들어올려 달
라고 부탁한다. 만약 어떤 저항도 없이 그가 팔을 들어올린다면, 그리
고 그가 팔을 놓았을 때 팔이 완전히 힘없이 떨어진다면 완벽하게 이
완된 것이다. 발이나 다리도 같은 테스트를 해 본다.

이제는 신체의 모든 근육이 동시에 이완될 수 있도록 해 본다. 세 번
혹은 네 번 심호흡을 하고, 숨을 들이쉬면서 모든 근육, 팔과 다리와
배, 회음부, 얼굴의 근육을 수축시킨다. 이런 상태로 3, 4초 동안 있는
다. 그리고는 숨을 내쉬면서 완전히 근육을 이완시킨다.

얼마 후에 몸의 힘이 완전히 빠지면서 침대 속에 몸이 파묻히는 듯
한 기분이 들 것이다. 완전히 이완이 되면 눈꺼풀이 반쯤 감기고 입이
약간 벌어지면서 턱이 매달려 있는 듯한 기분을 느낄 수 있다. 그리고
차츰차츰 대단히 만족한 상태가 되면서 호흡이 고르게 되고 평온하게
될 것이다. 10분에서 15분 가량 이 상태로 가만히 있는다.

이완법 훈련을 하고 난 후 현기증이 날 위험이 있으므로 갑자기 몸을 일으키지 않는다. 그전에 두세 번 심호흡을 하고 팔과 다리를 쭉 뻗은 후, 일어나 앉는다. 그 다음에 천천히 일어난다.

완전히 긴장을 풀고 이완을 시킬 수 있으려면 분명 며칠이 걸릴 것이다. 그러므로 처음부터 어렵다고 실망할 필요는 없다.

완전한 이완은 상당한 노력을 기울여 집중하지 않으면 얻어질 수 없으므로, 처음에는 하루에 5분씩만 훈련한다. 그러지 않으면 이완을 시키지도 못하고 몹시 지치게 될 것이다. 얼마 후면 매일매일 이완 훈련을 하지 않고서는 지낼 수 없으며, 특히 임신으로 인해 다소 예민해질 때 스스로 휴식을 취할 수 있을 것이다.

이완 훈련이 처음에 너무 지겹게 느껴진다 하더라도 이 훈련 대신 15분 정도 잠을 보충하는 것이 더 낫다고 생각해서는 안 된다. 수면은 심신의 완전한 이완을 의미하지 않는다. 자면서도 팔과 다리를 움직이며 자세를 바꾸고, 걱정거리로 애를 태우기도 하고 꿈을 꾸기도 한다. 이것이 밤의 숙면을 위해 잠들기 전 저녁 시간에 이완 훈련을 하도록 권하는 이유이다. 이완법은 가장 좋은 수면법이다.

그렇지 않다면 훈련을 하고 난 후, 혹은 아침을 먹은 후 15분 가량 잠을 자도록 한다. 여섯 달이나 일곱 달째에, 아기가 자라면서 훨씬 무거워지고 몸이 거추장스럽게 느껴질 때가 되면 등을 대고 편안하게 누워서 자는 것이 힘들게 된다. 그 자세로 호흡하기가 어렵기 때문이다. 이때부터 아기의 무게를 요가 받칠 수 있도록 옆으로 누워 자는 훈련을 해야 한다. 경우에 따라서 오른쪽 무릎 아래에 쿠션을 두어도 좋다.

● 그 밖의 출산 준비법들

가장 많이 권장되는 것이 산부인과의 심리적 준비법이지만 다른 준비법들도 있다. 이 준비들도 통증을 감소시킬 수 있으며, 최소한 산모가 통증에 맞서서 견디게 하는 힘을 준다.

아래 제시된 준비법들은 산모가 몸을 잘 이완시키고 신체를 분만에 대비시키는 방법들이다. 몇 가지 살펴보자.

● 요가

요가는 인도의 산스크리트어로 '결합'을 의미한다. 이 철학의 목표 중 하나는 정신과 물질의 제어, 육신과 영혼의 결합이다. 탄생에 있어서 이 결합은 생명을 잉태하기 위한 남자와 여자의 결합이며, 태어날 아기와의 결합, 탄생의 노력 속에서의 결합이다. 요가로 출산 준비를 시킨 오랜 경험이 있는 베르나데트 드 가스케 박사의 말을 들어 보자.

"요가는 곡예나 신비술이 아니며 비밀스러운 어떤 것도 아니다. 그것은 육체, 즉 '내 몸 속에 살고 있는' 또 다른 육체의 소리를 듣는 것이다. 그 육체에게 자신의 사명을 완수할 수 있는 최선의 기회를 제공하기 위해 육체를 아는 것이다. 다시 말해 여성을 어머니로 만들고 태아를 어린 아기로 만드는 것이다. 그러므로 이 훈련은 오로지 출산에 초점이 맞추어져 있다. 그러나 출산 이전과 분만, 그리고 출산 이후의 신체적 연결을 가능하게 한다."

요가는 어머니의 체형과 아기의 자세에 따라 각 개인에게 맞는 훈련을 요구한다. 가령 키가 145 cm인 임신부와 키가 175 cm인 임신부의 자궁 높이가 같다고 하자. 몇몇 자세는 전자에게는 좋지만 후자에게는 좋지 않을 것이다.

어떤 아기들은 자궁 속에서 등을 오른쪽에 두고 있다. 대개 이런 경우에 임신부들은 등을 대고 반듯하게 누워 있을 수가 없다. 그들에게 맞는 자세가 필요할 것이다.

이 훈련은 언제나 일상 생활과 관련이 있다.

예를 들어 몸을 낮추거나 의자에서 일어나는 일 등. 또한 이 훈련은 신체에 대한 지식과 임신의 물리적인 여러 문제들에 대한 설명이 병행된다.

이 훈련은 필요에 따라 이루어지는데, 어김없이 다루어지는 주제는 다음과 같다. 피로, 불면, 구토, 특히 임신 초기나 말기의 불안 등의 통증, 혈액 순환과 소화에서 나타나는 장애 등이다.

이 훈련이 이런 고통을 즉시 경감시켜 주는 경우도 종종 있다. 그러나 무엇보다도 이러한 훈련을 통해 임신부들은 자기 자신에 관하여, 자신의 신체나 신체를 움직이고 관리하는 방식에 관하여 탐구를 할 수 있게 된다.

이 훈련은 나쁜 동작과 긴장의 원천인 개인의 신체와 자세를 분석하고 고치는 것을 목표로 한 '교육'이다.

어떤 훈련 도식도 주어지지 않으며, 자신의 상태에 따라 각자가 시도하고 체험하고 조정해야 한다. 주어지는 모델은 그에 대한 하나의 제안일 뿐이다.

훈련의 리듬은 호흡과 배의 이완, 아기의 소리를 청취하는 것으로 이루어진다. 아버지도 훈련에 참여해야 한다. 아버지가 참여하면 두 사람 모두 훨씬 더 효과적으로 훈련할 수 있다.

일반적으로 회음부를 자극하고 유연하게 해 주는 두 가지 특별한 방법이 제시된다. 분만과 관련하여 호흡과 어머니의 자세, 집중, '정신 상태'에 대한 훈련이 행해진다.

호흡은 자궁이 벌어지는 동안에 천천히 깊게 한다.

자세는 태위와 시기에 따라 다르다. 임신부의 고통을 덜어 줄 수 있는 방법은 단 하나가 아니라 여러 가지가 있다. 예를 들면 자궁 내에서 아기가 위쪽에 위치할 경우 모체는 몸을 수직으로 세우고 걷고 싶은 욕구를 느낀다.

아기가 나올 때는 숨을 내쉬는 상태로 중단 없이 진행된다. 이 단계에서는 횡격막, 회음부, 복부 근육의 단련, 그에 대한 충분한 지식, 또한 그에 대한 조정 능력이 필수적이다.

아기를 밀어내기 위해 힘을 주는 것은 자궁이 벌어지는 단계만큼 격렬한 고통이 따르지 않으며, 적절한 시기에 이루어질 때 효과적이다. 즉 임신부가 힘을 주어야 할 시기를 분간할 줄 알아야 한다는 말이다.

'정신 상태'는 자신감과 안정, 집중 요인의 결과이다. 이런 점들은 강사가 도와 주어야 할 부분이다.

"출산 후 산모들은 분만 후에 해야 할 훈련을 익히기 위해 다시 병원에 나와야 한다."

베르나데트 드 가스케의 결론이다.

● 출산 전후의 촉진법

최근 몇 년 동안 마사지와 지압을 통한 촉진법에 관심을 갖는 사람들이 늘어나고 있다. 오늘날 많은 부부가 출산 전후 촉진에 의한 준비를 원하고 있다. 아버지 쪽이 더 그런 것 같다. 많은 남녀 독자들이 촉진법에 대한 좀더 자세한 정보를 제공해 달라고 요구하고 있다.

다음은 알베르 골드베르크 박사가 그에 대해 말한 것이다. 골드베르크 박사는 촉진법의 창시자인 프란스 펠트만 교수의 가르침을 받았다. 이들은 둘다 출산 전후 촉진법 교육을 담당하고 있다.[1]

프란스 펠트만의 말을 들어 보자.

"촉진법이란 무엇인가? 그것은 신체 접촉을 통한 심리적 접촉, 다시 말해 피부의 접촉을 통한 정서 반응에 관한 학문이다. 촉진법은 신체 접촉의 중요성을 발견한 데에 기초를 두고 있다. 그것은 객관적인 접촉이 아니라 심리적인 감각의 접촉이다. 사실 '접촉'의 개념은 마사지, 악수, 또는 애무를 설명하는 데에 쓰이는 것과 마찬가지로 의학적인 촉진을 설명하는 데에도 쓰인다. 접촉이 일으키는 심리적 반응에 대해 다음과 같이 말할 수 있다. 손이 누군가를 건드릴 때 그 손은 피부와 신체를 넘어 '말을 하고 있는 것'이라고. 그때 실질적인 만남이 있게 된다. 촉진법은 임신이 진행됨에 따라 부부가 아기의 존재를 발견해 가면서 차츰차츰 생겨나는 부모로서의 감성을 존중한다. 이 감성은 감정적으로 연결된다. 부모와 아기에게 함께 행해지는 출산 전후 촉진법은 어머니와 아버지와 아기의 만남과 그들이 함께 있어 기쁘다는 느낌에 그 초점이 맞추어져 있다."

1) 촉진법을 시행하는 곳은 아직 드물다.

전문가가 시행하는 촉진법 과정은 다음과 같다.

그것은 약 여덟 번의 강좌로 이루어지는데 집단 강의를 피한다. 부부의 사생활을 보장하고 애정을 토대로 한 관계의 개인차를 고려한 작업이기 때문이다.

배우자가 어떤 이유로 참석할 수 없거나, 혹은 부부에게 문제가 있다면 배우자 없이 임신부 혼자만 강좌를 듣는 경우도 있다. 첫번째 강좌는 넉 달 반경, 임신부가 첫 태동을 느꼈을 때 시작한다. 그렇지만 임신 초기에 시작하는 것도 가능하다. 그럴 경우 부부 사이의 애정으로 인한 심리적, 육체적 효과를 높일 수 있을 것이다.

첫시간에는 우선 자궁의 높이를 측정하거나 태아의 위치를 찾기 위해 내진을 한다. 그러면서 누군가 다른 사람이 임신부를 만질 때의 느낌과 아기의 아버지가 임신부의 배 주변에 부드럽게 손을 올려놓거나 임신부 스스로 부드럽게 아기를 쓰다듬는 것과 같은 애정어린 접촉 때의 느낌 사이의 차이를 임신부가 알 수 있도록 동반자가 도와 주어야 한다.

이처럼 친밀한 감정에서 출발하여 부모는 아기가 뱃속에서 움직일 수 있도록 유도할 수 있다. 임신부는 이런 식으로, 가령 아기가 무겁게 느껴질 때면 아기가 좀더 높이 자리잡도록 움직이게 할 능력을 가지게 된다. 첫시간이 끝날 때면 부부에게 집에서도 아기와 이러한 접촉을 가지도록 권한다.

계속 이어지는 강좌에서 부부는 누워서, 그리고 서서 할 수 있는 '동작들' 을 배우게 된다. 그 목적은 어머니가 일상 생활에서 활동을 하는 동안 아기가 편안한 자세를 취하도록 해 주는 것이다. 촉진법에서는 이를 골반 중심 잡기, 또는 감각 연습이라고 부른다. 이런 식으로 회음부 주위의 당김이나 허리의 통증을 없앤다.

여덟 달째부터 임신부는 아기의 하강축을 발견하면서 진통과 분만이 진행되는 동안 자신이 아기와 함께 하리라는 것을 민감하게 느끼게 된다. 지도 강사는 수축이 진행되는 동안 선 자세, 앉은 자세, 또는 누운 자세 중에서 자신에게 가장 유리한 자세를 어떻게 선택할 수 있는지를 가르쳐 줄 것이다.

또한 진통의 여러 단계를 고려하여 부부에게 수축시의 통증에도 불구하고 어떻게 아기와의 관계를 유지할 수 있는지를 알려 줄 것이다. 이것이 고통을 극복할 수 있게 해 준다.

강좌의 마지막 두 시간은 분만에 할애된다. 이때는 힘주기 훈련을 하기보다 다른 것을 가르쳐 준다. 임신부가 자기가 택한 자세에서 출발하여 아기와 함께 있다는 것을 느끼고, 아기가 제대로 활동을 할 수 있도록 도와 주는 방법을 가르쳐 줄 것이다.

마지막 강좌가 끝날 즈음에는 아기를 이 프로그램에 억지로 끌어들이는 것이 아니라 다정하게 참여시킬 수 있을 정도로 부모가 아기의 자세를 잘 감지할 수 있게 될 것이다.

아기가 태어나는 순간 탯줄을 자른 후 만약 아버지가 원한다면, 자신의 손으로 아기를 받는다. 아기를 적절하게 떠받치고 아버지는 아기가 대기중에서 수직 능력을 기르도록 해 준다.

그런 후에 아기를 산모에게 보여주고 엄마의 품에 아기를 뉘어 줄 수 있다. 아기는 이렇게 해서 엄마의 체온, 심장 박동, 음성을 되찾으면서 아주 평온하게 친밀감을 즐길 것이다.

이러한 과정을 거친 아기들을 지켜보면 신뢰와 평온으로 가득 찬 세계가 그들 앞에 열리리라는 것을 확신할 수 있다.

● 정신 집중 효과학

정신 집중 효과학은 일련의 이완요법들을 모아 놓은 것인데, 그 중 일부는 최면 상태와 유사하며 암시 작용을 이용하기도 한다. 정신 집중 효과학으로 출산 준비법을 시행해온 오딜 코텔 베르네드 박사의 말을 들어 보자.

"강좌는 언제나 이른바 정신 집중 상태라는 특별한 의식 상태에 쉽게 도달할 수 있도록 해 주는 정신 집중 시술의와 함께 몸의 긴장을 완전히 푼 상태에서 시작한다. 이런 상태에서 내적인 감각에 정신을 집중시킨 임신부는 외부에서 정신을 흐트러지게 하는 것들을 제거하는 법을 익힌다. 임신부는 이어서 감각의 작용을 변화시킬 수 있다."

오딜 박사의 말을 그대로 따라가보자. 임신부는 이런 방법에 의해 수축을 매우 둔감하게 느낄 수도 있고, 예민하게 느낄 수도 있다. 상상으로 진통을 할 수도 있고 욕조 속에 깊이 잠기는 느낌을 가질 수도 있다. 이를 정신 집중에 의한 감각적 대체라고 부른다.

또 다른 수련은 정신 집중에 의한 점진적인 수용이다. 수련을 하는 동안 의사는 앞으로 펼쳐질 상황을 상세하게 환기시킨다. 분만이 시작

되고, 자궁이 벌어지는 동안 수축이 왔다 사라지기를 거의 실제 상황처럼 상상 체험하며 그때 자궁의 확장을 더욱 편안하게 해 줄 수 있는 태도를 취하고, 마지막으로 힘주기와 아기의 탄생, 그리고 후산이 진행된다. 이같은 경험은 임신부가 출산의 여러 단계에 익숙해질 수 있도록 해 주며 불안을 덜어 준다.

정신 집중 시술의는 임신부가 이런 상황에 몰입하여 상상 속에서 미리 진짜인 것처럼 상황을 겪을 수 있게 하는 충분한 기술이 있어야 한다. 의사는 또한 언제나 출산에 대비한다는 목적하에 가능한 모든 상황을 환기시킬 수 있어야 한다. 순산, 혹은 반대로 오랜 진통 끝의 분만, 야간 분만, 기술적인 면에서의 돌발 사태 등이다. 임신 3~4개월째부터 임신부는 하루에 몇 분 동안 이 훈련을 한다.

출산일에 수축이 시작될 때마다 완전한 이완 상태에 빠져야 한다. 이는 수축의 강도를 감소시키지만, 조산사나 주변 사람과의 의사 소통을 방해하지는 않는다. 이 기법은 산부인과의 정신 집중 교육이라고 불리며, 스페인의 한 교수에 의해 정리되었다.

다른 의사들도 수축시의 통증 제거술로서 정신 집중 효과학을 이용하며, 정신 집중 상태에 쉽게 도달하게 하는 발성을 들려 주거나 헤드폰을 사용한다. 이 방법은 훨씬 더 소극적이다.

요가나 촉진법과 마찬가지로 정신 집중 효과학도 단지 몇 가지 동작을 익히는 것만으로 구성되어 있지는 않으며, 이와 동시에 개인이 겪는 심리적, 육체적 모험이 중요하다.

● 수중 출산 준비법

조산사와 수영 강사에 의해 실시되는 이 준비법은 충분한 이완, 근육 훈련, 호흡 훈련과 같은 몇 가지 이점을 가진다. 또한 이 준비법은 많은 임신부들이 호소하는 몇몇 통증, 가령 등과 골반의 통증, 변비, 정맥류에 대해 상당한 효과를 낼 수 있다.

출산 후 수중 운동 또한 근육과 신체의 회복에 큰 도움이 될 것이다. 물 속에서 함께 집단 운동을 하고 걷는 것을 임신부들이 얼마나 높이 평가하는지는 수중 출산 준비법 강사들이 이미 증명한 바 있다. 마지막으로 임신부용 수영장은 일반적으로 수온이 더 높아야 한다는 것을 말해 둔다.

한 가지 더 말해두자면, 어떤 산부인과에서는 체온과 같은 온도의 물이 담긴 욕조 속에서 자궁이 벌어지도록 하기도 하는데, 정말로 물 속에서 아기를 낳을 수 있다고 생각하는 산부인과 의사는 거의 없다.

● 가짜에 속지 말아야 한다

지금까지 살펴본 것처럼 출산에 대비하는 방법은 여러 가지가 있다. 전통적인 준비법, 요가, 정신 집중 효과학, 촉진법 등. 어느 것을 택할 것인가를 결정하기 전에 의사든 조산사든 공식 자격증을 가진 전문가들에게 반드시 문의해야 한다.

여성과 관련된 다른 분야들, 미용이나 몸매 관련 분야와 마찬가지로 출산 준비 분야에 있어서도 불안과 욕망을 상업적으로 악용하는 경우가 있다. 주름을 제거하고 싶어하는 여성들에게 포장만 그럴듯한 '기적의 크림' 이라는 것을 권하듯이, 출산을 두려워하는 임신부들에게 싼값으로 힘들지 않고 비용도 적게 든다는 준비법을 권하는 것이다.

출산 준비법은 몇 가지 호흡 훈련이나 수영장에서의 이완 운동으로 그치지 않는다. 임신과 출산에 대한 지식과 산부인과 방문, 의사와의 면담 등이 포함한다. 그러므로 준비법을 선택하기 전에 준비법의 수준과 시술요원의 자격에 대해 충분히 알아보아야 한다.

* 의문이나 희망사항을 기록해 두었다가 의사나 경험자에게 이야기합시다

제 15 장
마취 분만

출산 준비법은 통증을 감소시키거나 최소한으로 억제하는 것을 목표로 한다. 통증의 감소나 억제는 사람에 따라 달라서 그 정도를 측정하기 어렵다.

고통을 겪는 것이 쓸모없다고 생각하거나, 겁이 많아서 분만을 극복할 수 없는 것으로 여기거나, 혹은 이전의 출산이 너무 고통스러웠기 때문에 어떤 통증도 겪지 않으려고 하는 사람들이 있다.

이런 욕구에는 미세한 차이가 있다.

▶ 점점 수가 줄어들고 있기는 하지만 아무것도 보려고도 느끼려고도 하지 않고 분만이 진행되는 동안 잠들었다가 깨어나면서 아기가 자기 옆에 놓여 있기를 바라는 경우가 있다. 이들은 전신 마취를 원한다.

▶ 또 다른 경우에는 아기가 탄생하는 것을 보기 위해 의식은 있지만 고통은 느끼지 않기를 원한다. 이들은 경막외 마취에 의지할 것이다.

▶ 처음부터 끝까지 분만을 체험하고자 하므로, 모든 것을 느끼고 보기 위해 마취를 원하지 않는다. 이 경우 통증이 극심하여 필요하면 의약품에 의해 고통을 덜기도 한다.

이러한 요구에 직면하여 통증을 덜 수 있는 여러 가지 가능성을 좀 더 자세히 살펴보기로 하자.

● 경막외 마취

경막외 마취는 통증에 대한 획기적인 진보로서 혁명과도 같은 것이었다. 그것은 현실적으로 오래 전부터 제기되어 온 문제, 즉 고통 없이 아기를 낳을 수 있는가에 대한 유일한 해답이었다.

경막외 마취는 의식이 깨어 있는 채로 통증을 느끼는 하반신만 무감각하게 만든다. 한 마디로 전신 마취의 부작용을 초래하지 않으면서 전신 마취의 이점을 취한 것이다. 이 때문에 경막외 마취는 임신부들에게 신속하게 보급되었다.

하반신 전체를 무감각하게 하기 위해 허리 부근의 척추뼈 두 개 사이에 마취제를 주사한다. 이는 척수막으로 퍼진다. 그 중의 하나가 경막이라 불리며 이 마취법의 명칭은 여기서 유래되었다.

주사는 경막에서 나오는 신경에 작용한다. 이 주사는 국부 마취하에 시술되므로 아프지 않고 여느 주사와 마찬가지로 한 번이면 된다. 정해진 자리에 고정되어 있는 작은 관을 통해 주사함으로써 필요할 때 새로 주사를 놓지 않고 마취제를 재투입할 수가 있다. 마취제를 주사한 후 5분에서 10분이 지나면 통증이 없어진다.

그런데 경막외 마취를 하면 아기가 나올 때 임신부가 힘을 주려는 욕구를 덜 느껴, 이로 인해 자주 겸자 분만을 하게 될 수도 있다는 사실에 주의해야 한다.

그 욕구가 덜 느껴지므로 출산 준비법 강좌를 받아 두는 것이 더욱 더 필요하다. 그리하여 때가 되어 조산사가 힘을 주라고 말하면 임신부는 기억에 의해 힘주기를 할 수 있을 것이다.

경막외 마취는 힘주기를 방해하지는 않지만 스스로 그 욕구를 제대로 느끼지 못하는 것이다. 분만 후 임신부는 여섯 시간이 지나서야 반응 테스트를 위해 몸을 움직이게 되는데 처음에는 부축을 받거나 도움이 필요하다. 경막외 마취에 대해서 임신부들, 특히 초산을 앞둔 임신부들은 다음과 같은 의문들을 가지고 있다.

분만이 진행되는 동안 언제든지 경막외 마취를 할 수 있는가 · · · 그렇지 않다. 너무 일찍 하면 경막외 마취는 수축을 막아 진통을 지연시킬 위험이 있다. 또한 너무 늦게 하면 아기가 나올 때 마취가 소용없게 된다. 가장 좋은 것은 자궁 경부가 2~3cm 가량 벌어졌을 때 마취하는 것이다.

금기 사항이 있는가 · · · 몇 가지 있다. 피부 감염, 현저한 척추의 변형, 사용 마취제에 대한 알레르기, 혈액 응고 장애, 신경 질환 등이 있는 경우는 하면 안 된다. 어떤 징후들은 진통을 하는 동안, 혹은 분만이 진행되는 동안에 나타나기도 한다. 아기가 느끼는 고통, 출혈, 혈압의 변동 등이 그러하다. 경막외 마취는 임신부가 열이 날 때도 금지된다.

경막외 마취는 산모나 아기에게 위험한가 · · · 적절하게 조치되었을 경우 위험하지 않다. 산모의 혈액 속에 아주 소량 퍼지는 국부 마취이기 때문에 아기에게 위험할 것은 없다. 임신부에게는 다음과 같이 사소한 지장이 생길 수 있는 정도이다.

▶ 주사 바늘이 너무 깊이 들어갔을 때 발생하는 현기증과 두통. 이 증상은 2~3일 안에 누그러진다.

▶ 요통.

▶ 다리가 저린 느낌. 이것도 몇 시간 후면 없어진다.

경막외 마취는 분만의 진행에 영향을 미치는가 · · · 일반적으로 경막외 마취는 분만 시간을 단축시키고 분만을 더욱 '쉽게' 해 준다. 아기에게도 도움이 된다. 실제로 임신부들이 너무 불안해하여 진통이 더 이상 진전되지 않을 때 경막외 마취를 하면 자궁 경부가 잘 벌어지고 수축이 조절된다는 것을 확인한 바 있다. 이렇게 하여 출산이 너무 길어지고 오랜 진통으로 아기가 괴로워하는 것을 피할 수 있다.

한편, 분만이 진행되는 동안 갑자기 어떤 조처를 취해야 할 때, 즉 겸자 사용, 인공 분만, 회음 절개나 제왕절개 후 봉합을 할 때 보조 마취제가 필요없다.

그러나 효과를 높이기 위해, 다시 말해 통증을 완전히 제거하고 합병증을 초래하지 않기 위해 경막외 마취는 특별히 훈련을 받은 마취 전문의에 의해 시술되어야 한다. 이러한 전문의들의 수가 점점 늘고 있다. 경막외 마취가 잘 되어 약효가 지속될 경우 산모는 안락함과 평온함을 느끼게 된다.

실제로 체험한 산모들의 평이다. 그리하여 다른 방법으로는 아기를 낳지 않겠다는 산모들도 있다. 경막외 마취의 성공률은 점점 높아지고 있으며, 시술도 늘어나는 추세이다.

모든 임신부들이 경막외 마취를 할 수 있는가 · · · 모든 임신부들은 원한다면 경막외 마취의 혜택을 받을 수 있다.[1] 그러나 일괄적으로 경막외 마취하에 출산이 이루어지는 것이 과연 바람직한가? 실제로 어떤 병원에서는 임신부가 요구하지 않는데도 경막외 마취를 시술한다. 이런 것에는 반대해야 한다.

1) 몇 가지 제한이 있다. 의약적인 금기 징후가 없어야 함은 물론이다. 또한 마취 전문의가 그 병원에 있어야 한다.

 이러한 현상은 우선 출산에 관한 의료 시설의 보급을 강화시키겠지만 불필요한 낭비라는 비판의 대상이 되고 있다.

 다음으로, 임신부들 모두가 다 마취를 요구하지는 않는다. 어떤 이들은 자신이 통증을 견디고 억제할 수 있다고 생각하며, 고통을 겪더라도 출산의 전 과정을 제대로 체험하고자 한다.

 거의 다 경막외 마취로 아기를 낳던 미국이 현재 다시 과거로 되돌아가 임신부들이 고전적인 출산 준비법에 관심을 기울이고 있는 것은 아마도 이 때문일 것이다. '라마즈식 출산 준비법' 이 미국에서는 계속해서 인기를 얻고 있다.

 경막외 마취를 할 수 있다는 것을 임신부가 알고 있다는 사실만으로도 흔히 임신부의 긴장이 완화될 수 있다. 그러나 대부분의 경우 마취를 원하지는 않는다. 임신부들은 자신의 선택이 존중받을 수 있다는, 훨씬 더 소중한 권리를 지켜야 한다.

 반복해서 말하지만 임신과 출산은 각자가 체험하는 것이므로 자연적으로 그것을 극복해 보려는 노력이 중요하다. 남편과 부모, 친구들, 그리고 출산 준비 강좌에서 만난 조산사, 의사 등과 신중하게 의논한 후에 결국은 스스로 결정하는 것이다.

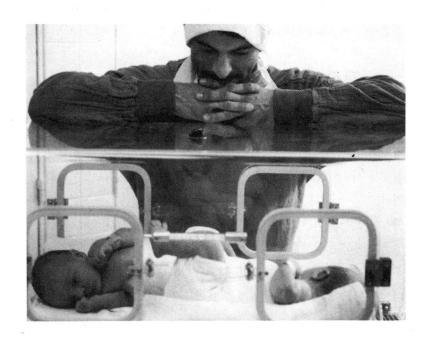

● 척추 마취

이것 역시 경막외 마취와 마찬가지로 하반신의 감각을 마비시키는 이른바 국부 마취이다. 주사는 동일한 장소에, 허리 부근의 두 척추 사이에 놓는다. 그러나 뇌막 주변이 아니라 그 안에 마취제를 주사해야 한다.

기술적으로 척추 마취는 경막외 마취보다 수월하며, 마취제도 적은 양으로 가능하다. 또한 경막외 마취의 효과가 나타나는 데에 15~20분이 걸리는 데 반해, 척추 마취는 거의 주사 즉시 작용한다. 반대로 척추 마취는 혈압 저하 사고를 더 많이 일으킨다. 또한 재주사가 불가능하고 두통, 현기증 등 분만 후 고통이 더 크다. 이 때문에 여전히 경막외 마취가 많이 사용되고 있다.

● 국부 마취

이는 회음부의 근육이나 조금 더 깊게 마취제를 주사하는 것이다. 국부 마취는 임신부에게는 고통을 주지 않고 회음 절개를 하거나 봉합할 수 있게 해 주며 겸자를 사용한다. 그러나 국부 마취는 자궁 수축시의 통증을 완화시키지 못한다.

● 전신 마취

전신 마취는 수술을 할 때처럼 완전히 잠들게 하는 마취이다. 경막외 마취 이전에는 이것이 통증을 거부하는 임신부들에게 보조 마취로서 시술되었다. 현재 전신 마취는 경막외 마취에 금기 징후가 있거나, 진통이 끝나 갈 무렵 긴급하게 마취가 필요할 때, 경막외 마취가 작용할 만큼의 시간적인 여유가 없을 경우에만 시술된다.

전신 마취는 임신부의 입장에서 볼 때 맑은 정신으로 분만을 지켜볼 수 없고, 세상에 태어난 아기의 울음 소리를 듣지 못한다는 단점이 있다. 따라서 아기가 태어나는 것을 보지도 느끼지도 못하고 완전히 잠들었던 임신부는 흔히 출산을 하고 난 뒤 오랫동안, 자기 밖에서 일어난 것 같고 자신이 참여하지 않았다는 인상이 남은 이 일을 재생해 보려고 애를 쓴다.

분만은 임신부가 아홉 달 동안이나 겁을 내면서 초조하게 기다려 왔던 일이며, 수없이 상상해왔던 장면이다. 그러므로 모든 일이 자신도 모르게 진행되었을 때 상실감을 느끼고 결핍을 메우려 드는 것은 당연하다.

이런 경우에 실망하지 않도록 미리 그 현상을 알아두는 것이 좋다. 전신 마취의 이같은 단점은 경막외 마취에 의해 피할 수 있다.

● 허리 반사 요법

이 요법은 아주 가는 바늘로 마지막 늑골과 척추 근육 사이의 한 지점에 증류수 한 방울을 주사하는 것이다. 이 요법은 조산사에 의해 시술될 수 있다.

이는 침술과 유사한 작용에 근거하며, 자궁 수축시의 통증이 허리에서 느껴질 때 이 요법에 대해 관심을 가져 볼 수 있다.

허리 반사 요법은 분만의 고통을 없애지는 않는다. 그러나 많은 경우 허리의 통증을 완화시킬 수 있고, 복부로 느끼는 자궁 수축시의 감각을 대단치 않은 것으로 만들어 줄 수 있다. 다른 몇 가지 침술로도 같은 결과를 얻을 수 있다. 허리 반사 요법은 바늘을 소독하기만 하면 위험할 것이 없다.

● 침술

침술은 프랑스뿐 아니라 세계적으로 대단한 성공을 거두고 있으며, 현재 세계 여러 도시에서 시술이 이루어지고 있다. 침술은 분만을 시작하게 하기 위해서나 통증을 제거하기 위해 사용된다. 일부 의료진들은 침술을 이용하여 제왕절개를 시술하기도 한다. 경우에 따라 고전적인 침술, 또는 전기 충격을 주는 전기 침술에 의존한다.

이 방법은 과연 효과적인가? 아직 침술을 이용한 분만을 시행한 경우가 많지 않기 때문에 대답을 하기가 어렵다. 하지만 이를 지지하는 사람들은 이 요법이 적어도 반 정도만 성공을 하더라도 그만큼 약품 사용을 줄이는 이점이 있다고 말한다.

● 출산 준비법과 마취는 선택의 문제

지금까지 분만의 고통을 줄이거나 없앨 수 있는 여러 가능성에 대해 설명했다. 이제 아마도 어떻게 선택할 것인가, 어느 것으로 결정할 것인가 생각해 보게 될 것이다.

이에 대해 대답하기는 어렵다. 그것은 너무나 개인적인 선택이며, 그 선택은 각자의 생활 방식, 희망, 고통을 견디는 방식, 이전의 경험, 병원이 제시하는 방법, 거주지 등에 따라 다르다.

그러나 한 가지 제안을 하자면 처음에는 최선을 다해 출산을 준비하라는 것이다. 자기 집 근처에 출산 준비법 강좌를 하는 곳이 없다면 앞장을 주의 깊게 읽어 보라. 거기에 좋은 준비법의 기본적인 내용들이 들어 있다.

어쨌든 충분히 준비를 한 임신부는 출산을 위한 최적의 컨디션을 가질 수 있을 것이다. 그리고 때가 되었을 때 자신이 고통을 견딜 수 있는지 없는지 알 수 있게 될 것이다. 예외의 경우는 있다. 실제로 몇 번 일어난 일인데, 출산 준비법이 전혀 성공하지 못한 임신부들도 있다.

임신부가 원하는 것이 무엇이든, 출산 준비법의 수준이 어떤 것이든, 이러한 임신부들에게는 스스로 고통을 이기려는 노력만이 유일한 해결책이라고 할 수 있다.

* 의문이나 희망사항을 기록해 두었다가 의사나 경험자에게 이야기합시다

제 16 장

갓 태어난 아기

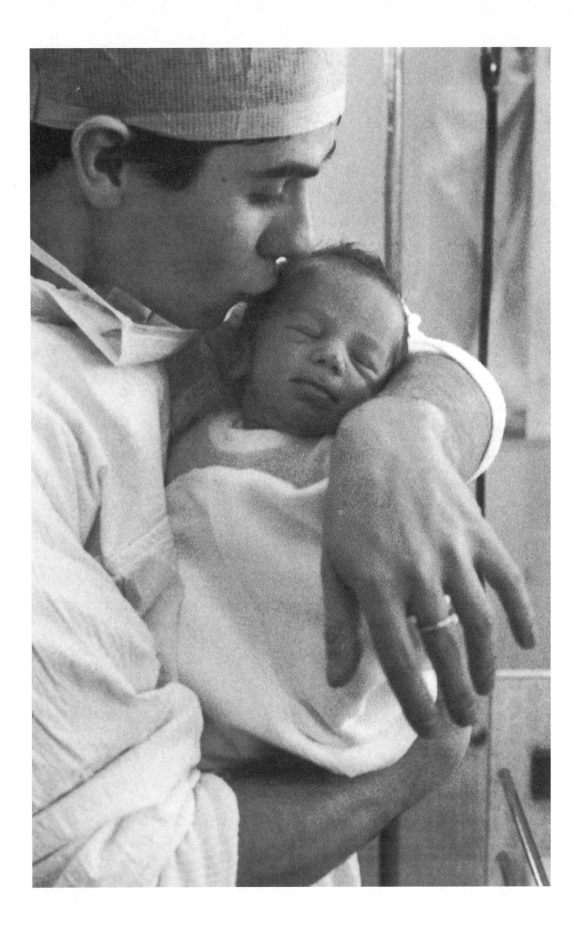

● 아기와의 첫 만남

여러 시간에 걸쳐 진행되는 긴장과 초조, 고통과 피로, 때로는 짜증과 울분까지 겪은 후 새로 태어난 아기에 대한 부모의 첫 반응은 한 마디로 벅찬 감격이며, 그 다음엔 그토록 오랫동안 기다렸던 아기를 마침내 보게 된 안도감이다.

울음을 터뜨리는 사람도 있고, 웃는 사람도 있다. 어떤 사람은 얼굴이 창백해지기도 하고, 어떤 사람은 감동과 기쁨으로 얼굴이 상기되기도 한다.

아기가 태어나면 부모들은 곧장 아기에게 아무 문제가 없는지 확인하려 한다. 의사가 확인을 해 주었는데도 계속 살펴보기도 한다. 때로는 그것이 아기의 성별보다도 더 일차적인 문제인 것 같다. 어쩌면 절반의 경우는 아기의 성별을 미리 알고 있기 때문일 것이다.

부모들이 놀라는 경우도 자주 있다. 새로 태어난 아기가 생각했던 것과 전혀 다른 모습이기 때문이다. 특히 산모는 자기 품에 안겨 있는 아기가 바로 아홉 달 동안 배 안에 들어 있던 그 아기인지 실감하지 못한다.

첫 감격이 지나가면 어머니는 또 다른 놀라움을 느끼게 된다. 몇 달 전부터 아기가 자기 몸 밖으로 나오기를 기다려 왔는데, 막상 아기가 자기에게서 떠나고 나면 공허감을 느끼게 되는 것이다. "배 안이 비어서 이상했다"는 산모는 의외로 많다. 하지만 이러한 공허감은 곧 사라지고 충만감, 성취감으로 바뀌게 마련이다. 바로 내 아기이고, 나는 이 아기의 엄마라는 분명한 사실에 안도감을 느끼게 된다.

아기가 자기 몸을 벗어난 후 당혹스러움을 느끼는 엄마도 있다. 낯선 느낌이 커지고, 아기를 보자마자 모성애를 느낄 것이라 생각했는데 실제로는 그렇지 않기 때문이다. 그러면 불안감에 휩싸이게 되고, 걷잡을 수 없이 책임감이 몰려온다.

"이 아기에게는 내가 필요하다. 그런데 내가 이 아기를 책임질 수 있을까?"

첫아기인 경우 경험 부족 때문에 더욱 불안을 느낄 수 있으며, 그러

T. 베리 브래즐턴. 미국의 소아과 의사로, 신생아에 대한 연구로 세계적으로 유명하다. 특히 그가 쓴 〈아기의 욕망〉 시리즈가 세계적 베스트 셀러가 되어 명성이 높다. 브래즐턴 박사의 연구에 의해 부모와 아기 사이의 상호 작용과 신생아의 능력을 평가하고 인정하게 되었다.

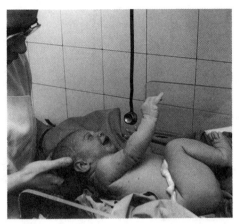

아기를 따뜻한 테이블 위에 누인다.

한 불안은 출산 후의 피로로 가중될 수 있다. 이 러한 놀라움과 흥분은 각기 분리된 감정으로 체험할 수도 있고 반대로 뒤섞일 수도 있는데, 어쨌든 아기를 품에 안는 순간 그러한 감정은 다행스럽게도 사라져 버린다.

아기를 만지고 쓰다듬고 젖을 물리면서 엄마는 다시금 아기와 육체적인 연결을 갖게 되고, 그와 함께 마음의 평화를 되찾는다. 이것은 긴 사랑 이야기가 시작되는 순간이기도 하다. 이 이야기는 하루아침에 씌어지는 것이 아니다. 모성애란 벼락처럼 한눈에 찾아드는 것이 아니며, 아기를 접하면서 천천히 전개되고, 아기와 함께 자라나는 것이다. 이에 관해서는 뒤에 다시 이야기하자.

출산 후에 아버지들이 느끼는 감정도 다양하다. 어떤 사람들은 너무도 당황해서 말도 잘 하지 못한다.

"너무 아름답습니다. 무척 행복하군요."

좀더 다정하게, 벌써 아기에게 말을 건네는 아버지도 있다.

"귀여운 딸아, 드디어 이 세상에 나왔구나."

또 어떤 아버지들은 자기들을 사로잡는 흥분을 이기기 위해 약간의 거리를 유지하려고 하고 때로는 엉뚱한 말을 하기도 한다.

"정말 못생겼군. 쪼글쪼글하고, 이 나이에 벌써 눈 밑이 처졌어!"

또 어떤 아버지는 다른 말을 한다.

"아기의 발에 반해 버렸습니다. 이 아기는 농구 선수가 될 것이라고 생각했어요."

일반적으로 남자가 한 아기의 아빠가 될 때, 특히 첫아기의 아빠가 되었을 때, 가장 중요한 순간은 아기를 처음으로 팔에 안는 순간이다. 여자는 이미 9개월의 임신 기간을 보냈고 출산을 체험하면서 어머니가 되어 있다. 그런데 아버지의 경우는 전혀 다르다.

부성이란 처음으로 아기를 팔에 안아드는 순간 충격처럼 다가오는 것이다. 아버지에게 있어서 또 다른 중요한 행위는 아기의 출생 신고를 하는 일이다. 형식적인 절차를 갖추는 것인데, 실제로 그 행위는 상

당히 중요하며 한 남자의 인생에서 중요한 의미
를 갖는다.

아기는 어떠한가? 자기를 바라보는 첫 시선들
에 어떻게 반응하는가? 아기는 마치 누군가 자
기를 팔에 안아 주기를 기다리며, 자기를 알아보
고 감싸 주기를 기다리는 것 같다.

아기에게는 이제 막 도착한 세상에서 깨어나기
위해서 주위의 관심이 필요하며 따뜻한 애정이
필요하다. 지난 20여 년의 연구 결과 아기는 태
어나자마자 주위의 자극을 받아들이며 목소리,

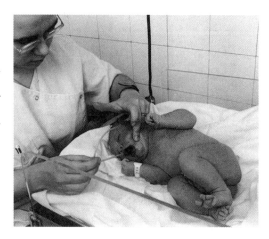

필요한 경우 아기가 삼
킨 점액을 제거한다.

행동을 느끼고, 또 자기를 둘러싼 사람들의 보호를 느낀다는 것을 알
게 되었다.

브래즐턴 박사가 아기에게 말을 건넬 때 아기가 어떻게 반응했는가
를 보면 그것을 알 수 있다. 그는 조심스레 아기를 팔에 안고 부드럽게
말을 건네면서 눈앞에 어떤 물건을 움직이며 아기가 그것을 눈으로 따
라가게 하고 소리에 반응하도록 했다.

'아기도 사람이다' 라는 것을 알게 된 사람들은 브래즐턴 박사가 아
기에게 보여준 얼굴 표정들, 그리고 놀라운 아기의 반응, 눈앞에서 일
어나는 둘 사이의 대화에 매료되었다.

이러한 반응이 빨리 이루어지면 그 결과는 아주 빠르고 또 중요하
다. 아기는 자기를 안고 있는 사람에게 조금씩 관심을 갖게 되며 진정
으로 상호간에 관계가 이루어지는 것이다.

이러한 관찰은 오래 전부터 사람들이 믿어 온 것과 일치한다. 즉, 신
생아는 사랑받으려는 욕구를 가지고 이 세상에 태어나며, 우선은 애정
이 필요하고 먹을 것은 그 다음이다. 이제 아기를 좀더 자세히 살펴보
자. 아기를 좀더 잘 알기 위해 가능한 모든 것을 검토해 보자.

● 못생겼지만 보석같은 아기

갓 태어난 자기 딸을 처음 보았을 때 한 부인은 이렇게 외쳤다.

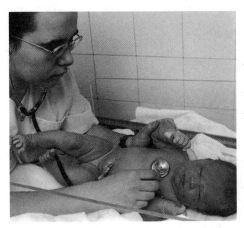

아기의 호흡이 정상인
지 확인한다.

"세상에! 너무 못생겼잖아."

그리고는 아기를 받은 조산사 쪽으로 고개를 돌리며 "하지만 내 딸이니까 그래도 사랑스러워 요."라고 말했다. 사실 그 못생긴 아기는 곧 '세상에서 가장 아름다운 여자아이'가 될 것이다.

막 태어난 아기를 처음 보고 그와 비슷한 반응을 보인 사람들이 많이 있을 것이다. 신생아가 언제나 예쁘지만은 않은 것이다. 흔히 신생아의 얼굴은 붉고 주름져 있으며, 때로는 머리 모양이 일그러지고, 머리카락은 뻣뻣하다. 손에는 보라색이 감돈다. 아기가 태어나는 날부터 통통하고 예쁠 것이라고 생각하면 안 된다. 몇 주쯤 지나야 귀여운 아기가 된다.

아기는 태어나자마자 울고 숨쉬기 시작한다. 어머니의 신체 기관으로부터 독립하였음을 보여주는 것이다. 사실 그때까지는 전적으로 어머니에게 의존하는 삶이었다. 탯줄을 통해 모체와 연결되어 영양분과 산소를 공급받으며 살아 왔고 자라 왔다.

태반을 통한 삶에서 자율적인 삶으로의 이러한 이행은 아기의 신체에 엄청난 변화를 필요로 한다. 소화 기능과 같은 몇 가지 기능은 천천히 적응해 나가고, 또 어떤 것은 급작스럽게 한순간에 적응해야 하는 기능도 있다. 호흡 기능이 그러한 경우이다.

호흡· · · 아기의 코와 입이 공기와 접촉하는 순간 첫 호흡이 이루어진다. 아기의 가슴이 규칙적으로, 어른보다 조금 더 빠른 리듬으로 들어올려지게 된다.

생명의 첫 신호인 이 호흡은 아기와 함께 태어나고, 놀라울 정도로 빠르게 신생아의 신체 내에 엄청난 변화가 생겨난다. 태어나기 직전까지도 태아는 모체가 공급해 주는 산소로 살았다.

심장에서 출발하는 태아의 혈액은 탯줄의 동맥을 통하여 태반에 이르러 모체의 혈액으로부터 산소를 공급받고 심장으로 되돌아왔다. 태반이 폐의 역할을 한 것이다. 태아의 폐는 그때까지는 작동하지 않고, 따라서 아기의 심장과 폐 사이에는 소통이 없었다.

그런데 아기가 태어나면 태반과 분리되고, 그것은 곧 스스로 산소를 얻어야 함을 의미한다. 아기가 입을 벌리면 공기가 폐 안으로 들어가 폐를 부풀리면서 갑자기 갈비뼈가 벌어진다. 흉곽이 들어올려지고 폐는 분홍색으로 해면질이 된다. 심장에서 온 혈액이 막 새로 온 산소를 찾아 갑자기 폐의 혈관으로 들이닥친다. 이때부터 심장과 폐 사이의 순환이 시작되는 것이다.

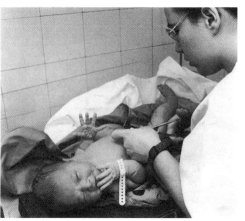

태줄에 집게를 꽂는다

이제 신생아는 어른과 마찬가지로 호흡을 한다. 하지만 약 1년 동안 아기의 호흡은 고르지 못할 것이다. 즉 깊었다가 얕아지고 빨랐다가 늦어진다. 심장은 매우 빨리, 평균 1분에 120~130회 정도 뛴다. 이것은 어른의 거의 두 배에 해당한다. 혈액이 몸 전체를 완전히 도는 데는 약 12초 걸리는데, 어른의 경우는 32초 걸린다.

체중과 신장 · · · "몸무게가 얼마입니까?" 이것은 아기가 태어나면 부모들이 제일 먼저 묻는 것 중 한 가지이다. 대부분의 경우 사람들은 3.5kg이 최적의 체중이라고 생각한다. 그러나 그 정도면 큰 아기이다. 신생아의 평균 체중은 나라마다 약간씩 차이는 있지만 대략 3.2kg 수준이다. 남자 아기의 경우 여기에 100g을 더하고, 여자 아기의 경우 100g을 빼면 된다. 정상적으로 아홉 달을 채우고 태어난 아기의 경우에도 격차가 크다. 즉, 2.5kg짜리 아기도 있으며, 4kg짜리, 심지어 그보다도 더 무거운 아기도 있다.[1]

1) 2.5kg에 미달하는 아기들에 관해서는 제10장에서 다루었다.

아기의 체중은 다음과 같은 요인에 의해 차이를 보일 수 있다.

▶ 유전적인 요소, 인종, 아버지나 어머니의 키, 가족적 소인 등.

▶ 몇 번째로 태어났는가. 즉 일반적으로 같은 엄마 밑에 태어난 둘째 아기는 첫아기보다 무겁고, 또 셋째는 둘째보다 더 무겁다.

▶ 엄마의 건강 상태. 산모의 질병에 따라 당뇨, 비만 등일 때는 아기의 몸무게가 늘 수도 있고 반대로 임신중독증 같은 경우는 감소할 수도 있다.

▶ 임신중 산모의 활동이 활발할수록 아기가 작은 경향이 있다.

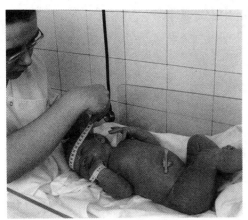

머리둘레를 잰다.

식생활은 아기의 몸무게에 별다른 영향을 끼치지 않는다. 간접적인 관계가 있을 뿐이다. 물론 예외적인 극단적 영양 결핍의 경우는 다르다. 그러므로 아무리 식사를 절제한다 해도 유전적 소인이 있다면 큰 아기가 태어날 것이며, 반대로 과식을 할 경우 임신 중독증의 위험이 있기 때문에 태어난 아기는 크지 않고 오히려 허약할 가능성이 있다.

어쨌든 아기의 체중과 신장이 통계상의 평균 정도만 되면 별다른 문제가 없다. 오히려 그보다 체중이 무겁다고 해서 건강이 좋은 것은 아니다. 산모가 당뇨가 있는 경우 아기는 일반적으로 상당히 무겁지만 허약하다. 반대로 체중이 별로 나가지 않는 아기가 아무런 문제 없이 발육하는 것을 볼 수 있다.

아기는 태어난 후 며칠 뒤에 체중의 10분의 1 정도가 감소하는데, 놀랄 필요는 없다. 극히 정상이기 때문이다. 부분적으로는 그때까지도 아기의 장 속에 남아 있던 찌꺼기 등이 빠져나가는 데서 비롯된다. 태어난 지 3일째 되는 날부터 다시 체중이 늘기 시작하며, 5일에서 10일 사이에 출생시의 체중을 되찾게 된다. 신장은 보통 출생시에는 약 50cm로, 아기들 사이에 2~3cm 정도의 차이가 있을 뿐이다.

아기의 모습 · · · 태어난 아기를 처음 대할 때 가장 놀라운 것은 아마도 신체 각 부위의 비율이 어른과 다르다는 것일 것이다. 신생아는 어른의 축소판이 아니다. 우선 머리가 무척 크다. 신생아의 경우 머리가 몸 전체 길이에서 차지하는 비율은 어른처럼 7분의 1이 아니라 4분의 1이다. 얼굴에서도 특히 이마가 넓다. 어른의 경우는 절반 정도인데, 신생아는 3분의 2를 차지한다.

몸통이 팔다리보다 길고 배가 약간 불룩하다. 팔다리는 짧고 가느다랗고, 팔이 다리보다 길다. 남자아기의 생식기는 비정상적으로 커보인다. 하지만 몇 주만 지나면 이 비정상적인 비율이 바뀌어 아기는 태어나던 첫날과 전혀 다른 모습을 띠게 된다.

아기의 첫 움직임은 정신없어 보일 것이다. 사실 실제로도 그렇다.

아직까지 동작을 다스리는 신경계가 완전히 발달하지 못했기 때문이다. 신경계의 발달에 따라 점차 동작들이 정리될 것이다.

아기는 동물들과 달리 무방비 상태로 태어난다. 망아지는 태어난 지 30분 후면 일어서서 발을 뗄 수 있고, 송아지도 그렇다. 하지만 아기는 1년이 걸린다.

아기의 태도···막 태어난 아기는 머리를 가누지 못한다. 머리는 무겁고 목 근육은 아직 약해서 머리를 받쳐 주지 못하기 때문이다. 처음에는 태어나기 전의 자세를 그대로 취한다. 즉 팔은 가슴 쪽으로 모으고, 허벅지는 배 쪽으로 올린 자세이다. 물론 그와 다른 자세를 취하는 경우도 있다.

"우리 딸을 엎드려 놓았더니 머리를 세우고는 마치 어떤 세계에 착륙했나 살펴보는 듯이 주위를 둘러보았어요."

그런 경우도 물론 있을 수 있다. 하지만 흔하지는 않다.

머리와 얼굴···아기가 태어났을 때 머리 모양이 약간 일그러졌다고 해서 걱정할 필요는 없다. 머리뼈가 좌우 균형이 없거나 원뿔 모양을 하고 있고, 혹은 한쪽으로 튀어나온 경우도 있다. 어떤 사람들은 '아기 머리가 찌부러졌다'고도 한다. 머리 모양이 이렇게 일그러지는 것은 흔한 일이다.

출산시에 머리에 강력한 압력이 가해지면서 생겨난 것이다. 10일이나 15일 정도 지나면 사라지고 둥글게 된다.

머리뼈는 아직까지 완전히 굳지 않았고, 섬유 조직으로 이루어진 봉합선으로 분리되어 있다. 그 중 두 군데는 조금 넓은데, 그것이 바로 숨구멍이다. 아기의 머리에 손을 얹어 보면 이 부드러운 부분들을 느낄 수 있다.

그 중 더 큰 것은 이마 바로 위쪽에 있으며 마름모꼴 모양이다. 작은 것은 머리뼈의 뒤쪽에 있다. 이러한 숨구멍들은 조금씩 줄어들다가 작은 것은 8개월에, 큰 것은 18개월에 완전히 닫힌다.

일반적으로 태어날 때부터 머리카락이 검고 숱이 많은 아기들도 있고, 또 반대로 머리카락이 거의 없는 아기들도 있다. 후자의 경우가 차라리 낫다. 첫번째 경우는 태어난 지 몇 주 후면 머리털이 대부분 빠져

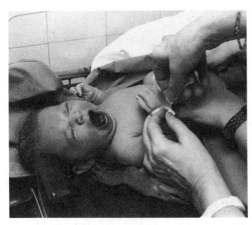

이름표 팔찌를 끼운다

버리기 때문이다.

그러고 나면 좀더 밝은 색의 여린 머리가 다시 자라게 된다.

아기의 눈은 아주 커서 벌써 어른 눈의 3분의 2 정도의 크기이다. 눈꺼풀이 넓고 눈썹과 속눈썹이 분명하면서도 아주 가늘다. 신생아는 울 때도 눈물이 흐르지 않는다. 생후 4주일이 되어야 눈물을 흘리기 시작하며, 그보다 늦어지는 경우도 많다. 코는 짧고 평평하며, 귀는 얼굴에 비해 크지만 윤곽은 뚜렷하다.

귓불은 아직 형성되지 않았다. 입은 너무 크고 아래쪽 턱뼈는 아직 발달하지 못한 상태이다. 목이 아주 짧아서 마치 머리가 직접 이마 위에 연결된 것처럼 보인다.

피부 · · · 처음 태어나면 아기의 피부는 흰색 지방질의 분비물로 덮여 있다. 일반적으로 처음 아기를 씻으면서 그것을 벗겨내게 된다. 하지만 그 분비물을 그대로 두라고 권하는 의사들도 있다. 그것이 피부를 보호하는 연고의 역할을 해 주기 때문이다.

피질을 벗겨내면 피부는 여리고 약하다. 짙은 분홍색을 띠고 있고 때로는 거의 붉은빛이다. 7개월에 전신을 감싼 솜털이 거의 사라진다.

신생아의 생리적 황달 · · · 처음 며칠 동안 아기의 피부는 얇게 껍질이 벗겨지면서 밝은 색이 된다. 하지만 대부분의 경우, 즉 80퍼센트 정도는 생후 이틀이나 사흘째에 아기의 피부가 노랗게 되는데, 그것을 신생아의 생리적 황달이라 한다. 이것은 황색 색소인 담즙 적색소 빌리루빈이 과도하게 많아서 생겨나는 증상이다.

이것을 혈액의 Rh 인자나 ABO 인자 거부 반응으로 생기는 황달로 잘못 알고 걱정하는 부모들도 있는데, 빌리루빈이 일정 비율을 넘지만 않으면 신생아 황달은 전혀 위험하지 않다. 따라서 신생아 황달은 계속 관찰하다가 조금이라도 의심이 가면 아기의 몸에서 극소량의 피를 채취하여 검사하게 된다.

요즘엔 피부에 닿기만 해도 당뇨의 정도를 측정하는 기구도 있다.

이 기구를 사용하면 아기에게 주사를 놓지 않아도 된다. 검사 결과를 보면, Rh 인자의 거부 반응으로 발생한 황달의 경우는 적혈구의 파괴로 빌리루빈이 너무 많아지면서 피부가 노랗게 변한다.

생리적 황달에서는 빌리루빈의 수는 정상과 마찬가지인데 이 빌리루빈을 제거 가능한 산물로 바꾸어 주는 효소가 없는 것이다. 며칠이 지나면 신생아는 그 효소를 만들게 되므로 그 동안 빌리루빈의 비율을 지켜보면 된다.

황달이 너무 심해져서 위험한 수준에 육박한다면, 앞에서 말한 Rh인자의 거부 반응의 경우와 마찬가지로 빌리루빈의 비율을 떨어뜨리기 위하여 혈액 교환 시술이 필요하다.

광선요법 · · · 아기를 벗겨서 눈을 가리고 따뜻하게 조산아 보육기에 넣고, 램프에서 백색 혹은 청색의 빛을 쏘이는 것이다. 어떤 산모들은 X선을 쏘이는 줄 알고 겁을 먹는 경우가 있는데, 분명히 말하지만 이것은 빛을 쏘이는 것이다. 광선요법의 빛은 아기에게 전혀 해롭지 않다. 단점이라곤 광선요법을 받는 동안 엄마가 안아 줄 수 없다는 것이다. 하지만 이것은 필요한 요법이다.

흔히 코뿌리 부분에 두 눈썹 사이로 갈라지는 불그스레한 점이 생길 수도 있다. 이것은 신생아의 갓털이다. 몇 달 동안 남아 있다가 없어진다. 손톱과 발톱은 분명하다. 긴 손톱을 잘라 주고 싶겠지만 그래선 안 된다. 잘못하면 감염되기 때문이다.

체온 · · · 어째서 병원이 그렇게 더운데도 아기는 잘 덮어 싸놓는가 하고 이상하게 생각하는 사람도 있을 텐데, 그것은 아기는 태어나면서 체온이 내려가는 경향이 있기 때문이다. 아기는 아직까지 스스로 체온을 조절하지 못하기 때문에 인위적으로 조절해 주어야 한다.

이제까지 언제나 일정한 온도, 즉 산모의 체온인 36.5도에서 아홉 달 동안 살아 왔는데, 갑자기 병원의 온도인 22도에 나오면 옷을 입더라도 1도에서 2.5도 정도 체온이 떨어지게 된다. 이틀이 지나야 정상 체온으로 돌아온다.

비뇨기와 소화기 · · · 아기가 태어나자마자 소변을 보는 경우도 있다. 비뇨기는 이미 엄마 뱃속에 있을 때부터 작동하고 있었으므로 이 것은 놀라운 일이 아니다. 제5장 참조. 마찬가지로 내장은 처음 이틀 동안 녹색의 물질을 배설한다. 그것은 거의 검은색을 띤 점성 물질로 끈적거리며 마치 타르와 같다. 담즙과 점액이 합쳐진 태변이다. 생후 3일째는 대변이 좀더 밝은 색이 되었다가 황금빛으로 끈적거리게 된 다. 처음 몇 주 동안은 하루에 1~4번 정도 변을 본다.

생식기 · · ·흔히 아기의 가슴은 여자 아기나 남자 아기나 모두 약 간 부푼 모양이다. 그것을 눌러 주면 젖과 비슷한 액체가 나오는데, 이 것은 산모의 몸에서 젖이 돌게 하는 호르몬의 일부가 태반을 통하여 아기의 핏속으로 들어가 유선의 기능을 자극했기 때문이다.

그러므로 전혀 놀랄 필요가 없다. 그리고 만지지 말아야 한다. 며칠 지나면 정상으로 돌아온다.

마찬가지로 아기의 기저귀에 피가 몇 방울 떨어져 있더라도 놀랄 필 요는 없다. 이것은 20분의 1의 확률로 일어나는 생식선의 활동으로, 며칠 지나면 사라져 버린다. 이러한 현상이 '신생아의 생식 위기'라 불 리는 것의 대표적 증상이다.

● 아기도 느끼고 냄새 맡는다

신장 50cm, 몸무게 3.2kg, 머리카락이 별로 없고 피부는 주 름져 있는 것이 신생아의 모습이다. 그렇다면 아기는 이 세상에 태어 나면서 무엇을 알고, 보고, 듣는 것일까? 자신을 둘러싼 다양한 자극 들을 느끼고 있을까?

지난 몇 세기 동안 대부분의 경우 이에 대한 답변은 단호했다. 즉, 신생아는 아무것도 보지도 듣지도 못한다는 것이었다. 이것이 바로 그 유명한 '소화기 아기'의 이론으로, 이에 따르면 아기는 적어도 생후 첫 몇 주 동안은 오직 위(胃)의 욕구만을 느낀다는 것이다. 그러므로 아기 를 먹이고 기저귀를 갈아 주는 것이 제일 중요했다.

어떤 사람은 아기를 마치 손대지 않은 밀랍으로 비유했다. 어른이 그에게 모든 것을 조각해야 하는 밀랍인 것이다. 다시 말하면 아기는 어른이 무엇이든 쓸 수 있는 백지로 여겨졌다. 심지어 아기는 이 세상에 태어나면서 너무도 괴로워서 완전히 혼란에 빠져 있다고도 했다. 결국 모든 권한을 가진 어른이 무방비 상태로 아무런 저항을 할 수 없는 아기를 마주했다는 주장이다.

오늘날에는 신생아가 어떤 능력이 있는지를 알게 되었다. 사실 어머니들은 그러한 발견 이전에도 아기가 가진 능력을 느낄 수 있었을 것이다. 아기를 대하는 어머니들이 모두 위와 같은 부정적인 이론에 공감했으리라고는 믿어지지 않는다.

아마도 옛날의 틀린 이론들은 주로 남자 의사나 과학자들이 주장한 것이고, 실제로 아기를 대하는 어머니들이 반대 의견을 내세웠더라도 무시되었을 것이다.

오늘날에는 완전히 바뀌었다. 신생아도 소리를 들을 수 있고, 볼 수 있으며, 냄새 맡을 수 있고, 느낌이 있다는 이론이 받아들여지고 있다. 아기는 태어나면서부터, 아니, 심지어 태어나기 이전부터 인지할 수 있는 것이 상당히 많이 있다. 물론 이러한 발견이 단 하루에 이루어진 것은 아니다. 새로운 발견은 언제나 여러 나라에서 동시에 수많은 연구팀이 노력한 작업의 결실이다.

2, 30년 전부터 전세계적으로 신생아가 무엇을 할 수 있고 또 무엇을 느끼는지에 관한 연구들이 폭발적으로 이루어졌다. 태어나기 이전이거나 태어나는 중에, 그리고 태어난 이후의 아기에 관한 지식을 정리하기 위한 최근의 학회에 20여 개국에서 1,500명의 전문가가 참석했고, 500여 건의 발표가 있었다. 이것만으로도 얼마나 많은 사람이 그러한 연구에 몰두하고 있는지 알 수 있을 것이다. 과거의 오류를 지워 버리기 위해 서둘러 달려들고 있는 것이다.

이제 다음과 같은 사실이 분명해졌다. 신생아는 흔히 사람들이 생각하는 것보다 훨씬 조숙하고 능력이 많다. 시각이나 청각, 후각의 인지 능력은 매일매일 발달한다. 다음과 같이 요약할 수 있다.

시각 · · · 아기는 태어나자마자 볼 수 있으나, 물론 어른의 시각과는 다르다. 영상은 흐릿한 상태이며 20~25cm 정도까지, 움직이든 움직이지 않든 형체를 분간한다. 거리에 따라 조절하는 기능은 없다.

하지만 신생아는 그것만으로도 빛의 차이를 구분할 수 있다. 갑자기 빛이 너무 밝아지면 거북해서 눈을 깜박이거나 완전히 감아 버린다.

아기는 또한 반짝이는 것과 붉은빛도 구별할 수 있다. 따라서 반짝이는 빨간 공을 눈으로 따라갈 수 있다. 또한 신생아는 붉은 점과 반짝이는 점이 있는 타원형에 끌린다는 것도 연구 결과 밝혀졌다.

이 타원형은 그냥 퍼즐 모양 같은 것이 아니라 사람의 얼굴에 해당하는 것이다. 아기는 이 얼굴 모양이 움직이면 눈으로 따라가고 그동안 말을 건네면 눈을 깜박인다. 이 얼굴은 아기가 보기 좋도록 25cm 정도에 놓여 있어야 한다.

하지만 아기가 사람 얼굴에 반응을 보인다고 해서 주위의 누군가를 알아본다는 말은 아니다. 그것은 좀더 시간이 지나야 한다.

여러 연구가들이 얻어 낸 결과들을 종합해 보면 아기는 생후 3일째 냄새로 엄마를 알아보며 눈으로는 3개월쯤에 알아본다. 물론 여러 가지 감각, 즉 눈을 통한 시각과 귀를 통한 청각, 혹은 코를 통한 후각을 서로 분리시키는 것은 쉬운 일이 아니다.

신생아는 단순한 영상보다는 복잡한 영상에 더 끌린다는 것이 관찰되었다. 태어난 지 며칠 지나지 않은 아기에게 아무 장식 없는 회색 종이와 흑백으로 바둑판 무늬가 그려진 종이를 보여주면 아기는 바둑판 무늬를 쳐다본다. 구멍이 뚫린 화면을 통해 관찰했을 때 아기의 각막에 바둑판 모양의 무늬가 비쳐졌다. 아기는 바로 그 종이를 바라본 것이다.

신생아의 시력이 아직 발달하지 못한 것은 그 감각을 쓸 기회가 없었기 때문이다. 이미 어머니 뱃속에서 강한 빛에는 반응을 보인다고 주장하는 사람도 있다. 아기의 시각은 급속하게 발달한다. 아기는 심지어 밤에도 보려고 한다. 캄캄한 데서도 눈을 떴다 감았다 하면서 이쪽 저쪽을 바라본다는 것을 적외선을 통해 관찰할 수 있었다.

시각은 아기마다 상당한 차이를 보인다. '바라보는' 데 열중한 아기들도 있고 반대로 잠자는 데 시간을 보내는 아기들도 있다. 이와 같은 감각 발달 리듬의 차이는 유년기 내내 다른 모든 감각의 경우에도 마찬가지이다.

마지막으로 덧붙일 것은 아기의 눈이 사팔눈인 것처럼 보이는 경우가 많은데, 그것은 눈의 근육이 충분히 발달하지 않아 움직임이 잘 조절되지 않기 때문이라는 사실이다.

청각 · · · 청각은 시각보다는 훨씬 더 발달되었다. 그것은 당연한 일로 신생아는 이미 자궁 내에서, 적어도 마지막 두 달 동안 많은 것을 들었다. 그러므로 문이 소리를 내며 닫히거나 격렬한 소리가 들리면 아기가 깜짝 놀라는 것도 이상한 일이 아니다.

또한 신생아의 귀는 이미 충분히 훈련되었기 때문에 가까운 소리를 구별할 수 있다. 주먹을 쥐고 잠들어 있을 때도 가까이에서 속삭이면 가볍게 움직이며 호흡이 변하고 눈을 깜박인다. 계속해서 낮은 소리로 말하면 움직이기 시작하고 결국 잠에서 깨어난다.

태어나기 이전에도 아기는 부모의 소리를 들으며, 태어나면서 바로 그 목소리를 알아듣는다. 주위가 너무 시끄러우면 아기는 귀를 막고 그 소리를 피하기도 한다는 보고가 있다.

브래즐턴 박사에 따르면 어떤 아기에게 아주 힘겨운 검사를 시행하자 아기는 처음에는 울다가 갑자기 멈추었다. 날카로운 소리와 빛이 있었는데도 아기는 잠이 들었다. 검사가 끝나고 기구들을 모두 치우자 아기는 곧 깨어나 다시 큰 소리로 울기 시작했다는 것이다.

촉각 · · · 신생아는 사람들이 자기를 어떻게 만지고 다루느냐에 민감하게 반응한다. 어떤 동작에는 평온해지고 또 반대로 어떤 동작은 동요를 일으킨다. 부모들은 이것을 곧 발견

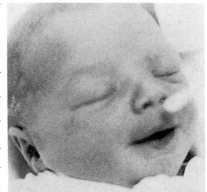

후각과 미각. 태어난 지 몇 시간 된 신생아의 반응

바나나 향에 적신 면봉을 냄새맡게 하자 아기는 만족한 표정을 짓는다.

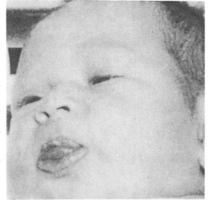

아기 혀에 설탕을 놓자 흡족해한다.

사진은 J. 스타이너의 작품으로 〈여러 가지 미각 자극에 대한 아기의 표정 반응〉과 〈미각과 후각 자극에 대한 아기의 표정 반응〉이라는 책에서 발췌한 것이다.

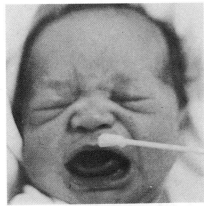

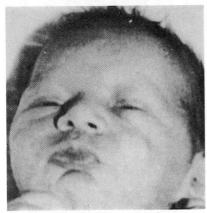

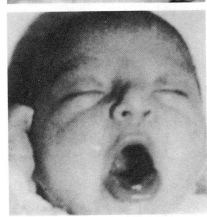

- 썩은 달걀 냄새를 맡자
울음을 터뜨린다.
- 레몬을 한 방울 떨어뜨
리자 얼굴을 찡그린다.
- 황산 키니네(쓴맛)에
는 얼굴을 찡그린다.

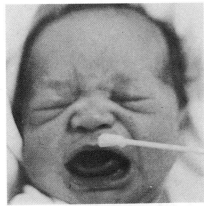

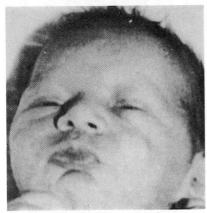

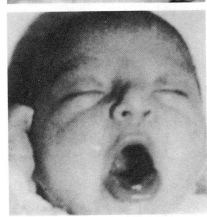

- 썩은 달걀 냄새를 맡자
울음을 터뜨린다.
- 레몬을 한 방울 떨어뜨
리자 얼굴을 찡그린다.
- 황산 키니네(쓴맛)에
는 얼굴을 찡그린다.

할 수 있는데, 이러한 피부나 접촉의 감각은 아주 오래 전에 시작된 것이다. 어머니 배 안에서 이미 아기는 손을 얹으면 반응한다.

또한 자기의 몸을 둘러싼 액체도 느낀다. 자궁 내벽에 몸을 문지르기도 하며, 출산시는 바로 자기 몸에 자궁의 수축이 격렬하고 규칙적으로 가해지면서 어머니의 몸 밖으로 나오게 되는 것이다. 부드러운 작은 요람에 들어 있거나 본능적으로 어머니가 아기를 껴안으면 아기는 평온해지고 편안해진다.

인큐베이터 안에서 아기의 등 밑에 담요를 말아 주거나 베개를 받쳐 주기만 해도 아기를 진정시킬 수 있다는 것이 관찰된 바 있다. 아기가 미숙아라서 인큐베이터에 들어 있을 때 별로 편안해 보이지 않으면 그렇게 해도 되는지 육아사에게 물어 보는 것이 좋다.

아기에게 마사지를 해 주고 싶지만 그 방법을 잘 모르는 부모들이 있다. 조산사와 상의하면 기초적인 몇 가지 동작을 일러 줄 것이다. 충분히 따뜻한 방에서 시행하는 것을 잊어서는 안 된다.

후각 · · · 아기의 후각을 알아보는 고전적인 실험이 있다. 신생아에게 두 가지 습포를 주는데 하나는 어머니의 가슴에 대었다가 주고, 또 하나는 그대로 주면 아기는 어머니의 가슴에 닿았던 습포 쪽으로 고개를 돌린다.

이 실험은 미국의 맥 팔레인이 생후 10일 된 아기에게 한 것이다. 그런데 이후 프랑스의 위베르 몽타니에 박사의 연구 팀이 생후 3일 된 아기를 대상으로 실험하여 같은 결과를 얻어냄으로써 그 기록을 깨뜨린 바 있다. 아기는 어머니의 가슴이 가까이 있다는 것을 냄새로 안다.

미각 · · · 태어난 지 12시간 된 아기의 입술에 설탕물을 조금 떨어뜨리면 아기는 아주 만족스러운 표정을 짓는다. 대신 레몬을 한 방울

떨어뜨리면 얼굴을 찡그리는 것을 볼 수 있다. 아기는 태어나는 순간
부터 단맛과 짠맛, 신맛과 쓴맛을 구별한다. 설탕 맛에는 평온한 모습
이고 쓴맛이나 신맛에는 동요를 일으킨다.

아기가 아주 일찍부터 맛을 느낀다는 것은 이미 오래 전에 알려진
사실이다. 어머니들은 아기에게 젖을 먹일 때 꿀이나 회향(茴香) 같은
것을 바르면 아기가 좋아한다는 것을 옛날부터 알고 있었다. 아기는
즐겁게 젖을 빨고 그러면 젖이 잘 돌게 된다. 그에 비해 우유를 먹는
경우는 실로 무미건조한 식사이고, 참다운 즐거움이 전혀 없다.

물론 신생아의 감각 수준을 정확하게 설명하기는 어렵다. 외부의 자
극에 대한 아기의 반응을 직접 관찰하려면 아기가 고개를 돌리는 것,
희미하고 먼 소리에 반응을 보이거나 그렇지 않은 것, 울음을 터뜨리
거나 그치는 것, 눈을 깜박이는 것, 발을 움직이는 것, 팔다리를 움츠
리는 것, 소스라쳐 놀라는 것 등으로 알 수 있다. 아무리 미세해도 모
든 동작과 표정, 울음에는 의미가 있는 것이다.

모든 것을 포착하고 기록한다는 것은 쉬운 일이 아니지만 연구자들
은 온갖 다양한 상황에 놓인 아기들의 모습을 수없이 찍어서 기록해
둔다. 아버지나 어머니가 안았을 때, 의사가 안았을 때, 다양한 모양과
색깔의 물건을 앞에 놓았을 때, 강도가 다른 여러 불빛을 대했을 때 등
이다.

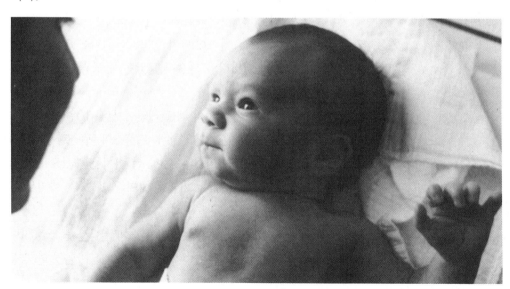

그렇게 기록한 필름을 슬로 비디오로 돌리면서 화면을 정지시키기도 하고 뒤로 돌리기도 하면서 아기의 모든 반응을 점검한다. 비디오 필름을 사용하면 어느 것도 놓치지 않고 관찰할 수 있다. 또한 아기의 심장 박동을 기록함으로써 여러 가지 관찰이 가능하게 되었다.

특히 아기는 남자 목소리보다는 여자 목소리에 더 민감하다는 것을 관찰할 수 있었다. 여자 목소리를 들으면 심장 박동의 리듬이 느려지지만 남자 목소리에는 아무런 변화를 보이지 않았다.

신생아가 어떤 소리에 반응을 보이는가를 알아보기 위해서도 실험을 해 보았다.

젖꼭지 모양에 아기가 빠는 리듬을 기록하는 장치를 설치하여 입에 물리고, 아기에게 여러 가지 소리를 들려 주면서 빠는 움직임의 변화를 알아본 것이다. 입의 움직임이 빨라지느냐 느려지느냐에 따라 아기가 각 소리에 어떻게 반응하는가의 차이를 알 수 있었다.

또한 전자 공학을 통한 초소형 장치를 사용하여 좀더 어려운 연구를 진행할 수 있게 되었다. 예를 들면 양수 주머니가 터진 후에 막 출산하려는 임신부의 양수 속에 소형 마이크를 집어넣어 아기가 태어나기 전에 어떤 소리들에 둘러싸여 있는지를 관찰할 수 있다.

이렇게 해서 전에는 아무 능력이 없고, 새로 발을 내디딘 세상을 전혀 받아들이지 못한다고 생각되었던 아기가 사실은 정반대로 주위 환경과 사람들로부터 오는 여러 자극에 반응할 준비가 되어 있다는 것을 알게 되었다. 하지만 오래 전부터 어머니들은 반쯤 눈을 뜨고 있는 자기 아기가 사람들이 생각하는 것보다는 더 많은 것들을 알고 있다는 사실을 분명히 알고 있었다.

● 아기와 어머니의 대화

어머니가 아기를 어루만져 주거나 품에 안으면 아기는 평화로운 모습이고, 그것을 보며 어머니는 자기와의 접촉에 대해 아기가 반응을 보인다는 것을 느낄 수 있다.

어머니가 아기에게 말을 건네면 아기는 움직임을 멈춘다. 그러면 어머니는 아기가 자기 목소리를 알아차렸음을 알게 된다. 그러고 나면 아기는 표정으로 반응하고, 어머니가 미소를 지으면 또 아기의 반응이 이어진다. 이렇게 해서 아기와 어머니 사이에는 질문과 대답이 끊임없이 오가게 된다. 서로 의사를 소통하고 있는 것이다.

아기가 불빛 때문에 거북해하는 것을 보고 어머니가 빛의 방향을 바꾸어 주면 아기는 다시 눈을 뜬다. 어머니와 아기 사이에는 매번 서로 인정한다는 표시가 교환된다. 그러고 나면 아기 쪽에서 어머니를 부르며 어머니의 대답을 기다리고, 어머니는 표정으로 대답한다.

목소리, 접촉, 동작, 빛, 냄새 등 극히 다양한 자극에 대해 신생아는 온갖 단계의 행동과 흥분을 통해 반응하며, 그러한 반응은 다시 어머니나 아버지, 혹은 아기를 돌보는 어른의 반응을 불러일으킨다.

이것이 바로 신생아의 능력이다. 아기는 감각 기관과 감정을 느낄 수 있는 능력을 가지고 외부의 자극에 대해 반응할 수 있고, 또 주위의 반응을 일으킬 수 있다.[2] 앞에서 이야기했듯이 브래즐턴 박사가 이것을 최초로 증명해 보였다.

그가 시행한 검사의 목적은 아기가 가진 모든 능력을 부모들에게 보여주고, 그럼으로써 부모들이 자기 아기가 놀라울 정도로 다양한 반응력을 갖고 있음을 알려 주려는 것이었다.

이 검사에 힘입어 부모들은 갓 태어난 아기를 새로운 눈으로 관찰할 수 있으며, 아기가 보여주는 반응 하나하나가 부모와 소통하는 데 사용되는 언어임을 느끼게 되었다.

신생아가 가진 능력에 대해서는 몇 가지 덧붙일 것이 있다.

▶ 아기마다 상당한 차이를 보인다. 갓 태어난 아기는 저마다 개성이 있는 것이다. 졸리거나 울음이 나올 때, 누군가 자기를 만질 때, 아기마다 반응하는 것이 다르다. 그러한 사실을 알고 있다면 자기 아기를 다른 아기와 비교하는 실수를 범하지 않을 것이다. 그보다는 아기의 인성(人性)과 개성에 관심을 가져야 한다.

▶ 낮 동안에는 물론 깨어 있기도 하고 부모와 반응을 주고받기도 하지만, 아기는 거의 하루 종일 잠을 자며 휴식을 취한다.

2) 이러한 자극 - 반응의 연쇄는 상호 작용을 이룬다.

● 아기와 사랑을 주고받기

부모마다 자기 아기와 접촉하는 방식이 다르다. 마찬가지로 아기마다 반응하는 방식도 다르다.

어머니의 경우 · · · 대부분의 경우 어머니와 아기의 관계는 시선으로 시작된다.

"어머니와 아기가 시선을 교환하는 순간을 관찰해 보면 눈과 눈의 접촉은 단순히 서로를 쳐다보는 데 그치지 않고, 어머니와 아기 사이에 최초로 사랑의 에너지가 교환된다는 것을 알 수 있다. 막 세상에 태어난 아기와 첫 만남을 갖는 것이다. 갓 태어난 아기의 눈길에서 어른들은 무엇인가를 찾으려 하며 마음을 주고받는다. 그 안에는 말과 표정, 촉각, 몸의 동작 등 모든 자극이 뒤섞여 있는데, 이 모두가 아기와 어머니 사이에 이루어지는 소통 양식이 된다. 또한 이것은 후에 더 중요한 자리를 차지하게 된다."

어머니들은 아기가 깨어 있는 것을 좋아하고, 아기가 눈을 감고 있으면 불안해한다.

"아기가 살아 있지 않은 것 같아요. 그러다가 아기가 눈을 뜨면 바로 그 순간 모든 것이 변하지요. 그러면 아기에게 말을 걸고 싶어지고 아기가 있다는 것이 실감이 나요."

어떤 어머니들은 일부러 아기를 깨우기도 한다. 어머니가 아기를 바라보는 것은 마치 말을 건네는 것과 같다. 아기는 어머니에게 눈을 깜빡이거나 입을 벌리고, 혹은 팔을 움직이면서 대답한다. 이 모든 것이 어머니가 보내는 메시지를 '받았음'을 의미한다. 그 다음에는 어머니가 눈으로 대답하고, 또한 말이나 다정한 손길로 답한다.

처음 태어난 아기가 저마다 차이를 보여주게 되는 가장 중요한 요인은 잠이다. 깨어 있는 시간이 많은 아기는 잠이 많은 아기보다 더 많은 자극을 받게 되며, 좀더 빨리 발달할 수 있다.

다른 아기에 비해 깨어 있는 시간이 유난히 많았던 한 아기는 주위와의 감정 교환이 아주 많고 다양했다. 자극이 많이 주어져 발달이 상당히 빨랐으며, 소리를 내고 미소를 지어 어머니를 너무나 행복하게 했다. 그 동생은 같은 나이의 아기 때에 거의 하루 종일 잠을 자며, 먹고 목욕하는 시간에만 감정 교환이 있을 뿐 그러고 나면 다시 꿈나라로 돌아갔다.

"누나와 비교해 볼 때 정말 맥이 빠져요."

그 어머니가 말했다.

많은 어머니들에게 아기와의 감정 교환에 있어서 가장 벅찬 순간은 젖을 먹이는 시간이다. 아기 쪽에서는 촉각, 포만감, 미각과 후각의 유혹 등 모든 감각이 모인 행복감이다. 어머니 쪽에서는 충만감, 육체적 기쁨, 아기를 먹일 수 있다는 만족감 등이 있다.

특히 아기를 다정하게 어루만져 주고 안아 주는 접촉을 통한 아기와의 감정 교환을 좋아한다.

어느 어머니는 이렇게 말했다.

"나는 아기를 안고 있는 것이 참 좋았습니다. 아기를 어루만지며 복도를 왔다갔다했지요. 그러면 아기가 어머니 배 안에서와 같은 흔들림을 다시 느끼게 될 거라 생각했습니다. 나의 아기를 느낄 수 있었고 그래서 너무 기뻤습니다."

출생 후 처음 며칠 동안 아기가 보여주는 반응들은 상당히 중요한 결과를 갖는다. 그것들은 어머니에게, 혹은 아기를 돌보는 사람에게 아기를 이해할 수 있고 감정을 주고받을 수 있다는 것을 보여준다.

어머니들은 처음에는 확신이 없다. 특히 첫아기의 경우 더욱 심하다. 하지만 다양한 여러 자극, 부드럽게 쓰다듬어 주고, 안아 주고, 말을 건네고 하는 것에 대해 아기가 대답하고 행복해하는 것을 보면 스스로의 능력에 자신감을 갖게 되며, 아기가 원하는 것을 주고 있음을 분명히 느끼게 된다.

어머니와의 여러 관계를 이루어 가는 신생아의 능력은 어머니에게 자신의 능력을 확신하게 해 준다. 여기에 대해서는 유명한 말이 있다.

'아기가 어머니를 만든다.'

이 말은 무언가 확신이 서지 않을 때를 대비해서 언제나 기억해 두어야 한다. 모성애는 본능적으로 타고난다는 이론은 옳지 않다. 어머니가 되는 데는 시간이 필요한 것이다.

태어난 후 처음 며칠, 몇 주 동안 아기와의 사이에 여러 가지 끈이 만들어지는 과정을 설명하면서 우선 아기의 어머니에 관해 설명했다. 그 이유는 간단하다. 아기는 어머니의 젖을 빨고 어머니 품 안에서 잠들기 때문이다. 그러한 장면은 하루에 몇 차례씩 반복된다. 병원에서도 아기는 어머니 곁에 있고, 집에서도 처음에는 거의 하루 종일 어머니와 마주보고 지낸다.

어머니는 몸 전체로 아기와 최초의 특별한 인연을 맺으며, 아기 또한 어머니와 인연을 맺는다. 어머니를 대신해서 자기를 돌봐 주는 사람과도 마찬가지이다. 이후 아기는 조그마한 문제만 있어도 어머니를 돌아보며 도움을 청한다.

아버지의 경우 · · · 그렇다면 아기와 아버지의 관계는 어떻게 이루어지는가? 물론 초기에는 약간 '외부인'처럼 느끼는 아버지들도 있다. 어느 아버지는 이렇게 말했다.

"엄마는 단번에 아기를 알게 되지만, 나는 배 안에서 아무것도 느끼지 못했습니다. 엄마는 아기가 무엇이 필요한지를 이해하고 있습니다. 하지만 나는 아기가 울면 엄마가 '배가 고픈 거예요'라거나, '너무 더워서 그래요' 하고 말해 주어야 겨우 그것을 알게 됩니다."

특히 어머니가 아기를 지나치게 '감싸고' 아버지를 배제시키는 경향이 있는 경우 이러한 느낌은 더욱 두드 러진다. 그렇게 되면 아버지가 아기에 대해 관심을 갖지 못하게 되는 수도 있 다.

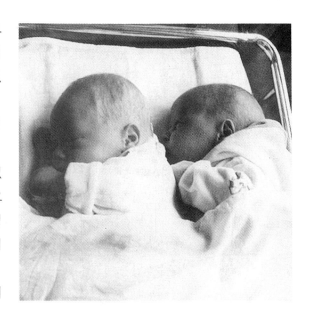

하지만 대부분의 아버지들은 곧 아기 의 존재를 느끼게 된다.

"이내 내 아기이구나 하는 것을 느꼈 습니다. 태어난 지 일주일도 안 되었고 아직 잘 보지도 못하지만 아기가 분명 나를 알아본다는 것을 알 수 있었습니 다."

이렇게 말하는 아버지들은 많다. 이 렇게 말하는 아버지들도 있다.

"태어난 지 열흘이 되면서 나는 이제 또 다른 삶이 시작되는구나, 이 제 이전과는 완전히 다르겠구나 하는 것을 깨달았습니다."

아기와 아버지 사이에 성립되는 관계는 아버지가 아기에게 얼마나 관심을 표현하느냐에 따라 다르고, 또 그러한 관심은 아기가 잘 응답 할수록 더욱더 커진다. 아기와 아버지간의 감정적 연결은 또한 시간이 흐르면서 횟수가 많아질수록 점차 커가게 된다.

아기는 이제 아버지가 보내 주는 새로운 감각을 즐기게 될 것이다. 그것은 분명 어머니로부터 받은 것과는 느낌이 다른 것이다. 아버지가 우유를 먹여 주고 말을 건네거나 기저귀를 갈아 주면 모든 것이 어머 니와 다르다. 아버지의 동작, 목소리, 손길, 접촉, 냄새, 아기를 안아주 는 방법 모두가 다른 것이다. 그렇게 해서 아기는 어머니와 아버지를 구별하게 된다.

브래즐턴 박사에 의하면 생후 3~4주면 벌써 아기는 부모 양쪽에 대 해 서로 다른 행태를 보여준다는 것이 관찰되었다. 어머니에 대한 아 기의 행동이 보다 부드럽다. 마치 어머니와의 사이에는 고요하고 정연 한 상호 작용이 이루어질 것임을 알고 있다는 듯이 말이다.

그러나 아버지에 대해서는 아기의 얼굴이 밝아지고 몸이 긴장한다.

마치 이제 아버지가 자기와 놀아 준다는 것을 알고 있다는 듯이.

일단 부모와 아기 사이에 접촉이 이루어지고 대화가 시작되면 촉각을 통해서든 눈을 통해서든, 혹은 말이나 표정, 미소를 통해서든 감정 교환의 수단은 무엇이라도 좋다. 그리고 무엇이든 놀이가 될 수 있다.

부모들 중에는 아기에게 "까꿍"이라고 말하며 노는 것이 바보스러운 것 같아서 망설이는 사람들도 있다. 하지만 이것은 전적으로 자연스러운 것으로, 처음 태어나고 몇 주 동안 아기에게뿐 아니라 부모들에게도 꼭 필요한 것이다.

아기는 어른의 신호에 답하기를 즐기는 정도가 아니라 그것을 기다리고 있다. 만일 기대하던 것을 부모로부터 받지 못하면 무슨 수를 써서라도 그것을 얻어내려 한다.

"눈을 아주 활발히 움직이는 아기들은 어머니로부터 반응을 얻어낸다. 갓 태어난 아기의 눈길에 빠져 어머니는 아기 쪽으로 고개를 숙이고 이야기를 나누게 된다."

아기는 사회성을 가지고 태어나며, 자기와 비슷한 사람들에게 끌리고 주위 사람들과 관계를 맺길 원한다. 자기가 보낸 메시지가 받아들여졌을 때 아기는 만족하고, 그렇게 함으로써 접촉이 이루어진다.

원하는 대로 되지 않아 아무런 답을 받지 못하면 아기는 좌절할 수 있고, 그것은 아기의 발달에 영향을 끼칠 수 있으며, 어떤 경우 애정 결핍의 근원이 될 수 있다.

아기는 자라나면서 자기를 표현하고 주위와 접촉하는 다른 방법을 찾아낸다. 옹알이를 하고 미소를 짓기도 하며, 안하던 새로운 동작을 보여주기도 한다. 그리고 시간이 지나면 말을 하고 걸어다닌다. 부모와의 사이의 상호 작용은 부모 쪽에서나 아기 쪽에서나 그 특징과 강도가 변화하고 풍요로워진다.

서로 감정 교환을 하는 것, 서로를 잇는 관계의 망이 짜여지는 것, 그것은 곧 서로 강하게 연결되는 것이다. 부모와 아기간의 이러한 연결은 오랜 시간에 걸쳐, 매일매일 조금씩 얻어지는 것이다.

서로간의 이러한 강한 연결은 표시를 주고받고 또 매일매일 접촉을 통해 아기를 알게 됨으로써 얻어진다.

부모는 아기의 존재를 발견하고, 그러고 나면 아기 역시 부모를 알아본다는 것을 보여준다. 아기가 보내는 모든 신호가 부모를 감동시키며 더더욱 아기와 연결시켜 준다.

이것을 절실하게 체감하게 되는 날은 아마도 처음으로 아기와 떨어져 본다든지 아기가 병이 났을 때일 것이다. 그런 상황에서 느끼는 불안이 바로 아기와의 연결이 어떠한 것인지를 보여준다.

● 아기를 돌보기 힘든 때도 있다

아기가 태어나면
나는 아기를 바라보고
아기도 나를 바라본다
내가 다정하게 만져 주면
아기는 행복해한다
나는 아기의 것이고
아기는 나의 것이다.

아기와 부모가 서로 연결되는 과정은, 일단 수주나 수개월에 걸쳐 일어난다는 것을 고려하지 않고 극도로 단순화하면, 위와 같이 요약될 수 있다. 하지만 언제나 그렇게 쉬운 일만은 아니며 때로는 불가능하기도 하다. 상황에 따라서는 아기와의 감정 교환에 문제가 생길 수도 있다.

모든 아기들이 '착하고 순하고 잘 자는' 것은 아니다. 태어나자마자 많이 우는 아기도 있고 먹지 않으려는 아기도 있다. 더욱이 병원에서 "이 아기 돌보시려면 고생 좀 하시겠는걸요"라는 말을 듣고 나면 망연자실해진다. 그것은 분명한 사실이다.

아기가 끊임없이 울면 어머니는 초조해진다. 어디가 아픈 것일까, 어쩌라고 우는 것일까 생각하게 된다. 부모는 걱정에 빠지고, 그러한 긴장은 또 아기의 긴장을 증가시킨다. 이렇게 되면 분명 탈출구가 없는 악순환이 되어 버린다.

젖을 빨지 않으려는 아기, 반대로 너무 많이 빠는 아기, 또 너무 빨리 혹은 너무 오랫동안 빠는 아기, 체중이 늘지 않는 아기, 소화 장애가 있는 아기 등은 부모를 불안하게 한다. 여기에는 몇 가지 요인이 있을 수 있다.

어머니가 젖이 모자라는 경우도 있고, 또 너무 많은 경우도 있다. 도대체 멈추지 않고 하루 종일 젖을 빨기만 하는 여자 아기가 있었는데, 그 어머니는 아기가 태어난 지 몇 주 후에 소아과 담당 심리학자에게 이런 말을 했다.

"너무 많이 빨지만, 그건 나 때문이에요. 내 젖이 너무 맛있어서 그래요. 그리고 사실 나는 두 아기에게 먹일 수 있을 정도로 충분한 젖이 있거든요. 이전에 아기를 한 번 잃었어요."

이 경우 어머니는 젖 먹이는 것을 멈추지 못했고, 아기는 젖을 계속 빨아댄 것이다.

자기의 첫번째 역할은 바로 아기를 먹이는 것이라고 생각하는 어머니는 특히 음식과 관련된 문제점이나 식사를 둘러싼 문제점들을 잘 받아들이지 못한다.

잘 알려지지는 않았지만 흔히 있는 경우로 아기가 지나치게 민감하여 만지기만 해도 싫어하는 경우도 있다.

"마치 벌레처럼 몸을 비비꼽니다. 목욕시키기도 싫어요. 한바탕 전쟁을 치러야 하거든요. 목욕 한 번 시키고 나면 기진맥진해져요."

어떤 아기들은 기질상 상당히 예민하다. 또 어떤 경우는 출산 후에 부모가 아기를 너무 험하게 다루었거나 젖 먹이기 전에 씻기고 기저귀를 갈려고 아무렇게나 아기를 깨웠기 때문에 일어날 수 있다.

이러한 문제들은 물론 어머니가 편안한 마음으로 아기와 대화하는 것을 가로막는다. 이것은 아기를 애지중지하려는 어머니에게는 실망스러운 일이다. 이때 어머니가 의기소침해지면 문제는 더 심각해져서 아기의 울음 소리를 참는 것조차 괴롭다. 이때 어머니는 다른 사람의 도움을 빌려야 한다.

한 젊은 어머니는 출산 후에 극도로 지친 상태에서 아기가 쉬지 않고 울어댔다. 그래서 아기를 육아실로 데려놓아 달라고 부탁했다가 이런 대답을 들었다.

"며칠 있으면 어차피 아기와 함께 집으로 가야 하는걸요. 익숙해지셔야 합니다. 게다가 요즈음은 누구나 아기를 입원실에 데리고 있는걸요."

집으로 돌아가서도 아기는 여전히 울어댔고 이로 인해 완전히 지친 어머니는 실의에 빠졌다. 아기를 탁아소에 보낼 때쯤 해서야 상황이 조금씩 나아지기 시작했다.

이 어머니는 어떻게 할 수 있었겠는가. 우선 주위 사람들과 상의해야 한다. 의사 혹은 소아심리학자의 도움을 청할 수도 있다. 병원에서 일하는 사람들은 심리적 문제에 관해서는 잘 알지 못하는 경우가 있다. 그래서 요즈음에는 아기의 탄생과 관련된 심리적 문제들에 관해서 연구하는 학자들도 있다.

위의 젊은 어머니와 같은 경우는 생각보다 훨씬 더 흔히 있는 일이다. 대부분의 경우 마음이 안정되었다가는 다시 겁을 먹고, 또다시 마음이 안정되곤 한다. 아버지가 아기를 돌보아 줄 수 있는 경우 어머니에게 큰 도움이 되며, 또 시간이 지나면서 아기가 자라나면 나아지게 된다. 전형적인 예로 아기가 이유없이 울어대는 '콜릭'은 부모에게 너무 괴로운 증상인데, 3개월이면 멈춘다.

● 미숙아도 부모가 옆에 있어야 한다

미숙아의 경우, 신생아 병동에서 치료를 받을 때 문제가 더 심각해진다. 곁에 있지도 않은 아기와 어떻게 관계를 이루어나가야 할까? 팔에 안고 싶었던 아기가 기계 안에 들어가 있을 때 어떻게 아기와 접촉해야 하는가? 살 수 있을지 장래가 불분명한 아기와 감정적인 연결을 맺는 것은 어쩌면 불합리한 일이 아닐까? 이러한 반응은 지극히 정상이다.

실제로 아기가 부모와 멀리 떨어져 있어서 자주 보지 못하고 걱정만 하는 처지라면 아기와 감정적으로 연결되는 것이 쉽지 않다. 또한 그렇게 오래 떨어져 있다 보면 정작 아기가 집에 왔을 때 낯선 존재가 되어 버리며, 그런 아기와 다시 관계를 맺는 데는 문제가 따르게 된다.

오늘날에는 다행스럽게도 신생아 병실에 부모가 들어가 아기를 보고 만지고 쓰다듬는 것을 허락하고 있다. 심지어 인큐베이터에서 아기를 꺼내 병원 직원과 함께 돌보기도 한다.

또한 부모들은 7개월 만에 태어난 미숙아라 하더라도 목소리를 들으면 고개를 돌리고 쓰다듬어 주면 반응을 보인다는 것을 알게 된다. 그러면서 부모가 아기에게 얼마나 소중한 존재인가를 깨닫는다. 아기의 치유를 위해서 자기가 적극적인 역할을 할 수 있다는 것을 알게 되면 부모들은 훨씬 더 쉽게 마음을 가다듬게 된다.

어머니의 젖은 아기와의 사이에 또다른 연결 통로가 된다. 젖을 짜서 아기에게 가져다 주면 아기에게 용기를 주고 기쁨을 줄 것이다. 따라서 병원이 부모들을 받아들여 아기에게 익숙하게 해 주고 아기를 이해하는 것을 도와 주면, 나중에 집으로 돌아가서 부모와 아기간의 관계가 훨씬 쉽게 성립된다는 것을 알게 되었다.

부모가 언제나 신생아 병실에 들어갈 수 있는 것은 아니다. 하지만 최근에는 부모가 신생아 병실에 들어가 아기의 치료에 참여하는 것을 공식화하고 있다. 그 경우 얻을 수 있는 장점을 인식하게 되면서 이러한 추세는 점차 널리 전파되고 있다.

한걸음 더 나아가 어떤 병원에서는 상대적으로 저체중인 2~2.5kg의 미숙아가 특별한 병이 없으면 신생아 병실로 옮기지 않고 다른 아기들과 함께 있게 한다. 단지 몸을 따뜻하게 해 주기만 한다. 그러면 아기는 어머니 곁에 있을 수 있고, 부모와 아기의 관계는 별다른 어려움 없이 이루어질 수 있다.

이 방식을 도입한 의사들에 따르면 입원시키는 경우보다 신생아의 발달에 훨씬 도움이 된다고 한다.

물론 전문 의료 기관에 입원하는 것이 꼭 필요한 경우도 많다. 특히 체중이 너무 부족하거나 호흡 곤란을 비롯한 장애를 보이는 미숙아일 때는 입원시켜야 한다.

어떤 나라에서는 극도로 체중이 부족한 아기도 부모와 접촉하고 어머니 품 안에서 온기를 느낄 수 있도록 시도하고 있는데, 이 경우 역시 좋은 결과가 나타났다. 최초의 시도는 보고타에서 행해졌으며, 영국의 몇몇 병원에서도 현재 시도하고 있다. 앞으로 널리 확산될 전망이다.

● 출산 전후 아기를 잃을 때의 슬픔은

기다리던 아기를 잃는 비극이 종종 일어난다. 아기가 태어나지도 못하고 죽어 버리거나 출산중, 혹은 출산 직후에 죽는 경우이다. 이것을 출산 전후의 신생아 사망이라고 한다.[3]

실제로 이러한 불행을 겪은 사람들은 "절대로 그 이야기는 하지 마세요"라고 말한다. 맞는 말이다. 아마도 그들이 겪은 불행을 배려해서 그렇게 해야 할 것이다. 혹은 다른 사람에게 불안감을 주지 않기 위해서라도 말하지 않는 것이 좋을지도 모른다.

그러나 이 책에서는 그 이야기를 좀더 해야겠다. 슬픔을 겪은 부모들에게 꼭 필요한 일을 다른 사람들도 알게 하기 위해서이다. 불행이 닥쳤을 때 그것을 직시하고 그런 일이 왜 일어났는가를 이해하는 것은 또 다른 불행을 막기 위해 절대 필요한 일이다.

피에르 루소 박사로부터 이 문제에 관해 이야기를 들어 보자. 그는 벨기에의 유명한 산부인과 의사로, 아주 뛰어난 감성의 소유자이다. 아주 오래 전부터 신생아 사망이 일어나는 상황과 그로 인해 초래될 수 있는 영향들에 관심을 기울여 왔다. 그는 이 문제에 대해 정기적으로 강연회를 주최하고 있다.

아주 최근까지도 아기가 어머니 배 안에서 죽거나 태어나면서 죽으면 부모는 차라리 아기를 보지 않는 것이 낫다고 생각했었다. 아기의 성별에 관계없이 빨리 아기를 잊고 가능한 한 빠른 시일 안에 다시 아기를 가지라고 권하곤 했다.

이것을 루소 박사는 '침묵의 공모'라고 불렀다. 그것은 결국 죽은 아기가 실제로 존재했었다는 사실 자체를 부인하는 것이다.

하지만 어떻게 새로 태어날 아기가 잃어버린 아기와 같을 수 있겠는가? 그러한 태도는 새로 태어난 아기에게 너무 무거운 짐을 지우는 것이다. 루소 박사와 그의 견해를 따르는 사람들의 생각은 반대로 짧은

3) 좀더 정확히 말해 임신 28주부터 생후 6일 사이의 사망을 말한다.

시간이나마 함께했던 아기의 상(喪)을 치러야만 마음의 평화가 가능하다는 것이다.

그러기 위해서는 어떤 일이 일어났는지를 알아야 하기 때문에, 아기의 모습이나 사진을 보여주어야 하며, 장례를 치르고, 가까운 사람들에게 알리거나 시련을 같이 한 사람들과 이야기를 나누라고 권한다.

아무리 비통하더라도 가족 내에 아기의 자리가 있어야 한다. 그리고 아기에 대해 말할 수 있어야 한다. 물론 상처는 영원히 남겠지만 고통은 조금씩 희미해져 가며 부모는 조금씩 더 침착하게 아기에 대해 생각할 수 있다. 그리고 미래에 대해서도 생각할 수 있다.

처음에는 고통에 짓눌려 있다가, 이러한 새로운 방식에 힘입어 조금씩 불행을 극복해 가는 부모들을 여럿 보았다. 물론 죽은 아기의 모습을 보고 너무나 괴로워하다가 오랫동안 악몽에 시달리는 부모들도 있었다.

간단히 설명했지만, 부모들이 신생아 사망에 대처하는 이 새로운 방식은 대단히 섬세한 것이므로 부모들의 감성이나 문화, 그리고 성격에 따라 달라져야 할 것이다. 어떤 병원에서는 이 새로운 방식을 부모에게 강요하기도 하는데, 그것은 잘못된 일이다.

모든 것은 제안만 해야지 강요해서는 안 된다. 특히 부모들이 진짜 죽은 아기의 모습을 보기를 원하는지 꼭 확인해야 한다. 그렇지 않은 경우도 많다는 것을 알아야 한다. 때로는 사진 같은 영상만으로도 아기를 충분히 구체화할 수 있다. 바로 이 때문에 병원에서는 아기의 사진을 찍어 서류에 보관했다가 원하는 부모에게 보여준다.

위와 같은 상황에서는 의료진의 협동이 특히 중요하다. 소아 심리과 의사나 심리학자는 특히 부모와의 대화에 도움을 줄 수 있다.

유산은 물론 임신 초반에 일어나지만, 때로 유산이 사산만큼이나 슬픔을 주는 경우도 있다. 어떤 경우든 아기를 잃은 부모는 아기의 죽음을 슬퍼하고 상을 치를 시간을 갖기를 원한다는 것을 잊지 말아야 한다.

제 **17** 장

출산 후에는
어떤 문제가 있나?

● 모유와 조제 분유는 어느 쪽이 좋은가?

모유와 조제 분유 중 어느 것이 아기에게 더 좋을까? 이 질문에 답하기 전에 어떤 어머니가 직접 체험한 모유 수유에 관한 짧은 글을 하나 소개하자.

'아기에게는 어머니 젖이 가장 좋다는 말을 수없이 들어 왔기 때문에 나는 첫아들에게 모유를 먹이기로 했다. 결과는 분명했다. 아기의 볼은 단단하고 불그스레해졌다. 젖을 먹이는 것은 아기에게나 어머니에게나 진정한 기쁨이었고, 그 순간이 끝나 버릴까 봐 두려울 정도였다. 젖을 빨고 나면 아기는 이런저런 표정을 지은 뒤 잠이 들었다. 내 품에 안겨 잠든 아기의 입가에 여린 미소가 맴돌고, 그것은 진정 완전한 행복의 표정이었다. 하루에 여섯 번씩 아기와 나는 이러한 사랑의 이중주를 반복했다. 4년 후에 둘째 아들을 다시 젖을 먹여 키웠고 역시 똑같은 행복을 나누었다.'

어쩌면 이 서정적 묘사가 과장된 것이라고 생각하는 사람도 있겠지만, 이것이 과장인지는 어머니들이 직접 확인하기 바란다.

우리는 이 책의 초판본에 '그렇기 때문에 모유를 먹여야 한다' 라고 썼고, 그로 인해 독선적이라는 비난을 받았다. 물론 맞는 말일지도 모른다. 우리가 너무 흥분했는지도 모른다. 그러나 그것은 사실이다.

그래서 재판부터는, 물론 신념은 변하지 않았지만, 입장을 완화시켰다. 아기에게 모유를 먹이지 않는다고 해서, 어머니가 콤플렉스를 갖게 되는 것은 바람직하지 않다고 생각했기 때문이다. 무엇보다 소중한 것은 어머니 스스로 자유로운 선택에 의해 젖을 먹이라는 것이다.

그러다 보니 두 방법이 갖는 각각의 장점과 단점을 나열하게 되었다. 그랬더니 이번에는 입장이 분명하지 못하다는 비난이 있었다. 아기를 기다리는 부모들을 위해 책을 쓴다는 것은 정말 쉬운 일이 아니다. 우리는 오래 생각해 보았다. 실제적인 것과 정서적인 것을 혼동한 것은 아닐까? 독자들도 분명 알아차렸겠지만 이 책은 정서적인 것을 우선시하는 성향이 있다. 사실 감정의 문제를 별도로 접어 둔다면 결정을 내리기가 훨씬 수월할 것이다.

산모가 쉽게 결정을 내리지 못하는 데는 주위의 영향이라는 변수가 있고, 실제로 각 방식이 갖는 장단점을 잘 모르기 때문인 경우도 많다. 모유를 먹일 것인지의 문제는 여자의 일생에서 아주 중요한 선택이며, 어머니로서 내리는 최초의 중요한 결정이다.

결정을 앞두고 잘 생각해 보는 데 도움이 되도록 모유 수유와 분유 수유의 장점을 정리해 보겠다.

모유의 장점

▶ 어느 포유동물이나 어머니의 젖은 그 동물의 새끼가 먹기에 가장 알맞은 조건을 갖추고 있다. 그래서 동물마다 그 젖이 모두 다르다. 인간의 젖은 인간의 특성에 가장 적합한 구조를 갖추고 있으며 인간을 다른 동물과 구별짓도록 특수하게 만들어져 있다. 인간의 뇌는 다른 어떤 동물의 뇌와도 다르다.

▶ 모유는 소화하기 쉽다. 모유 속의 당분인 락토즈 거부 반응이라는 극히 희귀한 경우를 제외하면 거의 대부분 아무런 문제가 없으며, 또한 언제나 인간의 체온과 동일한 알맞은 온도를 지녔다.

▶ 모유를 먹을 경우 우유에 들어 있는 프로테인에 대해 알레르기를 일으킬 위험이 없다.

▶ 모유에 들어 있는 철분은 흡수가 아주 잘 된다.

▶ 모유를 먹으면 모체의 항체가 전달되어 아기가 질병에 대한 저항력을 갖게 된다. 이 세상에 태어난 뒤 처음 몇 주 동안은 모유를 통해 자연적인 보호를 받게 되는 것이다. 모유를 먹고 자란 아기들은 전체적으로 볼 때 비염, 중이염, 설사 등의 증세가 적다. 더욱이 모유에는 균이 없어 아기가 세균에 감염될 위험이 없다.

▶ 실용적이다. 우유병을 씻고 소독하고 준비하지 않아도 된다. 그리

젖을 먹이는 비율은 나라마다 상당히 다르다. 스칸디나비아 국가 95%, 영국 67%, 미국 53%, 프랑스 50%. 어느 나라든 생후 3개월이면 50% 정도가 젖을 뗀다.

고 경제적이다.

▶ 모유를 먹이면 산모에게도 도움이 된다. 출산에 쓰였던 생식기가 원래의 상태로 회복되는 것을 촉진시켜 주기 때문이다. 유선(乳腺)과 자궁은 밀접하게 연결되어 있다. 아기가 젖을 빨면 반사적으로 자궁이 수축되며, 그러한 수축을 통해 자궁이 원래 크기로 돌아가게 된다.

조제 분유의 장점

▶ 사실 조제 분유가 발달되면서 모유가 가진 장점들은 그 가치가 많이 절하되었다. 오늘날 분유의 성분은 아기의 요구 조건에 상당히 근접해 있다고 할 수 있다.

▶ 우유병을 준비할 때 위생상의 문제가 생길 수 있으며, 그 경우 아기가 감염될 위험이 있다. 하지만 젖을 먹이는 산모가 림프관염, 종기 등 유방에 염증이 있을 경우에도 역시 아기를 감염시킬 수 있다.

▶ 젖이 부족한 경우에는 결국 우유를 먹여야 한다.

▶ 아기가 모유를 먹는 동안에 어머니는 다른 일을 할 수가 없다. 그러나 분유를 먹이면 아버지나 다른 사람이 도와 줄 수 있다.

▶ 정상적인 생활을 되찾고 또 직장 생활을 다시 시작하는 데 모유가 장애가 될 수 있다. 또한 출산 후 첫 생리가 늦어지면서 신속하게 피임에 대처하는 데 장애가 될 수 있다.

지금까지 말한 것은 영양학자, 의사, 일반 부모들 모두가 관찰할 수 있는 객관적인 사실로서 이론의 여지가 없고, 실제로 논란의 대상이 된 적이 없는 사실들이다. 하지만 감정의 문제와 관련된 논점도 있다.

"모유를 먹이는 것은 행복이며, 아기와의 사이를 가까이 하는 가장 좋은 방법이다."

이에 대해서는 이런 반론이 제기될 수도 있다.

"아기에게 분유를 먹이면서도 애정이 연결될 수 있으며 기쁨을 누릴 수 있다."

사실 감정의 영역은 단백질이나 당질 같은 것과는 다른 분야이다. 각각의 체험은 다른 것과 바꿀 수 없는 고유의 것으로, 결국 각자의 바람대로, 원하는 대로 결정을 내리는 것이 중요하다.

그렇지만 선택에 도움이 되도록 몇 가지 실제적인 요소들을 덧붙이겠다. 젖을 먹이면 가슴이 미워지는가, 직장을 다니는 경우 어떻게 젖을 먹일 수 있는가 하는 문제이다.

젖을 먹이면 가슴이 미워지는가 · · · 이런 질문을 하는 어머니들이 많다. 실망스럽겠지만, 솔직히 말하면 그렇다, 아니다 하고 정확하게 대답할 수 없다. 어떤 의사들은 수유 때문이 아니라 임신 자체 때문에 가슴 모양이 망가질 수 있다고 말한다. 임신을 하면 유선의 발달로 가슴이 커졌다가 다시 줄어들기 때문이다.

가슴이 출산 후 갑자기 줄어드는 것을 막아 준다는 점에서 수유는 이로울 수 있다. 마찬가지로 유선이 발달되어 젖이 돌기 시작하는 것을 급작스럽게 막아 버리면 가슴 모양을 버릴 수 있다. 또한 과식을 한다거나, 살찌게 하는 잘못된 식단을 따를 경우 가슴 모양이 망가질 수 있다. '풍부한' 식단으로 영양을 섭취하면 젖이 커진다고 믿고 있는 사람들의 경우 특히 이런 일이 많다.

적당한 브래지어를 착용하고 균형 잡힌 식사를 하면 임신 전과 같은 가슴을 만들 수 있다.

피부 조직은 사람마다 다르다. 여러 아기에게 젖을 먹이고도 완벽한 가슴을 간직한 사람도 있고, 한 번도 젖을 먹이지 않았는데도 가슴이 처지고 피부가 튼 사람도 있다. 출산 전에 체조를 하고 운동, 특히 수영을 하면 가슴을 지탱하는 근육을 강화시킬 수 있다.

결론적으로 말하면 젖을 먹인다고 꼭 가슴 모양을 망치는 것은 아니라는 것이 전문가들의 공통된 견해이다.

직장을 다니는 경우 어떻게 젖을 먹일까 · · · 출산 휴가 동안에는 문제가 없다. 그 다음에는 어떻게 해야 할까? 아기에게 계속 젖을 먹이고 싶어하는 산모들을 위해 무급 출산 휴가를 줄 수는 없을까? 이런

앉아서 젖을 먹이는 자세 로는 등받이에 기대거나 쿠션을 받쳐 등을 곧게 펴고 무릎을 골반 높이 정도가 되도록 올린다. 아기는 엉덩이를 밑으로 하여 안는다.

연장 휴가를 얻기가 어렵다면 참으로 유감스러운 일이다. 아기에게 젖을 먹이려는 어머니들을 장려해야 하는데 말이다.

그러나 직장을 다니면서도 젖을 먹이는 어머니들은 많다. 그들은 주로 출근 전에 젖을 많이 먹이고 일부를 짜서 저장해 놓았다가 직장에 간 사이 다른 사람이 그 젖을 먹이는 방법을 택했다. 이 방법에 대해서는 아직 공식적으로 채택된 프로그램이 없다. 어머니 각자가 스스로 현명하게 대처해야 할 것이다.

● 어머니의 선택이 중요하다

의학적인 이유로 결정되는 경우가 있다. 즉 수유가 불가능한 경우이다. 산모에게 급성 혹은 만성의 전신 질병이 있다거나 복용해야 하는 약 때문에 젖을 먹일 수 없는 경우도 있고, 산모가 간염 등 바이러스성 질병이 있어 아기에게 전염될 우려가 있을 때 수유가 불가능하다. 아기 쪽에 기인한 문제로는 입술이나 입천장 모양의 기형 때문에 젖을 빨지 못하는 수가 있다.

이와 같은 경우가 아니라면 모유를 먹일 것인가 분유를 먹일 것인가는 어머니가 선택한다. 단, 미숙아의 경우는 가능하면 꼭 모유를 먹일 것을 권한다. 이 결정은 아기가 태어나기 전에 미리 해야 하는가? 흔히 그렇다고들 하지만 꼭 그렇게 볼 수는 없다. 그 전에 아무리 확고한 결정을 내렸다 하더라도 아기를 보는 순간 바뀔 수도 있는 것이다.

모유를 먹이고 싶지 않다고 해도 특별한 경우로 생각할 필요는 없다. 이전 아기에게 젖을 먹이면서 고생을 했기 때문에 다시 또 되

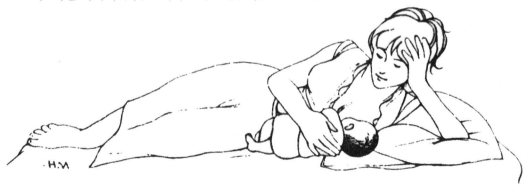

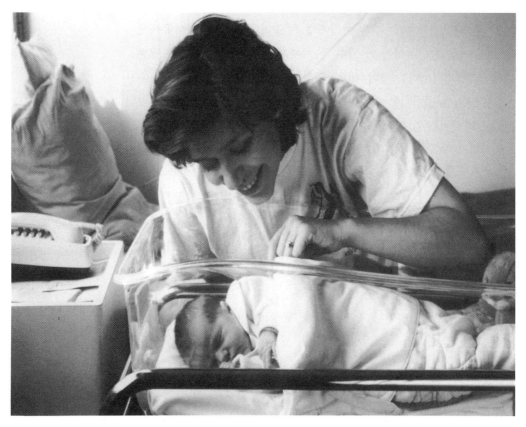

풀이하고 싶지 않은 사람도 있다.

또 아기와의 스킨십에 별로 끌리지 않는 사람도 있다. 아버지들 중에도 그런 사람이 있다. 또한 뚜렷한 이유 없이 그저 젖을 먹이고 싶지 않은 사람도 있을 것이다.

다시 말해 혹시 젖먹이기가 싫더라도 그 때문에 죄책감을 가질 필요는 없다는 뜻이다. 이런 어머니도 있다. 첫아기에게 젖을 먹이지 않은 것이 후회스러워서 둘째에게는 젖을 먹였는데, 결국 첫애가 둘째보다 불행하다는 생각 때문에 별다른 기쁨을 느낄 수 없었다는 것이다. 그런 죄의식은 절대 가질 필요가 없는데 말이다.

젖을 먹이고 싶지 않으면 억지로 먹일 필요는 없다. 아기에게 젖을 먹이는 일이 마지못해 하는 노역이어서는 안 된다. 아기 쪽에서 보면 어머니가 다정하게 우유를 먹여 주는 것이 억지로 젖을 먹여 주는 것보다 훨씬 좋을 것이다.

젖이든 분유이든 빠는 것은 아기에게 큰 즐거움이며, 어떤 이유에서든 그 즐거움을 망쳐서는 안 된다. 아기에게 있어서 중요한 것은 먹는다는 것 그 자체보다는 어머니와 긴밀한 관계를 맺는 것이다.

물론 모유를 먹이기를 원한다면 다행스러운 일이다. 그리고 일단 그렇게 결정하면 주위에서 뭐라고 하든 밀고 나가야 한다.

아기에게 젖을 먹이는 것은 바로 산모 자신이지 친구나 할머니나 간호사가 아니다. 산모와 아기는 무엇으로도 바꿀 수 없는 유일한 존재인 것이다. 물론 언제나 말처럼 쉽지만은 않을 것이다. 주위에서 수많은 조언이 있을 것이고, 또 때로는 비난이 있을 것이다.

"잘못 생각한 거야. 너무 자주 젖을 물리는 거 아니야? 젖이 별로 좋지 못한 것 같아. 혹시 젖이 모자라는 건 아니야?"

특히 젖몸살이 있다든지 살이 틀 때, 혹은 아기가 젖을 빨려 하지 않고 우는 등, 처음 젖먹이며 애를 먹었을 때, 이런 말을 들으면 속이 상한다. 계속 밀고 나가려면 상당한 의지가 있어야 하지만, 그 결과는 달콤하다.

"아기를 기르는 것은 행복이고, 아기에게 젖을 먹이는 것은 두 배의 행복입니다."

이렇게 말하는 어머니들은 의외로 많다.

그러므로 젖을 먹이기 시작할 때는, 물론 언제나 그런 것은 아니지만 인내와 단호한 의지가 필요하다. 조금만 더 참고 버티면 자신감을 되찾고 아기에게 젖을 먹일 수 있을 텐데 낙담해서 포기해 버리는 어머니들이 있어서 안타깝다.

지금 프랑스에는 모유를 먹이려는 어머니들을 도와주는 단체가 여럿 있고 그런 단체에 가면 행복한 얼굴로 젖을 먹이는 젊은 어머니들을 수없이 볼 수 있다.

물론 이런 어머니도 있다.

"내가 30년을 사는 동안 아기에게 젖을 먹이는 어머니를 단 두 번밖에 보지 못했다는 것을 믿을 수 있겠습니까? 정말 믿을 수 없는 일이지요? 첫번째는 아홉 살 때 모로코에서였습니다. 지금도 뚜렷이 기억하고 있는데, 나는 그 광경에 충격을 받았습니다. 두 번째는 스무 살경이었는데 프랑스에서였습니다. 한 친구가 그것도 아주 자연스럽게 아기에게 젖을 먹이는 것을 보았습니다. 나는 아주 거북했습니다."

아직 결정을 내리지 못했다면, 나중에 그만두더라도 일단 젖을 먹이기 시작하는 것이 좋다. 그렇지만 분유를 먹이다가 보름 후에 모유로 바꾸는 것은 불가능하다.

이 문제에 대해서는 이 책과 함께 나온 또 하나의 책 〈아기 기르기〉에서 자세히 다루고 있다. 즉, 젖먹이는 방법, 처음 시작할 때의 문제점, 수유하는 어머니의 식단, 살이 트는 것을 막기 위한 유방 돌보기, 젖을 떼는 법 등에 대한 문제는 그 책을 참조하기 바란다.

수유를 하지 않는 어머니를 위해서는 젖병을 준비하는 방법, 우유를 선택하는 방법, 우유를 먹이는 양과 시간 등에 대해 다루었다.

 # 출산 후 회복기의 문제들

아기가 태어나면 산모의 몸에 어떤 일이 일어날까? 임신과 출산은 여자의 신체 기관에 엄청난 변화를 초래하기 때문에 원래의 상태를 되찾기 위해서는 몇 주간의 휴식이 필요하다. 임신으로 인한 변화 중 어떤 것은 사라지고, 또 어떤 것은 흔적이 남게 될 것이다.

아기를 하나 낳을 때마다 여자의 몸은 달라진다. 바로 그 때문에 두 번째 아기를 낳을 때와 첫번째 아기를 낳을 때가 다른 것이다. 신체 각 기관은 조금씩 원래의 자리를 되찾고 제 크기로 돌아가게 된다.

예를 들면 임신 말기에 1,500g 정도로 배를 불룩하게 했던 자궁은 6주 후면 원래의 무게, 50~60g으로 돌아가고 골반 내에서 이전의 위치를 되찾는다. 마찬가지로 질과 음부도 원래의 크기가 되고, 난소와 나팔관도 원래의 위치로 돌아간다. 물론 여러 기관이 제 모습을 되찾는 이러한 과정은 조금씩 점진적으로 행해진다. 6주간에 걸친 이러한 재조정 기간을 산욕기라고 하며, 다시 생리가 시작되기까지를 일컫는다. 산욕기는 다음 두 가지 시기로 구분된다.

▶ 병원에 입원해 있는 시기.

▶ 퇴원 후 집으로 돌아가 아기가 태어나기 이전의 생활을 조금씩 다시 시작하는 시기.

● 병원에서 우선 잘 쉬어야 한다

병원에서 보내는 처음 며칠 동안 산모에게 가장 중요한 문제는 편안히 쉬고 '회복'하는 것이다. 출산은 물론 자연스러운 일이다. 하지만 동시에 힘겨운 일이기 때문이다.

언제 자리에서 일어나는가 · · · 일반적으로 산후에는 일주일 정도 쉬어야 한다. 하지만 매일 조금씩 일어서야 한다. 이때 다음과 같은 주의 사항을 지켜야 한다.

▶ 출산 후 처음 일어날 때는 절대 혼자 있으면 안 된다. 가족이건 간호사이건 누군가가 곁에 있어야 한다. 처음 일어날 때 현기증을 느끼는 일이 많으므로 이때 도와 줄 사람이 없으면 쓰러질 위험이 있기 때문이다.

▶ 물론 출산 이튿날부터 입원실이나 복도를 걸어다닐 수 있다. 하지만 무리해서는 안 된다.

신체의 순환을 원활히 하고 근육을 강화하기 위하여 출산 후에는 꼭 체조를 시작하는 것이 좋다. 자세한 내용은 조금 뒤에 다시 언급될 것이다. 의사가 허락하면 출산 이튿날부터 시작해도 좋다. 지시된 대로 단계적으로 시행해야 하며, 몇 주간 계속해야 출산 이전의 몸매를 회복할 수 있다.

자궁의 변화 · · · 출산 후 자궁은 본래의 크기로 되돌아간다. 자궁의 퇴축이 이루어지는 것이다. 동시에 난세포를 둘러싸고 있던 점막이 배출되는데, 이것을 탈락막이라고 한다.

탈락막 찌꺼기는 태반이 떨어져 나온 자리에서 흐르는 피와 함께 몸 밖으로 배출되며, 그 모두를 산욕 배설물, 즉 오로(惡露)라고 한다. 처음에는 피가 많이 섞이고 양도 많다가 점차 색깔이 밝아지고 양도 줄어든다. 오로는 몇 주간 지속되며 첫 생리가 시작될 때까지 지속되는

마사지

등과 다리를 마사지하면 다리가 무겁게 느껴지거나 피로감 혹은 여러 통증을 완화시킬 수 있다. 반면 배를 마사지할 때는 몇 가지 주의 사항을 꼭 지켜야 한다. 배를 만져 주면 내장의 상태가 호전될 수도 있지만 피부나 근육을 문지르면 늘어날 위험이 있고, 그렇게 되면 배를 원래의 모양대로 들어가게 하는 데 방해가 될 수도 있기 때문이다.

경우도 있다. 출산 후 약 12일에 오로의 양이 많아지는 경우도 있다.

초산이 아닌 경우 산후 4~5일간은 자궁이 줄어들면서 상당한 통증이 있다. 일반적으로 아기를 낳은 경험이 많을수록 통증이 더 심하다. 산후 복통이라고 불리는 이러한 통증은 생리 때의 통증과 비슷하게 느껴지며, 아기에게 젖을 먹일 경우 더 심해진다.

유방과 자궁이 밀접하게 연결되어 있기 때문이다. 필요한 경우 처음 며칠 동안 진통제를 복용한다.

회음 절개···회음 절개 때문에 불편하고 또 상처 부위의 염증으로 고생스러웠다는 사람이 있는데 이는 흔히 있는 일이고, 실제로 상당히 아프다. 하지만 다행스럽게도 불편은 그리 오래 가지 않는다. 이것은 일시적인 문제이다. 아무리 불편하다 해도 회음 절개를 하지 않아서 회음부가 파열되었을 경우의 상처와는 비교도 되지 않는다.

직장 탈수는 회음 절개를 통해서만 피할 수 있는 것은 아니다. 분만 시 힘을 줄 때 그 힘 주는 방법에 따라서도 달라질 수 있다는 것이 일반적인 생각이다.

어떤 병원에서는 간단하고 효과적인 방법을 이용하여 상처가 빨리 잘 아물게 한다. 즉, 헤어드라이어기를 사용하는 방법이다. 하루에 몇 차례씩 몇 분 동안 더운 공기를 쐬면 습기를 없애고 상처를 빨리 아물게 해 준다. 하지만 지나치면 안 된다. 습기를 말리는 것이지 피부가 지나치게 건조해지면 안 되니까.

회음 절개로 인한 통증이 유난히 심한 경우 고무 튜브나 고무 스펀지를 산모의 엉덩이 부분에 받치면 회음 부위가 직접 자리에 닿지 않게 되어 통증 완화에 효과적이다.

3~4주 후에도 계속 상처 부위에 통증이 있거나 불편하면 의사에게 말해서 마사지나 연고, 전기 치료 같은 효과적인 치료를 받아야 한다. 회음 절개나 파열로 인한 통증을 치료하지 않고 몇 달간 방치해서는 안 된다.

이러한 치료에도 불구하고 계속 불편함을 느낀다면 다시 '처치' 해야 한다. 국부 마취하에서 길어야 30분 정도면 끝나는 간단한 수술로, 출산 후 몇 개월 혹은 몇 년이 지나도 시술될 수 있다.

어떤 산모들은 여러 이유에서 출산시의 회음 절개에서 비롯된 통증 혹은 불편을, 특히 성관계시에 느끼게 되는 불편을 의사에게 말하기를 꺼린다. 어떻게 해야 산모들이 꺼리지 않고 의사와 상의하게 할 수 있을지 쉽지 않은 문제이다.

장기와 비뇨기 · · · 출산 후에는 흔히 변비가 오는데, 이때 억지로 변을 보지 않는 것이 중요하다. 지나치게 힘을 주면 직장 탈수나 요실금의 원인이 될 수 있기 때문이다.

하루에 몇 차례 약 10초간 숨을 끝까지 들이쉬면서 배를 들이미는 훈련을 하는 것이 효과적이다. 이러한 동작은 내장을 안에서 마사지하는 것으로 장의 배설 운동을 도와 준다.

변비가 계속되면 글리세린 좌약을 사용해야 한다. 습관이 될까 봐 걱정할 필요는 없다. 부드러운 완하제나 관장도 효과를 볼 수 있다.

혹은 내장의 흐름을 따라 직접 배를 마사지하는 것도 좋다. 즉, 오른쪽 아래에서 위로, 다음에는 윗부분을 오른쪽에서 왼쪽으로, 그 다음은 왼쪽을 위에서 밑으로 마사지한다. 손바닥을 펴서 천천히 가볍게 힘을 주면서 큰 원을 그리듯이 마사지한다. 또한 몇 초 동안 항문을 오므렸다 펴는 운동도 도움이 된다. 몇 차례 연속해서 해야 한다.

출산 후에는 출혈성 치질이 생길 수도 있다. 이것은 국부 처치가 필요하다. 조산사에게 조언을 구하는 것이 좋다.

요실금 · · ·어떤 경우에는, 특히 경막외 마취 이후에, 소변을 보지 못할 수가 있다. 이것은 일시적인 현상으로 24시간 안에 사라진다. 하지만 요도용 주입관을 한두 차례 삽입해 볼 필요가 있다.

이와는 반대로 약 5% 정도는 소변을 참지 못한다. 특히 기침을 한다거나 걸어다니는 등 어떤 식으로든 힘을 줄 때 자기도 모르게 소변이 흐르게 된다. 극히 평범한 출산 이후에도 요실금이 나타날 수 있지만, 아기가 크거나 겸자를 사용한 난산의 경우 좀더 자

주 발생한다. 때로는 출산 이전 임신 말기에 요실금이 나타나는 경우
도 있다.

대부분의 경우 이러한 요실금은 별다른 처치를 하지 않아도 몇 주가
지나면 수그러든다. 간단한 운동만으로도 치료에 도움을 줄 수 있다.
즉, 방귀를 참을 때나 소변을 참을 때처럼 회음부 근육을 수축시키고
배뇨중에 한 번 소변을 멈추어 본다.

출산 이후 약 한달 동안은 요도와 회음부의 근육이 이완되어 있어서
배뇨중 소변을 멈추는 것이 잘 되지 않는 것이 정상이다. 특히 출산 직
전에 이러한 운동을 권하는 의사나 조산사도 있다. 요실금이 지속되는
경우는 드물다.

만일 그렇다면 산후 검진 때 의사에게 이야기해야 한다. 몇 달이 지
나도록 지체해서는 안 된다. 이 경우 대부분 방광과 회음 재활 치료를
권하는데, 이 치료는 전문 근육 치료사가 시행하기도 하나 의사나 조
산사가 시술하기도 한다.

치료는 일주일에 1~2회씩 12회에서 15회에 걸쳐 시행된다. 제일 먼저 근육 훈련을 하게 되는데, 특히 회음의 근육을 수축하는 법을 익히게 된다. 이때 환자 스스로 자기의 노력이 얼마나 효과적인가를 알아볼 수 있다. 질에 주입관을 삽입하여 회음의 수축을 기록하는 기계에 연결해 놓기 때문이다. 이러한 장치를 통해 환자는 매번 시도할 때마다 더 잘하려고 노력하게 된다.

요실금은 대부분의 경우 완치가 가능하며, 무엇보다도 인내심이 필요하다. 의사와의 상담도 필요하다. 물론 완치 여부는 문제가 어느 정도 심각한가의 정도에 따라 다르다. 진짜 심각한 요실금의 경우에는 외과적 처치가 필요한 경우가 많다.

젖이 돌기 시작할 때 · · · 다른 기관들이 원래의 크기로 줄어드는 것과 달리 점점 더 발달해서 본격적인 활동을 준비하는 기관이 있다. 바로 산모의 유방이다. 아기가 태어나면 어머니의 몸은 앞으로 몇 달 동안 아기를 먹일 준비가 완료된다.

출산 후 2~3일이 지나면 가슴이 부풀어오르고 딱딱해지는 것을 느끼게 된다. 마치 충혈된 것 같다. 피부가 팽팽해지고 정맥이 팽창하며, 이러한 불편과 함께 미열이 있을 수도 있다.

물론 걱정할 필요는 없다. 그러한 증상들은 젖이 돌고 있음을 알리는 외적인 징표일 뿐이기 때문이다. 이제 유선이 젖을 분비할 준비를 하는 것이다.

임신 기간 중 난소와 태반의 작용으로 유선이 발달하기 시작한다. 동시에 유두로 젖을 전달하는 작은 통로들이 형성되기 시작한다. 뇌하수체에서는 프롤락틴이라는 새로운 호르몬이 분비되는데, 이것은 젖을 만드는 호르몬이다. 물론 출산시까지 프롤락틴은 대기중이다. 태반이 없어진 이후에야 활동을 시작하는 것이다.

출산이 끝나고 태반이 배출되면 뇌하수체의 프롤락틴은 혈액을 통해 유선으로 전달되며, 그와 함께 비로소 유선이 활동하기 시작한다.

처음 2~3일 동안 분비되는 노란색 초유에는 알부민과 비타민이 풍부하다. 보통 모유는 3~4일이 지나면 분비되기 시작한다. 계속해서 뇌하수체가 프롤락틴을 생산하기 위해서는 자극이 필요하다. 아기가

의사나 조산사에게 일러 젖이 돌지 않게 하는 처치를 취해야 한다. 이때는 또한 물을 너무 많이 마시지 말라고 충고할 것이다. 수분은 젖 생산을 증가시키기 때문이다.

젖을 빨면 바로 그것이 자극이 되어 규칙적으로 젖이 만들어지게 된다. 그렇기 때문에 모유를 먹이기로 결정했으면 지체없이 아기에게 젖을 물려야 한다.

일반적으로 분만이 끝나고 조금 후에 젖을 물리며, 때로는 분만실에서 젖을 물리기도 한다.

더욱이 아기가 마시는 초유는 아주 훌륭한 영양소이다. 불순물을 세척하는 설사약과도 같은 기능을 하며 아기의 창자에 남아 있는 배내똥을 씻어내 준다.

입원 기간 · · · 요즈음 출산을 위한 입원 기간이 점점 더 짧아지는 추세이다. 일반적으로 출산 후 4~5일이면 퇴원하며, 그보다 일찍 하는 경우도 있다. 보통 4~5일이 적당하다고 생각하는 사람도 있고, 더 오래 입원하기를 바라는 사람도 있다. 반대로 가능한 한 빨리 퇴원해서 집으로 가려는 사람도 있다.

오래 있으려는 사람들은 병원에서 지내는 시간을 휴식으로 삼으면서 보살핌을 받는 것을 좋아하는 경우이다. 집에 가면 다시 일을 해야 하기 때문에 겁이 나고 또 병원에서 같은 처지의 다른 산모들과 함께 있는 것을 좋아한다.

반대로 빨리 집으로 가려는 사람들은 집에 돌보아야 할 다른 아기가 있거나 혹은 병원이 시끄럽고 그 분위기를 별로 좋아하지 않는 사람들이다. 병실의 옆사람이 너무 말이 많다든가 아기가 울어 댄다든가, 오가는 사람들이 많은 것 등이 불편하기 때문이다.

어느 부류에 속하든 중요한 것은 병원에 있는 며칠 동안을 잘 이용하여 아기를 '발견'하고 또 아기가 커가는 것을 지켜보는 것이다. 그동안 아기는 아주 빨리 자란다. 아기에게 젖을 먹이고 나면 다시 누이기 전에 얼마 동안 곁에 두는 것이 좋다.

잘 먹고 나서 어머니 품에 안겨 미소짓는 이 순간은 바로 어머니와 아기가 서로를 알아 가는 데 가장 좋은 때이다.

기저귀를 갈아 줄 때나 씻어 줄 때도 아기를 '만날' 수 있다. 시간이 지날수록 어머니는 이른 아침에도 아기를 돌보게 될 것이다. 그렇게 되면 집에 돌아갈 때는 걱정했던 것처럼 어쩔 줄 모르는 상태가 아니라 이미 육아 전문가가 되어 있다. 아기 앨범을 만들 생각이 없는 사람은 어떤 어머니가 말해 준 다음 방법을 따르는 것이 좋겠다. 사실 앨범을 계속 만들어 가는 것은 쉽지 않다.

"아기가 태어날 당시의 신문과 잡지를 잘 보관하십시오. 당시의 뉴스와 유행, 다양한 사건들을 간직해 두면 나중에 아기에게 재미있는 추억이 될 것입니다."

끝으로 한 가지 충고를 덧붙이겠다. 한 조산사의 말이다.

"산모는 찾아오는 친구들에게 아기를 보여주는 게 너무 기쁜 나머지 그 많은 손님들 때문에 저녁이면 기진맥진해진다. 아기도 마찬가지로 피곤해진다."

산모도 휴식을 취하고 아기도 쉴 수 있도록 처음에는 사람들을 너무 많이 맞지 않는 것이 좋다. 어느 하루 정말로 완전하게 휴식을 취하고 싶다면 조산사나 간호사에게 이야기해서 모든 이의 방문을 금지하도록 할 수 있다.

● 퇴원 후 건강한 산후 조리

집으로 돌아온 후에도 열흘 정도, 가능하면 그보다 좀더 쉬는 것이 좋다. 산후에 휴식을 충분히 취할수록 지나친 피로감 없이 활동적인 삶을 다시 시작할 수 있다. 자연의 섭리를 거스르면 안 된다. 출산에 쓰였던 신체 기관이 정상적인 상태로 돌아가는 데는 6주가 필요하고, 몸이 원래의 활력을 되찾는 데는 몇 달이 걸린다. 이 기간 동안에는 피곤할 때까지 움직여서는 안 되며, 층계를 올라간다거나 무거운 짐을 지는 일은 피해야 한다.

또한 점심 식사 후에는 낮잠을 자는 것이 좋다. 적어도 첫 2주 동안에는 어머니, 시어머니, 친구 혹은 다른 누구라도 도와 줄 사람이 있어야 한다. 물론 남편이 휴가를 얻을 수 있다면 가장 이상적이겠다.

전문 의사인 오딜 코텔 베르네드 박사는 너무 무거운 짐을 들어서 등이나 회음에 문제가 생긴 산모들에게 다음과 같은 충고를 한다.

"출산 후 몇 달 동안은 절대로 무거운 물건을 들어서는 안 됩니다.

요즈음은 배달을 해 주는 상점들이 꽤 많이 있으므로 장을 본 물건은 배달시키는 것이 좋습니다. 너무 무거워서 혼자 들기 어려운 유모차는 꼭 두 명이 들어야 하고요. 같은 종류라면 가벼운 유모차를 선택하는 것이 좋겠지요."

또한 아기를 안고 있을 때는 시장 바구니나 유모차 같은 다른 무거운 물건을 들어서는 안 된다. 시간이 더 걸리더라도 몇 번 더 왔다갔다 하는 것이 좋다. 아기를 보호대로 멘 경우 가능한 한 위로, 젖가슴 사이에 오도록 해서 움직이지 않도록 받쳐야 한다.

그러한 자세가 아기에게나 어머니에게 가장 편안하다. 조금 무거운 짐을 들어야 할 때는 회음과 배에 힘을 주는 것을 잊지 말아야 한다.

산후의 몸 가꾸기 · · · 산모는 출산 다음날부터 가벼운 샤워를 할 수 있다. 그러나 목욕은 10~12일 후에 하는 것이 좋고, 너무 오래 해서는 안 된다. 회음 절개를 한 경우 더욱 조심해야 한다.

입원 기간 중 회음 부위를 소독하게 되며, 퇴원 후에도 며칠간 계속해야 한다. 하지만 질 안에 주입하는 것은 피하는 것이 좋다. 모유를 먹일 경우 의사나 간호사가 필요한 주의 사항을 일러 줄 것이다.

성관계와 피임 · · · 처음에는 성관계를 갖는 것이 힘들고 통증이 있을 수 있다. 사실 출산 후의 산모들은 자신의 성생활보다는 당연히 아기에게 모든 관심이 가 있다. 또한 피로한 상태이고, 몸이 원래의 상태로 돌아가려면 시간이 필요하다.

또한 출산 후 몇 주 동안 호르몬의 영향이 아직 남아 있어 질이 건조한 상태이다. 더욱이 회음을 절개했거나 파열되었을 경우, 혹은 긁힌 자국 때문에도 성관계시 통증이 있을 수 있다. 이 경우는 젤을 발라 윤활하게 해 주는 것이 좋다.

때로는 질이 건조한 정도가 아니라 줄어든 경우도 있다. 이때는 젤만으로는 충분하지 않다. 상태가 심한 경우 의사의 처방을 받아 에스트로겐을 함유한 좌약을 질에 삽입해야 한다.

때로는 부인이 아플까 봐 걱정되어 남편 쪽에서 성관계를 두려워하는 경우도 있다. 더욱이 모유를 먹일 경우 유방에 접촉하는 것도 꺼리게 된다. 이러한 이유로 산후 첫달은 성관계를 맺기에 별로 좋은 상황

출산 후의 피임과 관련된 의문점들은 이 장의 끝부분에서 언급하겠다.

이 못된다. 하지만 곧 불편이 사라지고 부부는 다시 서로를 받아들이고 성생활도 정상으로 돌아가는 것이 일반적이다.

감정적인 분야에서는 언제나 그러하듯이 이 경우에는 무슨 규칙이 있는 것이 아니다. 부부마다 각자의 방식이 있는 것이다.

산후의 첫 생리 · · · 출산 후 다시 시작되는 생리는 일반적으로 평상시의 생리보다 양이 많고 오래 지속된다. 출산 후 생리가 시작되는 시기는 모유를 먹이느냐 분유를 먹이느냐에 따라 달라진다.

모유를 먹일 경우 젖이 생산되는 동안은 일반적으로 난소의 작용과 배란이 멈춘다. 따라서 수유를 하는 동안은 생리가 없는 것이 일반적이다.

모유를 먹이지 않을 경우 산후 6~8주 정도에 생리가 시작된다. 그러고 나면 정상적인 주기를 되찾는 것이 일반적이지만, 얼마 동안 주기에 약간의 변동이 있을 수 있다.

산후 검진 · · · 출산 후 몇 주가 지나면 몸의 상태를 점검해 보아야 한다. 일반적인 검진과 산부인과 검진을 통해 생식기와 몸 전체가 만족할 만한 상태로 돌아갔는지를 확인해야 한다. 자기 몸에 아무런 이상이 없다고 생각하여 이 검진을 받지 않으려는 경우도 있다. 아기에게만 빠져 출산 이전으로 돌아가기를 바라지 않는 것이다.

하지만 이 검진은 아주 중요하며, 의무적으로 받아야 한다. 산후 검진에서는 다음과 같은 세 가지 종류의 문제가 나타날 수 있다.

▶ 이전의 장애들이 악화된 경우, 즉 신체 순환이 잘 안 되어 정맥류나 치질이 발생한 경우.

▶ 임신중에 나타난 장애들이 계속되는 경우. 예를 들면 요실금같은 것이 그렇다.

▶ 새로운 문제가 발생한 경우. 예를 들면 복부의 지속적인 통증을 호소하는 경우.

산후 검진을 하러 갈 때는 문제점들을 빠뜨리지 않도록 메모를 해 가는 것이 좋다. 출산 후 다시 성관계를 시작하는 데 있어서의 어려움과 같은 문제는 사적인 것이라는 생각에 수줍어서 의사와 상의하기를 꺼리는 사람들도 있다. 그런데 심리적인 문제나 부부간의 문제는 때로 육체적인 이유에서 비롯되며, 의사의 치료를 받아야 한다. 경우에 따라서는 전문 진료를 받게 된다.

산후의 식단···출산 이전의 몸무게를 되찾기 위해서는 아마 3~4kg은 빠져야 할 것이다. 이것은 165cm의 키에 평상시 55kg이던 사람이 임신중에 10~12kg이 늘었다가 출산과 산욕기에 약 3분의 2가 다시 빠진 경우를 기준으로 한다. 정상적인 경우라면 고전적인 식단으로 초과분 몸무게를 감량할 수 있다.

아기에게 젖을 먹이지 않았다든가 먹였더라도 젖을 끊은 경우 임신 전의 몸매를 되찾기 위한 몇 가지 제안이 있다.

처음에는 갑자기 식단이 바뀌지 않도록 출산 전과 같은 횟수의 식사, 세 번의 주된 식사와 두 번의 가벼운 간식을 한다. 하지만 일일 칼로리 섭취량을 줄이는 것이 좋다. 특히 설탕이나 페이스트리, 사탕 등을 피해야 한다. 버터, 소스, 동물성 지방, 햄, 소시지 등도 제한해야 한다. 반면 고기나 달걀, 치즈, 채소, 과일 등은 많이 섭취하는 것이 좋으며, 다양한 음식을 골고루 섭취하는 것이 필요하다.

어떻게 음식을 골고루 섭취할 수 있는지 제3장에서 소개했으므로 여기서는 생략한다.

체조와 운동···출산 이전의 몸매를 되찾는 데는 체조가 아주 효과적이다. 물론 체조를 한다고 무조건 살이 빠지는 것은 아니다. 오히려 운동을 하면 배가 고파져 평소보다 많이 먹을 수도 있다. 하지만 운동을 하면 근육이 강화된다.

산후에 권하는 체조에 관해서는 다음 항목을 참조하기 바란다. 격렬한 운동은 젖을 먹이지 않을 경우 첫 생리가 시작되기 전에는 하지 않는 것이 좋다. 수유시는 젖을 끊을 때까지 기다리는 것이 좋다. 어떤 경우든 산후 검진을 받고 나서 회음에 아무런 문제가 없음을 확인한 후에 시작해야 한다.

넓리 알려진 일반적인 복근 강화 운동들 페달 돌리기, 두 다리를 가위처럼 교차시키기 등은 의사나 조산사의 지시가 있은 다음에 시작한다. 복부 내에 큰 압력을 주는 이런 운동들은 시행 도중 회음을 압박하게 되므로 회음이 늘어질 염려가 있기 때문이다.

● 효과 놀라운 산욕 체조

의사의 금지 지시가 없다면 출산 이틀째부터는 자리에 누운 채로 다음과 같은 체조를 시작할 수 있다.

회음을 수축시키기 위한 체조··· 바닥에 등을 대고 누워서 무릎을 구부리고 다리를 벌린다. 이 자세에서 소변을 억제하는 회음부와 질의 근육을 몇 초 동안 죄어 준다. 체조를 하는 동안 주의할 점은 무릎을 옆으로 벌리고 엉덩이는 이완시켜 바닥에 붙인 상태로 배에 힘을 빼는 것이다. 호흡은 평상시처럼 자연스럽게 한다.

요도 괄약근의 감각을 회복하고 강화하는 체조··· 다음과 같은 방법으로 실시한다. 즉 소변을 보기 시작하면서 곧 멈추었다가 다시 소변을 끝까지 본다. 도중에 여러 번 멈추면 방광을 다 비우기 전에 소변 욕구가 사라질 수 있으므로 피하도록 한다. 방광에 소변이 남아 있으면 방광염을 일으킬 위험이 있다.

출산 후 한 달 동안은 소변 줄기를 완전히 멈추지 못하고 소변 속도를 약하게 할 수 있는데 그것은 정상적인 현상이다. 이 체조는 하루 한 번 시행한다.

복부 단련 체조

▶ 숨을 깊이 들이쉰 다음 내쉬면서 배를 최대한 집어넣는다. 이 자세를 최소한 5초 동안 유지하는데, 가능하면 10초가 될 때까지 계속한다. 그런 다음 원상태로 돌아와서 처음부터 다시 반복한다.

이 체조는 산모 누구나 할 수 있다. 특별한 동작이 필요한 것이 아니므로 이것만 되풀이하면 지루하게 느껴질 수도 있으나, 복부 근육의 탄력을 회복하는 데는 효과적인 운동이다. 하루 동안 여러 번 반복해서 시행한다. 뚜렷한 효과를 얻으려면 하루에 최소한 50회 정도 반복해서 실시한다.

▶ 등을 대고 누워 무릎을 굽힌다. 숨을 들이마셨다가 내쉬면서 배를 안으로 힘껏 집어넣는다. 배를 집어넣은 상태로 머리를 앞으로 든다. 힘을 준 상태로 배를 평평하게 유지할 수 없다면 이 동작이 아직은 너무 어렵다는 뜻이므로, 좀더 시간이 지난 후 실시한다.

다리의 혈액 순환을 돕는 체조··· 등을 대고 반듯하게 누워서 다리를 길게 뻗는다.

▶ 발목 회전 체조 : 한 방향으로 원을 그리며 발을 돌렸다가 방향을 바꿔 돌린다. 3회 반복.

▶ 발을 접었다 펴기 : 발을 다리 쪽으로 당겼다가 최대한 평평해지도록 천천히 편다. 엄지발가락 끝으로 몇 센티미터 떨어진 물체를 건드린다는 기분으로 실시한다. 3회 반복.

하루에 여러 번 되풀이하되, 한 번에 3회 이상 연속으로 실시하는 일은 피한다. 3회 이상 연속할 경우 다리에 통증이 올 수 있다.

유방의 탄력과 형태를 유지하기 위한 체조···아름다운 가슴을 유지하기 위해서는 제14장에서 설명한 체조를 수유를 중단할 때부터 다시 시작한다. 젖을 먹이지 않을 경우에는 출산 15일째부터 시행한다.

● 산후, 몸매를 빨리 회복시키려면

출산 후 많은 여성들은 자신의 체형이 변해 버린 것을 발견하고 당황한다. 임신중에는 굵은 허리가 자랑스럽기도 했지만 이제는 더 이상 임신 상태가 아니다.

미용의 차원에서 볼 때, 출산으로 인한 몸매나 얼굴 윤곽의 변화는 여성 개개인에 따라 다르다. 그러나 이러한 변화는 임신 횟수가 늘어남에 따라 커지는 경향이 있다.

어떤 여성들은 이러한 체형의 변화가 아기를 탄생시키기 위해 치러야 할 대가라고 생각하고 체념한다. 이들은 자신의 원래 몸매가 어떤 모습이었는지 잊어버리고, 그런 만큼 자신의 아기를 잘 돌보는 일에만 전념한다. 어떤 여성들은 어머니가 된 후 자기 자신에 대해 무기력해진다. 자신을 돌볼 시간도 없고 그럴 힘도 없다고 느낀다.

그러나 자신에게 닥쳐온 이러한 변화에 대해 스스로 문제를 제기하는 여성들도 있다. 그러한 대처 방식에 따라 변해 버린 몸이 계속 그대로 있거나 정도가 덜하거나 혹은 원래대로 회복될 수도 있는 것이다.

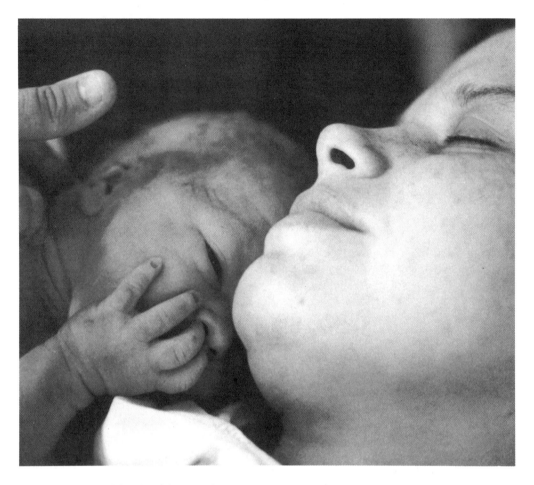

유방‧‧‧임신을 하면 간혹 유방이 지나치게 커진 상태가 지속되는 경우가 있으며, 특히 밑으로 처지게 된다. 이럴 경우 미용 성형술의 도움을 받는 것도 가능하다. 늘어진 피부를 잡아당기고 젖샘의 위치를 바로잡는 유방 성형 시술을 통해 유방을 원래 상태로 회복시키는 것이다. 그러나 어느 정도 흉터가 남게 된다.

때때로 위의 경우와는 반대로 유방이 빈약해지고 말 그대로 '꺼질' 수가 있다. 이런 경우 인공 보형물을 유방 안에 넣어 볼륨감을 다시 회복할 수 있다.

신문이나 잡지에서 인공 보형물 시술의 성공 여부에 대한 부정적인 기사를 접한 적이 있을 것이다. 사실 이 성형 시술은 장애를 초래하기도 한다. 그러나 이런 사례는 대부분 미국에서 빈발하며, 엄격한 시술을 하는 나라에서는 그만큼 위험이 덜하다.

그러나 어느 국가에서든 아름다운 유방을 위해 외과 성형을 받고자 한다면, 이름난 성형 외과 의사를 선택하는 일이 중요하다.

복부···출산 후 산모의 배는 탄력을 잃고 늘어진다. 복부 근육이 제기능을 하지 못하는 것이다. 그렇게 되지 않도록 미리 예방하는 일이 중요한데, 그러려면 임신 기간 동안의 체조와 출산 후 체조가 필요하다. 복부의 탄력성을 회복하기 위해서는 끈기가 있어야 한다.

복부 근육이 힘을 회복하고 다시 단단해지려면 몇 달간 꾸준히 규칙적인 운동을 해야 하기 때문이다.

식이요법도 과도한 피하 지방을 줄이는 데 도움이 된다. 마사지는 배를 다시 탄력 있게 만드는 데 별로 효과가 없다. 시중에서 판매하는 전동 기구들 역시 실효가 의심스럽다.

식이요법과 체조를 열심히 시행하는데도 불구하고 비만이 계속되면 지방 흡입술을 고려해 볼 만하다. 단, 이 경우는 피부와 근육이 다시 탄력을 회복한 후에 시술해야 한다.

성형 외과에서 시행하는 이 수술은 작은 부위를 절개하고 관을 주입해서 지방을 빨아들이는 방법이다. 지방 흡입술은 엉덩이와 허벅지에 과도한 피하 지방층이 남아 있을 경우에도 사용된다.

복부 피부가 여전히 늘어져 있고 '주름이 잡히면' 외과적 수술을 통해 피부를 다시 당겨 주는 것도 가능하다. 이러한 수술로 복부의 임신선을 없앨 수도 있다. 또한 이 수술은 출산으로 인해 간혹 생기는 배꼽 돌출을 완화시킬 수 있다.

체중과 체형···체중이 정상으로 돌아오려면 6개월이 지나야 하며, 원래의 체형을 회복하는 데는 대개 1년이 걸린다. 여기서 중요한 것은 과도한 체중을 점차 줄여 나가는 것이다. 그러지 않으면 진짜 비만이 되기 쉽기 때문이다. 6개월이 지난 후에도 임신 전의 체중으로 돌아가지 않으면 의사와 상담하는 것이 좋다. 이 경우 아마도 의사는 영양사와의 상담을 권할 것이다.

피부···임신으로 인해 생긴 기미는 몇 달 지나면 저절로 없어진다. 마찬가지로 배꼽 아래 나타나는 복부의 비정상적인 색소 침착도 걱정할 필요가 없다. 그러나 이러한 자연 회복을 돕기 위해서는 가능한 한 햇빛에 노출되지 않도록 해야 한다.

또한 간과하기 쉬운 사항으로, 겨울철에 출산했을 경우 다음 해 여름철에 갈색 반점이 다시 생기지 않도록 주의해야 한다. 제왕절개 수술로 생긴 흉터에 대해서는 이미 앞에서 설명했다.

정맥류···일반적으로 정맥류는 첫번째 임신 후에는 거의 사라지지만, 임신 횟수가 늘어날수록 완전히 사라지지 않고 남아 있다.

정맥류가 간혹 초래하는 문제점들, 경련, 다리 부종 등은 약을 복용하면 해결할 수 있다. 그러나 약품만으로는 정맥류 자체의 치료 효과를 기대하기 어렵다. 그러므로 정맥류가 미용상 심각한 해가 될 때는 경우에 따라 다음과 같은 처방이 필요하다.

▶ 정맥류 경화법 : 정맥 내에 약물을 주사해서 부풀어오른 정맥을 수축시키는 방법.

▶ 정맥 제거술 : 외과적 수술로 각 다리에서 한두 개의 비대한 정맥을 제거하는 방법.

의사의 처방에 따라 각자의 경우에 가장 알맞은 방법을 선택한다. 그러나 어떤 경우일지라도 정맥류에 꾸준히 대처해야 한다. 정맥류의 일종인 치질은 상태와 불편한 정도에 따라 약품, 정맥류 경화법, 외과 수술법 등을 쓴다.

미용 성형술···미용 성형술이 도움이 되는 경우에 대해서는 여러 번 이야기한 적이 있다. 그런데 이 방법을 쓸 경우 몇 가지 주의 사항이 있다.

가장 먼저 주의할 점은 성형 수술은 출산 후 최소한 일년이 지난 후에 실시해야 한다는 것이다. 그러므로 이것은 성급히 결정할 문제가 아니다. 자신의 몸이 이전의 몸매와 용모를 회복할 수 있도록 시간을 주어야 한다. 이렇게 기다려 보는 일은 본인 스스로도 성형술이 반드시 필요한지 확인해 볼 기회가 될 수 있다.

다음으로, 원하는 자녀 수만큼의 출산을 마친 다음에 성형술을 받는 것이 좋다. 물론 삶에 있어서 완전한 계획을 세운다는 것이 어려운 일이기는 하지만 말이다.

여드름이 있을 경우, 만약 아기에게 젖을 먹이고 있다면 의사와 의논 없이 약을 먹거나 외용 연고를 바르는 일은 삼가야 한다.

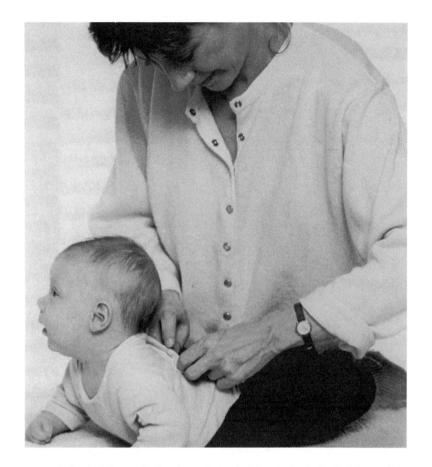

그러나 경험을 통해 볼 때 또다시 임신을 하게 되면 성형술로 얻은 결과를 수술 이전 상태로 되돌릴 위험이 있다. 알다시피 성형 수술에 드는 비용은 만만치 않으므로 시기를 결정할 때는 신중해야 한다.

끝으로 주의할 점은 모든 성형 수술의 경우에 해당되는데, 바로 유능한 전문가에게 시술받아야 한다는 사실이다. 의사 협회에서 정보를 얻기가 어려우면 담당 의사를 통해 추천을 받아도 좋다.

출산으로 인해 몸에 일어나는 변화는 여성마다 다르다. 어떤 임신부에게는 실제로 정맥류나 임신선이 나타나지 않는다. 여러 번 출산한 뒤에도 탄력 있는 배를 되찾은 여성들이 드물지 않다.

더구나 여성 개인이 느끼는 '미용상의 피해' 정도도 사람에 따라 각각 다르다. 어떤 여성들은 자신의 유방이 너무 커졌다고 싫어하지만, 어떤 이들은 풍만해진 가슴을 오히려 흡족하게 여기기도 하는 것이다.

● 산후 우울증 극복하는 법

산모는 출산 얼마 후에는 병원을 나와 자신을 기다리고 있는 가정으로 돌아가게 된다. 그리고 아기는 집에 정성껏 준비해 둔 요람 속에 누워 잠이 드는 것이다.

어느 모로 보나 산모는 행복감을 느끼고 앞날에 대해 희망을 품어야 한다. 그런데 이와는 반대의 증상이 생기는 수가 있다. 산모가 예민해지고, 불안감과 변덕이 심해지며, 사소한 일에도 곧잘 눈물을 흘리는 것이다.

이것이 출산 후 흔히 일어나는 '산모 우울증' 혹은 '산후 우울증'이라는 증상이다. 영국에서는 이러한 증상에 '블루 필링(blue feeling)'이라는 훨씬 애교 있는 이름을 붙이고 있다.

산모는 육체와 정신 양면에서 큰 변화를 겪어 온 터이다. 모든 신체 기관은 출산이라는 힘든 일에 맞추어서 움직여 왔다. 이 시기에는 특히 호르몬의 변화가 큰 영향을 미치게 된다.

또한 산모 스스로도 느끼는 것이지만, 심리 상태의 변화 역시 중요한 이유이다. 아홉 달 동안의 기다림 끝에 마지막 출산의 관문을 지나면서 불안과 흥분이 뒤섞여 찾아오게 된다. 이러한 과정을 겪은 산모는 매우 지친 상태이다.

또한 병원에 있는 동안에는 맡지 않았던 아기 돌보기라는 책임이 별안간 산모 앞에 놓여진다. 게다가 이제 막 태어난 아기와도 충분히 친숙해지지 못한 상태이다. 그래서 아기의 반응을 잘 이해하지 못하며, 아기가 울어도 그 이유를 미처 모를 때도 있다.

이런 모든 것들이 원인이 되어 산모는 불안해하고 신경질적이 되며, 툭하면 울거나 겁을 내는 것이다. 병원에서 이런 우울증이 찾아오면 의사나 간호사와 상담한다. 이것은 아주 흔한 일이다.

산부인과 의사, 조산사, 육아 전문가들이 말하는 바에 따르면, 많은 산모들이 한동안 이와 같은 어려운 시기를 겪으며, 그럴 때 산모들에게는 도움과 특별한 지원이 필요하다. 그래서 몇몇 육아 전문가들은 휴식이 필요한 산모를 쉬게 하고, 심지어 산모가 아기를 돌보고 싶어

해야 비로소 그들에게 아기를 맡기기도 한다.

병원들 중에는 전문 심리 상담사가 상담을 해 주는 곳도 있다. 새로 어머니가 된 여성들은 그들과 이야기를 나누고 자신이 느끼는 두려움을 털어놓을 수 있을 것이다. 그러면 자신이 보살핌을 받고 있고 타인이 자신을 이해해 주고 있다는 느낌을 얻을 수 있다.

이런 전문가들은 자신에게 어머니로서의 능력이 없는 것은 아닐까 하고 의심스러워하는 여성들을 격려하고 위로해 주는 일에 능숙하다. 산모가 병원에서 이러한 도움을 받을 수 있다면, 산후 우울증을 빨리 이겨낼 수 있을 것이다.

집으로 돌아온 다음에도 우울한 상태가 계속되면, 누군가와 함께 있도록 한다. 남편이 육아의 동반자가 되어, 둘이 함께 의논해서 산모가 휴식을 취하거나 긴장을 풀 수 있도록 계획을 세운다.

산모의 어머니나 친구, 자매들이 와서 며칠 동안 함께 머물며 산모를 도와 주는 것도 좋다.

다른 산모들을 만나 그들의 이야기를 듣고 또 자신의 이야기를 할 수 있다면 자신감을 되찾는 데 큰 도움이 될 것이다.

그렇게 할 수 없다면 산부인과 담당 의사나 아기를 돌보아 주는 소아과 의사 등, 다시 말해 가장 가까운 병원의 진료원과 상담한다. 이런 사람들은 모두 경험을 통해 산후 우울증이란 늘 있는 현상이라는 사실을 잘 알고 있으므로, 분명 산모에게 도움을 줄 수 있을 것이다.

마찬가지로 이러한 우울증이 출산 후 몇 주가 지난 다음에 느닷없이 찾아오더라도, 망설이지 말고 상담을 받도록 한다. 이런 경우도 흔히 있다. 예를 들어 쉽게 짜증이 나고 신경이 예민해지며 피곤하고 불안하다는 것을 스스로 느끼는 경우이다. 때로는 자기가 아기를 잘 돌보지 못하고 있다는 감정에 사로잡히기도 한다. 이러한 죄책감은 처음 어머니가 된 젊은 여성에게는 아주 견디기 어렵다.

우울증은 젊은 산모나 식구가 많은 가정의 산모 누구라도 겪을 수 있다. 우울증이 찾아오더라도, 그러한 심리 상태는 사라질 수도 있다는 사실을 잊지 말자. 실제로 심리적으로 안정을 취한 다음에는 다시 기분이 울적해지는 일이 반복될 것이다.[1] 이러한 상태는 몇 주 동안 심

1) 이런 일은 특히 엄마가 아기와 다시 분리된 것 같은 느낌을 가지게 되는 이유기와 산후에 다시 생리가 생겼을 때 일어나기 쉽다.

지어는 몇 달 동안 계속되기도 한다.

그러나 우울증을 느끼게 된 것이 출산 직후이건 혹은 더 이후이건, 첫아기 때이건 이미 출산 경험이 있는 경우이건, 알아 두어야 할 중요한 점은 바로 이것이다. 즉 다른 사람에게 자신의 심리 상태에 대해 이야기를 나누고 도움을 받도록 하라는 점이다.

그러면 한결 심리적 안정을 얻을 수 있으며, 따라서 훨씬 즐겁게 아기를 돌볼 수 있게 될 것이다. 산모의 우울증은 부부간의 유대 관계에 영향을 주기도 한다. 이 경우 역시 외부의 도움을 받는 편이 좋다.

모성애가 표현되려면 시간이 필요하다···얼마나 마음 졸이며 기다려 온 출산인가! 어머니 뱃속에서 보호받아 왔던 아기는 이제 어머니로부터 떨어져 나왔다. 어쩌면 산모는 육체적으로나 정신적으로 어떤 공허감을 느낄지도 모른다.

이것은 아주 정상적인 반응이다. 갓 출산을 마친 여성들 모두가 다소간의 차이는 있으나 이러한 감정을 느낀다.

많은 경우에 있어 아기에게 젖을 먹이는 일은 어머니와 아기의 관계를 다시 이어 준다는 면에서 아주 바람직한 일이다. 그러나 어떤 경우에는 아기에게 젖을 먹이는 일이 산모를 더욱 피곤하게 할 수도 있다. 특히 아기가 젖을 잘 빨지 않으면 그렇다. 그렇게 되면 연약하기 그지없어 보이는 아기를 혹시 자신이 잘 돌보지 못하고 있는 것이 아닌가 하고 걱정하게 된다.

이럴 경우 산모는 스스로에게 이렇게 타이르는 것이 좋다. 즉 자신은 본능적으로 이 일을 아주 잘 해낼 수 있다고 말이다. 그리고 사실 스스로도 놀랄 만큼 잘 해낼 것이다.

또한 아기는 생각보다 훨씬 튼튼하다는 사실을 알아야 한다. 특히 산모가 아기에 의해 고무되고 자극을 받는 한 그렇다. 아기에게 믿음을 가져야 한다. 아기가 산모를 도울 수 있다.

산후 우울증은 산모가 출산 직후부터 모성애를 느끼는 경우가 아닐 때 더 심해진다. 만일 이런 경우가 생기더라도 스스로를 나쁜 어머니라고 생각해서는 안 된다. 모성애란 별안간 생겨나는 것이 아니다. 대체로 조금씩, 시간이 흐르면서 더 강해진다.

매일 일정한 시간을 내서 아기를 목욕시키고, 젖을 먹이고, 옷을 갈아입힌다. 그리고 아기 곁에서 아기에게 이야기를 건네고 따뜻한 사랑을 담아 웃어 주도록 한다. 아기는 아직도 어머니를 잘 보지 못하지만 어머니가 곁에 있다는 사실을 민감하게 느낀다.

아기가 울면 아기방의 문을 닫아 버릴 것이 아니라 어머니가 품에 안고 달래도록 하자.

어떤 사람들은 이렇게 하는 것이 아기의 버릇을 망친다고 말할지도 모른다. 과연 확실한 말인가? 아기가 우는 것은 변덕스러워서가 아니다. 그것은 아기가 누군가의 도움을 필요로 하기 때문이며 보살핌을 받아야 한다는 의미이다. 울음은 아기가 도움을 청하는 방법, 즉 그의 첫번째 의사 표현인 것이다.

아기가 처음으로 어머니를 향해 웃어보이면 그동안 어머니가 겪어왔던 어려운 순간들은 모두 잊혀지는 법이다. 여기 옮긴 케레의 글은 이것을 읽는 어머니의 마음에 위안을 줄 것이다.

내 아가야, 너를 가슴에 안으면 마치 꿈을 꾸는 것 같다.

너의 어깨를 손으로 감싸고 팔을 둘러 너의 작은 몸을 안으면 얼마나 기쁜지. 자, 너와 나 우리 둘의 대화가 시작되었단다.

앞으로 많은 세월 동안 우리는 오늘 아침 만들어진 커다란 꿈을 함께 실현시켜 가자.

너의 방은 초록빛 낙원, 우리의 상상력을 여왕처럼 펼치자.

우리는 함께 웃고, 함께 놀고, 많은 이야기들을 지어내어 우리의 삶을 시로 만들어 가자꾸나.

이런 것이 행복이 아니라면 무어라고 불러야 할까.

● 아기를 위한 첫 6개월

산모가 직업을 갖고 있는 경우 언제 일을 다시 시작할지 스스로 결정할 수 있다면 언제가 가장 좋은 시기일까? 출산 후 곧? 아니면 한참 지난 후에? 아기를 위해서는 어떤 것이 더 나을까? 산모 자신을 위해서는? 이 문제는 뭐라고 단정하기 어렵다.

개인의 욕구와 부부의 의사, 경제적인 능력 등이 함께 고려되어야 하기 때문이다. 여기에는 모두들 이의가 없을 것이다. 현재의 경제적인 상황과 실업 사태로 인해 어떤 여성들은 시기를 자유롭게 선택할 만한 여유가 없을 수도 있다.

하지만 앞날을 내다볼 줄 아는 현명한 정부라면 아기를 출산한 어머니들에게 아기가 태어나서부터 6개월 동안은 집에 머물 수 있도록 해 주어야 할 것이다.

그만큼 이 문제는 국가적으로나 국민적으로 대단히 중요한 일이다. 한 사람의 국민을 더 낳아 준 여성은 그만큼의 권리를 누려야 하며 자신이 낳은 국민을 잘 키우기 위해서는 적어도 그만큼의 시간은 쓸 수 있어야 한다.

6개월이라는 기간은 아기를 출산한 여성에게 있어 자신의 건강을 회복할 수 있는 기간이며, 또한 아기와 여유를 가지고 친밀감을 쌓아 나갈 수 있는 시간이기도 하다. 이것은 사회적으로 반드시 필요한 시간이다.

어떤 산모들은 되도록 빨리 일을 다시 시작하고 싶어한다. 이들은 아기를 돌보는 일에 큰 흥미를 느끼지 못하는 것이다. 반대로 자기 자신과 아기를 위해서 한동안 집에 머무르고 싶어하는 여성들도 있다. 또한 집에 머물고 싶어도 경제적 사정 때문에 그럴 수 없는 산모도 있다. 뿐만 아니라 오늘날 널리 퍼져 있는 유아에 대한 지식이나, 부모와 아기의 상호 작용에 대한 연구들이 자신의 일을 다시 시작하려는 여성들에게 의문과 죄책감같은 것을 가지게 한다.

이 모든 상황을 조정하는 일은 단순하지 않다. 바로 이런 점 때문에 산후 6개월간의 휴가가 있다면 모든 산모들이 자신들의 일에 큰 지장 없이 아기를 잘 돌볼 수 있다는 주장이 나온다. 이 기간은 어머니와 아기의 행복한 출발을 보장해 줄 것이다.

'여기에 모든 성패가 달려 있다'는 식으로 단언하고 싶지는 않지만 아기가 태어나 처음 맞는 6개월간의 삶은 매우 중요하다.

이 기간 동안에 일어나는 일들은 아기를 잘 알기 위해 놓쳐서는 안

되는 것들이다.

이 기간에 어머니는 아기가 자신의 의사를 표현하는 방법이며 어떤 대상에 반응하는 놀라운 능력을 발견하게 되고, 또한 아기가 누군가의 도움을 반드시 필요로 하는 존재라는 사실도 깨닫게 되는 것이다.

일반적으로 이 6개월을 통해 어머니와 아기가 서로에게 느끼는 애정이 확고해진다. 그리하여 이후에는 아기를 탁아소에 맡기고 어머니가 자신의 일터로 나갈 수 있을 것이다.

● 출산 후 확실하게 피임을 하려면

출산에 관한 책의 끝에 피임법에 관한 설명이 있다는 것은 역설로 보일 수도 있다. 그렇다 하더라도 피임에 관한 지식은 필요하다.

출산을 마친 산모는 아기의 탄생으로 커다란 기쁨을 느낀다. 하지만 다시 아기를 가지고 싶더라도 너무 빨리 임신을 하는 것은 바라지 않을 것이다.

따라서 산부인과에 있는 동안, 혹은 임신 후 진료를 받는 기간에 피임 문제를 상의해 보는 것이 좋다. 출산 직후에는 사실 모든 피임법을 다 이용할 수는 없다.

산후 첫 생리가 있고 난 다음에야 현재 사용되고 있는 여러 피임법들 중에서 선택할 수 있다.

몇 가지 세부 사항

부부는 피임법, 혹은 피임약을 이용하여 예기치 않은 임신을 피하며 성관계를 가질 수 있다. 아기를 낳지 않는 다른 두 가지 방법이 있다.

▶ 임신 초기에 임신을 중단시키는 것, 임신 중절.

▶ 불임 수술 : 여성의 나팔관 수술이나 남성의 정관 수술로 사실상 결정적인 외과적 불임 처치이다. 이 방법과 피임은 다르다.

부부가 원할 때 임신을 막을 수 있다는 것이 피임의 주요한 특징이다. 피임을 하려는 욕망은 아주 먼 옛날로 거슬러 올라간다. 그러나 이

전에는 피임법이 매우 불확실했으며, 이제부터 말하려는 정말 효과적인 방법들이 나타난 것은 불과 30여 년 전부터이다.

좋은 피임법인가의 여부는 아래에 제시한 몇 가지 기준에 따라 결정된다는 점을 덧붙여 둔다.

▶ 무해성 · · ·피임법은 여성과 남성 혹은 우연히 생길지도 모르는 아기의 건강에 조금도 해를 끼치지 않아야 한다.

▶ 효력 · · ·피임법에는 흔히 실패율이 표시된다. 모든 학자들이 각 방법의 효과를 가능한 한 높이려고 노력하지만 모든 피임법들이 동일한 효력을 갖는 것은 아니다.

▶ 허용 범위 · · ·이는 개인에 따라 다르다. 어떤 여성은 피임약을 먹는 것을 아주 싫어하며, 콘돔을 사용하기 싫어하는 남성도 있다.

▶ 전환 가능성 · · ·피임법은 부부가 아기를 원할 때 중단될 수 있어야 한다. 피임으로 인해 생산 능력이 타격을 받아서는 안 된다. 이 때문에 불임 수술은 하나의 피임 방법으로 간주할 수 없다.

피임 방법은 남성에게 적용되는 것과 여성에게 적용되는 것이 있다.

● 남성 쪽의 피임법

이전에는 남성의 피임만이 효과를 가졌고, 따라서 오랫동안 남성 피임만 시행되어 왔다. 그 중에서 두 가지 방법, 즉 질외 사정과 콘돔은 여전히 사용되고 있다.

질외 사정 · · ·이 방법은 사정을 하기 전에 성관계를 중단하는 것이다. 미리 준비할 것도 없고 도구에 의존할 필요도 없다는 이점이 있다. 이 방법은 어떤 부부에게는 만족을 주지만, 다음과 같은 불만을 갖게 할 수도 있다.

▶ 효력이 상대적이다 : 실패율이 15~20 % 정도 된다.

▶ 이 방법은 자제력을 요구하는데, 그것을 별로 높이 평가하지 않는 사람들은 이 방법을 사용하지 않는다. 경험이 없는 젊은이들과 성기능 장애가 있는 사람들에게는 권할 만한 방법이 못된다.

▶ 때때로 부부 사이의 균형에 영향을 미친다. 질외 사정은 성적 조화

를 깨뜨릴 수 있고 부부 중 어느 한쪽에, 특히 여성에게 욕구 불만을 야기시킬 수 있다.

1978년의 18%에 비해 1988년에는 6%만이 이 방법을 사용하고 있으므로, 이 방법에 만족하지 않는 부부의 수가 점점 더 늘어나고 있다.

콘돔···콘돔은 세계적으로 상당히 많이 사용되고 있다. 전체 부부의 8~10%가 규칙적으로, 30%는 때때로 이를 사용하고 있다. 최근 들어 콘돔의 판매가 증가하고 있는 것은 분명한데, 이는 일반적으로 사용되는 피임법이 달라졌기 때문이라기보다 성병을 예방하는 역할을 하기 때문일 것이다.

최초의 콘돔은 18세기 영국에서 양의 창자로 만들어졌다. 현재는 유액(乳液)으로 흔히 윤활제를 발라 매끄럽게 만들고 때로는 향기가 나게 만든다. 정자를 죽이는 성분을 콘돔에 넣는 방법이 연구중이다.

콘돔이 갖는 주된 이점은 완전히 무해하다는 것과 성관계중에 사용하기 쉽다는 점이다. 그리고 단점은 콘돔 사용을 싫어하는 남자들이 꽤 있다는 점과, 무엇보다도 5~8% 가량은 실패한다는 점이다.

사실 콘돔은 생산 때 아주 꼼꼼하게 점검하므로 파손되어 실패하는 경우는 예외적이다. 그보다는 오히려 잘못된 사용법이 실패의 원인인 경우가 더 많다. 실패의 원인은 다음과 같다.

▶ 콘돔을 임신 가능 기간으로 추정되는 시기에만 사용하는데, 이 주기를 잘못 계산하는 경우.

▶ 사정하기 직전 너무 늦게 착용하는 경우.

▶ 사정 후 너무 오래 끼고 있는 경우.

어쨌든 콘돔은, 특히 더 마음에 드는 방법이 있어도 이용할 수 없을 때, 가령 산욕기 동안 일종의 '구조책'으로서 피임의 좋은 수단이 되고 있다.

● 여성 쪽의 피임법

질 세척을 제외하면 여섯 가지 여성 피임법이 있다. 사실 질세척은 거의 효과가 없다. 생리 주기에 따른 금욕, 즉 체온 측정법, 빌링스법, 여성 피임용 페서리, 정자를 죽이는 약품, 루프, 경구용 피임약 등이다.

체온 측정법····이 방법은 배란기를 아는 것이 여성 쪽이기 때문에 여성 피임법에 속할 수 있다. 그러나 실제로 확실하게 배란 가능성이 없을 때에만 성관계를 가지는 것이므로 부부 둘 다와 관련된다.

우리는 제1장에서 이미 배란일을 어떻게 측정하는지 살펴보았다. 배란일을 알면 다음에 말하는 기간 동안 임신이 가능하다는 것을 예측할 수 있다.

▶ 배란 전 5일 이내. 정자는 성관계 후 적어도 3,4일 동안은 살아 있기 때문이다.

▶ 배란 후 3일 이내. 난자는 24시간 후면 확실히 죽지만 안전하게 48시간을 더 보태어 조심하는 것이다.

이 8일 동안 성관계를 절제해야 한다. 이때의 8일은 제1장 '체온 측정법'에 나온 시간보다 더 길다. 임신을 피하고 싶다면 안전하게 더 길게 계산해야 한다.

이 점만 이해하면 체온 측정법은 반박의 여지가 없는 좋은 방법이다. 무엇보다도 자연적인 방법으로, 기계적이거나 화학적인 조치를 완전히 배제한다. 체온 측정법의 효력은 그에 대한 해석과 이용 방식에 달려 있다.

체온은 계속해서 규칙적으로 측정해야 한다. 측정된 체온 곡선에 의거해서 14일째 되는 날 난자가 만들어진다는 사실을 알게 된다 하더라도, 이로부터 매 생리 주기 때마다 언제나 그럴 것이라는 결론을 내릴 수는 없다. 기후의 변화, 휴가, 감정적 충격, 질병에 의해 배란이 빨라지거나 늦어질 수 있으며 심지어 배란이 안 될 수도 있다.

피임을 위해서는 배란 이후의 기간에만 성관계를 가져야 한다. 위에서 우리는 임신 가능 기간이 배란 5일 전에 시작된다는 것을 살펴보았다. 그러므로 임신 가능 기간 이전에는 임신의 위험 없이 성관계를 가질 수 있다고 추정할 수 있는데, 물론 일반적으로는 그렇지만 언제나 확실한 것은 아니다. 때로 배란 날짜가 앞당겨질 수도 있기 때문이다.

실제로 배란이 앞당겨지는 경우 그것을 예측할 수 있는 방법은 전혀 없다. 배란일은 배란 이전이 아니라 배란이 되었을 때에만 정확하게 알 수 있다.

아주 주의 깊게 체온 측정법을 이용할 경우, 즉 체온을 규칙적으로 측정하고 오로지 배란 이후에만 성관계를 가지는 경우 이 방법은 거의 절대적인 효력을 가진다. 그렇게 하지 않으면 실패율은 최소한 10%에 이르게 된다. 이 방법의 단점은 다음과 같은 사실에서 비롯된다.

▶ 일부 여성들은 규칙적인 체온 측정을 거부한다. 이를 일종의 예속이라고 여기기 때문이다.

▶ 체온 곡선을 정확하게 해석하기가 어렵다. 곡선들 중 15%는 해석 불가능하다.

▶ 그리고 특히 주기 중에서 아주 짧은 기간에만 성행위가 허용된다. 이같은 구속은 대개 잘 받아들여지지 않으며, 이 방법을 꾸준히 사용하는 사람들은 2%에서 3%를 넘지 않는다.

주기법(빌링스법) · · · 주기법은 앞의 체온 측정법과 유사하다. 그러나 체온을 측정하는 대신 배란 4, 5일 전에 비치는 자궁 경부의 분비물인 '자궁 경관 점액'의 특성을 여성이 잘 알고 있어야 한다. 이 분비물은 정자의 이동을, 즉 임신을 용이하게 하기 때문이다.

생리가 끝나고 난 후 언제나 그런 것은 아니지만 거의 임신이 되지 않는 기간이 있다. 분비물이 나오지 않는 건조한 느낌을 통해 이 기간을 알 수 있다.

임신 가능 기간은 그 후, 평균적으로 배란 4, 5일 전부터 시작된다. 이때 분비물은 끈적거리는 특성을 띠는데, 이로부터 점점 몸이 촉촉해진다는 느낌을 갖게 된다.

끈적거리고 탄성이 있으며 미끈미끈한 임신 가능 분비물이 확실하게 비치는 날이 생리 주기 중에서 가장 임신 가능성이 높은 날이다. '임신 적기'라고 불리는 이 날은 배란일과 거의 일치하며, 이때 성관계를 가

제1장에서 체온 측정법은 임신을 하기 위해 이용할 수 있는 방법이라는 것을 살펴보았는데, 또한 피임법으로도 이용 가능하다. 실상 어느 경우이든 자신의 임신 가능 기간과 그렇지 않은 기간을 알아 두어야 한다.

지면 임신이 될 확률이 가장 높다.

그런데 분비물의 양이 가장 많은 날과 임신 적기가 반드시 일치하지는 않는다는 점을 명심해 두어야 한다. 왜냐 하면 임신 가능 기간인지 아닌지를 알 수 있게 해 주는 결정적인 요인은 분비물의 질이기 때문이다. 이 점에 대해 잘못 생각하기 쉬우므로 조심해야 한다.

배란이 되면 분비물은 끈끈해지고 유백색을 띠며 동글동글하게 뭉친다. 그러다가 남은 주기 동안에는 건조해졌다가 완전히 사라진다. 이때가 임신이 되지 않는 기간이다. 이 방법은 세심한 자기 관찰이 필요하다. 그 점에 대해서는 전문가의 설명을 듣는 것이 바람직하다. 일단 완전히 이해하고 나면 이 방법을 이용하기가 쉽다.

이 방법을 사용하는 부부들은 어떤 상황에서도 이를 사용할 수 있으므로 아주 좋은 방법이라고 생각한다. 주기가 규칙적이든 불규칙적이든 혹은 무배란성이든 상관없으며 또한 피임약을 중단한 후에, 출산 이후, 아기에게 젖을 먹이는 동안 이 방법을 사용할 수 있다.

세계 보건 기구는 뉴질랜드, 아일랜드, 인도, 필리핀, 살바도르 등 5개국에서 1년간 시험한 끝에 이 방법의 효력을 입증하였다. 이 방법을 엄격하게 사용할 경우 성공률은 97~99%에 이른다.

한편 의약품, 특히 신경 안정제나 질 세척제 등이 분비물의 양상을 변화시킬 수 있다는 것을 알아 두어야 한다.

페서리···이것은 유액으로 만든 작은 잔 모양의 기구이다. 여성이 성관계를 갖기 전 질 속에 그것을 삽입시킨다. 이렇게 해서 경부에 정자의 이동을 방해하는 장치를 마련하는 것이다.

화학적인 보호 장치로서 이중으로 인위적 장벽을 만들기 위해 이 기구의 표면에는 정자를 죽이는 크림이나 젤리가 발라져 있다. 이 방법의 효력은 양호한 편으로, 실패율은 약 8% 정도이다. 실패의 이유는 대략 다음과 같다.

▶ 사용상의 실수. 적어도 성관계를 갖기 8시간 전에 삽입해야 한다.

▶ 불완전한 삽입. 페서리를 제대로 삽입하고 있는지 의사에게 점검받는 것이 필요하다.

▶ 콘돔처럼 불확실한데도 임신 가능 기간이라고 예측되는 시기에만

페서리는 약국에서 자유롭게 판매되고 있지만 실제로 이 기구를 장치하기 위해서는 의사의 조언이 필요하다. 또한 사람마다 사용해야 하는 크기가 다르므로 의사의 지시를 받아 자신에게 맞는 크기를 사야 한다.

간헐적으로 사용하는 경우.

페서리가 갖는 이점은 명백하다. 이것은 콘돔처럼 완전히 무해하며 건강을 해칠 위험이 조금도 없다. 페서리의 단점은 다음과 같다.

▶ 삽입 위치에 따른 문제, 가령 자궁 후경, 회음부 근육의 이완 등의 이유로 정확하게 장치하기가 어렵다.

▶ 일부 여성의 경우 불쾌감 때문에 다루기를 거부한다.

▶ 마지막으로 남성이 페서리의 촉감을 느끼고 거북해할 경우, 이 거북함 때문에 심리적 거부감을 가질 수 있다.

프랑스 여성들은 페서리를 그다지 좋아하지 않는 듯하다. 1년에 5만 개 정도가 팔리고 있다.

정자를 죽이는 약품 · · ·이 약품들의 특성은 정자를 죽이는 것으로, 다양한 형태로 시판되고 있다. 크림 타입, 젤 타입, 그리고 무스 타입은 특히 페서리와 함께 사용하게 되어 있다.

이 페서리들, 특히 젤 타입은 단독으로 사용할 수 있지만, 그 경우 도구를 사용해야 한다. 탐폰 형식은 성관계 후 꺼내야 하는 단점이 있고, 질 좌약 형태는 질 속에서 저절로 용해된다.

이러한 약품의 효력은 사용법을 잘 지키고, 특히 그 작용을 완전히 막아 버리는 비누와 거품 목욕액을 피하기만 하면 상당히 좋다. 95% 정도의 효율이 있다. 성관계 후 몸을 씻고 싶다면 약품 제조사에서 만든 특수 제품이나 비누를 사용해야 한다.

이런 약품이 갖는 최대의 이점은 사용이 간편하다는 것이다. 성관계를 갖기 바로 직전에 질 속에 그것을 넣어 두기만 하면 된다. 반대로 단점은 여성과 남성에게 국소적인 부적응 반응을 야기시킬 수 있다는 점이다. 또한 일부 여성들의 경우 반드시 필요한 조작에 대해 반감을 가지기도 한다.

루프 · · ·자궁내 장치(D.I.U.)라고 불리는 이 피임 기구는 오래 전부터 알려져 있었지만, 최근 들어 플라스틱 소재의 등장에 힘입어 근래에 크게 발전하였다. 플라스틱 소재가 삽입을 용이하게 해주고 내성을 강화시켰기 때문이다. 현재 매우 다양한 형태의 모델이 나와 있다.

플라스틱으로 만들어진 '불활성' 루프는 차차 폐기되고, 황체 호르몬이나 더 효과가 큰 구리선을 덮어씌운 것으로 대체되고 있다.

루프의 작용은 난자의 착상을 막는 것이다. 루프를 장치하기 전에 반드시 산부인과에서 검진을 받아 보아야 한다. 이는 사용을 금해야 할 국소적인 질환, 가령 자궁 경부 혹은 나팔관의 감염, 폴립, 섬유종 등이 있는지 알아보기 위해서이다.

루프의 삽입은 의사만이 할 수 있다. 그렇지만 삽입하기 위해 입원을 하거나 마취를 해야 할 필요는 없으며 통증도 거의 없다. 되도록이면 생리가 끝날 무렵 삽입하는 것이 좋다.

이 피임 기구에 경부로부터 실이 연결되어 있으며, 손가락을 넣어 보면 이 실의 촉감을 느낄 수 있다. 이렇게 해서 루프가 잘 자리잡았는지 점검해 볼 수 있다. 설사 부작용이 없다 할지라도 루프는 효과를 높이기 위해 약 3년마다 한 번씩 교체하는 것이 좋다. 부작용이 있는 경우에는 바로 꺼내야 한다.

불활성 제품을 사용할 경우 4~5%가, 많은 사람들이 사용하는 구리 제품의 경우 1~2% 정도가 피임에 실패하는 것으로 볼 때 이 방법의 효과는 뛰어난 편이다.

예기치 않게 임신이 되었을 때 이 '갑작스러운' 임신을 받아들이느냐 받아들이지 않느냐에 따라 어떤 조치를 취할지가 결정된다.

임신을 받아들이지 않고 임신 중절을 하고자 한다면 수술을 하는 동안 루프를 제거한다. 임신을 받아들인다면 이 기구를 제거하는 것이 더 낫다. 루프가 자궁 속으로 들어가지 않았고 아직 질 속에서 끈이 만져질 때에만 별다른 문제 없이 제거할 수 있다.

만약 루프가 제대로 자리를 잡았다면, 출혈이나 감염에 의해 임신 상황이 나빠질 수가 있다. 이런 경우는 상당히 드물다. 반대로 루프는 아기의 상태에는 어떤 영향도 미치지 않는 듯하다. 대개의 경우 출산 시 루프를 빼낸다.

이 방법의 최대의 이점은 특별히 주의하거나 신경쓸 것이 없고, 이 때문에 자신이 피임하고 있다는 사실도 잊게 해 준다는 것이다. 그래도 어쨌든 단점은 있다.

▶ 사용자의 10~15% 정도는 루프에 적응을 못 한다. 자궁 밖으로 빠

져나오거나 지속적인 출혈 때문에 그것을 꺼낼 수밖에 없는 경우이다. 루프를 설치하고 몇 주 동안은 자주 약간의 출혈이 있다는 것을 알아두어야 한다.

▶ 아주 드물게 자궁이나 나팔관이 감염될 수 있다.

▶ 특별한 경우 자궁 천공이 있을 수 있다.

드물기는 하지만 이러한 합병증이 있기 때문에 상당수의 의사들이 임신 경험이 없는 여성들뿐만 아니라 아기를 더 가지려는 사람들에게도 루프의 사용을 권하지 않는다.

피임약 · · · 피임법의 상징처럼 되어버린 피임약에 대해서는 더 이상 할 얘기가 없을 정도로 많은 것이 알려져 있다. 물론 그 중에는 부정확한 내용들도 있지만, 어쨌든 피임약은 큰 성공을 거두었다. 현재 전세계적으로 1억 이상의 인구가 피임약을 사용하고 있다. 프랑스에서도 피임약은 피임법 중에서 35%로 1위를 차지하고 있다.

피임약은 보통 난소가 분비하는 두 개의 호르몬, 에스트론과 프로게스테론으로 되어 있는데, 약품을 만들 때 원가를 절감하기 위하여 복합 호르몬을 사용한다.

피임약에는 여러 종류가 있다. '고전적' 이라고 불릴 수 있는 피임약은 에스트론의 함량이 정상적인 것으로 이제는 특별한 경우를 제외하고는 사용되지 않는다.

그 대신에 훨씬 적은 양의 에스트론이 여러 다양한 프로게스테론과 혼합되어 있는 미니 피임약이 널리 사용되고 있다. 이로부터 현재 사용되는 미니 피임약의 많은 상표들이 생겨났다, 또 다른 유형의 피임약은 에스트론 없이 프로게스테론만을 함유한 것으로, 마이크로 피임약이라 한다.

피임약은 어떻게 작용하는가 · · · 수정을 막기 위해 피임약은 서로 구분되는 세 가지 메커니즘에 의해 작용한다.

▶ 가장 중요한 것은 배란을 중지시키는 것이다.

▶ 자궁 내막에도 작용하여 점막이 얇아지고 위축되어 착상에 부적합하게 한다.

▶ 정자가 통과하는 경부의 점액을 변화시켜 정자가 더 이상 앞으로

나아갈 수 없게 한다.

반드시 의사의 처방에 따라야 한다 · · · 의사의 소견이나 처방 없이 피임약을 복용할 수 없다. 여러 종류의 피임약들 중에서 각자에게 가장 적합한 것을 선택하는 것은 의사가 할 일이다.

대부분의 피임약은 알약 21정이 곽이나 캡슐 속에 들어 있다. 생리가 있은 지 3일째 되는 날부터 21일 동안 약을 복용한다. 미니 피임약의 경우에는 생리 첫날부터 약을 복용한다.

잊어버리지 않도록 하루 중 거의 같은 시간에 규칙적으로 약을 복용하기만 한다면, 하루 중 어느 때에 약을 먹든 상관없다. 21개를 다 복용하고 난 후 7일간 복용을 중단한다. 이전의 주기가 어떻든간에 그동안에 생리가 있을 것이다. 생리의 양이 평상시보다 줄어드는 경우가 간혹 있을 수 있다.

8일째 되는 날 새로운 캡슐을 뜯어서 21일간 또다시 약을 복용한다.

마이크로 피임약은 이와는 다르게, 즉 7일간 중단하지 않고 매일 복용한다.

피임약은 아주 규칙적으로 복용해야 한다. 왜냐 하면 만일 한 번 잊고 약을 먹지 않았을 때 고전적인 피임약의 경우는 그래도 괜찮지만, 미니 피임약의 경우는 임신의 우려가 있으며 마이크로 피임약은 그 위험이 더 크다.

그 이상은 말할 것도 없고, 연달아 두 번 약을 먹지 않았으면 피임약의 종류가 무엇이든 복용을 완전히 중단하고 성관계를 피하며 다음 생리가 있은 후 새로운 캡슐로 다시 시작하는 것이 더 낫다.

피임약을 복용하면 첫날부터 임신의 위험 없이 성관계를 가질 수 있다. 또한 7일간 복용을 중단하는 동안에도 안전하다.

최소한 1년에 한 번 정도 의료 진단을 받기만 하면 몇 년에 걸쳐 피임약을 복용해도 좋다.

피임약의 장점 · · · 질에 시행하는 온갖 방법으로부터 해방되고, 성행위와 피임을 분리시킬 수 있게 해 주는 이러한 피임법에 대해 여성들은 사용이 간단하고 쉽다는 점을 높이 평가하고 있다.

그러나 피임약의 가장 큰 장점은 실제로 거의 완벽한 효력에 있다. 이 점에 있어서는 현재 사용되는 어떤 다른 피임법도 경쟁 상대가 될 수 없다. 그렇지만 이 효력은, 특히 미니 피임약을 복용할 경우 정확하게 약을 복용할 때에만 가능하다는 것을 기억해 두자.

예기치 않은 임신은 다음과 같은 부주의의 결과이다.

▶ 단 한 번이라도 약을 복용하지 않은 경우.

▶ 바르비투르산제, 간질 치료제, 항생제, 결핵 치료제 등과 같은 의약품을 함께 복용하여 피임약의 효력이 약화되는 경우.

▶ 미니 피임약보다 효력이 적은 마이크로 피임약을 사용하였을 때. 약 1%가 임신이 된다.

부작용 · · · 함량이 적은 피임약보다 첫번째 종류의 피임약들이 부작용이 발생하는 경우가 적다.

▶ 소화 장애 : 메스꺼움, 구역질, 구토 등 임신 초기 증상과 매우 흡사한 소화 불량.

▶ 신경 장애 : 불안, 신경 과민, 특히 우울증의 성향이 있는 여성에게서 나타나는 신경질증, 혹은 '자기 불만족'.

▶ 성적 장애 : 쾌감과 성욕의 감소.

▶ 유방이 부어오름.

▶ 생리가 아닌 약간의 출혈.

이러한 장애들은 심각한 것이 아니며, 약을 두세 달 복용하면 저절로 없어진다. 장애 때문에 피임약을 바꾸어야 하는 경우는 드물다. 게다가 이 장애들 중 대부분이 피임약에 대한 부적응보다 이같은 피임법에 대한 무의식적인 거부 때문에 생겨나는 듯하다.

많은 여성들이 특히 몸무게가 비정상적으로 불어나는 것을 두려워한다. 사실, 함량이 적은 새로운 피임약들은 몸무게에는 아무런 영향을 미치지 않으며, 기껏해야 처음 몇 달간 식욕을 촉진시킨다는 비난을 받는 정도이다.

흔히 사람들이 말한 것과는 반대로 피임약은 탈모증과는 아무런 상관이 없다. 오히려 피임약은 여드름 치료에 작용을 한다. 간혹 피임약 때문에 비정상적으로 임신 반점과 유사한 멜라닌 색소 침착이 나타날 수는 있지만 복용을 중단하면 곧 없어진다.

합병증 · · · 흔히 피임약이 암을 유발시킨다고 비난해 왔다. 그런데 그에 대한 통계는 형식적이다. 왜냐 하면 일반인과 비교해볼 때 피임약을 사용하는 사람에게서 자궁암이나 유방암이 더 많이 발생하는 것도 아니기 때문이다.

반대로 의심스러운 상처가 있을 때는 피임약의 사용을 금해야 한다. 단 하나 정말로 위험한 것은 혈관과 관련된 것이다. 그것은 혈전증, 다시 말해 정맥이나 동맥 속에 혈전이 생기는 사람이다. 이런 경우는 통계적으로 아주 적지만, 있기는 있다.

일반인보다 더 자주 나타나는 심근 경색의 위험도 이와 마찬가지이다. 이런 증상은 40대 이상의 여성들과 혈액 속의 지방 함량에 이상이 있는 여성들에게서 더욱 빈번하게 나타나는 듯하다.

이 때문에 피임약을 복용하는 여성들은 의사의 검진을 받으면서 반드시 적어도 1년에 한 번 정도는 채혈을 해야 한다. 이러한 합병증들은 특히 담배를 피우는 여성들에게서 현저하게 나타난다.

피임약을 중단하면 어떤 일이 생기는가 · · · 피임약을 중단한 후 첫번째 생리는 대개 배란이 지연됨에 따라 비정상적으로 길어진다. 만약 임신을 원하지 않는다면 날짜에 따른 일상적인 피임법 외에 다른 방법을 취해야 한다. 갑자기 임신이 될 위험이 크기 때문이다.

피임약을 중지한 후 더욱 임신이 잘 된다는 통설은 부정확한 것으로, 이같은 배란 장애로 인한 임신의 위험 때문에 생겨난 것이다. 임신하기를 원한다면 조금도 불안해할 것 없다.

▶ 피임약은 태어날 아기에게 어떤 영향도 미치지 않는다. 다른 경우보다 기형아의 수가 더 많은 것은 아니다.

▶ 피임약이 쌍태 임신 혹은 다태 임신의 가능성을 높이지는 않는다. 이런 경우를 발생시키는 것은 불임 치료에 사용된 호르몬이다.

그렇지만 생식기가 본래의 상태로 되돌아가도록 하기 위해서는 생리가 두 번 지나가기를 기다리는 것이 더 낫다.

● 피임법의 선택

출산 후 피임법의 선택은 여러 가지 이유로 인해 출산 후 첫 생리가 있기 전과 그 후에 달라진다.

산욕기 · · ·많은 부부들이 믿고 있는 것과는 반대로 산욕기 동안에 절대로 임신이 안 되는 것은 아니다. 특히 아기에게 젖을 먹이는 산모의 경우 갑자기 배란이 되는 경우는 드물기는 하지만 불가능하지는 않다. 따라서 임신이 되지 않도록 하기 위해서는 몇 가지 조치를 강구하는 것이 좋다. 몇 가지 방법이 이 기간중에도 사용될 수 있다.

▶ 체온 곡선의 작성(제1장 참조). 배란기임을 알려 주는 체온의 상승이 지나간 이후에만 성관계를 가진다. 이 방법의 단점은, 만약 출산 후 첫 생리 때까지 배란이 되지 않더라도 이 기간 동안에 성관계를 가질 수 없다는 점이다.

▶ 성관계 중단.

▶ 콘돔 사용.

▶ 정자 죽이는 약품 사용.

이외의 다른 방법들은 의사의 소견을 필요로 한다.

▶ 페서리의 사용은 생식 기관이 정상으로 돌아오지 않는 한, 물론 불가능하지는 않지만 쉽지 않다.

▶ 산모가 수유를 하지 않을 경우 피임약은 출산 후 15일째부터 처방될 수 있다. 그 전에는 소용이 없다. 그렇지만 너무 일찍 복용하면 산후 조리를 방해하고, 회복 후 처음으로 생리하는 날짜를 교란시킬 수도 있다.

산모가 수유를 하는 경우, 현재 사용되고 있는 미니 피임약은 젖의 성분을 변질시키지 않으며, 따라서 아기에게 아무런 영향도 미치지 않는다. 그보다는 피임약이 젖의 분비를 감소시킨다고 생각되므로 수유가 원활하지 않은 경우에는 피임약을 금하는 것이 좋다.

이같은 이유들로 인해 많은 의사들이 아직도 출산 후 첫 생리가 있을 때까지 피임약의 복용을 권하지 않는다.

▶ 루프 : 산욕기 동안에 즉시 루프를 하는 것이 가능하다. 그러나 자

궁 천공, 거부 반응 등 합병증이 있을 때와 실패 경험이 있었던 경우는 세심히 관찰해 보아야 한다. 상당수의 의사들이 출산 후 첫 생리 이전에도 한 달 정도 기다렸다 루프를 낄 것을 권한다.

실제로 산욕기 동안에는 콘돔이나 정자를 죽이는 약품 같은 일시적인 피임법을 사용하고 결정적인 선택을 미루는 것이 좋다.

산후 첫 생리가 있은 후· · ·이제는 모든 방법을 다 사용할 수 있지만, 선택은 상당히 어렵다. 각각의 방법이 나름대로 장점과 단점을 가지고 있으므로 충분히 알아보고 부부가 서로 의논한 후에 선택해야 할 것이다.

각자 자신이 선택하는 것이 중요하다. 왜냐 하면 선택을 하는 것은 산모와 남편이지 의사가 아니기 때문이다. 물론 의사와 상의를 하고 의사의 검진을 받는 것은 필수다. 그러나 의사의 역할은 피임 방법에 대한 정보를 제공하여 산모가 그것을 자유로이 사용할 수 있게 해 주는 것이다.

아주 드물게 의학상의 이유로 의사는 이런저런 피임법을 피하도록 권하게 된다. 가령 산모가 정맥염을 앓은 적이 있거나 담배를 피운다면 의사는 피임약을 처방하지 않을 것이다. 또한 섬유종이 있거나 또 아기를 갖고 싶어한다면 루프를 권하지 않을 것이다.

이런 의학적인 이유들을 젖혀 둔다면 어떤 선택이든 가능하다. 그러나 실제로 많은 경우에 있어서 선택이 어려운 것은 다양한 피임법들의 장점과 단점 사이에서 주저하기 때문이라기보다 피임 자체에 대해 때때로 무의식적으로 많이 망설이게 되기 때문이다.

그 이유는 아주 많고 또 복잡하다. 여기서 그 중 몇 가지만 들어 보겠다. 경우에 따라 피임이 해로울 수도 있다는 데서 오는 두려움, 임신의 위험 없이 성생활을 할 수 있는 가능성 앞에서 느끼는 죄의식, 종교적인 신념 등. 결국 망설이는 복잡한 이유들에 대한 인식이 필요할 것이다.

한국에서 출산에
꼭 필요한 것들

입원 준비용품

☙ 입원 수속 때 이런 게 필요해요

의료보험증, 산모수첩, 진찰권, 도장, 필기 도구, 약간의 현찰

출산 예정일이 며칠 남아 있다 해도 하혈을 하거나 양수가 터지는 등의 긴급 상황이 생길 수 있어 입원 수속에 필요한 것들을 갑자기 찾게 되는 수가 있다. 큰 손지갑에 따로 챙겨 두었다가 갑자기 진통이 느껴지면 들고 나가도록 한다. 임신 기간 중 계속 다니던 병원에서 출산을 하게 된다면 산모수첩은 필요없다.

☙ 입원 생활에서는 이런 게 필요해요

자연 분만을 할 경우에는 병원에 입원해 있는 기간이 2박 3일 정도밖에 안 된다. 산모용 패드, 환자복, 타월, 물컵, 물통, 비누, 칫솔, 치약, 화장지 정도는 병원에서 주기 때문에 자연 분만시에는 산모를 위한 준비물이 그다지 많지 않다. 하지만 제왕절개를 할 경우에는 6박 7일 정도로 입원 기간이 길어지기 때문에 같은 품목을 좀더 많이 준비한다. 커다란 가방에 항목별로 챙겨 두었다가 입원을 하게 되면 남편에게 가져오도록 한다.

보온용 내의, 목이 긴 양말 : 동절기가 아니더라도 출산 후에는 오한을 많이 느낀다. 병원에서 지급되는 입원복 안에 내의를 입고 목이 긴 양말을 신으면 오한이나 찬바람이 몸 안으로 스며드는 것을 막을 수 있다. 출산 후에는 땀을 많이 흘리므로 여러 벌 준비한다.

카디건 : 몸을 추스르게 되어 병원 복도를 오가거나 수술 후의 처치를 받으러 갈 때 반드시 필요하다. 여름이라도 입원복 위에 걸쳐 입어 보온력을 좋게 한다.

산모용 패드 : 병원에서 주긴 하지만 부족할 수 있다. 또 퇴원할 때에 대비해 20개들이 1통 정도를 준비한다.

수유 브라나 수유 패드 : 수유 브라는 훅이 앞에 있어 신생아에게 모유 수유를 할 때 편리하다. 젖이 많이 나와 흐를 경우에 대비해 수유 패드를 준비하면 편리.

유축기 : 병원에 유축기가 있긴 하지만 소량이어서 필요한 때에 차례가 돌아오기 어렵다. 유축기를 준비해 가면 젖이 잘 나오지 않는 등의 이유로 모유 수유를 못할 경우에 젖을 짜낼 수 있고, 어떤 이유로 신생아에게 초유를 먹이지 못할 경우에 유축기로 짜서 냉장고에 보관했다가 먹일 수 있어서 편리하다.

팬티 : 수술 후 소변줄을 빼고 나면 바로 입는다. 제왕절개를 한 산모는 절개 라인이 팬티

라인이므로 배 위까지 덮이는 넉넉한 팬티를 준비하지 않으면 라인이 스쳐 아프다. 길이가 긴 팬티를 기본으로 여러 장 준비한다.

물티슈나 가제 손수건 : 출산 후 1~2일은 세수 대신 물티슈로 간단히 얼굴을 닦아내거나 가제에 물을 적셔 닦아내기 위해 필요. 제왕절개 수술을 위해 복부에 발랐던 소독약이나 오로를 닦아내기 위해서도 필요하다.

기초 화장품 : 간단한 세면 후 바를 스킨 로션 정도의 기초 화장품은 챙겨간다.

수건 : 병원에 따라서는 수건이 지급되지 않는다. 지급되더라도 입원 기간이 길어지면 한 장 가지고는 모자랄 수 있다. 두 장 정도 준비한다.

카메라 : 아기와 함께 또는 병원에 온 축하객과 함께 사진을 찍어 두면 두고두고 기념이 된다.

복대 : 출산 후 늘어난 허리, 배 등의 부위를 죄어 주기 위해 필요하다. 병원에서 지급이 되는 경우도 있지만 성능이 썩 좋지 못해 금방 늘어난다. 성능이 좋은 것으로 한 개 정도 준비해 두면 좋다.

헤어 밴드 : 한동안 머리를 감지 못하게 되어 지저분해 보이는 머리를 그나마라도 차분히 보이기 위해서 필요하다.

공중 전화 카드 : 아기의 출산을 알리는 기쁨의 전화를 할 때 필요하다.

다용도 칼 : 방문객이 사온 과일을 깎거나 통조림을 딸 때 유용하게 쓰인다.

가습기 : 수술 후 첫날은 열이 오를 수 있다. 이때 산모에게 가습기를 틀어 주면 열이 오르는 것을 방지하고 피부나 목 부분의 건조를 막는다.

보온병 : 따뜻한 보리차를 담아두면 목이 마를 때마다 탕제실로 물을 가지러 가는 수고를 덜 수 있다.

얇은 담요 : 산모의 보호자를 위해 필요한 품목. 보호자가 잠깐 눈을 붙일 때 필요하다.

🐚 퇴원할 때 산모는 이런 옷차림이 좋아요

모자 : 특히 동절기에는 머리로 찬바람이 들어가지 않도록 모자를 쓰는 것이 안전하다. 목을 통해서도 찬바람이 들어갈 수 있으므로 목도리로 감싼다.

속옷, 내의 : 몸 안으로 찬바람이 스며들지 않도록 몸을 단단히 감싸 주어야 하므로 긴 상하 내의를 입는다. 면 100%의 흡습성과 흡수성이 뛰어난 것을 입는다. 또 체형을 바로잡기 위해 배에는 복대를 하고 가슴엔 수유 브라를 착용한다. 젖이 많이 흐르는 산모라면 브라 안에 패드를 댄다.

상의 : 몸에 너무 꽉 끼는 것보다는 여유있는 것이 좋으며 가급적이면 목을 덮어 몸 안에 바람이 스며들지 않는 것이 좋다. 카디건처럼 편하면서도 따뜻하게 걸칠 수 있는 것을 하나 더 준비해 날씨에 따라 입는다.

하의 : 허리가 고무줄 형태로 되어 너무 꼭 조이지 않는 것이 좋다. 치마를 입을 때는 내복 위에 레깅스 같은 것을 덧입는다.

양말 : 여름이라도 목이 긴 양말을 신어서 바깥바람을 막는다.

신발 : 굽이 낮아 발목에 무리를 주지 않는 편안한 신발이 좋다.

🐚 퇴원할 때 아기에게는 이런 게 필요해요

배냇저고리 : 아기가 태어나서 제일 처음 입는 옷. 흡수성과 흡습성이 뛰어난 100% 면 소재로 준비한다.

배냇가운 : 배냇저고리를 입힌 후 발까지 내려오는 가운을 입힌다.

손, 발싸개 : 퇴원할 때 찬바람으로부터 아기를 보호하기 위해 손과 발을 감싸 준다. 발싸개는 양말로 대신해도 된다.

속싸개, 겉싸개 : 작고 따뜻한 엄마의 자궁 안에 있던 아기는 넓은 세상 밖으로 나오면 허전해서 자주 놀라게 된다. 퇴원할 때는 아기를 속싸개에 싸고 그 위에 겉싸개를 덮어 감싼다. 속싸개 대신 넓은 타월로 감싸도 된다. 겉싸개 대신 보낭을 이용해 머리까지 감싸도 좋다.

작은 우유병 : 퇴원해 집으로 돌아가는 동안 차 안에서 배가 고프다고 울며 보챌 수 있다. 이때 작은 병에 우유를 준비했다가 먹이면 좋다.

가제 손수건 : 아기의 눈곱이나 우유를 먹은 후 입가를 닦아내는 데 필요.

🐚 입원하기 전 가족을 위해서는 이런 게 필요해요

출산을 위해 입원을 하게 되면 최소한 자연 분만의 경우 2박 3일, 제왕절개는 6박 7일 정도는 집을 비우게 된다. 이때를 위해 다음 사항을 미리 점검해 둔다.

큰아이 맡기기 : 둘째 아이 출산의 경우 갑작스런 진통이 시작될 때에 대비해 큰아이를 맡아 줄 사람을 미리 물색해 둔다. 24시간 언제라도 연락이 닿도록 연락망을 짜놓는다.

메모하기 : 문단속, 가스 점검, 배달 우유 수금 날짜, 자주 이용하는 음식점, 생수 배달 전화번호 등을 메모해 냉장고 문 앞에 붙여둔다.

연락처 적어 두기 : 시댁, 친정, 친구, 친척, 이웃, 남편 회사 등 출산을 알려야 할 곳의 전화 번호를 적은 메모지를 두 장 만들어 한 장은 집의 전화기 옆에 붙여두고 한 장은 산모

수첩 속에 넣어 병원에서도 연락이 가능하도록 한다.

생필품 점검하기 : 화장지, 치약, 칫솔, 비누, 세제 등의 남은 양을 체크해 남아 있는 가족들이 불편하지 않게 한다.

밑반찬 챙기기 : 냉장고에 남아 있는 오래 된 음식은 버리고 가족들이 잘 먹는 음식으로 밑반찬을 서너 가지 준비해 둔다. 즉석 카레, 자장, 국 등의 인스턴트 음식을 몇 가지 준비해 두면 요리에 서툰 남편이 편리하게 사용할 수 있다.

옷 챙기기 : 3일 혹은 7일 정도의 입원 날짜에 맞춰 남편과 아이들이 갈아입을 속옷, 양말, 와이셔츠, 손수건, 겉옷 등을 준비해 서랍에 잘 정리해 둔다.

☜ 산후 조리인 구하기

친정어머니나 시어머니가 산후 조리를 해 주기 어려운 상황일 때 전문 산후 조리인의 도움을 받으면 여러 모로 편리하다. 전문 산후 조리인은 산모에게 미역국을 끓여 주는 것은 물론 아기 목욕시키기, 우유 먹이기, 산후 체조, 빨래, 청소, 신생아 황달, 태열 등까지 체크해 줄 수 있도록 전문 기관에서 교육을 받았기 때문에 안심하고 맡길 수 있다.

기관 이름	비 용	전화 번호
YWCA	입주 1일 4만5천원 출퇴근 1일 3만원	독산(02)804-8753-4 명동(02)318-4248
생명의 전화 부설 종합사회복지관	입주 1일 4만5천원	(02)916-9193-5
대한 가족계획협회	입주 월 120만원 출퇴근 월 90만원	서울(02)634-7970 인천(032)422-0078 부산(051)624-5581 광주(062)671-400 대구(053)566-1903 전주(0652)246-1333
대한주부클럽연합회	입주 1일 5만원 출퇴근 1일 3만5천원	(02)776-2782 (02)753-6645
태화기독교사회복지관	입주 1일 5만원	(02)2226-2555
중부여성발전센터	출퇴근 1일 3만5천원	(02)719-9867
간병인복지회	입주 1일 5만원 출퇴근 1일 3만원	(02)999-3561-5

☞ 산후조리원 이용하기

산후조리원은 산후 조리를 전문으로 해 주는 기관이다. 산모와 아기가 입소를 해서 24시간 보살핌을 받을 수 있다. 가정에서 산후 조리를 받기 힘든 상황일 때 이용하면 쾌적한 환경에서 편안하게 산욕기의 건강 관리와 신생아 간호 관리를 받을 수 있다.

기관 이름	비 용	전화 번호
사임당산후조리원	2주 80만원 3주 115만원 4주 150만원	송파점 (02)423-0084 등촌점 (02)3664-5901 강서점 (02)695-5566 강남점 (02)558-0501 서초점 (02)3482-0086 양천점 (02)604-1500 분당점 (0342)706-0040 송도점 (032)834-4800 만수점 (032)463-7600 부천 중동점 (032)326-2900 수원점 (0331)242-1222 성남점 (0342)746-3400 전남 순천점 (0661)725-2300
성모산후조리원	1주 40만원	일산점 (0334)922-1004-5 거제점 (0558)681-6349
삼정산후조리원	1주 50만원	(02)484-8678
새봄산후조리원	2주 95만원	(02)575-7518
참사랑산후조리원	2주 95만원	(02)549-7773
이제산후조리원	2주 95만원	강남점 (02)552-0100 분당점 (0342)705-9300 평촌점 (0343)385-7200 수원점 (0331)212-6200 인천 연수점 (032)811-7600

☞ 출생 신고는 이렇게 하세요

신생아가 태어나면 출생일로부터 30일 이내에 이름을 지어 본적지나 주민 등록지의 구청, 읍, 면, 동사무소에 출생 신고를 해야 한다.

제출 서류 : 신생아를 낳은 병원에서 발급하는 출생 증명서 1통과 동사무소에서 지급하는 출생 신고서 2통. 만일 병원이 아닌 가정집이나 이동중에 출산을 했을 경우에는 보증인을

내세워 동사무소에 비치되어 있는 출생 증명서를 작성해 제출한다. 이 경우에는 보증인들의 인감 증명서나 주민 등록증 사본 1부를 첨부해야 한다.

　지참물 : 신생아의 아버지, 즉 신고자의 신분을 증명할 수 있는 신분증(주민 등록증, 운전 면허증, 여권 등)과 도장(없으면 서명도 가능).

　신고인 : 한국에서는 아직까지 자녀의 친권이 아버지에게 우선적으로 귀속되므로 신고인은 아버지가 1순위이다. 아버지가 아닌 어머니나 제3자가 갈 경우에도 아기 아버지의 신분증과 도장은 필수 지참물. 이것이 있어야 출생 신고가 이루어진다. 이때 어머니나　제3자의 신분증이나 도장은 필요없다.

　주의점 : 동사무소를 방문, 출생 신고를 했다고 해서 완전히 안심할 수는 없다. 신고한 지 1주일 정도가 지나 아기 아버지인 세대주의 호적 등본과 주민 등록 등본을 떼어 아기의 이름이 올라 있는지 확인해야 안심할 수 있다.

　만일 이름을 짓지 못하거나 기타 여러 가지 이유로 인해 아기 출생일로부터 30일 이내에 신고를 하지 못하면 과태료를 물어야 한다. 늦은 정도가 1주 미만이면 1만원, 1개월 미만이면 2만원, 3개월 미만이면 3만원, 6개월 미만이면 4만원, 6개월 이상일 때는 5만원의 과태료가 붙는다.

☞ 태아에게 좋은 클래식 음악

－ 요즈음에는 태교에 대한 관심이 높아지고 있으며 태교 음악의 비중이 점차 커지고 있다.

비 발 디 / 〈바이올린 협주곡〉제5번 A단조 작품 128, 〈바이올린 협주곡〉제11번 C단조 작품 133, 〈홍방울새〉플루트 협주곡 제3번 D장조 작품 10-3, 〈바다의 폭풍〉플루트 협주곡 F장조 작품 10-1, 〈두 개의 만돌린, 현악 합주와 통주 저음을 위한 협주곡〉G장조 작품 21-1, 〈사계〉바이올린 협주곡 작품 8, 〈사냥〉바이올린 협주곡 제10번, 〈즐거움〉바이올린 협주곡 제6번 C장조.

바　　흐 / 〈쳄발로 협주곡〉, 〈G선상의 아리아〉, 〈바이올린과 오보에를 위한 협주곡〉아다지오, 〈관현악 조곡〉제3번 중 제2곡 아리아.

모차르트 / 〈혼 협주곡〉제4번, 〈아이네 클라이네 나흐트 무지크〉, 〈교향곡〉제39번, 〈플루트와 하프를 위한 협주곡〉C장조 작품 299, 〈희유곡〉, 〈디베르티멘토〉제17번 D장조 작품 334, 〈세레나데〉.

베 토 벤 / 〈합창 교향곡〉제9번 D단조 작품 125, 〈전원 교향곡〉제6번 F장조 작품 68, 〈운명교향곡〉제5번 C단조 작품 67, 〈세레나데〉D장조 작품 25, 〈바이올린과 관현악을 위한 로맨스〉 제2번 F장조 작품 50, 가곡 〈그대를 사랑해〉, 〈발트슈타인〉 피아노 소나타 제21번 C장조 작품 53, 〈템페스트〉 피아노 소나타 제17번 D단조 작품 31-2.

멘델스존 / 가곡 〈노래의 날개 위에〉.

슈베르트 / 〈세레나데〉 백조의 노래, 가곡 〈겨울나그네〉, 가곡 〈아베마리아〉.

구 노 / 가곡 〈세레나데〉, 〈아베마리아〉.

차이코프스키 / 〈호두까기 인형〉 발레 음악 작품 71, 〈디베르티스망〉 발레 음악 작품 71, 〈안단테 칸타빌레〉.

요한 슈트라우스 / 〈빈 숲 속의 이야기〉 작품 325, 〈아름답고 푸른 도나우〉 작품 314.

미햐엘리스 / 〈숲 속의 대장장이〉.

헨 델 / 〈왕궁의 불꽃 음악 협주곡〉 제1번.

리 스 트 / 〈사랑의 꿈〉 피아노곡.

슈 만 / 〈병사의 행진〉 어린이를 위한 앨범 중에서, 〈트로이 메라이〉 어린이의 정경 중에서 작품 15.

드보르자크 / 〈유모레스크〉 작품 101-7.

생 상 스 / 모음곡 〈백조〉 동물의 사육제 중 13곡.

쇼 팽 / 〈즉흥 환상곡〉 작품 66.

마 스 네 / 〈타이스의 명상곡〉.

크라이슬러 / 〈사랑의 슬픔〉.

브 람 스 / 〈헝가리 무곡〉 제5번.

드 뷔 시 / 〈달빛〉 베르가마스크 모음곡 중에서.

글 루 크 / 〈오르페오 멜로디〉.

☻ 어머니가 태아에게 불러 주면 좋은 동요

분위기가 밝은 것이면 어떤 곡이든 좋다.

계절 동요 : 봄나들이, 여름냇가, 바다로, 가을밤, 은행잎, 꼬마 눈사람, 고드름 등

동물 동요 : 병아리, 얼룩 송아지, 다람쥐, 나비야 나비야 등

생활 동요 : 새나라의 어린이, 동무들아, 나란히 나란히, 사이좋게 놀자 등

임신부의 자연건강 출산법

네 발로 기기 : 입덧으로 고생이 심할 때 실시하면 좋은 동작. 방바닥에 네 발 달린 동물처럼 손바닥과 발바닥을 붙이고 긴다. 이때 크게 8자를 그리며 도는데 오른손과 왼발, 왼손과 오른발이 짝이 되어 동작을 취하는 것이 요령. 5분씩 하루 4회 정도 실시하면 도움이 된다. 남편과 함께 하면 임신부의 정서적 안정에 좋다.

복식 호흡법 : 임신 기간 동안 약 10~15kg의 체중이 증가한다. 또 태아에게 산소를 공급해야 하기 때문에 평상시보다 많은 산소가 필요하다. 배로 숨을 쉬는 복식 호흡법은 태아에게 충분한 산소를 공급하고 산소 부족으로 인해 나타나는 현기증, 복부의 팽창과 수축으로 인한 통증과 허리 통증을 어느 정도 약화시켜 줄 수 있다.

방법은 천장을 보고 누워 양다리를 어깨 넓이로 벌려 세운다. 자신의 숨을 관찰한다. 숨을 들이마시면 배가 앞으로 나오는데 이때 조금 더 배를 내밀며 숨을 깊이 들이마신다. 숨을 내쉬게 되면 배가 들어가는데 이때 배의 힘을 빼며 길게 내쉬는 것이 요령. 3초 정도 길이로 몸의 리듬을 타며 자연스럽게 호흡을 되풀이한다. 힘들면 쉬었다가 10분 정도 반복한다.

다리 저림 예방 운동 : 다리 저림 현상은 대다수의 임신부들이 겪는 고통 중의 하나. 다음 운동을 매일 아침저녁으로 실시하면 다리 저림 예방에 좋다.

임신부는 편하게 양다리를 벌리고 방바닥에 눕는다. 남편이 임신부의 다리 쪽에 무릎을 꿇고 앉아 발목을 잡고 리듬있게 위아래로 다리를 가볍게 털어준다. 이때 임신부는 다리의 힘을 뺀다.

다음은 혼자 하는 동작으로 왼쪽 팔을 베고 옆으로 눕는다. 숨을 들이마시며 무릎을 쫙 펴고 천천히 다리를 들어올린 후 발끝을 몸 쪽으로 잡아당긴다. 숨을 내쉬며 천천히 아래로 내린다. 힘들다고 느껴질 때까지 반복한다. 반대쪽 다리도 같은 방법으로 한다.

모세 혈관 운동 : 산달이 가까워질수록 임신부는 체중이 불어 발목에 무리가 가기 쉽다. 이때 실시하면 좋은 동작. 일명 모관 운동이라고도 하는데 팔과 다리를 떨어줌으로써 임신부의 혈액 순환을 좋게 한다.

방바닥에 등을 대고 똑바로 누워서 팔과 다리를 직각이 되도록 올린다. 이때 발바닥은 천장을 향하게 한다. 동시에 손과 발을 떤다. 5분씩 하루 4회 실시한다. 팔과 다리에 집중되어 있는 약 38억개의 모세 혈관이 자극을 받아 혈액 순환이 원활하게 이루어지도록 도움으로써 부기, 혈압 상승, 단백뇨 같은 임신 중독증을 예방할 수 있다.

합장합척 운동 : 복근의 힘을 길러 주며 자궁의 위치를 바로잡아 주는 데 도움이 된다. 이 동작을 꾸준히 하면 거꾸로 앉은 태아도 제자리를 찾을 수 있다.

방법은 방바닥에 등을 대고 편안하게 누운 상태에서 양손바닥과 발바닥을 마주댄다. 숨을 내쉬면서 마주댄 팔과 다리를 동시에 팔은 머리 위로, 다리는 아래로 쭉 펴며 밀친다. 숨을 들이마시면서 다시 몸 쪽으로 오므려 준다. 이 동작을 하루 10회, 15회, 20회로 차차 횟수를 늘려 나가면 자궁이 튼튼해져 아기를 순산하는 데 도움이 된다.

◀ 임산부 체조교실 ▶

좋은 어머니를 위한 모임 ➜ 02-762-8582-3

내일신문 임산부 기초체조교실 ➜ 02-338-2845

안양산법건강연구소 ➜ 0343-82-5189

◀ 라마즈분만법 교실 ▶

서울 차병원 02-558-2111

서울삼성병원 02-3410-2247448

인천길병원 032-460-3114

건강한 아기를 낳기 위한 임신부 식사법

◉임신 초기엔 입덧을 가볍게 해 주는 식사를 한다

입덧은 임신부의 70% 이상이 겪는다. 입덧의 시기에는 아직 태아가 많은 영양을 필요로 하지 않기 때문에 무리하게 먹지 않아도 괜찮다. 하지만 그 정도가 지나치면 문제가 되므로 입덧을 가볍게 해 주는 요리나 식사법을 연구해야 한다.

입덧을 할 때는 신맛이 나는 것, 차갑고 신선한 것, 조리가 간단한 냉동 식품이나 인스턴트 요리가 의외로 입맛을 살아나게 하는 데 효과적일 수 있다. 입덧을 극복하는 요리법은 우선 재료가 지닌 맛을 살린 담백한 맛이 먹기에 쉽다. 차게 한 수프나 생야채 샐러드 등이 권할 만하다. 고기를 구워 먹을 때도 무즙을 곁들이거나 레몬즙을 뿌리면 구토를 막을 수 있다. 요리 냄새가 신경쓰여 속이 메슥거릴 때는 불을 사용하지 않은 생선회, 두부, 샐러드 등 소화가 잘 되고 잘 받는 음식을 먹는 것이 좋다. 토하면 수분이 부족해지므로 과일이나 수프, 냉국 등 영양있는 것으로 수분을 보충한다.

임신기 1일 식품구성표

(대한영양사회 제공)

분류	식 품 명	임신전기 중량(g)	열량 : 2,150Kcal 단백질 : 100g 어림치	임신전기 중량(g)	열량 : 2,300Kcal 단백질 : 100g 어림치
1군	고기, 생선류	180	고기1/6근과 생선(大) 1토막	180	고기1/6근과 생선(大) 1토막
	달걀 또는 콩류(두부류 포함)	20(80)	50g 또는 1개 2큰술(1/3모)	1개 20(80)	50g 또는 1개 2큰술(1/3모)
	된장	20	1과 1/2큰술	20	1과 1/2큰술
2군	우유 및 유제품 뼈째 먹는 생선	400cc 15	2봉(小) 국멸치 9~11개 또는 뱅어포 1과 1/2장	400 15	2봉(小) 국멸치 9~11개 또는 뱅어포 1과 1/2장
3군	녹황색 채소	100	생것 2.3컵 또는 삶은 것 1/2컵	100	생것 2.3컵 또는 삶은 것 1/2컵
	담색 채소	250	생것 3/5컵 또는 삶은 것 1과 1/4컵		생것 3/5컵 또는 삶은 것 1과 1/4컵
	해조류	5	김 2.5장 또는 마른 미역 5g	5	김 2.5장 또는 마른 미역 5g
	과일류	200	사과(中) 1개 또는 귤(中) 2개		사과(中) 1개 또는 귤(中) 2개
4군	곡류(밥) 식빵 (크래커류) 감자류 설탕	750 25 (20) 100 10	밥공기×3 식빵 1조각 (또는 크래커 4쪽) 1개(중) 1큰술	900 25 (20) 100 10	작은 주발 ×3 식빵 1조각 (또는 크래커 4쪽) 1개(중) 1큰술
	유지류	15	3작은술	15	3작은술

입덧을 가볍게 해 주는 식단의 예(1)

(대한영양사회제공)

아 침	우유	우유 200cc
	크래커	크래커 25g
	완두밥	쌀 80g, 완두 10g
	옥수수탕	옥수수 50g, 게살 40g
	장조림	쇠고기 40g
	쑥갓무침	쑥갓 70g
	김치	배추김치 70g
간 식	과일	사과 100g
점 심	골동면	국수 100g, 쇠고기 40g, 오이 25g, 두부 25g, 달걀 30g, 붉은 고추 5g
	새우식빵튀김	새우 70g, 식빵 20g, 식물성 기름 8g
	김치	배추김치 70g
	우유	우유 200cc
간 식	유자차	유자 100g, 설탕 70g
저 녁	쌀밥	쌀 80g
	꽃게탕	꽃게 50g, 호박 40g, 된장 10g
	파래·레몬무침	파래 50g, 양파 25g, 레몬 25g
	북어구이	북어 10g, 고추장 5g, 참기름 2g
	김구이	김 2g, 식물성 기름 2g
	나박김치	나박김치 50g

입덧을 가볍게 해 주는 식단의 예(2)

아 침	누룽지	누룽지 70g
	쌀밥	쌀 90g
	된장국	두부 80g, 된장 10g
	두부조림	두부 80g
	미역오이냉국	생미역 100g, 오이 30g
	김치	배추김치 80g
간 식	우유	우유 200cc
점 심	회덮밥	쌀 90g, 참치 50g, 당근 20g, 오이 20g, 상추 10g, 미나리 10g, 고추장 15g, 참기름 3g
	달걀실파국	달걀 30g, 실파 10g
	김치	배추김치 70g

간 식	타락죽	우유 100cc, 쌀 30g, 설탕 10g
	찰떡구이	찰떡 50g
저 녁	보리밥	쌀 80g, 보리 10g,
	된장국	된장 10g, 두부 30g,
	고구마줄기	고구마줄기 40g, 식물성 기름 3g
	생미역무침	생미역 50g, 밥 20g, 마늘 5g, 참기름, 설탕, 깨소금
	매실장아찌	매실 30g
	두유	두유 200cc

❧ 2~3개월에는 단백질, 철분을 충분히 섭취해야 한다

2~3개월의 임신 초기에 태아에게 가장 필요한 영양소는 몸의 조직을 만드는 단백질이다. 단백질은 태아의 발육 및 유즙과 임신 부속물의 생성을 위해 임신하지 않았을 때보다 30mg 더 추가 섭취하여야 하며 개월 수가 증가할수록 점차 늘려 가야 한다. 또 임신 초기에는 다량의 철분이 필요하다. 임신으로 인하여 다량의 혈액이 요구되기 때문이다. 그래서 철분 보급을 위해 약제를 권하는데, 그 이유는 철분을 풍부하게 함유하는 식품이 적고 식품 중의 철분 흡수가 잘 되지 않아 불과 10~20% 정도밖에 흡수되지 않기 때문이다. 임신부의 경우 빈혈이 되면 태아의 성장에 나쁜 영향을 주게 된다. 철분제제를 복용하는 한편 식생활에서도 가능한 한 철분이 많이 함유된 음식을 먹는 것이 좋다.

임신 초기 단백질을 보충하는 식단의 예

(대한영양사회 제공)

아 침	보리밥	쌀 80g, 보리 20g
	미역국	쇠고기 20g, 마른 미역 5g, 멸치 7g
	시금치말이	시금치 30g, 달걀 100g, 식물성 기름 5g
	오이초무침	오이 80g, 식초 4g, 설탕 3g
	과일	귤 100g
점 심	불고기덮밥	밥 120g, 양파 20g, 피망 10g, 당근 20g, 표고 5g, 쇠고기 60g, 대파 5g, 간장 8g, 참기름 3g
	브로콜리볶음	브로콜리 100g, 당근 20g, 식물성 기름 5g
	단무지	단무지 40g
간 식	우유	우유 200cc
	과일	사과 100g

	콩밥	쌀 80g, 콩 10g
	순두부버섯전골	순두부 200g, 느타리 30g, 생표고 25g, 다진 마늘 4g, 다진 파 6g, 깨소금 0.5g, 참기름 1.5g, 간장 10g
저 녁	감자채볶음	감자 10g, 식물성 기름 5g
	어리굴젓	굴 40g
	나박김치	나박김치 60g
	요구르트	요구르트 65cc

빈혈 방지를 위한 식단의 예

	보리밥	쌀 80g, 보리 10g
	명란조치	달걀 30g, 명란젓 20g
	느타리버섯볶음	쇠고기 40g, 느타리 50g
아 침	무생채	무 70g
	유산균 음료	요구르트 65cc
	과일	키위 40g
	쌀밥	쌀 100g
	참치찌개	참치 50g, 김치 50g, 파 5g, 마늘 3g
점 심	멸치볶음	멸치 15g, 식물성 기름 5g
	도라지나물	도라지 50g
	김치	배추김치 60g
간 식	밤	생밤 60g
	우유	200cc
	쌀밥	쌀 100g
	쇠간샐러드	쇠간 70g, 우유 200cc, 양상추 50g, 양파즙
저 녁	껍질굴회	껍질굴 30g, 무 10g, 토마토 케첩 10g, 레몬 25g, 마늘 3g
	시금치달걀볶음	시금치 80g, 참기름 5g, 달걀, 죽순
	동치미	동치미 40g
	과일	사과 100g

☺ 임신 중기에는 고지방을 피하고 단백질을 늘린다

4~7개월의 중기로 넘어가면 입덧 증세도 가라앉고 식욕이 되살아난다. 그런데 이 시기

에 필요 이상으로 섭취를 하면 모체에 부담은 물론 임신 중독증의 원인이 될 수 있다. 정상적인 체중 증가율을 참작해 고지방, 고칼로리보다 양질의 단백질, 비타민, 미네랄의 섭취에 신경을 쓴다. 또 태아의 뼈나 치아를 만들기 위해 보통때보다 400mg 정도의 칼슘을 더 섭취할 필요가 있으며 섬유질을 충분히 섭취하여 변비를 예방하도록 한다. 임신 중기 이후가 되면 커진 자궁이 장관을 압박하여 변의 배설에 지장을 주기 때문에 변비가 발생하기 쉽다.

임신 중기 칼로리 과다를 예방하는 식단의 예

아 침	단호박죽	단호박 180g, 양파 50g, 우유 100cc
	쇠고기장조림	쇠고기 40g
	병어구이	병어 100g, 참기름 30g
	김치	배추물김치 50g
점 심	비빔밥	쌀 90g, 쇠고기 30g, 달걀 50g, 시금치 20g, 콩나물 10g, 도라지 20g, 고사리 20g, 참기름 5g, 고추장 10g
	두부조개국	두부 80g, 모시조개 40g
	김치	배추물김치 50g
간 식	우유	우유 200cc
	인절미	인절미 30g
	과일	복숭아 150g
저 녁	보리밥	쌀 100g, 보리 10g
	쇠고기무국	쇠고기 20g, 무 80g
	홍합초	홍합 100g, 양파 15g, 풋고추 10g, 은행 10g, 밤 30g, 식물성 기름
	삼치엿장조림	삼치 50g, 물엿 2g
	깻잎찜	깻잎 30g
	오이소박이	오이 70g, 부추 40g

칼슘을 섭취하는 식단의 예

아 침	오렌지 주스	오렌지 주스 200cc
	보리밥	쌀 80g, 보리 10g
	미역국	마른 미역 5g
	북어조림	북어 15g
	쇠고기느타리볶음	쇠고기 40g, 양파 10g, 느타리 20g, 피망 10g,
	콩나물무침	콩나물 100g, 참기름 3g

점 심	김치	배추김치 70g
	보리밥	쌀 100g, 보리 10g
	비지찌개	콩 40g, 김치 80g
	참치샐러드	참치 50g, 양상추 20g, 피망 20g, 오렌지 10g, 마요네즈 10g
	김치	배추김치 70g
간 식	김구이	김 2g, 식물성 기름 2g
	무미역쌈	무 30g, 굴 50g, 미역 50g, 겨자, 홍고추
저 녁	팥밥	쌀 100g, 팥 20g
	동태매운탕	동태 70g, 무 20g, 두부 40g
	뱅어포구이	뱅어포 50g, 설탕 5g, 파, 마늘
	도라지생채	도라지 50g, 오이 10g
	김치	배추김치 70g

변비 방지를 위한 식단의 예

아 침	콩밥	쌀 80g, 검정콩 10g
	감자국	감자 50g, 당근 10g, 달걀 25g
	새우맛살전	깐새우 50g, 맛살 30g, 풋고추 10g, 밀가루 15g, 달걀 25g, 식물성 기름 5g
	갑오징어실파강회	갑오징어 30g, 실파 50g, 고추장 15g
	김치	배추김치 70g
점 심	계피토스트	식빵 100g, 버터 5g
	야채 샐러드	양상추 15g, 오이 25g, 적색 양배추 18g, 피망 13g, 셀러리 30g, 키위 80g, 브로콜리
	생선커틀릿	흰살생선 100g, 달걀 25g, 밀가루 15g, 빵가루 15g
간 식	요구르트	요구르트 65cc
	땅콩	땅콩 10g
	두유	두유 200cc

🐾 임신 후기에는 임신 중독증의 예방을 위해 되도록 싱겁게 먹는다

8~9개월의 임신 후반기가 되면 태아의 발육이 점점 왕성해지므로 양과 더불어 영양을 충분히 확보하지 않으면 안 된다. 다만 지나치게 체중이 불어나면 부종이나 임신 중독증이 염려되므로 1주일에 500g 정도 증가하는 정도로 조절을 해야 한다. 이 시기가 되면 태아 때

문에 위가 눌려 식사하기가 힘들어진다. 한 번에 먹는 양을 줄이고 몇 번에 나누어 질이 좋은 영양을 섭취하도록 한다.

　또 평상시 달게 먹는 식습관이 형성되어 온 임신부라면 임신 기간 중의 식사 조절에도 유의를 해야 한다. 만일 임신 기간에도 단음식을 주로 섭취한다면 당질대사에 소모되는 비타민 B_1의 양이 많아져서 영양 상태의 균형이 깨지기 쉽다.

　만일 임신부가 당뇨병에 걸리면 태아는 내장기관의 발달이 미약한 채 체중의 이상 증가가 올 수 있으므로 당뇨병의 위험이 있는 임신부라면 식사 조절을 통해 더욱 당뇨병 예방에 힘쓰는 것이 좋다.

임신 중독증을 예방하는 식단의 예

식 전	우유	우유 180cc
아 침	쌀밥	쌀 100g
	미역국	미역 5g, 쇠고기 20g, 참기름 5g
	시금치달걀부침	달걀 50g, 시금치 30g, 식물성 기름 30g
	호박볶음	호박 50g, 돼지고기 30g, 식물성 기름 30g
	멸치볶음	멸치 10g, 꽈리고추, 설탕
	나박김치	물김치 50g
점 심	찐만두	밀가루 75g, 돼지고기 80g, 두부 80g, 숙주 50g, 달걀 30g
	과일샐러드	사과 50g, 귤 30g, 복숭아 40g, 땅콩 5g, 마요네즈 10g
간 식	우유	우유 200cc
	연근죽	연근 50g, 쌀 40g, 우유 100cc,, 참기름 5g
저 녁	과일	사과 100g
	조밥	쌀 90g, 조 20g
	대구탕	대구 100g, 무 40g, 배추 20g, 표고 5g, 미나리 5g, 쑥갓 5g
	풋고추잡채	풋고추 40g, 쇠고기 40g, 식물성 기름 5g
	생선땅콩튀김	가자미포 60g, 땅콩 20g, 빵가루 10g, 달걀 30g, 마요네즈 10g, 타르타르 소스
	김치	배추김치 80g

당뇨를 예방하는 식단의 예

아 침	현미 오곡밥	현미 43g, 현미찹쌀 20g, 팥 10g, 흰콩 10g, 검정콩 10g, 차수수 10g, 차좁쌀 10g
	연두부버섯탕	연두부 40g, 팽이버섯 10g, 닭살 10g
	돼지고기 야채볶음	돼지고기 70g, 양배추 20g, 표고 10g, 피망 10g, 식물성 기름 5g
간 식	시금치나물	시금치 70g, 참기름 2g
	우유	우유 200cc
저 녁	과일	귤 100g
	보리밥	쌀 60g, 보리 20g
	고등어구이	고등어 70g
	다시마쌈	생다시마 100g
	굴회	생굴 80g
	미나리나물	미나리 70g
	동치미	동치미 50g

전국 산부인과 병원 목록

서울(02)

종 합 병 원

강남성모병원 590-1114
성모병원 3779-1114
성바오로병원 958-2114
건국의료원 서울병원 450-9500
경희대학병원 958-8114
고려의대부속 구로병원
818-6114
고려의대부속 안암병원
920-5114
서울대학교병원 760-2114
성균관의대 삼성서울병원
3410-2114
순천향대학병원 709-9114
연세의대 세브란스병원
361-5114
연세의대 영동세브란스병원
3497-2114
울산의대 서울중앙병원
2224-3114
이화의대부속 동대문병원
760-5114
이화의대부속 목동병원
650-5114
인제대학교부속 상계백병원

950-1114
인제대학교부속 서울백병원
2270-0114
중앙의대부속 용산병원
748-9900
중앙의대부속 필동병원
2260-2114
한림대부속
강남성심병원 829-5114
한림대부속
강동성심병원 2224-2114
한림대 동산성심병원
965-3601~9
한림대부속 한강성심병원
6395-114
한양의대부속병원 2290-8114
강북삼성병원 739-3211
국립경찰병원 3400-1258
국립의료원 2260-7114
노원을지병원 970-8000
대림성모병원 8299-000
방지거병원 453-6111
서울대학교병원 운영
보라매병원 840-2114
삼성제일병원 2262-7000
서울시립 동부병원 2290-3714

서울 위생병원 2244-0191
서울 적십자병원 398-9700
성애병원 840-7114
원자력병원 973-9011
974-2501
지방공사 강남병원 554-9011
차병원 3468-3000
청구성심병원 358-5511
한국보훈병원 2225-0114
한일병원 901-3114
강남고려병원 874-8001
강동카톨릭병원 470-2700
건양병원 634-7071
덕산병원 610-2999
대림성모병원 829-9000
대한병원 903-8817
동부제일병원 437-5011
동신병원 396-9161
명지성모병원 845-6113
서부병원 359-0591
서안복음병원 604-7551
서울병원 832-0151
서울강남병원 3480-6114
서울기독병원 490-5000
세란병원 737-0181
소화아동병원 705-9000

신라병원 941-0181
아산재단
금강병원 799-5000
오산당병원 520-8500
잠실병원 414-7751
제성병원 644-1313
충무병원 678-0001
한국병원 763-1461
한라병원 464-2700
혜민병원 453-3131
홍익병원 693-5555
효동병원 485-2131
희명병원 804-000

병 원

가야병원 537-1121
강남백병원 3453-0100
강북성심병원 2242-0114
고려병원 602-4157
구로성모병원 613-8001-3
구민정신병원 942-8000
근화병원 886-5551
김포중앙병원 663-0511
대성병원 394-9101
동부성심병원 497-7755
동산병원 694-4406
동작순천향병원 822-8112
동주병원 487-1121
목병원 752-0777

복음병원 2231-7761
부국병원 496-7771
삼일병원 671-3131
서울병원 832-0151
서울성북병원 916-1501
성가복지병원 916-6111
성베드로병원 802-2111
성분도병원 754-7771
성야병원 2293-1121
송천병원 484-2138
신화병원 633-9511
안세병원 541-1541
양지병원 887-6001
영동제일병원 561-6100
영락병원 2272-9211
영등포병원 632-0013
유광사 568-0061
윤호병원 512-0500
이영순병원 857-2001
일신병원 385-5101
제일성모병원 333-0012
제일성심병원 691-1986
종하병원 633-4012
지성병원 635-3883
지암병원 568-0061
한독의료재단 753-6941
해성병원 545-5770
혜성병원 333-2001

개 인 병 원

〈강남구〉
김경자산부인과 566-9594
이화산부인과 562-8304
김영산부인과 555-9365
김동선산부인과 566-6962
김성자산부인과 544-5803
김순자산부인과 445-4949
목영소산부인과 568-5549
서울산부인과 545-4057
다나산부인과 578-9721
피엘산부인과 564-1222
박산부인과 538-7971
방장훈산부인과 546-3693
서우갑산부인과 577-3004
신옥산부인과 562-0470
신산부인과 517-1789
홍마리산부인과 578-4412
원금순산부인과 568-6273
오산부인과 516-8290
오보훈산부인과 3453-7443
오세창산부인과 564-5650
유국영산부인과 540-5954
유희현산부인과 3444-0318
이상웅산부인과 545-2231
이경희산부인과 511-1088
이수자산부인과 556-7774
이양우산부인과 3411-5147
이산부인과 569-8309
이준환산부인과 562-2404
정경숙산부인과 780-9008

이형복산부인과 545-2600
장은실산부인과 573-6874
전중정산부인과 563-6025
차산부인과 573-7778
동서산부인과 566-9311
최영열산부인과 555-6506
홍영재산부인과 511-3396
중앙산부인과 517-3373

〈강동구〉
이권산부인과 470-8275
은정산부인과 427-9888
김은섭산부인과 414-0016
성누가산부인과 474-3211
김창환산부인과 487-7199
김산부인과 429-8388
김현식산부인과 488-4011
김홍국산부인과 428-7880
일신산부인과 478-1221
김희진산부인과 478-2458
제일산부인과 482-1046
박노준산부인과 483-3600
박영세산부인과 477-8272
박준상산부인과 484-0868
신경숙산부인과 488-0082
전영실산부인과 442-3606
오세기산부인과 484-0055
엄주명산부인과 429-2876
보연산부인과 478-5711
평화산부인과 477-7703

이승철산부인과 489-1996
명인의원 476-5758
동인의원 478-0864
이종석산부인과 473-9354
이종성산부인과 477-8275
임성열산부인과 483-4222
임의원 478-1758
모자산부인과 477-7003
장유신산부인과 478-1345
장종상산부인과 487-2591
장호선산부인과 470-1001
전영실산부인과 442-3606
최경애산부인과 475-2930
최산부인과 485-4855
황보산부인과 478-5097

〈강북구〉
신일산부인과 981-3252
고려산부인과 982-7811
나나산부인과 984-3424
김방철산부인과 906-9220
예일산부인과 906-9981
김석희산부인과 988-0719
김영산부인과 988-0606
김용직산부인과 982-9449
김용환산부인과 991-0773
나산부인과 989-0891
민산부인과 989-5506
문산부인과 994-0727
서광태산부인과 454-7930

박인재산부인과 993-5385
오세현산부인과 988-7766
유산부인과 981-5551
이동경산부인과 992-8756
이명희산부인과 982-4532
이성자산부인과 989-2802
이윤산부인과 946-0601
이인수산부인과 907-9696
임기은산부인과 945-4752
장인태산부인과 981-1144
장혜정산부인과 945-6976
전혜자산부인과 994-0727
정산부인과 988-3650
홍산부인과 989-1651

〈강서구〉
권산부인과 603-0738
서울산부인과 665-6782
김상연산부인과 662-0556
김순애산부인과 602-2914
황세영산부인과 604-7747
김창해산부인과 662-0851
김현철산부인과 602-6371
박승신산부인과 602-1416
신옥하산부인과 603-0402
신재승산부인과 606-0015
유광사산부인과 608-1011
윤영혜산부인과 608-0447
중앙산부인과 643-6047
이명근산부인과 604-8000

이미영산부인과 664-7085
이봉구산부인과 642-6662
이창희산부인과 3661-9313
장준홍산부인과 690-8833
정청조산부인과 662-0851
조무호산부인과 651-7282
최순명산부인과 663-0848
황세영산부인과 604-7747

〈관악구〉
강병필산부인과 877-6845
고제숙산부인과 863-0070
김기덕산부인과 872-4555
김성심산부인과 871-0001
김숙희산부인과 884-1852
모태산부인과 888-1213
노원재산부인과 886-9955
노영숙산부인과 882-9900
박산부인과 855-5655
박지양산부인과 882-6030
박춘식산부인과 854-6715
박현철산부인과 873-1335
변산부인과 852-2361
송석규산부인과 878-4777
자혜산부인과 886-2121
안산부인과 878-4366
현대산부인과 884-0677
오창학산부인과 885-8636
원연희산부인과 889-6400
윤승태산부인과 877-1135

고려산부인과 878-1113
이인희산부인과 877-1992
제일산부인과 889-7371
정산부인과 882-1398
조산부인과 853-0602
천산부인과 889-8206
최영희산부인과 886-9708
현춘산부인과 877-2220
권오상산부인과 454-5353
김수임산부인과 454-2963
김창학산부인과 454-2277
베데스다산부인과 458-5162
원병태산부인과 446-2823
윤병영산부인과 456-2034
이경자산부인과 446-3353
이남희산부인과 466-1235
자원산부인과 453-2071
이진호산부인과 446-3356
전영미산부인과 454-2963
최인호산부인과 466-8090
최차해산부인과 463-2311
하산부인과 466-4421
신한산부인과 467-9337
한산부인과 445-1876
한태호산부인과 446-8662

〈구로구〉
곽소명산부인과 686-5004
두경산부인과 859-8797
정화의원 862-0361

김관수산부인과 618-9817
김승섭산부인과 615-9647
김훈기산부인과 865-9888
박산부인과 862-0865
동일의원 854-3798
윤숙산부인과 863-2645
신형균산부인과 855-0789
안영규산부인과 854-9365
양현모산부인과 685-0628
오영옥산부인과 854-2945
오창혁산부인과 619-0663
유길동산부인과 866-9918
유호상산부인과 856-1184
윤의원 865-2762
이남경산부인과 837-1404
이민전산부인과 685-4304
임광서산부인과 686-5004
조만현산부인과 851-3504
정진안의원 854-3181
조창묵산부인과 963-1077
차병헌산부인과 869-3094
차순도산부인과 854-2162
최정숙산부인과 614-2117
애경의원 855-1985
이화의원 613-1160

〈금천구〉
강산부인과 896-0419
고상덕산부인과 802-6555
김덕례산부인과 854-0098

김서규산부인과 802-0926
노태성산부인과 857-5558
혜인산부인과 855-5162
이소영산부인과 857-2001
성메디칼산부인과 808-0567
삼화의원 856-9009
유호상산부인과 856-1184
윤영숙산부인과 855-6524
이상태산부인과 856-8108
이영순산부인과 857-2001
임충선산부인과 805-2201
조윤희산부인과 802-8892
조만현산부인과 851-3505
성지산산부인과 869-7883
최필승산부인과 805-6300
홍순묵산부인과 806-2500

〈노원구〉

김기영산부인과 932-0700
연희산부인과 932-4524
김지호산부인과 939-0980
김현우산부인과 934-4335
박경숙산부인과 933-9230
석산부인과 939-2123
오경주산부인과 931-7566
오운영산부인과 948-2122
유모선산부인과 934-8508
이보옥산부인과 972-8062
이산부인과 952-1588
이인우산부인과 938-6968

이정호산부인과 974-7557
장애숙산부인과 938-6486
장호준산부인과 951-6767
정산부인과 936-0374
중앙산부인과 972-3109
연세산부인과 939-2231
최산부인과 936-3109
서울산부인과 951-5588
홍성환산부인과 972-2718

〈도봉구〉

강대형산부인과 992-1600
우정산부인과 992-4164
김보연산부인과 902-9955
김영산부인과 921-8450
김양일산부인과 955-6685
김혜신산부인과 900-2226
성모산부인과 956-8989
양경희산부인과 996-7964
이강보산부인과 904-3377
이근우산부인과 955-6680
이기동산부인과 999-4497
이정우산부인과 907-6171
조기환산부인과 906-3248
주상원산부인과 955-2525
주원식산부인과 956-2712
최경희산부인과 992-1600
세화산부인과 996-8638
하영선산부인과 998-0706
한종수산부인과 905-5252

〈동대문구〉

강효달산부인과 2212-9559
구제춘산부인과 2244-6986
보람산부인과 965-6669
김우섭산부인과 923-6680
김철영산부인과 966-1003
김청수산부인과 2243-2455
박산부인과 966-1028
백산부인과 2245-4346
조양산부인과 965-1160
신산부인과 2247-1789
그린산부인과 2242-8992
안산부인과 2212-3305
오산부인과 2245-9300
오영돈산부인과 248-8245
성완산부인과 212-7849
윤헌식산부인과 967-9319
이용선산부인과 2244-4062
이윤영산부인과 2248-8245
해수산부인과 2247-2967
마리아의원 2234-2711
임산부인과 2249-8439
마리아병원 2234-2504
정경환산부인과 957-9863
최산부인과 2249-8388
조행숙산부인과 2244-0075
최산부인과 966-2531
최명훈산부인과 2247-4161
최은봉산부인과 962-8998
최정애산부인과 2214-3727

황인규산부인과 2242-8700
인제산부인과 966-2101

〈동작구〉

강미자산부인과 817-7002
혜성산부인과 826-2217
김동균산부인과 813-2448
김선산부인과 521-2411
김성미산부인과 536-3918
청화산부인과 815-3788
김이규산부인과 816-4779
김정수산부인과 583-5188
파티마산부인과 815-0167
신경철산부인과 813-1313
신수재산부인과 585-5222
이경림산부인과 581-2336
은하산부인과 812-8833
이산부인과 841-0337
이춘식산부인과 599-3992
전산부인과 582-6373
황홍규산부인과 825-5198

〈마포구〉

김미영산부인과 704-6620
용현의원 716-5567
김영택산부인과 336-3996
김은배산부인과 715-8729
연이산부인과 706-0202
은하산부인과 326-3928
남기민산부인과 717-3223

전일산부인과 363-0609
노산부인과 363-0533
홍익산부인과 3142-9900
박경희산부인과 324-0716
박성철산부인과 715-8794
박수자산부인과 335-8935
박정희산부인과 701-0310
시민의원 716-2158
안영옥산부인과 718-3337
양산부인과 375-0121
유문자산부인과 336-5336
유지헌산부인과 706-9902
윤영혜산부인과 717-3223
성일산부인과 334-6017
이상윤산부인과 717-6577
임선영산부인과 323-5773
전일산부인과 363-0609
정창영산부인과 375-4059
자애산부인과 716-1101
최근해산부인과 337-1011
최수년산부인과 362-8348
신흥산부인과 712-1331

〈서대문구〉

곽미영산부인과 372-3334
국제의원 324-7557
기화산부인과 363-4876
덕인의원 362-1037
동서의원 337-6139
남양의원 737-1364

나산부인과 363-5675
문산부인과 725-5850
문용환산부인과 373-1133
우박산부인과 362-8544
박원순산부인과 737-8550
박진익산부인과 395-9538
박효길산부인과 391-1716
송주철산부인과 738-3096
윤산부인과 309-0074
자모의원 363-5306
고려산부인과 363-1428
이승철산부인과 302-9327
이인숙산부인과 362-1331
성혜의원 363-0667
전정숙산부인과 363-3815
정학영산부인과 372-3458
정희자산부인과 391-3197
차순자산부인과 324-2004
최아란산부인과 308-1781
홍영택산부인과 333-2129

〈서초구〉

효생산부인과 542-7710
한나여성의원 523-3911
함춘여성클리닉 522-0123
김보경산부인과 582-0249
김상현산부인과 568-2114
김용훈산부인과 522-9988
이화산부인과 599-2009
노박의원 585-0515

박광수산부인과 557-6300
박영주산부인과 538-5594
박진하산부인과 585-8238
연희산부인과 5960-0202
손철산부인과 598-0123
송기명산부인과 591-9090
송정수산부인과 587-6443
신영우산부인과 574-4511
신산부인과 533-2620
신호문산부인과 578-8878
심근섭산부인과 537-5455
엄산부인과 599-5678
오혜숙산부인과 567-8978
원산부인과 582-6057
유성현산부인과 545-1526
유태화산부인과 533-7614
이원기산부인과 562-9595
이은경산부인과 584-1223
이승희산부인과 515-9889
이경산부인과 573-2020
안양서울의원 534-6808
한신의원 534-2733
평택성모산부인과 599-1097
장산부인과 599-2688
박찬동산부인과 556-1790
정은주산부인과 543-9008

〈성동구〉
강산부인과 463-0552
강산부인과 2299-0642

고선용산부인과 2292-4411
김기진산부인과 2291-5840
김미화산부인과 468-7857
김원자산부인과 2293-3244
김자향산부인과 2253-5883
김주필산부인과 463-3321
김진산부인과 2297-9870
김훈기산부인과 2291-5840
김창학산부인과 418-3812
박산부인과 2254-1769
박창주산부인과 2291-5840
박산부인과 299-2211
방정자산부인과 463-6782
송상현산부인과 467-0614
현대의원 2238-9646
신산부인과 468-9804
안방자의원 462-9012
서울성모의원 464-6655
육산부인과 464-1904
윤정희산부인과 464-3433
금호산부인과 2291-6666
장산부인과 468-4286
장유신의원 2297-3545
정경환산부인과 2245-6863
정희수산부인과 2234-1049
무학산부인과 2296-8077

〈성북구〉
영산부인과 764-9544
김봉현산부인과 942-6969

성북서병희산부인과 943-5588
김상옥산부인과 928-8744
김용술산부인과 912-2272
김재학산부인과 923-6589
김재홍산부인과 914-0808
삼선산부인과 912-9436
영생의원 928-1482
박순옥산부인과 913-6665
서준산부인과 913-5559
송시종산부인과 923-5268
신교식산부인과 919-3391
안산부인과 913-6446
오영산부인과 914-5202
윤상열산부인과 917-3713
윤산부인과 923-9895
윤혜숙산부인과 914-6462
이금희산부인과 762-2081
이성지산부인과 942-7085
화순의원 988-5089
동재산부인과 980-3044
이준환산부인과 915-3614
전경애산부인과 962-2955
정은의산부인과 941-7310
조정신산부인과 915-9094
조현숙산부인과 742-1883
주권량산부인과 918-8308
최산부인과 941-0732
마리산부인과 923-5348
홍자선의원 988-1363

〈송파구〉

고창원산부인과 423-3312
김웅섭산부인과 414-0017
김재웅산부인과 425-2180
김정애산부인과 404-1411
김정자산부인과 419-0130
김학성산부인과 425-2550
김산부인과 406 -6360
김숙산부인과 404-9286
김혜숙산부인과　403-7300
수로산부인과 400-2354
임정애산부인과 473-0620
문산부인과 443-1600
문제호산부인과 412-3201
박상인산부인과 412-3201
박수배산부인과 412-9639
박산부인과 408-0022
서규석산부인과 407-7347
서용득산부인과 414-8284
오선민산부인과 422-7757
한솔산부인과 2202-7888
이산부인과 404-1551
모자산부인과 443-3328
이천훈산부인과 414-8862
임경희산부인과 415-5109
최산부인과 402-5001
조현섭산부인과 404-7998
장현정산부인과 478-0885
한빛산부인과　408-3814
한영란산부인과 414-4206

현병규산부인과 415-8062
홍산부인과 423-4344

〈양천구〉

강중구산부인과 695-2257
고산부인과 649-6412
김기원산부인과 692-6776
김산부인과 605-1371
세화산부인과 605-2970
김호철산부인과 692-0586
남산부인과 693-5983
영은산부인과 691-6285
박영순의원 645-6662
박영동산부인과 603-0674
백산부인과 602-2334
필산부인과 690-3614
양미혜산부인과 606-2434
이화산부인과 606-2102
윤영숙산부인과 647-4456
이덕균산부인과 642-0586
정종일산부인과 649-3508
정현수산부인과　605-2970
황인구산부인과 695-2227
황인호산부인과 603-2535

〈영등포구〉

곽산부인과 678-0702
김미경산부인과 635-0805
김자혜산부인과 732-4164
김정수산부인과 833-3734

아세아산부인과 678-7747
문산부인과 832-4608
박금자산부인과 841-5496
박정범산부인과 634-1592
손성기산부인과 831-9900
기독산부인과 633-3235
신부부의원 633-9511
홍신의원 634-0725
우산부인과 835-1277
유승일산부인과 635-6269
인화의원　832-6419
중앙의원 844-0350
이영혜산부인과 844-6632
세인산부인과 846-7878
이충호산부인과 844-6106
임형정산부인과 831-8387
서울산부인과 672-2003
정용화산부인과 843-0709
정태호산부인과 833-5550
신남의원 833-2036
조봉춘산부인과 832-4424
한산부인과 833-3141
안민의원 833-0509

〈용산구〉

강조자산부인과 793-7188
용강의원 793-1061
혜진의원 792-0561
한양산부인과 794-2101
노산부인과　797-1844

목병원 752-0777
문원실산부인과 795-2922
자선산부인과 712-5492
일심외과산부인과 776-4937
송산부인과 792-3981
신동찬산부인과 797-7649
양옥숙산부인과 754-4486
유명숙산부인과 795-2888
윤산부인과 712-4903
이연희산부인과 796-6898
이옥주산부인과 795-3848
이산부인과 794-4110
이산부인과 792-7814
조동욱산부인과 790-4393

〈은평구〉
권오석산부인과 303-7852
인정병원산부인과 309-1273
제일산부인과 355-8113
덕산산부인과 387-8782
부부의원 355-1374
박세웅산부인과 355-6514
박희옥산부인과 355-7980
구세의원 355-7253
신승준산부인과 388-5855
원규숙산부인과 355-1440
윤석애산부인과 354-8667
이길완산부인과 389-2714
이모혜산부인과 372-7002
동일의원 388-3250

서부중앙산부인과 357-8822
장재빈산부인과 382-5110
채유병산부인과 355-0777
최호용산부인과 388-0698
한산부인과 303-9313

〈종로구〉
고산부인과 762-9725
창신의원 763-5768
신애의원 763-4806
김산부인과 741-2051
김흥택산부인과 765-4181
자인의원 762-8251
박도순산부인과 737-3803
박만용산부인과 734-8557
오산부인과 744- 5130
유희옥산부인과 736-2878
이교웅산부인과 762-6500
이산부인과 762-8616
제일의원 765-0340
이현자산부인과 763-5838
동연하산부인과 763-5362
주일억산부인과 734-6294
김옥산부인과 737-7123
허산부인과 737-1789

〈중구〉
강열의원 2253-7161
고영우산부인과 2243-5958
권소연산부인과 2235-7337

김영길산부인과 2235-9994
김인예산부인과 2279-9648
김애주산부인과 2252-0181
문영숙산부인과 2266-4844
박산부인과 2266-5751
배병주산부인과 753-3457
안희성산부인과 2236-8538
오산부인과 2267-7332
이남규산부인과 2235-3033
성림산부인과 2253-3003
이원근산부인과 2269-1220
이종륜산부인과 2266-6943
정은주산부인과 777-1094
오산부인과 778-8597
혜성산부인과 2252-3337
오인산부인과 757-7885

〈중랑구〉
금정철산부인과 2208-2220
김산부인과 434-7204
김병화산부인과 433-5796
김성자산부인과 435-2524
장중환산부인과 434-0937
김완영산부인과 432-6570
박복림산부인과 493-5521
박진배산부인과 435-2524
영란산부인과 433-3863
동부산부인과 343-8900
오혜숙산부인과 496-4814
유정옥산부인과 493-3329

이근용산부인과 433-8277
이승희산부인과 977-0485
이충훈산부인과 971-0907
정순균산부인과 493-5605
정영희산부인과 977-3455
정은숙산부인과 423-8291
제일산부인과 2207-0639
조병홍산부인과 493-1212
조희중산부인과 434-0700
하태윤산부인과 975-7576
한일석산부인과 432-0234
황순경산부인과 433-3484

부산 (051)

종 합 병 원

고신대학교 복음병원 240-6114
광혜병원 503-2111
김원묵기념봉생병원 646-9955
대동병원 554-1233
동래봉생병원 531-6000
동아의료원 247-6600
동의의료원 867-5101
메리놀병원 465-8801
부산대병원 254-0171
부산위생병원 248-5151
삼선병원 322-0900
성분도병원 466-7001
세강병원 756-0081

시민병원 522-6000
영도병원 412-8881
왈레스기념침례병원 466-9331
인제대부속 백병원 894-3421
일신기독병원 647-7501
재해병원 623-0121
제중병원 864-0081
지방공사 부산의료원 866-9031
춘해병원 645-8971
부산보훈병원 313-7871
한미병원 512-0005
해동병원 412-2345
해운대성심병원 743-5555

병 원

기장고려병원 722-1236
녹십자병원 555-9601
동래중앙병원 862-6241
동래현대병원 553-6161
마리아수녀회 구호병원 256-3045
명동병원 552-1884
문화병원 644-2002
반도병원 747-5001
부산고려병원 894-7531
부산자모병원 758-6222
성가병원 645-9771
세양병원 207-4343
수영병원 755-3061
안락병원 524-2111

유일병원 462-9000
중앙병원 644-0303
한중병원 304-2001
해운대병원 746-0707
혜성병원 531-3366

개 인 병 원

〈금정구〉
김대봉산부인과 581-0011
강정원산부인과 518-6403
강태웅산부인과 513-7924
김동욱산부인과 514-9404
김진국산부인과 512-0900
김지연산부인과 529-9167
김홍일산부인과 529-9900
성심의원 512-0288
효원산부인과 581-4830
이동구산부인과 516-3018
장산부인과 523-2486
최창규산부인과 518-2400

〈남구〉
목화산부인과 628-1231
이양희산부인과 642-8188
한나산부인과 625-0574

〈동구〉
박란희산부인과 632-3777
박순도산부인과 646-3278

박인사산부인과 467-1163
백병택산부인과 468-3491
자성산부인과 467-9222
심재기산부인과 468-4040
우원형의원 463-4917
하산부인과 632-0255
홍순박산부인과 468-2726

〈동래구〉

공기주산부인과 504-2552
류현철산부인과 558-4786
박명회산부인과 556-7575
손산부인과 552-7502
신동목산부인과 555-7989
세화산부인과 557-6030
이수자산부인과 524-1419
이준덕산부인과 556-6549
내추럴의원 556-2052
정규수산부인과 555-0024
정백수산부인과 504-4900
하옥근산부인과 555-1201

〈부산진구〉

고산부인과 891-5003
나상산부인과 897-0029
박경일산부인과 897-6671
박수웅산부인과 805-1155
백석천산부인과 852-6832
부산산부인과 809-5522
신산부인과 892-0123

송영록산부인과 809-6225
오말례산부인과 806-0047
유길주산부인과 809-3022
이상헌산부인과 809-9876
이경란산부인과 892-3460
장무정산부인과 819-0100
정갑년산부인과 863-8055
정규철산부인과 802-5432
정원근산부인과 809-2926
정원태산부인과 809-1819
혜원산부인과 646-8181
최영석산부인과 892-8526
최홍준산부인과 809-4080
삼화산부인과 865-0858

〈북구〉

구의자산부인과 336-3636
권경자산부인과 335-3355
김동열산부인과 332-4476
자애산부인과 337-0487
서정승산부인과 337-8855
장윤희산부인과 335-6868
정민섭산부인과 333-2001
정정완산부인과 332-9151
조수완산부인과 332-4476
장진석산부인과 335-8559
하부수산부인과 361-0120

〈사상구〉

한림의원 323-8222

강훈산부인과 303-2015
박종순산부인과 323-0555
안광준산부인과 327-0253
안미란산부인과 301-2878
하명완산부인과 332-9151

〈사하구〉

강경주산부인과 263-9944
김종근산부인과 291-5335
나산부인과 263-5211
노승만산부인과 262-6767
박연산부인과 266-0075
박진만산부인과 205-1188
유순민산부인과 292-4284
이승엽산부인과 263-3673
정기묵산부인과 291-0600
최성대산부인과 293-3498
탁혜정산부인과 291-0025
한공창산부인과 201-0022

〈서구〉

평화산부인과 243-2515
베드로산부인과 243-2913
이문옥산부인과 257-7211
새부산산부인과 245-0686
구세산부인과 257-9701

〈수영구〉

청화산부인과 758-0027
김성환산부인과 753-7187

김지수산부인과 753-3208
이승훈산부인과 754-5258
임마누엘산부인과 752-7575
장성규산부인과 622-9065
정산부인과 753-3322
홍용하산부인과 753-0845

〈연제구〉

이화산부인과 861-2002
송인문산부인과 852-5432
신금봉산부인과 866-6111
윤진규산부인과 865-0797
오경열산부인과 757-8556
임철수산부인과 865-1331
정현복산부인과 853-8484
최영욱산부인과 866-0001
한희진산부인과 753-9956

〈영도구〉

강은종산부인과 412-9966
계응심산부인과 416-5780
송민자산부인과 417-6349
신근식산부인과 412-0339
이인재산부인과 414-5111
이동식산부인과 416-7501
한승희산부인과 416-6776

〈중구〉

김은주산부인과 242-9858
남궁산부인과 245-6447

이상태산부인과 419-8796
장수웅산부인과 245-3565
부산평화산부인과 245-7334
최이범산부인과 462-0935

〈해운대구〉

원산부인과 701-3611
문시영산부인과 781-6527
박기홍산부인과 742-3414
신영주산부인과 782-0808
이영자산부인과 747-9898
혜성산부인과 704-2991
조현두산부인과 701-9002
천명규산부인과 746-8880
최영주산부인과 704-2020

대구 (053)

종 합 병 원

가야기독병원 620-2310
경북대병원   422-1141
계명대동산병원 252-5101
운경재단곽병원 252-2401
구병원 562-1931
대구카톨릭대학병원 626-5301
대구파티마병원 952-4051
불교병원 655-0300
성심병원 623-2111
세강병원 623-2121

영남대부속병원 623-8001
지방공사대구의료원 560-7575
대구보훈병원 636-1771
현대병원 764-2000

병   원

논공가톨릭병원 615-4871
늘열린병원 422-0055
달성병원 611-3300
대구애락보건병원 564-0701
대구여성병원 656-4200
대구적십자병원 252-4701
수성병원 423-1266
신세계병원 954-7771
하나병원 255-0321
효성병원 766-7070

개 인 병 원

건생산부인과 424-1057
성모산부인과 642-8859
권산부인과 615-3252
권득기산부인과 554-0269
권산부인과 476-7525
파티마산부인과 322-9100
김광훈산부인과 566-0534
김대연산부인과 627-5335
김남산부인과 632-0110
김동성산부인과 424-1495

김미숙산부인과 982-2242	박상빈산부인과 425-7353	윤경식산부인과 755-5777
신라산부인과 791-7973	박소정산부인과 642-0864	새윤산부인과 756-5677
삼광산부인과 255-0833	박영석산부인과 952-0900	윤태현산부인과 553-5300
김성금산부인과 421-5200	세광산부인과 421-5114	이탁산부인과 742-7755
킴스산부인과 641-3344	엄마산부인과 627-3224	회춘산부인과 959-4764
한나산부인과 565-8982	영남산부인과 652-7910	박애산부인과 767-7711
김신근산부인과 425-2520	박정옥산부인과 642-3232	대영산부인과 252-1915
김영애산부인과 254-9371	새동산부인과 324-1616	이동일산부인과 553-6070
김원배산부인과 257-2789	동양산부인과 564-7586	이동준산부인과 633-1588
동아산부인과 257-1631	윤산부인과 424-6912	이두룡산부인과 561-1515
김일경산부인과 656-3080	서경란산부인과 753-5954	이병찬산부인과 353-3322
김재수산부인과 962-0235	동대구산부인과 756-177	신암산부인과 957-5544
김재웅산부인과 635-7808	성심산부인과 956-8227	새한산부인과 963-5577
김산부인과 555-3112	서정재산부인과 321-9363	마리아산부인과 943-2711
김종목산부인과 552-3456	경일산부인과 567-1199	이성용산부인과 585-8533
김종식산부인과 624-2266	서남산부인과 556-3330	이성운산부인과 751-3533
만평산부인과 357-6200	손창헌산부인과 556-9622	이성환산부인과 764-5068
씨엘산부인과 742-3211	성서산부인과 582-6305	이숙형산부인과 565-2537
김철수산부인과 252-5389	송산부인과 791-7922	이응길산부인과 552-4323
김택훈산부인과 564-2112	송소현산부인과 781-3268	이재윤산부인과 565-6668
부부산부인과 555-4800	북비산산부인과 555-0117	이산부인과 631-6333
서대구산부인과 626-1268	경안산부인과 423-0131	이종태산부인과 554-4794
인화산부인과 424-9261	안산부인과 474-6853	동신의원 424-1368
남산부인과 555-3838	양성기산부인과 942-2277	중앙산부인과 424-3215
노영하산부인과 255-0964	여산부인과 953-0102	이호찬산부인과 475-2737
노산부인과 653-2823	오해일산부인과 626-7167	이후영산부인과 357-5216
영재산부인과 586-7582	내화산부인과 424-5603	장명익산부인과 742-5639
박산부인과 632-9616	자모산부인과 324-6325	장산부인과 941-3319
박노선산부인과 752-0712	부강산부인과 474-3414	현대산부인과 955-5400
박동열산부인과 651-1237	영재산부인과 586-7582	전상연산부인과 358-0068

전영우산부인과 761-7300
정산부인과 255-4577
고려산부인과 255-3245
정성수산부인과 471-3301
정성희산부인과 424-1881
정연주산부인과 652-3223
정영식산부인과 357-0777
동양산부인과 564-7586
조석재산부인과 653-6000
천대우산부인과 552-3225
경북산부인과 425-3489
신혜성산부인과 984-9889
한일산부인과 257-4449
최준영산부인과 941-2997
평화산부인과 959-9591
현산부인과 784-5353
한혜경산부인과 426-8255
한영산부인과 354-3434
홍영기산부인과 422-3330
홍형식산부인과 654-6789
효성산부인과 651-5678

인천 (032)

종 합 병 원

가톨릭의대 성모자애병원
510-5500
동인천길병원 764-9011
부평안병원 524-0591

산재의료관리원 중앙병원
518-0540
성민병원 571-3111
연세대인천세브란스병원
572-7501
인천기독병원 762-7831
인천세광병원 425-2001
인천적십자병원 812-8200
인하대병원 890-2114
중앙길병원 460-3114
지방공사 인천의료원
580-6000

병 원

강화병원 933-8111
남동길병원 814-9011
백령길병원 836-1731
새인천병원 423-6661
하나여성병원 544-8422
한마음병원 543-8885

개 인 병 원

〈계양구〉
이환구산부인과 545-0656
김형남산부인과 546-3644
문정일산부인과 546-2708
박명진산부인과 541-8383
고려산부인과 548-6106

중앙산부인과 551-5005
윤희종산부인과 546-7023
이진건산부인과 546-3644
한림산부인과 546-8524
명산부인과 542-3311
최도영산부인과 551-1188

〈남구〉
강희운산부인과 424-8001
김만성산부인과 882-6429
김석휘산부인과 421-2421
김영한산부인과 423-7722
김의섭산부인과 438-3700
문산부인과 83-4757
박혜경산부인과 867-0240
양산부인과 873-0207
유석권산부인과 428-0931
이경우산부인과 866-3838
이명우산부인과 424-2060
인산부인과 884-2253
임산부인과 422-5959
장산부인과 883-3643
최광엽산부인과 882-7556
주산부인과 82-4321
함산부인과 424-6611
황산부인과 875-6064
서울산부인과의원 432-5552
배산부인과 875-1915
신양수산부인과 885-9990

〈남동구〉

연세산부인과 465-6092
가족계획산부인과 432-0077
문원주산부인과 468-6697
박태동산부인과 464-9042
성홍락산부인과 467-3687
안산부인과 466-1512
유재경의원 421-3635
이남삽산부인과 425-0185
이영호산부인과 425-4394
정산부인과 422-3408
정용환산부인과 431-1003
간석산부인과 422-0601
이화산부인과 432-7008
최산부인과 425-7114
호산부인과 467-1371
황우석산부인과 421-5000
황일천산부인과 464-8021

〈동구〉

박산부인과 761-5902
황호연산부인과 761-3222

〈부평구〉

강병철산부인과 503-8224
강충수산부인과 511-1594
고행조산부인과 528-8779
모아산부인과 522-5028
김덕남산부인과 592-4131
우성산부인과 528-9515

제일산부인과 522-2973
부부의원 425-9643
김영신산부인과 523-3330
김산부인과 502-7264
동방의원 528-8105
바나산부인과 522-5028
나계환산부인과 529-3251
나덕진산부인과 502-1001
문산부인과 522-0029
박길주산부인과 528-0878
신호영산부인과 503-7224

〈서구〉

강대진산부인과 562-8228
연합산부인과의원 573-2111
마리아산부인과 575-8870
제일산부인과의원 571-1717
김승연산부인과 563-1251
김태호산부인과 571-1187
부인의원 571-4062
양산부인과 572-9882
이남기산부인과 566-6645
서인천의원 572-0001
이태호산부인과 571-1187
이학회산부인과 574-9647
이남섭산부인과 579-9811
안산부인과의원 575-7273
은혜산부인과의원 572-2821
차인종산부인과 571-6607

〈연수구〉

김웅철산부인과 815-5252
김용철산부인과 816-7582
박남규산부인과 834-1993
현대산부인과 811-8686
이산부인과 833-8387
정창수산부인과 813-7400
자산부인과 816-2155
최남수산부인과 819-9990
최대경산부인과 813-1616
한영호산부인과 811-5106

〈중구〉

경동의원 772-7622
성애의원 766-7101
영인의원 762-6685
한산부인과 773-7706
김용우산부인과 772-9876
자성의원 762-6999
원산부인과 764-7771
이근수산부인과 772-9922
전산부인과 772-8811

광주(062)

종합 병원

광주기독병원 650-5000
광주녹십자병원 224-0671
서남대부속 남광병원

371-0061
동광주병원 260-7000
전남대부속병원 220-5114
조선대부속병원 232-6301
하남동광주병원 950-9000
광주보훈병원 650-6114

병 원

광주산부인과 368-1100
에덴병원 267-0555
은병원 269-1500
자모산부인과 227-0023
제일산부인과 224-3884
하남산부인과 955-5656
하남성심병원 953-6000

개 인 병 원

강영식산부인과 372-3553
김덕희산부인과 227-9595
김미경산부인과 263-7755
김현옥산부인과 264-9355
김혜경산부인과 672-7595
연합산부인과 362-1133
그린산부인과 650-7700
무등산부인과 676-1177
박의호산부인과 223-8938
부부산부인과 675-0070
서동수산부인과 522-3577

은대숙산부인과 269-1500
손대언산부인과 971-6969
송경언산부인과 365-8128
송향산부인과 224-9655
심산부인과 526-3991
두리산부인과 527-1175
윤광섭산부인과 529-9420
윤영돈산부인과 232-7200
윤산부인과 526-6563
이산부인과 526-5353
이병한산부인과 222-7979
이상근이진희산부인과 223-0430
이혜경산부인과 671-6131
임산부인과 944-3111
가족계획협회 보건의원
651-7700
임정란산부인과 264-3377
장은실산부인과 512-6122
장장순산부인과 234-5600
전산부인과 223-6000
정행용산부인과 673-9889
조성일산부인과 526-5151
조동을산부인과 225-3366
조은영산부인과 226-0334
최춘산부인과 228-5656
최형금산부인과 952-1195

대전 (042)
종 합 병 원

가톨릭의대 대전성모병원
220-9400
대전선병원 220-8114
대전성심병원 522-0711
을지대학병원 255-7191
산재의료관리원
대전중앙병원 631-8251
충남대학교부속병원
220-7114

개 인 병 원

강재화산부인과 257-5361
권산부인과 545-3003
신세기산부인과 488-8275
김길자산부인과 256-5233
이화산부인과 533-5777
김병언산부인과 255-7272
로사리오산부인과 524-5425
김상연산부인과 522-6966
가야산부인과 523-0432
김수선산부인과 255-7307
김영선산부인과 524-5425
하나산부인과 483-5588
김영환산부인과 622-9800
선산부인과 825-5566
김정호산부인과 541-1900
김주병산부인과 932-6767
광산의원 256-0664
김혜경산부인과 257-6842

문산부인과 488-7575
박산부인과 256-5555
아세아산부인과 627-2895
박민원산부인과 583-1800
박병철산부인과 283-9021
박상기산부인과 273-1700
박성구산부인과 627-1991
제일산부인과 522-0550
영산부인과 533-0330
세브란스산부인과 485-3091
둔산산부인과 486-3282
박철순산부인과 624-7595
부인의원 256-2810
손산부인과 931-6558
송명준산부인과 823-5511
송산부인과 531-5255
신경순산부인과 487-5154
신산부인과 253-9292
신용철산부인과 253-8778
가양산부인과 623-7766
안산부인과 256-3838
양산부인과 627-7575
원광연산부인과 273-0987
유소미산부인과 636-7702
연세산부인과 633-8855
윤승찬산부인과 253-1153
윤인석산부인과 522-4280
일신산부인과 632-3008
최영배산부인과 632-0022
송강산부인과 931-7611

홍영수산부인과 635-1493
홍인산부인과 583-7557
홍산부인과 257-8979
신아산부인과 488-8334
이화산부인과 533-5777

경기도
종 합 병 원

가톨릭의대 부천성가병원
032)340-2114
가톨릭의대 성빈센트병원
0331)240-2114
가톨릭의대 의정부성모병원
0351)820-3000
경희의대부속 분당차병원
42)780-5000
고려의대부속 안산병원
0345)412-5114
광명성애병원 02)680-7114
동수원병원 0331)211-6121
박애병원 0333)52-2121
부천대성병원
032)652-0141
부천세종병원 032)340-1114
산재의료관리원안산중앙병원
0345)406-2991
서울병원 0339)375-0081
성남병원 0342)752-9200
성남중앙병원 0342)742-3000

세영병원 0344)962-6900
신천병원 0351)871-8200
아주대학병원 0331)219-5114
안양병원 0343)469-0151
양평길병원 0338)772-3771
연세의대부속 용인
세브란스병원 0335)335-5552
의왕고려병원 0343)452-2621
의정부 순천향병원
0351)856-8112
인하대병원 0342)720-5114
중앙병원 0343)42-811
지방공사 금촌의료원
0348)941-5811
지방공사 안성의료원
0334)674-7520
지방공사 의정부의료원
0351)871-0011
지방공사 포천의료원
0357)532-0130
한성병원 0343)452-0011
한양의대부속 구리병원
0346)560-2111

병 원

강남산부인과 0331)234-3711
고려병원 0331)243-9982
고려의대부속 여주병원
0337)880-2114

광명병원 0348)941-1622

금강병원 0336)634-3600

김포제일병원 0341)985-6061

남서울병원 0333)652-4567

남수원병원 0331)237-8462

노예리안드리아 자애병원
0356)589-0301

대명병원 0339)356-6404

산본산부인과 0343)396-3301

서민병원 0331)252-5001

서부공단 병원0345)493-0129

서울병원 0343)42-5944

서울모자병원 0343)394-9927

성모병원 0343)443-8651

성세병원 0333)657-1451

송탄대성병원 0333)667-0900

수원성모병원 0331)256-3121

시흥성모병원 032)691-1030

신인연합병원 032)692-6661

안양성모병원 0334)675-6007

영진병원 0356)584-3003

원병원 0346)5903-114

이천성모병원 0336)33-3113

이천파티마병원 0336)635-2624

중앙병원 0351)845-6001

중앙안산병원 0345)486-0151

지방공사 수원의료원
0331)257-4141

지방공사 이천의료원
0336)635-2641

평택기독병원 0333)651-1311

개 인 병 원

〈고양시 0344〉

손산부인과 964-3366

성심산부인과 976-8068

서울산부인과 919-0333

제일산부인과의원 974-9700

김형남산부인과 917-2664

세브란스산부인과 979-7900

김혜숙산부인과 915-9243

안산부인과 971-0312

윤산부인과 979-0657

이승희산부인과 912-6551

이정모산부인과 938-3001

최동수산부인과 977-3555

고려산부인과 972-2277

연세산부인과 916-8585

이중빈산부인과 974-5767

홍석호산부인과 915-3900

고려산부인과 972-2277

〈과천시 02〉

임산부인과 503-8360

윤루비산부인과 503-5511

〈광명시 02〉

강윤철산부인과 897-6851

김기열산부인과 688-5900

파티마산부인과 687-0929

김인환산부인과 615-1766

박광휘산부인과 613-2325

윤영숙산부인과 614-6515

서울파티마산부인과617-9003

정산부인과 893-1212

한원보산부인과 615-3151

〈구리시 0346〉

이명희산부인과 552-6721

윤왕준산부인과 553-8866

정재숙산부인과 562-1580

〈군포시 0343〉

산본산부인과 396-3301

김관옥산부인과 459-3875

이화산부인과 395-4525

고려산부인과 396-6325

이경숙산부인과 458-8371

이명우산부인과 395-5550

이정은산부인과 395-5454

동산산부인과 398-5688

〈남양주시 0346〉

박연환산부인과 572-7674

이근우산부인과 569-0336

일신산부인과 521- 0911

〈동두천시 0351〉

박혜성산부인과 868-0868
제일산부인과 865-3360
염산부인과 862-7778
진정희산부인과 865-1212

〈부천시 032〉
부천중앙산부인과 672-3030
고광덕산부인과 665-0080
곽희중산부인과 349-0116
수와진산부인과 322-0808
김세일산부인과 662-1230
김숙희산부인과 651-1657
김영인산부인과 651-5706
김정자산부인과 651-0323
부천산부인과 652-9625
김혜영산부인과 326-2847
김홍기산부인과 682-8776
J산부인과 325-5211
혜림산부인과 326-0080
박미숙산부인과 675-4433
이박산부인과 655-5111
박영숙산부인과 343-2773
박정대산부인과 675-4824
박혜정산부인과 613-8107
신재철산부인과 651-3515
양명자산부인과 348-5060
연세산부인과 323-6446
우경숙산부인과 342-0777
이광현산부인과 651-4810
이홍철산부인과 675-8453

임경주산부인과 672-5600
정광채산부인과 673-2654
정유곤산부인과 341-5556
정찬형산부인과 656-5533
조현실산부인과 674-6985
조혜성산부인과 343-6910
진희정산부인과 651-6439
최석조산부인과 613-2630
최성덕산부인과 656-2683
최완주산부인과 344-8117
최호진산부인과 654-1155
우성산부인과 346-6210

〈성남시 0342〉
강옥희산부인과 753-6602
곽생로산부인과 752-2094
김연신산부인과 734-6808
김정혜산부인과 744-7147
현대산부인과 758-2727
노광을산부인과 748-8500
박산부인과 734-3995
박준우산부인과 705-0461
방산부인과 746-9991
송계승산부인과 732-5050
일신산부인과 735-3132
심산부인과 707-6998
양미희산부인과 709-6661
우연숙산부인과 748-6466
유묘신산부인과 744-9844
늘푸른산부인과 719-1004

윤경산부인과 748-9900
이경구산부인과 749-5555
태평산부인과 753-9870
이민철산부인과 757-8228
이승훈산부인과 711-9208
이영주산부인과 751-1542
이예경산부인과 732-5745
분당연세산부인과 714-0121
임태웅산부인과 751-5117
정구윤산부인과 747-9944
정위정산부인과 711-1711
이화산부인과 701-5248
최산부인과 711-4968
최진주산부인과 747-0958

〈수원시 0331〉
인혜산부인과 232-8050
김재호산부인과 237-3030
이기호산부인과 251-5227
세원산부인과 229-1020
김종현산부인과 213-8855
김종훈산부인과 242-4913
김환규산부인과 211-3112
한양산부인과 244-4350
혜성산부인과 45-2993
효원산부인과 36-1865
서울산부인과 242-1263
강남산부인과 234-3711
박종덕산부인과 242-4897
배혜경산부인과 216-2888

서산부인과 252-1282

하나산부인과 204-5711

예진아산부인과 237-2472

신산부인과 237-0033

한양산부인과 255-5877

유산부인과 292-9001

제일산부인과 237-2471

이규주산부인과 256-0900

이산부인과 252-3853

이득기산부인과 244-4017

이승철산부인과 204-2255

이재옥산부인과 2556-6798

이치훈산부인과 235-2635

전산부인과 256-1693

채원병산부인과 241-1997

최보원산부인과 252-3553

중앙산부인과 221-4077

자유산부인과 221-2269

최영송산부인과 256-1416

최원주산부인과 244-6655

한우진산부인과 295-9800

홍경화산부인과 243-4162

홍승천산부인과 245-8831

홍정선산부인과 242-2636

〈시흥시 0345〉

다나산부인과 433-5221

중앙산부인과 693-3333

시화모자산부인과 432-4600

〈안산시 0345〉

제일산부인과의원 407-0077

김문욱산부인과의원 486-0075

김형진산부인과의원 484-6645

배현미산부인과의원 410-9186

임우성산부인과의원 484-7002

이지은산부인과 401-7777

성화산부인과의원 491-0854

이기영산부인과의원 486-8909

명산부인과의원 494-7374

이산부인과의원 410-8792

이선희산부인과의원 413-3030

이용주산부인과의원 494-3715

연세산부인과의원 487-9191

자모산부인과의원 410-9370

정우현산부인과의원 411-0311

지성산부인과의원 418-7723

정운영산부인과의원 407-1176

이화산부인과의원 408-6420

최명희산부인과의원 414-7661

최성희산부인과의원 486-8993

상록수산부인과의원 406-9103

〈안양시 0343〉

강산부인과 444-5695

김병창산부인과 473-1101

봄빛병원 380-7300

김영민산부인과 456-7017

김진경산부인과 452-8250

김연수산부인과 448-7766

제일산부인과 441-4093

류지아산부인과 429-6400

박기준산부인과 421-5501

박농수산부인과 387-9710

박성모산부인과 441-7733

송선희산부인과 468-9664

신병원산부인과 449-0121

양산부인과 449-3421

이기철산부인과 473-0181

이영희산부인과 451-3331

이연숙산부인과 456-3300

수정산부인과 469-0190

서울산부인과 423-7575

수연산부인과 469-0616

최원영산부인과 387-8600

정원산부인과 385-4300

한청숙산부인과 385-6167

〈오산시 0339〉

김경태산부인과 373-2221

장산부인과 373-0555

다복산부인과 374-2675

〈용인시 0335〉

김정란산부인과 335-1155

한솔산부인과 339-4545

〈의정부시 0351〉

김산부인과 846-3123

노경원산부인과 878-2341

신산부인과 844-3800
신소연산부인과 848-3001
신혜정산부인과 848-9393
오혜숙산부인과 843-3003
유한선산부인과 874-6894
제일산부인과 845-7575
이의열산부인과 872-3200
이창화산부인과 842-7575
동산부인과 846-2946
정수용산부인과 871-3001
마리아산부인과 844-8800
최광호산부인과 843-3303

〈이천시 0336〉
노대식산부인과 635-2102
마리나산부인과 636-0552
윤연정산부인과 643-9118
탁춘근산부인과 633-1506

〈파주시 0348〉
금촌의료원 941-5811
금촌현대산부인과 946-0202
고려산부인과 954-0974
장산부인과 941-2028

〈평택시 0333〉
예일산부인과 656-3885
김병창산부인과 611-1101
제일조은병원 667-0900
연세산부인과 656-7578

배성희산부인과 682-1020
이상대산부인과 652-7489
장문기산부인과 655-4115
정산부인과 62-7031

〈하남시 0347〉
이산부인과 792-3024
정산부인과 793-7318

〈김포시 0341〉
고영익산부인과 984-3379
중앙라산부인과 982-5700

〈포천군 0357〉
김산부인과 534-7795
박영자산부인과 535-8986
루시나산부인과 543-3071

강원도
종합병원

강릉고려병원 0391)642-1988
동원보건원 0398)592-3121
동인병원 0391)651-6161
산재의료관리원태백중앙병원
0395)580-3333
아산재단 강릉병원
0391)610-3114
아산재단 홍천병원

0366)430-5151
연세대원주기독병원
0371)742-3131
지방공사 강릉의료원
0391)646-6910
지방공사 삼척의료원
0397)572-1141
지방공사 속초의료원
0392)632-6821
지방공사 영월의료원
0373)70-9101
지방공사 원주의료원
0371)761-6911
지방공사 춘천의료원
0361)254-6845
철원길병원
0353)452-5011
한림대부속 춘천성심병원
0361)253-9970
현대병원 0391)646-5211

병 원

성모병원 0365)462-5577
양구병원 0364)481-2128
원주가톨릭병원 0371)45-5412
인성병원 0361)253-3030
인화병원 0371)760-3114
춘천제일병원 0361)254-2240

개인 병원

권장연산부인과0371)731-6900
고산부인과 0394)535-5528
경선산부인과 0391)643-7131
김산부인과 0394)532-4338
김산부인과 0371)747-0011
정현산부인과 0391)651-6008
제일산부인과 0391)648-2947
제일산부인과 0392)635-9050
김산부인과 0392)631-2400
김태일산부인과 0361)253-9500
김현규산부인과 0394)531-9040
박임산부인과 0371)743-5130
박세교산부인과 0392)633-2145
박산부인과 0371)761-0767
일신산부인과 0371)763-5522
박산부인과 0391)643-6781
연원산부인과 0371)731-6900
박혁산부인과 0361)256-7997
송산부인과 0392)632-2992
중앙의원 0371)742-2195
이산부인과 0361)253-3106
이승희산부인과0366)434-5580
이산부인과 0394)521-4171
이영규산부인과0366)432-9020
이용배산부인과0361)254-7810
이정호산부인과0391)644-3131
이한수산부인과0361)256-1888
임대성산부인과0397)573-1700

임옥만산부인과 0361)251-2905
임창교산부인과0371)745-8001
정산부인과 0391)642-4210
정산부인과 0371)742-2956
한양신경외과산부인과
0353)455-7360
지영산부인과 0391)641-5785
최산부인과 0395)552-3008
최종열산부인과0392)633-0055
하현룡산부인과0371)745-7731
성심의원 0385)52-4804
홍산부인과 0397)572-2701

충청북도

종합 병원

건국대의료원 충주병원
0441)845-2501
이라병원 0431)212-5000
음성성모병원 0446)72-4297
제천병원 0443)643-7141
제천서울병원 0443)643-7606
지방공사 청주의료원
0431)279-2300
지방공사 충주의료원
0441)841-0114
충북대학교병원
0431)269-6114
한국병원 0431)222-7000

병 원

단양서울병원 0444)423-0221
장병원 0433)543-4100
진천이라병원
 0434)33-1533

개 인 병 원

성모산부인과 0431)253-5566
연세산부인과 0431)265-9244
김대중산부인과0431)272-5816
김석재산부인과0431)265-1177
수곡산부인과 0431)272-1917
김산부인과 0341)62-1101
김현산부인과 0431)294-2210
김태균산부인과0434)33-1700
노권일산부인과0431)259-3007
문영주산부인과0431)262-4166
민병렬산부인과0431)262-3770
박산부인과 0431)256-2009
박현정산부인과0431)274-2323
박산부인과 0443)43-2528
변산부인과 0431)242-8366
배영규산부인과0431)42-6656
이화산부인과 0431)223-6755
중앙산부인과 0431)267-2545
연수산부인과 0441)85-4616
신산부인과 0431)273-0012
신재경산부인과0441)854-0051

현대산부인과 0431)263-6195

유산부인과 0431)252-2895

이관호산부인과0431)211-1912

성모산부인과 0414)743-0633

이산부인과 0431)274-1665

이철규산부인과0431)272-7557

이철호산부인과0431)234-3555

이산부인과 0475)33-3315

엄기명산부인과0443)44-6366

엄승호산부인과0443)647-1411

모아산부인과 0443)647-6601

임산부인과 0431)253-7253

고려산부인과0414)743-5578

주민병원 0443)643-7141

이종수산부인과0441)847-9662

이영일산부인과0441)842-0920

이산부인과0441)847-5616

조강일산부인과0431)263-6038

진산부인과 0431)255-3566

청주병원 0431)252-3101

제일산부인과 0431)256-6666

태인산부인과 0431)255-2585

정산부인과 0431)255-7550

차산부인과 0443)642-6170

주명식산부인과0431)252-4002

소망산부인과 0445)36-5077

경산의원 0431)256-2917

한기정산부인과0443)645-0091

함산부인과 0443)647-2856

황영규산부인과 0431)555-9828

충청남도

종 합 병 원

단국대부속병원0417)550-7114

백제병원 0461)733-2191

순천향천안병원

0417)570-2114

아산재단 보령병원

0452)30-5114

예산중앙병원 0458)35-2255

지방공사 공주의료원

0416)855-4111

지방공사 서산의료원

0455)661-6114

지방공사 천안의료원

0417)568-2500

지방공사 홍성의료원

0451)632-5121

천안충무 병원 0417)570-7560

병 원

대천서울병원 0452)934-6000

서울병원 0455)660-7777

서천성모병원 0459)953-5000

서해병원 0459)951-8282

성요셉병원 0463)836-2486

청양군 보건의료원

0454)942-3401

충무병원 0417)567-3301

혜성병원 0417)572-4567

개 인 병 원

서울산부인과 0458)331-2300

권산부인과 0417)563-6090

서민의원 0412)754-2150

광제산부인과0417)565-3200

김석화산부인과0417)62-5566

김산부인과 0452)932-7711

김산부인과 0415)867-5927

김산부인과 0458)33-4200

김산부인과 0418)542-2000

제일산부인과 0461)733-6944

김태균산부인과0434)533-1700

김환산부인과 0452)935-6230

김현경산부인과 0417)556-1645

김형진산부인과0417)555-2411

남산부인과 0415)862-0777

다나산부인과0418)549-8228

박산부인과 0416)735-2696

하나산부인과0417)581-6582

박성철산부인과0451)632-6268

현대산부인과 0452)931-1566

변완수산부인과 0455)667-0188

서산부인과 0457)352-2750

설산부인과0417)551-8410

광제산부인과0417)575-3200

신성수산부인과0451)632-5050

안산부인과 0415)867-7799

이화산부인과 0417)562-1312
엄철산부인과 0459)956-2599
오산부인과 0417)551-4512
유산부인과 0457)762-2782
유형재산부인과 0461)735-4777
연세산부인과 0417)576-5700
윤여옥산부인과 0417)567-7960
윤재호산부인과 0417)572-7752
덕수산부인과 0452)932-2442
이산부인과 0418)543-9911
이산부인과 0461)735-3912
이산부인과 0461)752-5200
이화산부인과 0417)562-1312
중앙산부인과 0416)853-3030
이치중산부인과 0418)549-2503
이치훈산부인과 0457)355-4303
임산부인과 0455)675-9114
임산부인과 0452)932-6655
장산부인과 0451)632-5632
전호용산부인과 0459)951-6006
자모산부인과 0455)663-0055
정승우산부인과 0463)33-2947
정용우산부인과 0418)546-2063
정산부인과 0461)735-9911
조상원산부인과 0412)754-2267
조산부인과 0463)835-7582
조태승산부인과 0417)555-0021
조치원의원 0415)865-2319
치금숙산부인과 0452)582-7048
한마음산부인과 0455)667-8900

최산부인과 0463)435-3252
하산부인과 0461)735-3881
하산부인과 0457)355-2750
한산부인과 0451)632-5121
한만봉산부인과 0451)631-3010

전라북도
종 합 병 원

개정병원 0654)450-1100
남원기독병원 0671)620-9114
아산재단 정읍병원
0681)30-6000
전주예수병원 0652)230-8114
원광의대부속병원
0653)850-1114
전북대학교병원 0652)250-1114
전주병원 0652)220-7200
전주영동병원 0652)230-3114
지방공사 군산의료원
0654)41-1114
지방공사 남원의료원
0671)620-1114
하나병원 0653)840-9114

병 원

고창병원 0677)563-4545
김제우석병원 0658)540-5114

대성병원 0654)469-4000
동부병원 0655)433-2991
문병원 0652)282-8833
이리우석병원 0653)840-2300
임실군보건의료원 0673)42-2000
전주산부인과 0652)250-3600
중앙병원 0654)465-2161
한사랑병원 0654)40-1300
혜성병원 0683)83-5001

개 인 병 원

전주제일산부인과
0652)225-9541
동부산부인과 0653)853-1177
모아산부인과 0652)230-3333
정성산부인과 0652)255-4755
대동산부인과 0664)445-5184
김생기산부인과 0652)287-5007
김승일산부인과 0658)43-2121
전주산부인과 0652)251-7011
현대산부인과 0671)625-7770
김주리산부인과 0653)853-0452
에덴산부인과 0653)836-2002
익산제일산부인과
0653)840-7500
나미옥산부인과 0652)251-8006
이화산부인과 0653)854-9191
박산부인과 0652)285-3729
박승창산부인과 0652)254-9026

한나산부인과 0652)250-3500
박주은산부인과 0652)252-2707
은혜산부인과 0654)461-0311
방현주산부인과 0654)463-0999
배산부인과 0652)251-3001
전주다나산부인과
0652)226-3700
안구섭산부인과 0652)284-7307
안혜숙산부인과 0652)271-1331
한마음산부인과 0681)533-0633
오산부인과 0671)625-2623
옹산부인과 0681)535-4535
양지산부인과 0654)467-0055
이방원산부인과 0653)857-5511
이산부인과 0658)546-7835
이영미산부인과 0653)833-1110
이춘근산부인과 0652)253-6633
이희정산부인과 0652)284-6353
장동주산부인과 0652)283-5800
정산부인과 0652)278-0106
정산부인과 0653)855-6300
조영제산부인과 0654)445-5575
진산부인과 0652)251-0100
조정호산부인과 0652)223-7667
조한구산부인과 0683)84-7878
조산부인과 0653)851-1466
차경연산부인과 0652)224-8895
최귀동산부인과 0653)857-7320
성심산부인과 0652)241-3215
최산부인과 0681)533-3301

최산부인과 0677)564-3494
허산부인과 0652)284-6384
홍산부인과 0653)855-2153
황수경산부인과 0652)284-7272
황산부인과 0654)445-4132
황산부인과 0683)581-2695

전라남도
종합 병원

고흥제일병원 0666)832-1911
나주병원 0613)330-6114
목포한국병원 0631)273-7750
산재의료관리원 순천병원
0661)720-7575
성가롤로병원 0661)744-0171
성골롬반병원 0631)270-1114
성신병원 0662)651-4701
순천중앙병원 0661)741-1001
아산재단 보성병원
0694)850-3114
영광병원 0686)353-8000
장흥병원 0665)862-8300
전남병원 0662)640-7575
조선의대부속 광양병원
0667)798-7100
지방공사 강진의료원
0638)433-1270
지방공사 목포의료원

0631)272-2101
지방공사 순천의료원
0661)752-8141
해남병원 0634)530-0114

병 원

곡성군 보건의료원
0688)362-9310
구례군 보건의료원
0664)781-4000
그린산부인과 0631)245-3002
노동병원 0631)42-5621
대우재단부속 신안대우병원
0631)275-5102
대우재단부속 완도대우병원
0663)53-4819
동산병원 0684)383-0666
목포녹십자병원 0631)244-6181
성심병원 0615)324-0001
시민병원 0631)244-1362
영광기독병원 0686)352-9912
영암병원 0693)473-4501
장성군 보건의료원
0685)393-7682
장흥백병원 0665)61-6262
중앙병원 0612)372-8900
진도한국병원 0632)544-2051
한국병원 0631)273-7750
현대병원 0661)723-3660

개 인 병 원

강대웅산부인과 0612)374-8275
순천현대산부인과 0661)720-1111
여수산부인과 0662)643-2100
김태수산부인과 0612)374-5885
이화산부인과 0662)663-6671
나산부인과 0661)743-7733
우리들산부인과 0662)653-3535
문산부인과 0662)662-7661
문호길산부인과 0634)530-8858
동문산부인과 0613)42-5666
박맹부산부인과 0662)663-2751
박순환의원 0661)752-3437
배산부인과 0634)533-5000
설산부인과 0661)752-5800
손산부인과 0662)662-3919
신산부인과 0631)244-7405
양기임산부인과 0631)277-6130
조오숙산부인과 0613)332-3399

경상북도

종 합 병 원

계명대 경주동산병원
0561)770-9500
경산동산병원 053)811-2101
경상병원 053)811-7711
구미중앙병원 0546)450-6700

동국대 경주병원
0561)770-8127
동국대 포항병원
0562)273-8111
문경제일병원 0581)550-7701
순천향 구미병원
0546)463-7151
아산재단 영덕병원
0564)730-0114
안동병원 0571)821-1101
안동성소병원 0571)857-2321
영천성베드로병원
0563)333-1191
지방공사 포항의료원
0562)247-0551
포항기독병원 0562)275-0005
포항선린병원 0562)244-2662
포항성모병원 0562)272-0151

병 원

경주병원 0561)41-2222
공생병원 0576-34-3881
마야병원 0563)36-3311
봉화혜성병원 0573)74-0011
상주성모병원 0582)32-5001
상주적십자병원 0582)535-7991
상주적십자제2병원
0582)535-7991
새군위병원 0578)83-3531

성누가병원 0572)633-6001
성주병원 0544)933-2064
안강성베드로병원
0561)761-6111
영덕제일병원 0564)732-7717
영양병원 0574)682-0727
영주기독병원 0572)653-6161
예천권병원 0584)654-6611
울릉군 보건의료원
0566)791-0010
울진군 보건의료원
0565)783-1250
제남병원 0576)32-2281
지방공사 안동의료원
0571)858-8951
청도대남병원 0542)373-0606
청송군 보건의료원
0575)873-4000
하양동산병원 053)851-2101

개 인 병 원

파티마산부인과 0561)745-2200
강동규산부인과 0563)331-6500
김산부인과 0572)634-6789
김남주산부인과 0562)273-6920
현대산부인과 0571)854-4404
제일산부인과 053)851-3036
경산산부인과 053)816-7582
김성연산부인과 0581)552-3344

서울산부인과 (0572)636-9901
중앙병원 (0565)787-1212
김용탁산부인과 (0561)743-6688
김용학산부인과 (0562)292-6477
김의홍산부인과 (0546)452-5388
김장희산부인과 (0561)749-4382
김산부인과 (0582)535-4790
자영산부인과 (0572)2-4411
김태홍산부인과 (0561)434-4333
보은산부인과 (0582)536-2234
등영문산부인과 (0562)277-8153
경북산부인과 (053)816-7582
박산부인과 (0571)851-9384
자선산부인과 (0545)2-0338
경북의원 (0571)2-3521
여원산부인과 (0546)453-7088
박종근산부인과 (0546)455-5070
배산부인과 (0581)83-3531
백영배산부인과 (0546)452-3376
서보균산부인과 (0562)62-3339
손위익산부인과 (0562)73-7180
송기창산부인과 (0562)83-0011
송재경산부인과 (0562)48-1112
중앙산부인과 (0561)749-6051
안강산부인과 (0561)761-6056
신내철산부인과 (0561)772-3688
파티마의원 (0562)44-4147
파티마의원 (0545)971-2300
중앙산부인과 (0562)81-6006
평화산부인과 (0581)552-5959

세란산부인과 (0546)453-3123
윤대영산부인과 (0561)30-4270
포항산부인과 (0562)74-7775
이산부인과 (0546)456-5888
이규인산부인과 (053)815-6565
이산부인과 (0652)74-7767
동인산부인과 (0571)855-5340
이화산부인과 (0571)2-7659
이병채산부인과 (0562)247-4656
이상식산부인과 (0546)454-9966
이정일산부인과 (0572)631-2510
이종기산부인과 (0546)463-7363
한양산부인과 (0571)858-5578
고려산부인과 (0562)241-1011
임영미산부인과 (0546)455-3003
임화석산부인과 (0562)241-3737
제일산부인과 (0561)773-7220
평화산부인과 (0561)432-6165
명성산부인과 (0562)241-5894
구미산부인과 (0546)453-7770
한일산부인과 (0546)453-9789
G산부인과의원 (0561)431-7534
최기숙산부인과 (0561)748-9800
모자산부인과 (0563)333-4366
순향산부인과 (0546)455-7575
중앙산부인과 (053)811-0107
하상호산부인과 (0562)273-3665
부인의원 (0576)834-3387
황산부인과의원 (0561)434-4686
황명주산부인과 (0562)247-6233

경상남도

종합 병원

거제기독병원 (0558)635-2187
경상대학교병원 (0591)755-0111
김해복음병원 (0525)320-7000
대우의료재단부속
옥포대우병원 (0558)680-1114
울산동강병원 (0522)241-1114
마산삼성병원 (0551)298-1100
마산성모병원 (0551)243-3311
마산파티마병원 (0551)245-8100
밀양영남병원 (0527)354-8101
반도병원 (0591)747-6000
백천병원 (0522)275-1100
산재관리원 창원병원
(0551)285-5111
삼성병원 (0523)384-9901
언양보람병원 (0522)255-7114
울산병원 (0522)259-5000
울산대부속병원 (0522)250-1301
제일병원 (0591)750-7123
지방공사 마산의료원
(0551)246-1071
진주고려병원 (0591)751-9901

병 원

가락병원 (0522)211-4982
가야자모병원 (0591)758-2222

거창병원 0598)942-9811

거창적십자병원
0598)944-3251

고성병원 0556)673-9881

금강병원 0525)333-0005

김해중앙병원 0525)330-6000

동서병원 0551)252-2341

동성병원 0593)852-8585

모자병원 0522)65-3535

문성병원 0523)381-7878

바오로병원 0522)96-7522

부곡온천병원 0559)536-4858

서천동성병원 0593)852-8585

삼천포성심병원 0593)832-3311

서경병원 0598)945-0091

순안병원 0551)249-0821

왕산병원 0559)532-1975

울산성심병원 0522)45-6311

웅상병원 0523)386-6371

이연병원 0551)277-8993

중앙병원 0551)281-9111

중앙자모병원 0551)248-3333

진해제일병원 0553)545-5050

창원산부인과 0551)276-9200

창원한서병원 0511)285-1222

충무세종병원 0557)642-5113

통영적십자병원 0557)644-8901

한마음병원 0551)288-6000

함안군 보건의료원
0552)583-3566

함양성심병원 0597)963-4323

합천고려병원 0559)933-1006

개 인 병 원

권해영산부인과 0591)41-3833

고려산부인과 0551)248-0526

공산부인과의원 0591)41-5640

강산부인과의원 0525)34-6969

강산부인과 0551)255-7525

김경준산부인과 0525)22-0500

세브란스산부인과
0527)355-2772

김동일산부인과 0552)89-8725

김명서산부인과 0591)43-3033

김성진산부인과 0551)246-8946

부산산부인과의원 0591)758-0306

탁영오산부인과 0523)388-0798

서라벌병원 0523)386-6370

제주도 (064)

종합병원

중앙병원 720-2000

지방공사 서귀포의료원
730-3102

지방공사 제주의료원
750-1234

한국병원 750-0000

한라병원 742-9221

개 인 병 원

강산부인과 732-2525

고길수산부인과 724-1563

삼성산부인과 721-0555

고은희산부인과 762-2266

김문신산부인과 756-8255

김봉효산부인과 722-3412

혜인산부인과 725-3575

서울연합의원 758-5891

김원규산부인과 758-7435

신제주산부인과 753-9991

김창학산부인과 752-9963

김산부인과 722-4375

나산부인과 722-8877

박산부인과 744-2182

삼성산부인과 721-0555

이동화산부인과 733-2399

이주영산부인과 721-7155

차산부인과 742-9661

최숙희산부인과 758-9117

제일산부인과 733-5709

※ 여기에 기재된 전화 번호는 1999년 5월 31일을 기준으로 작성했습니다.

찾아 보기

 독자들에게

이 책은 여러분들을 위하여 쓰여졌지만 동시에 여러분과 함께 써 가는 책임을 다시
한 번 말씀드립니다. 빠진 내용이나 보충하고 싶은 설명이 있으면 알려 주십시오.
새로 만들어지는 내년 발행판에 도움이 될 것입니다.
다음 주소로 편지를 보내셔도 좋고, E-mail을 보내셔도 좋습니다.
물론 한글로 보내셔도 아무 문제가 없습니다. 편집실에서 번역하여 읽을 수
있습니다.

 주소 : Laurence Pernoud Editions Pierre Horay 22 bis,
         passage Dauphine 75006 Paris, France
 E-mail : editions.horay@wanadoo.fr
 http://perso.wanadoo.fr/horay

 답장을 원하시면 다음 사항을 기록해 주십시오.
 이름, 주소, 아기의 이름, 아기의 생일, 몇 번째 아기인가?

 아기를 기다리고 있어요

초판 1쇄 발행 : 1999년 7월 10일

지은이 : 로랑스 페르누 / 펴낸이 : 박국용
편집 : 남상식, 최현정, 김 진 / 교열 : 신인영
표지 : 여홍구 / 표지 사진 : 지재만 / 표지 모델 : 염현희
영업 : 하태복 / 총무 : 이현아
인쇄 : 교학사

도서출판 금 토
서울시 종로구 신문로1가 58-14 한글회관 203호
전화 : 02)732-6252(대표) 팩스 : 738-1110
E-mail : netkorea@nownuri.net
1996년 3월 6일 등록 제 16-1273호
ISBN 89-86903-18-0 23590

값 : 18,000원